Geografia

Parte 2

Harold Cunningham/Getty Images

Industrialização e comércio internacional

Mundo contemporâneo: economia, geopolítica e sociedade

O capitalismo é um sistema econômico antigo. Você já parou para pensar que ele nem sempre funcionou como atualmente? Algumas de suas características mais importantes vêm desde seus primórdios; outras são de seu momento atual. Quais características permaneceram e quais são novas? Por exemplo, imagine como eram as viagens transoceânicas e as trocas comerciais no início do capitalismo comercial, época da expansão marítima (século XVI). Imagine o que era ficar 40, 50 dias dentro de um navio em viagem entre Portugal e Brasil, trecho que hoje é percorrido em 8 ou 9 horas de avião. Só isso já dá uma boa pista sobre a principal diferença entre o capitalismo do passado e o do presente, não é mesmo?

13 O processo de desenvolvimento do capitalismo

Bolsa de Valores de Nova York (Estados Unidos), em 1950 e 2014. Observe a evolução tecnológica.

Alamy/Latinstock

Spencer Platt/Getty Images North America/AFP

"O mundo está quase todo parcelado, e o que dele resta está sendo dividido, conquistado, colonizado. Pense nas estrelas que vemos à noite, esses vastos mundos que jamais poderemos atingir. Eu anexaria os planetas se pudesse; penso sempre nisso."

Cecil J. Rhodes (1853–1902), empresário inglês, fundou em 1888 a empresa de diamantes De Beers, que existe até hoje; era defensor e colaborador do imperialismo britânico e, em razão de sua influência, o atual Zimbábue, enquanto era colônia do império, chamava-se Rodésia.

O capitalismo é um sistema econômico que, desde sua origem, foi se expandindo econômica e territorialmente: primeiro foi o colonialismo, depois o imperialismo (leia a frase de um representante desse período) e, nos dias atuais, a globalização. Esse sistema econômico apresentou dinamismo ao longo de sua história e foi se transformando à medida que os desafios à sua expansão foram surgindo. Com o tempo, sobrepôs-se a outros sistemas econômicos, até se tornar hegemônico, predominando em quase todos os países. Considerando seu processo de desenvolvimento, costuma-se dividir o capitalismo em quatro etapas: comercial, industrial, financeira e informacional.

Quais são as características mais importantes de cada uma das etapas do processo de desenvolvimento do capitalismo? O que diferencia o capitalismo em seu atual momento de expansão das etapas precedentes? Como as mudanças ocorridas nesse sistema econômico promovem transformações no espaço geográfico? É o que veremos a seguir.

Regis Bossu/Sygma/Corbis/Latinstock

A queda do Muro de Berlim (na foto de 1989) e o fim da União Soviética (1991) marcaram o colapso do socialismo. Na China, embora o Partido Comunista continue no poder e o Estado tenha forte capacidade planejadora e seja proprietário de muitas empresas, o sistema econômico funciona seguindo a lógica da economia de mercado. Em escala bem menor, ocorre o mesmo no Vietnã. Restaram como países socialistas: Cuba, Laos e Coreia do Norte, economias pequenas e bastante isoladas no cenário mundial.

1 O capitalismo comercial

A primeira etapa do capitalismo estendeu-se do fim do século XV até o século XVIII e se caracterizou pela expansão marítima das potências econômicas da Europa ocidental na época (Portugal, Espanha, Inglaterra, França e Países Baixos[1]), que estavam em busca de novas rotas de comércio, sobretudo para as Índias. Veja o infográfico nas páginas 280 e 281.

Essas potências econômicas tinham como objetivo acabar com a hegemonia das cidades-Estados de Veneza e Gênova, que, antes da unificação italiana (ocorrida entre 1848 e 1870 e que deu origem à atual Itália), constituíam Estados independentes e principais controladoras do comércio com o Oriente via Mediterrâneo. Trata-se do período das Grandes Navegações e descobrimentos, das conquistas territoriais e também da escravização e do **genocídio** de milhões de nativos da América e da África. Os países europeus que comandaram esse processo — no início Portugal e Espanha se destacaram — colonizaram as terras recém-conquistadas por meio de projetos de exploração agrícola e mineral. Observe, abaixo, as principais expedições marítimas dessa época.

> **Genocídio:** do grego *génos*, "tronco, família" e do latim *cidium*, "ação de quem mata ou o seu resultado". Extermínio físico de um grupo nacional, étnico ou religioso.

As grandes expedições – séculos XV e XVI

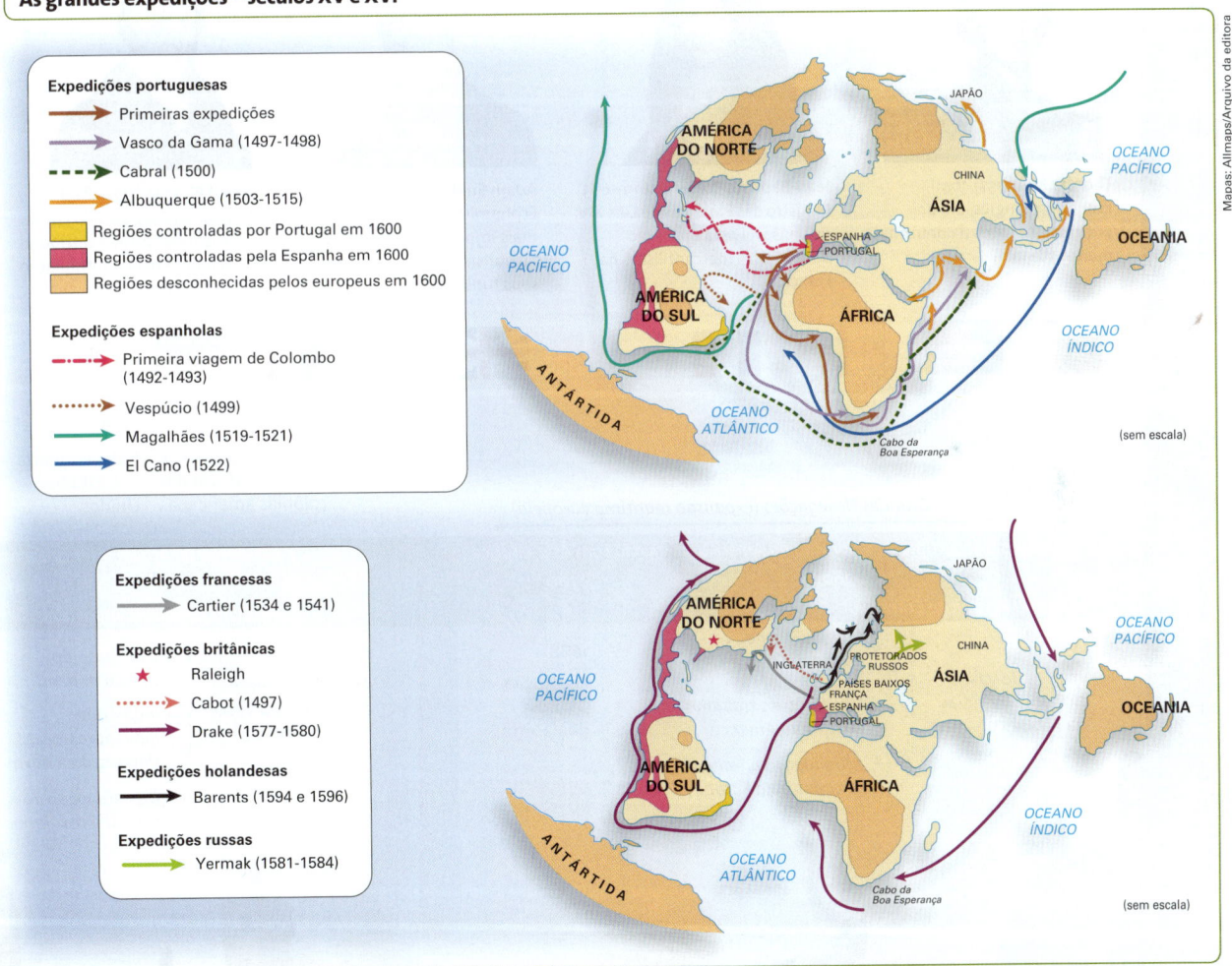

Adaptado de: DUBY, Georges. *Atlas histórico mundial*. Barcelona: Larousse, 2007. p. 40-41.

Mapas: Allmaps/Arquivo da editora

---

1 Os Países Baixos são um Estado nacional constituído de doze províncias. Duas delas, a Holanda do Norte e a Holanda do Sul, tiveram papel fundamental na formação desse Estado, que, por isso, também é conhecido como Holanda. Os Países Baixos integram o Reino dos Países Baixos, formado em 1648, do qual também fazem parte Aruba, Curaçao e Saint Martin, como Estados autônomos, e Bonaire, Saba e Santo Eustáquio, como municipalidades, todos ilhas do Caribe.

Infográfico

CAPITALISMO

O sistema econômico do capitalismo

Etapas	COMERCIAL	INDUSTRIAL

Etapas
COMERCIAL · **INDUSTRIAL**

Doutrinas

MERCANTILISMO

Surgiu com os Estados nacionais absolutistas e vigorou durante o capitalismo comercial. Os adeptos dessa doutrina defendiam o protecionismo e a intervenção do Estado na economia. Seus objetivos principais: fortalecer o Estado e aumentar a riqueza nacional por meio do acúmulo de metais preciosos (ouro e prata) e da obtenção de *superavits* comerciais. Seus teóricos defendiam que a riqueza era proveniente do comércio (circulação).

LIBERALISMO

Os adeptos dessa doutrina criticavam o absolutismo e o mercantilismo; no plano político defendiam a democracia representativa, a independência dos três poderes e a liberdade do indivíduo; e, no econômico, o direito à propriedade, a livre-iniciativa e a concorrência. Eram contrários à intervenção do Estado na economia e favoráveis à livre ação das forças do mercado. Para seus teóricos, a riqueza era gerada pela indústria (produção).

Teóricos

Tiago Gomes/Arquivo da editora

Thomas Mun (1571-1641)
Economista inglês, um dos principais teóricos da doutrina mercantilista.

Erich Lessing/Album/Latinstock

Jean-Baptiste Colbert (1619-1683)
Ministro das Finanças de Luís XIV, responsável pela aplicação das políticas mercantilistas na França.

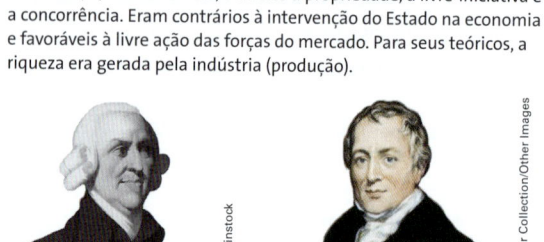

Album/Latinstock

Adam Smith (1723-1790)
Economista escocês, um dos mais importantes teóricos do liberalismo clássico e um de seus fundadores.

The Granger Collection/Other Images

David Ricardo (1772-1823)
Economista inglês, tido como sucessor de Smith, contribuiu ativamente para a formulação da teoria econômica.

Potências

Bandeiras: Shutterstock/Glow Images

Processos / fatos marcantes

1494
Tratado de Tordesilhas

Grandes Navegações (expansão marítima europeia)

1776
Início do processo de independência das colônias americanas | Independência dos Estados Unidos

Colonialismo: partilha e exploração da América; comércio com Ásia e África — Ocupação da África: interiorização

| 1500 | 1600 | 1700 | 1750 | 1800 |

Auge da Revolução Comercial — *Primeira Revolução Industrial*

1498
Viagem de Vasco da Gama às Índias via Atlântico

- *Mundialização do comércio*
- *Utilização do trabalho escravo na América*
- *Acumulação primitiva de capitais na Europa*

1688
Revolução Gloriosa (Inglaterra)

1765-1785
Aperfeiçoamento da máquina a vapor por James Watt (Inglaterra)

- *Utilização do carvão mineral*
- *Indústrias inovadoras: têxtil, siderúrgica e naval*
- *Disseminação do trabalho assalariado*

Tim Hawkins/Corbis/Latinstock

akg-images/Latinstock

Sistema econômico que se desenvolveu na Europa com a crise do feudalismo e se expandiu econômica e territorialmente pelo mundo a partir do século XVI. Desde então, vem se transformando: passou por diversas etapas dotadas de características específicas em relação às relações de produção e de trabalho, às tecnologias empregadas e às doutrinas que orientam seu funcionamento. É também chamado de economia de mercado.

Organizado pelos autores.

FINANCEIRO

KEYNESIANISMO

Os adeptos dessa doutrina criticavam o pensamento econômico clássico e o princípio da "mão invisível", do suposto equilíbrio espontâneo do mercado; por isso, defendiam a intervenção do Estado na economia para evitar crises de superprodução, como a de 1929. Propunham o aumento dos gastos públicos como mecanismo para estimular o crescimento econômico e a geração de empregos.

INFORMACIONAL

NEOLIBERALISMO

Os adeptos dessa doutrina buscam aplicar os princípios do liberalismo clássico ao capitalismo vigente na atualidade. Diferentemente dos anteriores, os teóricos neoliberais não creem na regulação espontânea do sistema. Visando disciplinar a economia de mercado, aceitam uma intervenção mínima do Estado para assegurar a estabilidade monetária e a livre concorrência. Também defendem a abertura econômica/financeira e a privatização de empresas estatais.

Oronoz/Album/Latinstock

John M. Keynes (1883-1946)
Economista inglês. O mais importante até meados do século XX; influenciou as políticas de recuperação da crise de 1929.

Reprodução/Enciclopédia Britânica

Joan Robinson (1903-1983)
Economista inglesa, seguiu as propostas keynesianas e aperfeiçoou algumas delas.

Reprodução/Arquivo da editora

Alexander Rüstow (1885-1963)
Economista alemão, crítico do liberalismo clássico e criador do termo neoliberalismo (1938).

Alex Wong/Agência France-Presse/Getty Images

Milton Friedman (1912-2006)
Economista americano, Nobel de Economia (1976) e um dos continuadores das propostas neoliberais; assessorou os governos Reagan e Thatcher.

Bandeiras: Shutterstock/Glow Images

1822
Independência do Brasil

1884-1885
Congresso de Berlim: partilha da África entre as potências europeias

Pós-Segunda Guerra
Independência das colônias e surgimento dos países em desenvolvimento

1990-2000
Emergência da China como potência e surgimento das economias emergentes

Imperialismo: partilha e exploração das colônias africanas e asiáticas | *Globalização: expansão de capitais produtivos e especulativos*

1850 — 1900 — 1950 — 2000

Segunda Revolução Industrial | *Terceira Revolução Industrial ou Revolução Técnico-Científica*

Utilização do petróleo e da eletricidade

Indústrias inovadoras: petroquímica, elétrica e automobilística

Expansão mundial do processo de industrialização

Monopólios e oligopólios

1914-1918
Primeira Guerra Mundial

1886
Construção do primeiro carro com motor a gasolina por Gottlieb Daimler (Alemanha)

1929
Crise econômica mundial

1939-1945
Segunda Guerra Mundial

Crescentes investimentos em P&D e agregação de valor aos produtos

Ampliação do meio técnico-científico-informacional

Indústrias inovadoras: informática, robótica, telecomunicações e biotecnologia

*Industrialização de países em desenvolvimento e expansão das transnacionais***

1980-1990
Crises financeiras em diversos países

1999
Criação do G-20

2008-2012
Crise financeira mundial

Neoliberalismo em xeque

1946
Construção do Eniac*, primeiro computador, desenvolvido pela Electronic Control Company (Estados Unidos)

*Electrical Numerical Integrator and Computer

Corbis/Latinstock

Bob Krist/Corbis/Latinstock

** Adotaremos o termo "transnacional", conforme proposto pela Conferência das Nações Unidas sobre o Comércio e Desenvolvimento (Unctad), para definir as empresas que têm sede em um país e filiais em diversos outros. Muitas vezes essas empresas também são chamadas de multinacionais.

Na época das Grandes Navegações, as trocas comerciais proporcionaram grande acúmulo de capitais no interior dos Estados europeus que comandavam esse processo expansionista. Por isso, a primeira etapa desse sistema econômico é chamada **capitalismo comercial**. A economia funcionava de acordo com a **doutrina mercantilista** (veja o infográfico nas páginas anteriores), cujos teóricos defendiam a intervenção governamental nas relações comerciais, a fim de promover a prosperidade nacional e aumentar o poder dos Estados, nos quais o poder político estava centralizado nas mãos dos monarcas. Nesse período, a riqueza e o poder de um país eram medidos pela quantidade de metais preciosos acumulados.

Durante a etapa mercantilista do capitalismo, a exploração econômica das colônias proporcionou grande acúmulo de riquezas nos países europeus, principalmente na Inglaterra, que emergiu como principal potência no fim desse período. Esse acúmulo inicial de capitais foi fundamental para a eclosão da Revolução Industrial, que marcou o começo de uma nova etapa do capitalismo. Veja o mapa ao lado, que mostra as principais rotas de comércio entre Europa, África e América e os territórios colonizados.

Colônias de potências europeias em fins do século XVII

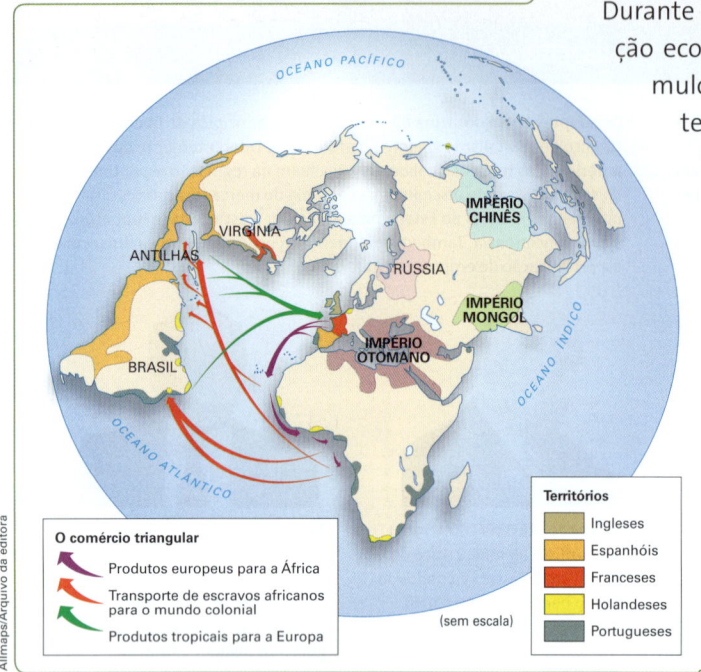

O comércio triangular

↱ Produtos europeus para a África

↱ Transporte de escravos africanos para o mundo colonial

↱ Produtos tropicais para a Europa

(sem escala)

Territórios

- Ingleses
- Espanhóis
- Franceses
- Holandeses
- Portugueses

Allmaps/Arquivo da editora

Adaptado de: LEBRUN, François (Dir.). *Atlas historique*. Paris: Hachette, 2000. p. 28.

O mapa mostra as regiões colonizadas nos primórdios da expansão marítima e o chamado "comércio triangular": produtos europeus para a África, africanos escravizados para as colônias americanas e produtos tropicais destas para a Europa.

Durante o capitalismo comercial, a maior fonte de riquezas era o comércio. Tudo o que pudesse ser vendido com muito lucro, como perfumes, sedas, tapetes, especiarias e até mesmo seres humanos (escravos), transformava-se em mercadoria nas mãos dos comerciantes europeus. Essa gravura do século XIX, *Negros no porão do navio*, de Rugendas, mostra um dos negócios mais lucrativos dessa época: o tráfico de africanos escravizados.

Reprodução/Biblioteca Municipal Mário de Andrade, São Paulo, SP.

2 O capitalismo industrial

Nas primeiras décadas do século XVIII, o governo do Reino Unido da Grã-Bretanha comandou uma grande transformação no sistema de produção de mercadorias, na organização das cidades e do campo e nas condições de trabalho, o que caracterizou a **Revolução Industrial**. Um de seus aspectos mais importantes foi o aumento da capacidade de transformação da natureza, por meio da utilização de máquinas hidráulicas e a vapor, o que intensificou a produção de mercadorias e possibilitou ampliar o mercado consumidor em escala mundial.

Esse período também foi marcado por uma crescente aceleração da circulação de pessoas e mercadorias, em virtude da expansão das redes de transporte terrestre, como o trem (a locomotiva a vapor foi criada em 1805), e marítimo, como o barco a vapor (criado em 1814). Observe no mapa abaixo a expansão das ferrovias na Europa.

O comércio não era mais o aspecto central do sistema, embora continuasse importante para fechar o ciclo produção-consumo. Nessa nova fase, o lucro provinha principalmente da produção de mercadorias realizada por trabalhadores assalariados. Isso valia para os países em que ocorria o processo de industrialização porque na periferia do sistema ainda predominava o trabalho escravo. Mas de que modo se lucrava com a produção em série de tecidos, máquinas, ferramentas e armas? E como os rápidos avanços nos transportes, com o surgimento dos trens e dos barcos a vapor, aumentavam os ganhos dos capitalistas?

Máquina a vapor produzida por James Watt em 1788 e, atualmente, em exposição no Museu Victoria e Albert, em Londres. O fabricante de instrumentos escocês desenvolveu essa máquina a partir de 1765. Seu motor a vapor era movido a carvão mineral e foi um marco da Revolução Industrial. No início, era usado para retirar água das minas de carvão e fabricar tecidos. Com o tempo, passou a ser utilizado em outras indústrias e nos transportes até ser substituído por motores a combustão interna (movidos a derivados de petróleo) e elétricos.

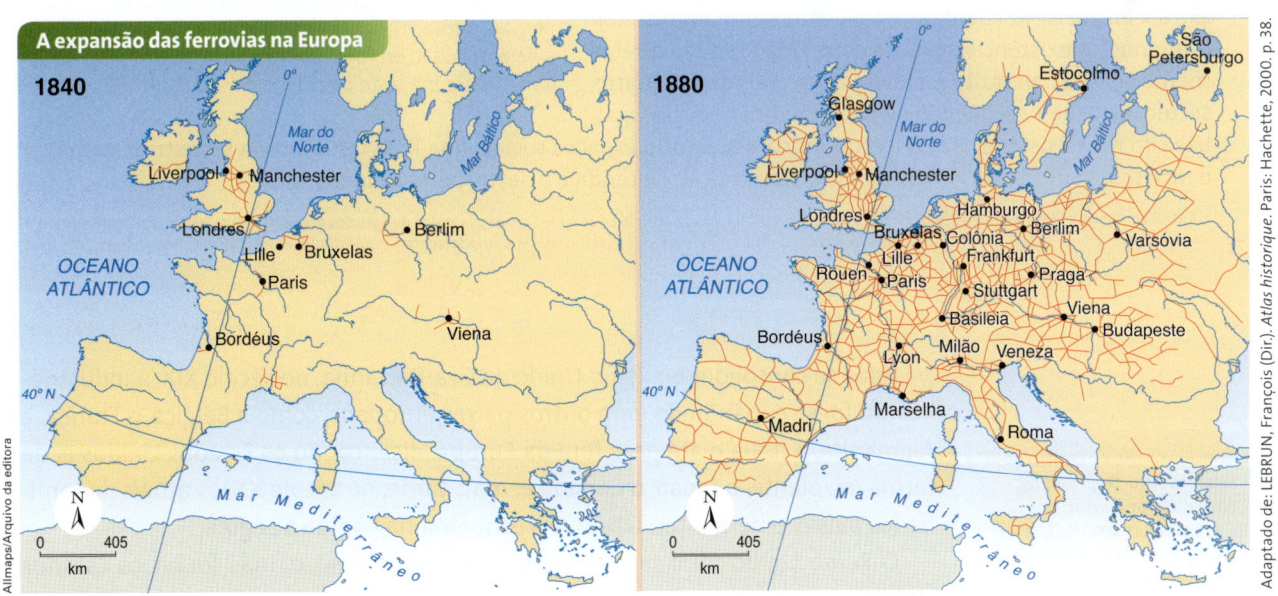

O trem a vapor foi o meio de transporte típico do capitalismo industrial. A rápida expansão das ferrovias, principalmente na Europa Ocidental, impulsionou sua utilização e possibilitou a interligação de diversos lugares.

Karl Marx (1818-1883), economista e filósofo alemão, desvendou o mecanismo da exploração capitalista, definindo o conceito de mais-valia. Toda jornada de trabalho corresponde a uma remuneração, que garantirá a sobrevivência do trabalhador. No entanto, o trabalhador produz um valor maior do que aquele que recebe como salário. Essa quantidade de trabalho não pago permanece em poder dos proprietários das fábricas, fazendas, minas, lojas e outros empreendimentos. Dessa forma, em todo produto ou serviço está embutido esse valor, que é apropriado pelo dono dos meios de produção e permite o acúmulo de lucro pela **burguesia**.

O regime assalariado é, portanto, a relação de trabalho mais adequada ao capitalismo e se disseminou à medida que o capital se acumulava em grande escala nas mãos dos donos dos meios de produção, provocando uma crescente necessidade de expansão dos mercados consumidores. Ao mesmo tempo, o trabalhador assalariado, além de apresentar maior produtividade que o escravo, tem renda disponível para o consumo. Por isso, a escravidão entrou em decadência e o trabalho assalariado passou a predominar, embora ainda hoje exista escravidão no mundo, até mesmo no Brasil, como demonstra o texto a seguir.

Outras leituras

A escravidão no Brasil

Em 2008, a Lei da Abolição completou 120 anos. Essa lei, que se resumia a um único parágrafo, dizia estar extinta a escravidão no Brasil e revogava qualquer disposição em contrário. Entretanto, mais de cem anos depois, o Ministério do Trabalho divulgou, em 2003, o "Plano Nacional para a Erradicação do Trabalho Escravo", no qual afirmava (tendo por base os dados da Comissão Pastoral da Terra) que o Brasil possuía 25 mil pessoas trabalhando em situação análoga à escravidão. Afirma também que, no Brasil, "[...] a escravidão contemporânea manifesta-se na clandestinidade e é marcada pelo autoritarismo, corrupção, segregação social, racismo, clientelismo e desrespeito aos direitos humanos". A existência atual da escravidão remete diretamente ao nosso passado escravista, pois, nos quase quatro séculos em que a escravidão no Brasil foi um negócio legal,

Protesto contra o trabalho escravo organizado pelo Sindicato dos Comerciários de São Paulo, em 12 de março de 2014. Segundo o Ministério do Trabalho, uma semana antes desse ato, 17 trabalhadores peruanos foram encontrados em situação análoga à de escravidão em uma confecção no bairro Cangaíba, zona leste da cidade de São Paulo (SP).

base do nosso sistema social e econômico, ela definiu espaços sociais que hoje tentamos desconstruir, como o racismo, a cultura da violência, a má distribuição de renda e o desrespeito à cidadania. [...]

AMARAL, Sharyse Piroupo do. *História do negro no Brasil*. Brasília: Ministério da Educação; Salvador: Centro de Estudos Afro-Orientais, 2011. p. 10. Disponível em: <www.ceao.ufba.br/livrosevideos/pdf/livro2_HistoriadoNegro-Simples04.08.10.pdf>. Acesso em: 29 out. 2013.

Após se consolidar no Reino Unido da Grã-Bretanha, no século XIX, a industrialização foi se expandindo para outros países europeus, como a Bélgica, a França, a Alemanha, a Itália e até para fora da Europa, alcançando os Estados Unidos e, de forma incipiente, o Japão, o Canadá e, mais tarde, no século XX, os atuais denominados países emergentes. Observe o esquema na página a seguir.

O Reino Unido foi o primeiro país a se industrializar, mas foram os Estados Unidos que constituíram a primeira sociedade de consumo da História. O Brasil iniciou seu processo de industrialização na mesma época de Argentina e México.

Ao contrário do período mercantilista, na nova etapa do capitalismo era conveniente para a burguesia, a classe social ascendente, que a economia funcionasse de acordo com a lógica do mercado, na qual o Estado interferia cada vez menos diretamente na produção e no comércio. A partir de então, caberia ao Estado, nos limites de seu território, garantir a livre-iniciativa, a concorrência entre as empresas e o direito à propriedade privada, e, no comércio internacional, o apoio às empresas nacionais na concorrência com as de outros países e a proteção do mercado interno contra a concorrência desleal.

Etapas do crescimento econômico de países industriais selecionados

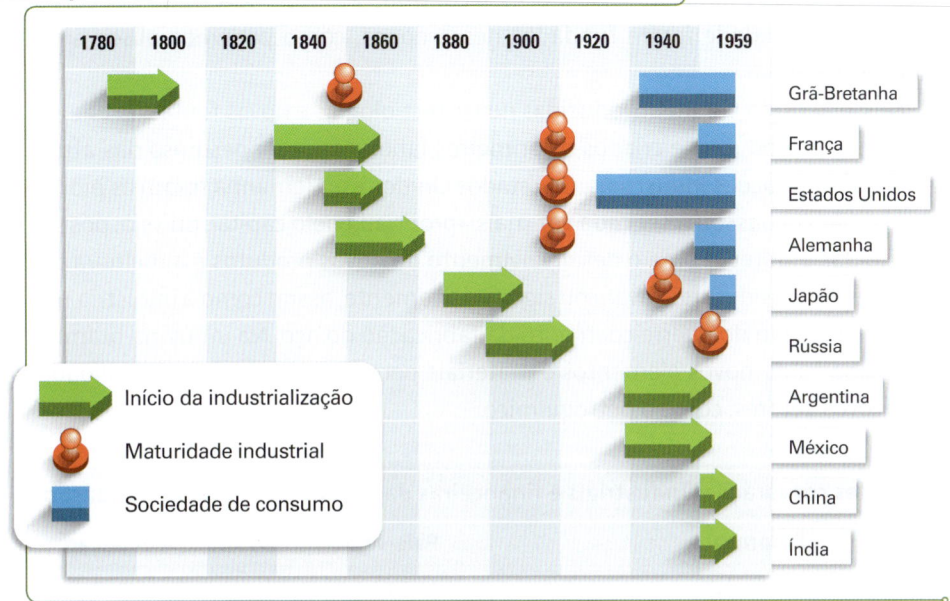

Adaptado de: ROSTOW, W. W. *Etapas do desenvolvimento econômico.* 6. ed. Rio de Janeiro: Zahar, 1978. p. 12.

Consolidou-se, assim, uma nova doutrina econômica: o **liberalismo** (veja o infográfico nas páginas 280 e 281). Essa nova visão foi sintetizada pelos representantes da economia política clássica, principalmente o economista britânico Adam Smith. Em seu livro mais célebre, *A riqueza das nações* (1776), defendia o indivíduo contra o poder do Estado e acreditava que cada um, ao buscar seu próprio interesse econômico, contribuiria para o interesse coletivo de modo mais eficiente. Por isso era contrário à intervenção do Estado na economia e defendia a "mão invisível" do mercado.

Os princípios liberais aplicados às trocas comerciais internacionais redundaram na defesa do livre-comércio, ou seja, a defesa da redução, e até abolição, das barreiras tarifárias para a livre circulação de mercadorias, o que servia perfeitamente aos interesses do Reino Unido, país mais industrializado da época e interessado em abrir mercados para seus produtos em todo o mundo. Entretanto, os países que se industrializaram depois praticaram medidas protecionistas à sua indústria nascente. Mesmo os Estados Unidos, país de forte tradição liberal, só passou a defender o liberalismo no comércio internacional quando já tinha estruturado uma indústria competitiva.

No fim do século XIX, mudanças importantes estavam acontecendo nas fábricas: a produtividade e a capacidade de produção aumentavam rapidamente, em razão da introdução de novas máquinas e fontes de energia mais eficientes, como o petróleo e a eletricidade; aprofundava-se a especialização do trabalhador em uma única etapa da produção; e intensificava-se a fabricação em série. Era o início da **Segunda Revolução Industrial**, quando o capitalismo ingressou em sua etapa financeira e monopolista, marcada pela origem de muitas das atuais grandes corporações e pela expansão imperialista.

Consulte dicionários de economia *on-line* nos *sites* do **Grupo de Disciplinas de Planejamento da FAU-USP** e do **Economia Net**. Veja orientações na seção **Sugestões de leitura, filmes e *sites***.

3 O capitalismo financeiro

Uma das características mais importantes do crescimento acelerado da economia capitalista na segunda metade do século XIX foi a formação de grandes empresas industriais e comerciais, além do aumento do número de bancos e outras empresas financeiras. A concorrência acirrada favoreceu as grandes empresas, acarretando fusões e incorporações que resultaram na formação de **monopólios** ou **oligopólios** em muitos setores da economia. É bom lembrar que, por ser intrínseco à economia capitalista, esse processo continua acontecendo, e grandes corporações da atualidade foram fundadas nessa época, como podemos observar no quadro abaixo.

Nesse período, foram introduzidas novas tecnologias e novas fontes de energia no processo produtivo e criados os primeiros laboratórios de pesquisa das atuais grandes corporações industriais. Os Estados Unidos e a Alemanha foram os pioneiros, e a ciência passou a ser cada vez mais apropriada pelo capital, ou seja, posta a serviço das empresas para o desenvolvimento de novos produtos e a melhora dos já existentes. A siderurgia avançou significativamente, assim como a indústria mecânica, em razão do aperfeiçoamento da fabricação do aço. Na indústria química, a descoberta de novos elementos e materiais permitiu ampliar as possibilidades para novos setores, como o petroquímico.

Grandes corporações industriais e financeiras da atualidade e ano de fundação		
Empresa	**País-sede**	**Fundação**
Siemens	Alemanha	1847
Nestlé	Suíça	1866
Deutsche Bank	Alemanha	1879
Mitsubishi Bank	Japão	1880
AT&T	Estados Unidos	1885
Coca-Cola	Estados Unidos	1886
Royal Dutch/Shell	Reino Unido/Países Baixos	1890
General Electric	Estados Unidos	1892
Fiat	Itália	1899
General Motors	Estados Unidos	1916

Adaptado de: LOWE, Janet. *O império secreto*. Rio de Janeiro: Berkeley, 1993. p. 38-39.

A descoberta da eletricidade beneficiou as indústrias e a sociedade como um todo, pois proporcionou aumentar a produtividade e melhorar as condições de vida. O desenvolvimento do motor a combustão interna e a consequente utilização de combustíveis derivados de petróleo trouxeram novas perspectivas para as indústrias automobilísticas e aeronáuticas, possibilitando sua expansão e a dinamização dos transportes.

Hulton Archive/Getty Images

O avião Voisin Delagrange (1909). Nessa época, aviões e carros transmitiam às pessoas uma sensação de modernidade e liberdade. Você já parou para pensar em como a tecnologia evoluiu rapidamente nesse período?

O crescente aumento da produção e a industrialização expandiram-se para outros países, o que acirrou a concorrência entre as empresas. Era cada vez mais necessário garantir novos mercados consumidores e melhores oportunidades de investimentos lucrativos, além de acesso a novas fontes de energia e de matérias-primas.

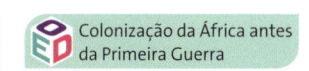
Automóvel Ford T
(por volta de 1920).

Foi nesse contexto do capitalismo que ocorreu a **expansão imperialista** europeia na África e na Ásia. Como ilustra a epígrafe deste capítulo, em texto de Cecil J. Rhodes, as potências imperialistas buscavam ampliar seus territórios, e os empresários, seus lucros. O capitalismo, desde sua origem na Europa, foi ampliando sua área de atuação no planeta. No Congresso de Berlim (1884-1885), as potências industriais da Europa partilharam o continente africano entre elas, como mostra o mapa abaixo. Na Ásia, extensas áreas também foram partilhadas, como a Índia (que passou a ser o território colonial britânico mais importante), conforme mostra o mapa da página a seguir.

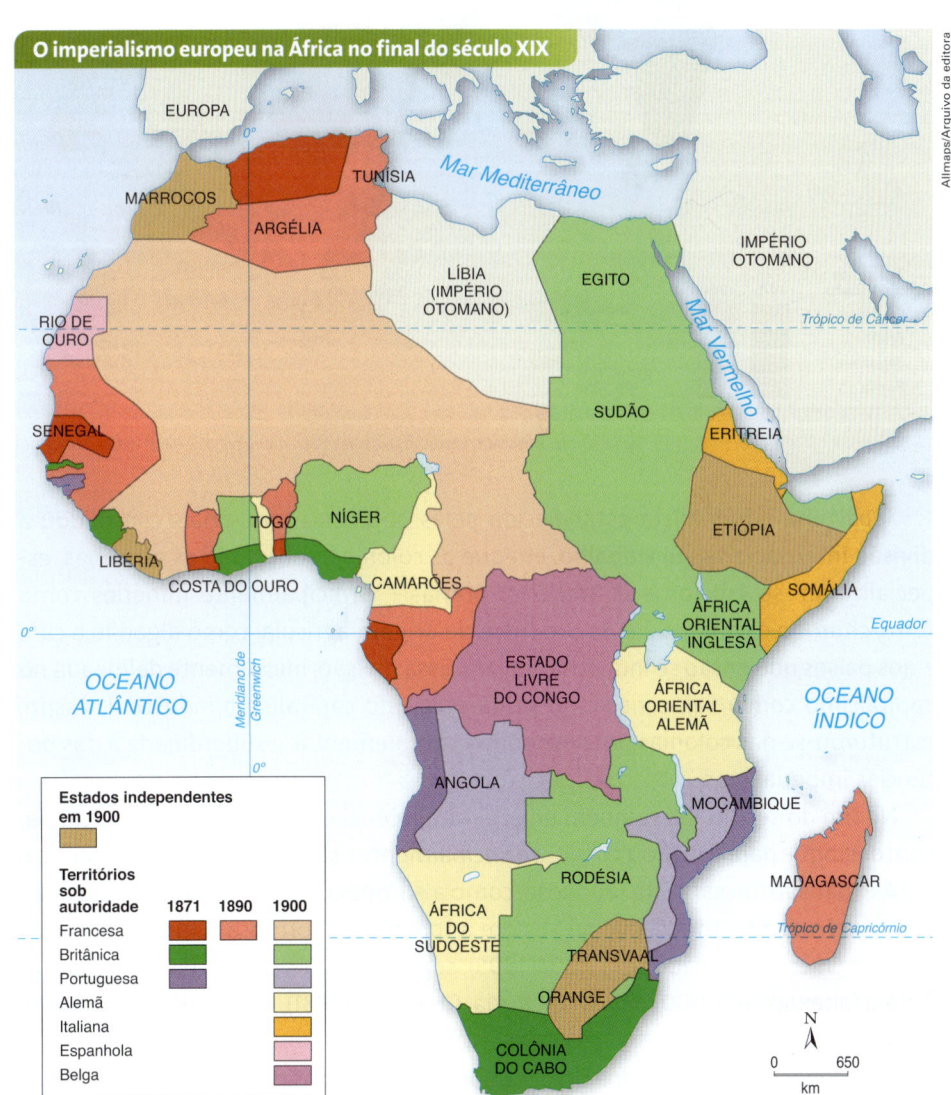

A conquista e a exploração do continente africano pelos países europeus não foram pacíficas. Vários povos ofereceram resistência. O Reino da Etiópia, por exemplo, resistiu à dominação italiana e conseguiu manter sua soberania. Em muitos casos, no entanto, houve total desestruturação social, com o consequente desaparecimento de importantes reinos.

Adaptado de: BONIFACE, Pascal. *Atlas des relations internationales*. Paris: Hatier, 2003. p. 16.

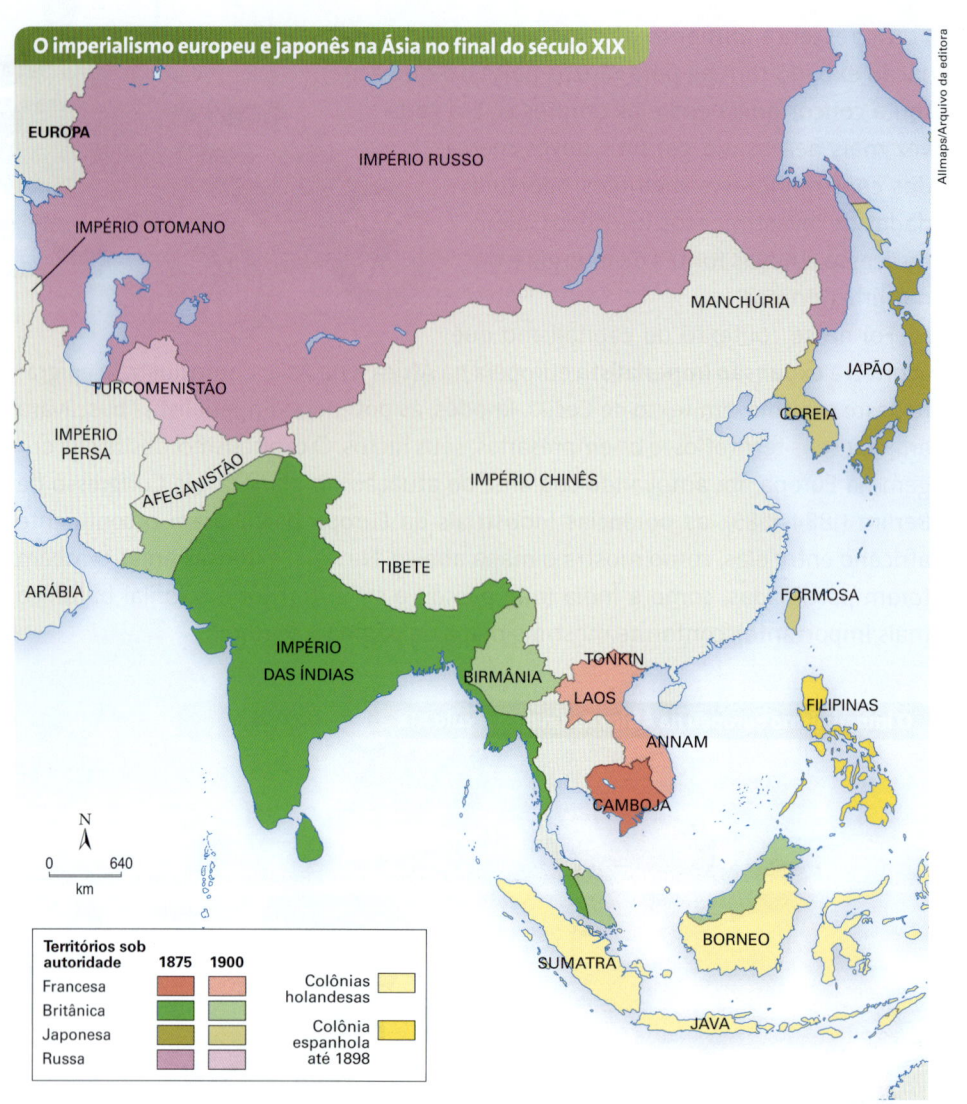

O imperialismo europeu e japonês na Ásia no final do século XIX

EUROPA

IMPÉRIO RUSSO

IMPÉRIO OTOMANO

TURCOMENISTÃO

MANCHÚRIA

JAPÃO

COREIA

IMPÉRIO PERSA

AFEGANISTÃO

IMPÉRIO CHINÊS

ARÁBIA

TIBETE

FORMOSA

IMPÉRIO DAS ÍNDIAS

BIRMÂNIA

TONKIN

LAOS

ANNAM

CAMBOJA

FILIPINAS

N

0 — 640 km

SUMATRA

BORNEO

JAVA

Territórios sob autoridade — 1875 — 1900

Francesa
Britânica
Japonesa
Russa

Colônias holandesas

Colônia espanhola até 1898

O grande crescimento demográfico da China no século XIX atraiu as potências imperialistas que buscavam mercado consumidor, mas a maior ocupação territorial britânica na Ásia ocorreu na Índia. Os entrepostos comerciais estabelecidos nas principais cidades de seu litoral rapidamente destruíram a importante indústria têxtil local e arrasaram sua economia.

Adaptado de: BONIFACE, Pascal. *Atlas des relations internationales*. Paris: Hatier, 2003. p. 16.

Allmaps/Arquivo da editora

A partilha imperialista estabelecida pelas potências industriais consolidou a **divisão internacional do trabalho**, em que as colônias, sobretudo as africanas, especializaram-se em fornecer matérias-primas – principalmente minérios como ferro, chumbo e cobre, além de produtos de origem agrícola, como algodão e café – aos países que então se industrializavam. Essa divisão, inicialmente delineada no capitalismo comercial, consolidou-se na etapa do capitalismo industrial. Assim, estruturou-se nas colônias uma economia complementar e subordinada à das potências imperialistas.

No fim do século XIX também emergiram potências industriais fora da Europa, com destaque para o Japão, na Ásia, e principalmente os Estados Unidos, na América.

A expansão imperialista japonesa, como a europeia, foi marcada pela ocupação e anexação de territórios. Iniciou-se com a tomada de Formosa (China), após a vitória na Guerra Sino-Japonesa (1894-1895), seguida pela ocupação da península da Coreia (anexada em 1910) e da Manchúria, China (em 1931), entre outros territórios (observe o mapa acima).

O imperialismo dos Estados Unidos sobre a América Latina foi um pouco diferente do dos países europeus sobre a África e a Ásia e do japonês, também sobre a Ásia. Enquanto nas colônias africanas e asiáticas as potências imperialistas europeias mantinham controle político e militar direto, os norte-americanos exerciam controle indireto, patrocinando golpes de Estado, principalmente na América Central e no Caribe, e apoiando a ascensão de ditadores nacionais, alinhados com os interesses dos Estados Unidos. As intervenções militares eram localizadas e temporárias, como o controle exercido sobre Cuba (1899-1902), ao final da vitória na Guerra Hispano-Americana, à qual se seguiram intervenções em diversos países da região.

Nessa etapa do capitalismo, os bancos assumiram um papel mais importante como financiadores da produção. Incorporaram indústrias, que, por sua vez, incorporaram ou criaram bancos para lhes dar suporte financeiro. Por esse motivo tornou-se cada vez mais difícil distinguir o capital industrial (também o agrícola, comercial e de serviços) do capital bancário. Uma melhor denominação passou a ser, então, **capital financeiro**.

Ao mesmo tempo, foi se consolidando, particularmente nos Estados Unidos, um vigoroso mercado de capitais. As empresas deixaram de ser familiares e se transformaram em sociedades anônimas de capital aberto, isto é, empresas que negociam suas ações em Bolsas de Valores. Isso permitiu a formação das grandes corporações da atualidade, cujas ações estão, em parte, distribuídas entre milhares de acionistas. Em geral, essas grandes empresas têm um acionista majoritário, que pode ser uma pessoa, uma família, uma fundação, um banco ou uma *holding*, ao passo que os pequenos investidores são proprietários do restante, muitas vezes milhões de ações.

Ação: documento que representa uma parcela do patrimônio de determinada empresa. Assim, o detentor (pessoa física ou jurídica) de um conjunto de ações é dono de uma fração da empresa que emitiu esses títulos de propriedade. O controlador da empresa é aquele que possui a maior parte de suas ações.

Holding: conjunto de empresas dominadas por uma empresa principal que detém a maioria ou parte significativa das ações de suas subsidiárias e geralmente atua em vários setores da economia, formando um conglomerado. Simboliza o estágio mais avançado do processo capitalista de concentração de capitais.

A expansão do mercado de capitais é uma das marcas do capitalismo financeiro. É nas Bolsas de Valores que se negociam as ações de empresas de capital aberto. Na foto, de 2010, a Bolsa de Valores de Nova York (New York Stock Exchange – NYSE), a maior do mundo em capitalização.

O mercado passou a ser dominado por grandes corporações. Portanto, o liberalismo permanecia muito mais como ideologia capitalista, porque, na prática, a livre concorrência, característica da etapa industrial do capitalismo, era bastante limitada. O Estado, por sua vez, passou a intervir na economia como agente produtor ou empresário, mas, sobretudo, como planejador e coordenador. Essa atuação se intensificou após a crise econômica de 1929, que, como mostra o gráfico abaixo, provocou acentuada queda da produção industrial e do comércio e aumento do desemprego em todo o planeta.

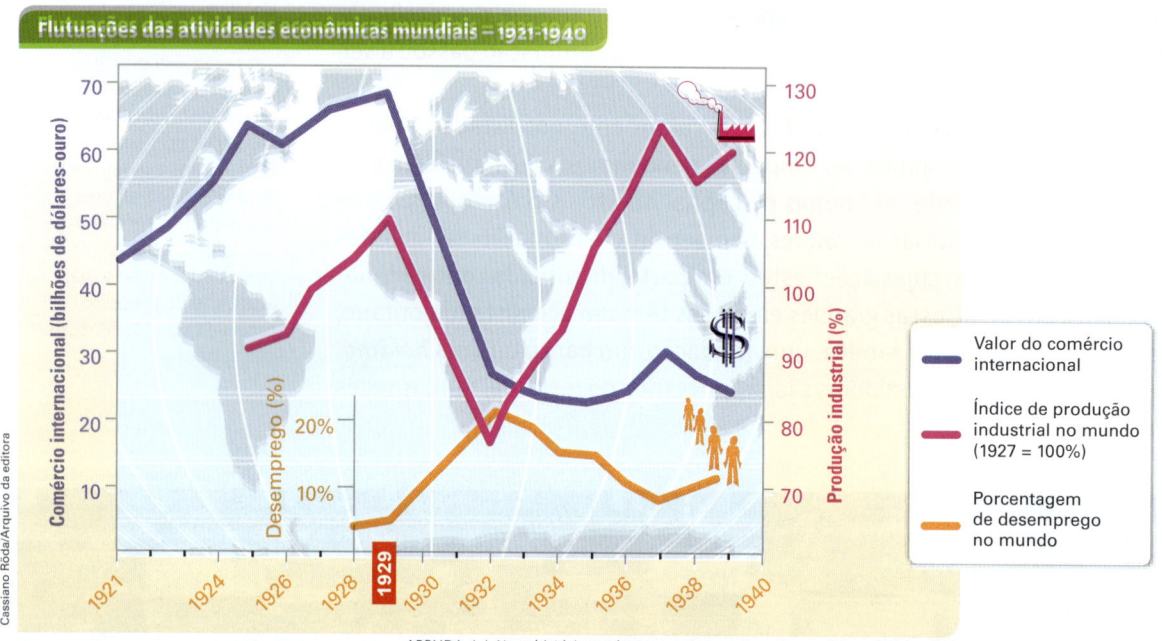

Flutuações das atividades econômicas mundiais – 1921-1940

ARRUDA, J. J. *Nova história moderna e contemporânea*. Bauru: Edusc, 2004. p. 104.

A linha laranja do gráfico mostra a porcentagem de desempregados no mundo a partir de 1928; a roxa, a variação do comércio internacional desde 1921; e a rosa, a produção industrial mundial a partir de 1925. Em 1929, no início da crise, tanto o comércio internacional como a produção industrial sofreram quedas significativas e, ao mesmo tempo, houve uma elevação do desemprego. Porém, o "fundo do poço" ocorreu em 1932.

Em 1933, Franklin Roosevelt, então presidente dos Estados Unidos, pôs em prática um plano de combate à crise que se estendeu até 1939. Chamado *New Deal* (em inglês, 'novo plano' ou 'novo acordo'), foi um clássico exemplo de intervenção do Estado na economia. Baseado em um audacioso plano de construção de obras públicas e de estímulos à produção, visando reduzir o desemprego, o *New Deal* foi fundamental para a recuperação da economia norte-americana e, posteriormente, do restante do mundo, como mostrou o gráfico anterior. A política de intervenção estatal em uma economia oligopolizada ficou conhecida como **keynesianismo**, em decorrência de o economista John Keynes ter sido o principal teórico e defensor (reveja o infográfico nas páginas 280 e 281). Representou claramente uma contraposição ao liberalismo clássico, que até então permanecia como ideologia capitalista dominante. Keynes sistematizou essa política econômica em sua obra principal, *A teoria geral do emprego, do juro e da moeda*. O livro, escrito durante a depressão que sucedeu a crise de 1929, foi publicado em 1936, mas alguns aspectos do *New Deal* já haviam sido influenciados por suas ideias.

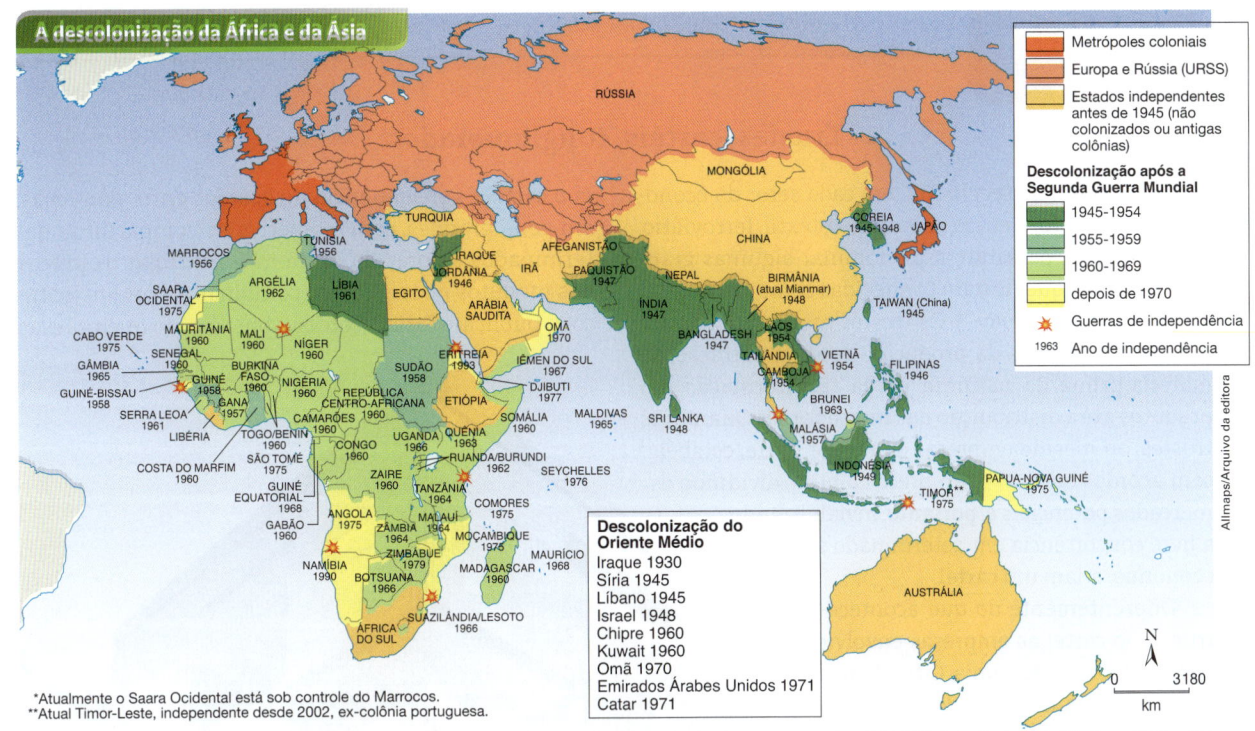

A descolonização da África e da Ásia

Metrópoles coloniais

Europa e Rússia (URSS)

Estados independentes antes de 1945 (não colonizados ou antigas colônias)

Descolonização após a Segunda Guerra Mundial

1945-1954

1955-1959

1960-1969

depois de 1970

Guerras de independência

1963 Ano de independência

Descolonização do Oriente Médio
Iraque 1930
Síria 1945
Líbano 1945
Israel 1948
Chipre 1960
Kuwait 1960
Omã 1970
Emirados Árabes Unidos 1971
Catar 1971

*Atualmente o Saara Ocidental está sob controle do Marrocos.
**Atual Timor-Leste, independente desde 2002, ex-colônia portuguesa.

Adaptado de: CHALIAND, Gerard; RAGEAU, Jean-Pierre. *Atlas du millénaire*: la mort des empires 1900-2015. Paris: Hachette Lettératures, 1998. p. 163.

Allmaps/Arquivo da editora

Superada a crise, com a retomada do crescimento da economia, principalmente após a Segunda Guerra Mundial (1939-1945), começam a se consolidar os grandes conglomerados capitalistas.

Ao se transformar em conglomerados, as grandes corporações diversificaram os setores e os mercados de atuação. Expandindo-se pelo mundo, principalmente após a Segunda Guerra Mundial, transformaram-se em empresas transnacionais. Oriundas da tendência expansionista do capitalismo, essas empresas se caracterizam por desenvolver uma estratégia de atuação internacional partindo de uma base nacional, onde se localiza sua sede e da qual controlam as filiais espalhadas por outros países (estudaremos a expansão das transnacionais no próximo capítulo).

A independência dos países da África e da Ásia foi marcada por violentos conflitos entre colonizadores e colonizados e por divisões internas nas sociedades que lutavam pela libertação. A Índia colonial, por exemplo, foi dividida em três nações por causa das diferenças religiosas: Índia (seguidora do hinduísmo), Paquistão e Bangladesh (seguidores do islamismo).

O desfecho da Segunda Guerra Mundial agravou o processo de decadência das antigas potências europeias, que já vinha ocorrendo desde o fim da Primeira Guerra Mundial. Aos poucos, elas foram perdendo seus domínios coloniais na Ásia e na África (observe o mapa acima) e, com a destruição provocada pela Grande Guerra, o centro de poder mundial foi deslocado, com a emergência de duas superpotências, os Estados Unidos e a União Soviética, os grandes vencedores desse conflito bélico.

Do ponto de vista econômico, o pós-Segunda Guerra foi marcado por acentuada mundialização da economia capitalista, sob o comando das transnacionais. Foi a época em que se originaram as profundas transformações econômicas pelas quais o mundo vem passando, sobretudo a partir do fim dos anos 1970, com a Terceira Revolução Industrial e o processo de globalização da economia.

O filme **Tucker: um homem e seu sonho** aborda o capitalismo monopolista e mostra como funciona um cartel. Veja a indicação na seção **Sugestões de leitura, filmes e *sites***.

Trustes, cartéis, conglomerados

Desde o fim do século XIX, em cada setor da economia – petrolífero, elétrico, siderúrgico, têxtil, ferroviário, entre outros – passaram a predominar algumas grandes empresas, que ficaram conhecidas como **trustes** (do inglês, *trust*, "confiança"). Os trustes costumam controlar todas as etapas da produção, desde a extração da matéria-prima da natureza e sua transformação em produtos até a distribuição das mercadorias. Quando os trustes, ou mesmo empresas de menor porte, estabelecem acordos entre si e um preço comum, dividindo os mercados potenciais e, portanto, inviabilizando a livre concorrência em determinado setor da economia, criam um **cartel**.

Diferentemente do que acontece no truste, no cartel as empresas envolvidas não perdem a autonomia. O truste resulta de fusões e incorporações ocorridas em determinado setor de atividade, como aconteceu, principalmente, com empresas petrolíferas e automobilísticas, que se tornaram gigantescas.

Já o cartel é consequência de acordos entre empresas, em geral grandes, com o objetivo de compartilhar determinados setores da economia, controlar os preços dos produtos no mercado e combinar preços em licitações públicas. Esses acordos abusivos entre empresas

> **Cartel:** conjunto de empresas que atuam no mesmo setor da economia e estabelecem acordos visando à ampliação de suas margens de lucro, geralmente mediante estabelecimento de cotas de produção, controle dos preços, domínio das fontes de matéria-prima e divisão do mercado. O objetivo é enfraquecer os concorrentes que não pertencem ao cartel.

Rich Press Bloomberg/Getty Images

A Petróleo Brasileiro S.A. (Petrobras) foi criada em 1953 no governo Getúlio Vargas. Na foto de 2011, edifício-sede da empresa no centro do Rio de Janeiro (RJ). O grupo Petrobras atua no setor energético, incluindo a exploração, a produção, o refino e a comercialização de petróleo, e na distribuição de derivados, gás natural, biocombustíveis e energia elétrica.

inibem a competição no setor em que ocorrem – elevando o preço dos produtos e prejudicando os consumidores – e distorcem as concorrências públicas – elevando o preço das obras e prejudicando os contribuintes-cidadãos. Por isso, na maioria dos países, foram criadas leis que proíbem a cartelização. No Brasil, a lei 12.529, de 30 de novembro de 2011, sobretudo em seu artigo 116, define esse abuso de poder das empresas como crime contra a ordem econômica.

Muitos trustes constituídos no fim do século XIX e início do século XX transformaram-se em **conglomerados**, que resultaram de um ampliado processo de concentração de capitais e de uma crescente diversificação dos negócios. Os conglomerados, também chamados grupos ou corporações, visam dominar a oferta de determinados produtos ou serviços no mercado e são o exemplo mais bem-acabado de empresas do capitalismo monopolista. Controlados por uma *holding* (do inglês *holding company*, "empresa controladora"), atuam em diferentes setores da economia. Seu objetivo é a manutenção da estabilidade do conglomerado, garantindo uma lucratividade média, já que pode haver rentabilidades diferentes em cada setor e, consequentemente, em cada empresa do grupo.

Por exemplo, o grupo General Electric, sediado nos Estados Unidos, atua em diversos ramos industriais. Fabrica uma grande variedade de produtos – lâmpadas elétricas, fogões, geladeiras, equipamentos médicos, motores de avião, turbinas para hidrelétricas etc. – e atua nos setores financeiro e de comunicações. Há, especialmente nos países desenvolvidos, exemplos variados de conglomerados que atuam em diversos setores da economia: Daimler (Alemanha), Sony (Japão), Fiat (Itália), Nestlé (Suíça), Unilever (Reino Unido/Países Baixos), mas já há também importantes conglomerados em países emergentes: Sinopec (China), Hyundai (Coreia do Sul), Tata (Índia), Pemex (México), etc. No Brasil também há conglomerados importantes, como a Petrobras, maior empresa brasileira (veja ao lado as principais empresas do Grupo Petrobras), a Itaúsa, o Bradesco, a Vale, a Ultrapar, entre outros.

A Petrobras é uma Sociedade Anônima (S.A.), isto é, uma companhia de capital aberto cujas ações são negociadas em Bolsa de Valores, como a BM&FBovespa. O governo brasileiro é seu principal acionista: em 2013 a União Federal era proprietária de 50,3% das ações ordinárias (com direito a voto) e detinha 28,7% do capital social do grupo – somas das ações ordinárias e preferenciais (sem direito a voto).

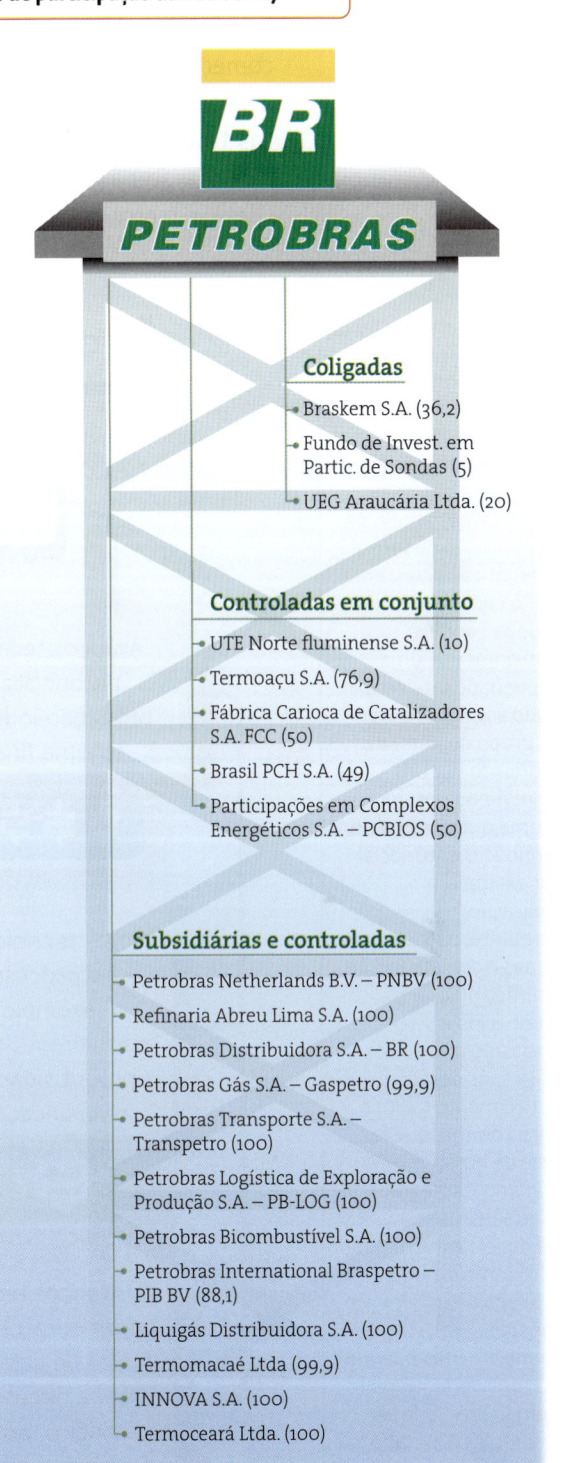

Grupo Petrobras: principais empresas (% de participação da Petrobras)

Coligadas
- Braskem S.A. (36,2)
- Fundo de Invest. em Partic. de Sondas (5)
- UEG Araucária Ltda. (20)

Controladas em conjunto
- UTE Norte fluminense S.A. (10)
- Termoaçu S.A. (76,9)
- Fábrica Carioca de Catalizadores S.A. FCC (50)
- Brasil PCH S.A. (49)
- Participações em Complexos Energéticos S.A. – PCBIOS (50)

Subsidiárias e controladas
- Petrobras Netherlands B.V. – PNBV (100)
- Refinaria Abreu Lima S.A. (100)
- Petrobras Distribuidora S.A. – BR (100)
- Petrobras Gás S.A. – Gaspetro (99,9)
- Petrobras Transporte S.A. – Transpetro (100)
- Petrobras Logística de Exploração e Produção S.A. – PB-LOG (100)
- Petrobras Bicombustível S.A. (100)
- Petrobras International Braspetro – PIB BV (88,1)
- Liquigás Distribuidora S.A. (100)
- Termomacaé Ltda (99,9)
- INNOVA S.A. (100)
- Termoceará Ltda. (100)

Adaptado de: PETROBRAS. *Análise financeira e demonstrações contábeis 2012.* Rio de Janeiro, 2012. p. 44-45.

4 O capitalismo informacional

A Revolução Informacional

Com o início da **Terceira Revolução Industrial**, também conhecida como **Revolução Técnico-Científica** ou **Informacional**, o capitalismo, como propõe o sociólogo espanhol Manuel Castells, atingiu seu período informacional. Essa nova etapa começou a se desenvolver no pós-Segunda Guerra, mas se intensificou sobretudo a partir dos anos 1970 e 1980. A partir desse período, empresas, instituições e diversas tecnologias possibilitaram ampliar a produtividade econômica e acelerar os fluxos materiais e imateriais — de capitais, mercadorias, informações e pessoas. Observe o esquema a seguir.

Conhecimento, segundo o sociólogo Daniel Bell, é "um conjunto de exposições ordenadas de fatos e ideias que apresentam um juízo racional ou um resultado experimental, que se transmite a outros por meio de algum meio de comunicação de forma sistemática". Acrescenta que "o conhecimento é o que se conhece objetivamente, uma propriedade intelectual, ligado a um nome ou a um grupo de nomes e certificado por um *copyright* ou por alguma outra forma de reconhecimento social (por exemplo, a publicação)". Entretanto, não é apenas o conhecimento científico ou o reconhecido e certificado que pode ser assim considerado. O conhecimento tácito ou senso comum, que faz parte de nosso cotidiano e assegura nosso senso de realidade, também deve sê-lo. Como diz o sociólogo Allan Johnson: "Conhecimento é aquilo que consideramos real e verdadeiro. Pode ser tão simples e banal como dar o laço nos sapatos ou tão abstrato e complexo como a física de partículas".

Capitalismo e Revolução Informacional

Capitalismo informacional

- Avanços tecnológicos potencializaram a produção industrial e o sistema financeiro
- Característica fundamental dessa etapa do desenvolvimento capitalista é a crescente importância do conhecimento
- Novas tecnologias empregadas no processo produtivo, a exemplo da robótica, permitiram grande aumento da produtividade industrial e da diversificação dos produtos
- Avanços tecnológicos na informática permitiram que os fluxos de capitais ocorressem sem a necessidade física do dinheiro, possibilitando um enorme crescimento do setor financeiro globalizado
- Produtos e serviços têm um conjunto cada vez maior de conhecimentos a eles agregados, valorizando-os

Produtos e serviços têm, portanto, uma nova característica – seu crescente teor **informacional**. Mas o conhecimento também vai se incorporando ao território, constituindo o que o geógrafo Milton Santos chamou de **meio técnico-científico-informacional**, que aparece predominantemente nos países desenvolvidos e nas regiões mais modernas dos países emergentes, e é a base para os fluxos da globalização.

Os países na vanguarda da Revolução Informacional são aqueles que lideram a Pesquisa e Desenvolvimento, com destaque para os Estados Unidos, país que mais investe em P&D em números absolutos (faça a conta: 2,9% de um PIB de 14,6 trilhões de dólares, em 2010), que apresenta o maior número de pesquisadores (cerca de 1,5 milhão de cientistas), que mais publica artigos técnicos e científicos em revistas especializadas e que obtém as maiores receitas de *royalties* e taxas de licenciamento sobre novas tecnologias de produtos e serviços. Observe a tabela abaixo.

Em 2010, nos Estados Unidos, foi investido um montante de 423 bilhões de dólares em pesquisa (valor equivale à soma dos PIB de Argentina, Equador e Bolívia). Esse investimento foi feito por órgãos do governo – como a Nasa e o Departamento de Defesa –, por empresas privadas, universidades e outras instituições de pesquisa. Para exemplificar: apenas a Microsoft, fabricante de *softwares* com sede em Seattle, estado de Washington, gastou quase 9 bilhões de dólares em pesquisa naquele ano, como mostra o gráfico ao lado. Para comparar: no Brasil, no mesmo ano, foram investidos cerca de 21 bilhões de dólares em pesquisa, valor que, por sua vez, superou em 3 bilhões o PIB da Bolívia. Vendo de outra forma: os investimentos em P&D da Microsoft corresponderam à metade do PIB boliviano.

Observe que, depois de seguidos aumentos, em 2010 houve uma queda nos investimentos em P&D. Isso se deve à crise financeira de 2008/2009. Mesmo assim, a Microsoft tem se mantido como a principal empresa investidora em P&D nos Estados Unidos.

Royalty: compensação financeira (taxa de licenciamento) ou parte do lucro paga ao detentor de uma propriedade intelectual ou um direito qualquer. Por exemplo, pagam-se *royalties* para o licenciamento de uso de uma tecnologia (máquina, remédio, desenho industrial, etc.) desenvolvida por uma pessoa, empresa ou instituição e protegida por uma patente, ou para explorar petróleo em um território, entre muitas outras situações.

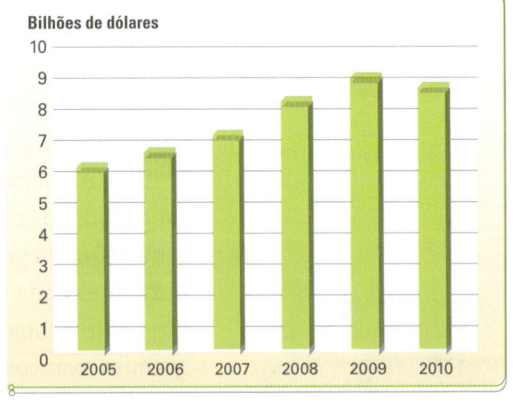

Microsoft: gastos com Pesquisa e Desenvolvimento

Adaptado de: BISHOP, Todd. Microsoft's Annual R&D Spending Dips for First Time in Five Years. *Puget Sound Business Journal.* Seattle, WA, USA, 26 jul. 2010. Disponível em:<www.bizjournals.com/seattle/blog/techflash/2010/07/microsofts_annual_rd_expenses_dip_for_first_time_in_five_years.html>. Acesso em: 8 abr. 2014.

Pesquisa e desenvolvimento (P&D) em países selecionados				
País*	**Investimento em P&D (% do PIB) 2005-2010****	**Pesquisadores em P&D (por milhão de habitantes) 2005-2010****	**Artigos publicados em revistas técnicas e científicas – 2009**	**Receita com *royalties* e licenças (em milhões de dólares) – 2012**
Estados Unidos	2,90	4 673	208 601	124 182
Japão	3,36	5 180	49 627	31 892
Alemanha	2,82	3 979	45 003	13 870
Reino Unido	1,76	3 794	45 649	12 628
Coreia do Sul	3,74	5 481	22 271	3 436
China	1,70	863	74 019	1 044
Rússia	1,16	3 092	14 016	664
Brasil	1,16	704	12 306	511
Índia	0,76	136	19 917	302
Argentina	0,60	1 091	3 655	162
México	0,40	384	4 128	96
África do Sul	0,93	393	2 864	67

* Posição segundo as receitas com *royalties* e licenças. ** Dados do ano mais recente disponível no período para cada país.

THE WORLD BANK. *World Development Indicators 2013: science and technology.* Washington D.C., 2013. Disponível em: <http://wdi.worldbank.org/tables>. Acesso em: 8 abr. 2014.

As duas revoluções industriais anteriores foram impulsionadas pelo desenvolvimento de novas fontes de energia – a primeira, por carvão, e a segunda, por petróleo e eletricidade. A revolução ora em curso é impulsionada pelo conhecimento, embora, evidentemente, a energia continue sendo fator crucial (um computador de última geração não funciona sem energia elétrica ou bateria e os automóveis ainda são movidos predominantemente por combustíveis derivados de petróleo). Durante a expansão imperialista, era imprescindível para as indústrias o acesso a fontes de matérias-primas e de energia para a manutenção do processo produtivo. Hoje, na época da globalização (vamos estudar a atual fase da expansão capitalista no próximo capítulo), embora o acesso a recursos naturais continue sendo muito importante, é imprescindível o acesso ao conhecimento, fruto de investimentos em Pesquisa e Desenvolvimento.

Desde os primórdios da espécie humana, as sociedades produzem conhecimentos diversos: uma ferramenta, como um arado puxado por um animal, por exemplo, que produziu avanços na agricultura, implicou algum conhecimento para produzi-lo e utilizá-lo. O que mudou hoje, então? Atualmente, o conhecimento é o principal responsável pelo desenvolvimento, pela produção e utilização de produtos e serviços. Por isso, quanto mais avançados eles forem, mais incorporam conhecimentos, que são a base da atual Revolução Técnico-Científica.

Desde a década de 1970, está havendo uma grande revolução nas unidades de produção, nos serviços e nas residências. Grande parte dessa revolução deve-se a uma pequena peça de silício chamada *chip*, que possibilitou a construção de computadores cada vez mais rápidos, precisos e baratos. O desenvolvimento de satélites e de cabos de fibra óptica, entre outras tecnologias, tem permitido obter grandes avanços nas telecomunicações. As tecnologias da informação e comunicação têm facilitado o gerenciamento de dados e acelerado o fluxo de capitais, mercadorias e informações em escala mundial por diversos meios, entre os quais se destaca a internet.

Com a aceleração contemporânea, o capitalismo atingiu o estágio planetário, a atual fase de **globalização**. Estrutura-se um mundo cada vez mais integrado por modernos meios de transportes e telecomunicações. Por isso podemos dizer que vivemos em um capitalismo informacional-global. Entretanto, como veremos no próximo capítulo, a globalização e seus fluxos abarcam o espaço geográfico de forma bastante desigual, pois alguns países e regiões estão mais integrados que outros, e os "comandantes" desse processo estão concentrados em poucos lugares.

Os bens materiais e imateriais têm cada vez mais valor agregado pela incorporação de tecnologias resultantes de elevados investimentos em P&D. Além de sofisticados programas de computadores, que, por serem produtos virtuais, podem ser baixados da internet (na imagem, página de *download* da Microsoft), bens materiais mais simples também exigem muito dinheiro para serem desenvolvidos. Por exemplo, a Gillette gastou 750 milhões de dólares para pesquisar, desenvolver e testar o aparelho de barbear da foto.

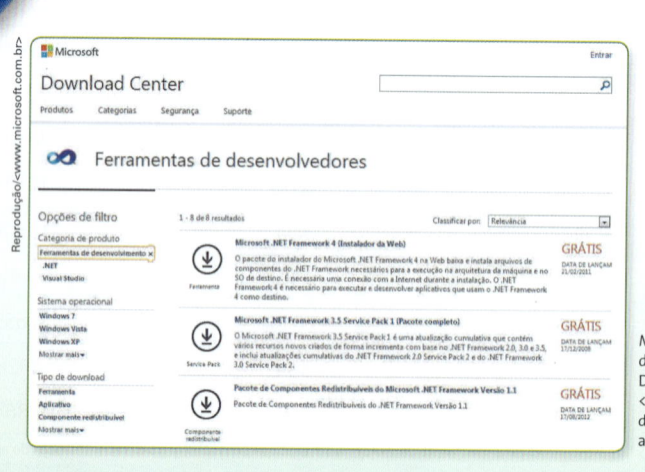

MICROSOFT. Trecho da página de *download* do *site* da empresa. Disponível em: <www.microsoft.com/pt-br/download/developer-tools.aspx>. Acesso em: 8 abr. 2014.

As primeiras indústrias, da era das chaminés, desenvolveram-se em torno das bacias carboníferas. Atualmente, as empresas da era informacional estão próximas a universidades e outras instituições de pesquisa, onde se desenvolvem os **parques tecnológicos** ou **tecnopolos** (vamos estudá-los no capítulo 18). Nesses novos centros industriais, concentram-se as empresas de informática (*hardware* e *software*), internet, robótica, biotecnologia, entre outras de alta tecnologia. Na foto, sede do Google, no Vale do Silício, Califórnia (Estados Unidos), em 2013.

A crise financeira e o neoliberalismo em xeque

O neoliberalismo (veja o infográfico nas páginas 280 e 281) é uma doutrina econômica que se desenvolveu desde o final dos anos 1930, mas só foi praticada nos Estados Unidos sob a presidência de Ronald Reagan (1981-1988), e no Reino Unido sob o governo da primeira-ministra Margaret Thatcher (1979-1990). Especialmente na década de 1990, as políticas neoliberais se disseminaram por meio de organismos controlados por esses países, como o Fundo Monetário Internacional (FMI) e o Banco Mundial, e atingiram os países em desenvolvimento.

Ao assumir a Presidência dos Estados Unidos, Ronald Reagan (Partido Republicano), em seu discurso de posse proferido em 20 de janeiro de 1981, afirmou: "Na atual crise, o governo não é a solução de nossos problemas; o governo é o problema". Ele se referia à crise capitalista dos anos 1970, que evidenciava certo esgotamento das políticas keynesianas e era agravada pelos choques do petróleo (elevação dos preços do barril em 1973 e 1979). O governo Reagan foi marcado por redução do papel regulador do Estado na economia, por cortes de impostos – que beneficiavam especialmente os mais ricos –, supostamente para estimular o investimento e a produção, e por imposição da doutrina neoliberal aos países em desenvolvimento.

O neoliberalismo, no plano internacional, tinha o objetivo de reduzir as barreiras aos fluxos globais de mercadorias e capitais (abertura econômica e financeira), o que beneficiou principalmente os países desenvolvidos e suas corporações transnacionais. Entretanto, alguns países emergentes, como a China, a Índia, os Tigres Asiáticos, o México e o Brasil, também se beneficiaram ao receber muitos investimentos produtivos e ampliar sua participação no comércio mundial.

A ampliação dos fluxos de capitais, principalmente o financeiro, e a falta de controle estatal sobre o mercado – sobretudo nos Estados Unidos, país de forte tradição liberal – acabou acarretando uma grave crise econômica em 2008/2009. Nos Estados Unidos, a crise teve seu auge em setembro de 2008, com a falência do Lehman Brothers, centenário banco de investimento. A mais grave crise desde 1929 originou-se no sistema financeiro norte-americano e em pouco tempo se espalhou pelo mundo, atingindo também a economia real de diversos países.

Dessa forma, o neoliberalismo foi posto em xeque, como fica evidente no discurso de posse do primeiro mandato do presidente dos Estados Unidos, Barack Obama (Partido Democrata), proferido no dia 20 de janeiro de 2009: "Tampouco a pergunta diante de nós é se o mercado é uma força do bem ou do mal. Seu poder para gerar riqueza e expandir a liberdade não tem igual, mas esta crise nos fez lembrar que, sem um olhar atento, o mercado pode sair do controle – e que uma nação não pode prosperar por muito tempo se favorece apenas os prósperos". Trata-se de um discurso muito diferente do feito por Ronald Reagan 28 anos antes.

Como Obama admitiu na ocasião, o principal motivo da crise econômica foi a fiscalização deficiente do mercado, principalmente financeiro, por parte do Estado. Com o propósito de corrigir essa falha, em junho de 2009 o governo dos Estados Unidos lançou um plano de regulação, considerado a maior intervenção estatal na economia desde os anos 1930 (pós-crise de 1929). Entre outras medidas, esse plano assegurou amplos poderes ao Federal Reserve (ou Fed, o Banco Central dos Estados Unidos) para regular e supervisionar todo o sistema financeiro do país. Para isso foi criada uma agência com o intuito de supervisionar os bancos. O governo poderá intervir em empresas "grandes demais para quebrar" (expressão que acabou virando título de um filme), evitando, assim, que possam contaminar o mercado. Também foi criada a Agência de Proteção dos Consumidores, cujo objetivo é coibir práticas abusivas do setor financeiro, como ocorreu no caso das **hipotecas**.

Em um país de forte tradição liberal, é natural que esse plano sofresse resistência da oposição, do Partido Republicano e, principalmente, das empresas financeiras, que não teriam mais total liberdade de atuação no mercado. Um dia antes do lançamento do plano, Obama já alertava para esse fato: "Vamos ouvir muita conversa de que não precisamos de mais regulação e de que não queremos as mãos do governo sobre o mercado. Mas não podemos esquecer o desastre em que nos metemos exatamente pela falta dessa regulamentação mais rigorosa, o que levou a um comportamento irresponsável de alguns". Para entender melhor a origem da crise econômico-financeira iniciada no mercado imobiliário *subprime* dos Estados Unidos, leia o texto das páginas 300 e 301, do economista Ladislau Dowbor.

Durante a crise na Europa (2009-2012), apesar de o neoliberalismo estar em xeque, foram adotadas medidas para reduzir os gastos públicos e o tamanho do Estado. Essa política econômica provocou perdas trabalhistas e sociais – redução de salários, cortes de gastos em saúde, aposentadorias, etc. –, o que aprofundou a crise e gerou diversos protestos. Na foto, manifestação das centrais sindicais União Geral dos Trabalhadores (UGT) e Comissões Operárias (CO) no dia do trabalho (1º/5/2012) em Tarragona, Catalunha (Espanha). A faixa, escrita em catalão, informa: "Ocupação digna, sim. Cortes sociais, não".

Cesar O. C. Rubi/Alamy/Other Images

A partir de 2010, a crise financeira foi amenizada nos Estados Unidos, mas atingiu mais fortemente a Europa, sobretudo as economias menores e mais endividadas da Zona do Euro. Muitos governos aumentaram demasiadamente sua dívida pública, às vezes muito além do tamanho do PIB. Na Grécia, por exemplo, a dívida cresceu tanto que se tornou impagável: em 2011, chegou a 356 bilhões de euros, o que correspondia a 171% do PIB. Essa situação obrigou o governo a recorrer à ajuda do Banco Central Europeu, da União Europeia e do FMI para honrar seus compromissos, provocando uma pequena queda do endividamento, mas que ainda se mantém elevado, como mostra a tabela a seguir. Esses organismos impuseram uma série de cortes de despesas públicas e gastos sociais, como redução no valor das aposentadorias, o que provocou fortes manifestações populares, como mostra a foto acima. Observe na tabela abaixo que em praticamente todos os países listados houve, em maior ou menor grau, um aumento do endividamento público. Isso ocorreu por causa do:

- salvamento de bancos e outras empresas financeiras, como nos Estados Unidos;
- aumento das taxas de juros cobradas pelos credores para a rolagem da dívida, como nos países do Mediterrâneo;
- estímulo à recuperação da economia, em quase todos os países, incluindo o Brasil.

A Grécia foi o país europeu que mais sofreu com a crise econômica a partir de 2009. Diversos setores sociais passaram a organizar protestos contra a austeridade da política econômica imposta à população na tentativa de superar a crise. Na foto, pessoas empunham bandeiras gregas durante um protesto na praça Syntagma, em Atenas, em 2011.

Dívida pública de países selecionados				
	2008		2012	
País* (moeda)	Dívida absoluta (bilhões)	Dívida relativa (% do PIB)	Dívida absoluta (bilhões)	Dívida relativa (% do PIB)
Grécia (euro)	262	112	307	159
Itália (euro)	1 671	106	1 988	127
Portugal (euro)	123	72	203	123
Irlanda (euro)	80	44	192	117
Estados Unidos (dólar)	10 797	76	16 708	107
Espanha (euro)	437	40	884	84
Alemanha (euro)	1 652	67	2 167	82
Brasil (real)	1 927	64	3 014	68
Índia (rúpia)	40 702	73	65 180	67
Argentina (peso)	604	59	970	45
China (yuan)	5 327	17	11 866	23

FMI. World Economic Outlook Database, abr. 2013. Disponível em: <www.imf.org/external/pubs/ft/weo/2013/01/weodata/index.aspx>. Acesso em: 8 abr. 2014.

* Posição segundo a dívida relativa em 2012.

A crise financeira sem mistérios

O estopim da crise financeira de 2008 foi o mercado imobiliário norte-americano. Abriu-se crédito para a compra de imóveis por parte de pessoas qualificadas pelos profissionais do mercado de Ninjas (*No Income, no Jobs, no Savings*[2]). Empurra-se uma casa de 300 mil dólares para uma pessoa, digamos assim, pouco capitalizada. Não tem problema, diz o corretor: as casas estão se valorizando, em um ano a sua casa valerá 380 mil, o que representa um ganho seu de 80 mil, que o senhor poderá usar para saldar uma parte dos atrasados e refinanciar o resto. O corretor repassa este contrato – simpaticamente qualificado de "subprime", pois não é totalmente de primeira linha, é apenas subprimeira linha – para um banco, e os dois racham a perspectiva suculenta dos 80 mil dólares que serão ganhos e pagos sob forma de reembolso e juros. O banco, ao ver o volume de "subprime" na sua carteira, decide repassar uma parte do que internamente qualifica de "*junk*" (aproximadamente lixo), para quem irá "securitizar"[3] a operação, ou seja, assegurar certas garantias em caso de inadimplência total, em troca evidentemente de uma taxa. Mais um pequeno ganho sobre os futuros 80 mil, que evidentemente ainda são hipotéticos. Hipotéticos mas prováveis, pois a massa de crédito jogada no mercado imobiliário dinamiza as compras, e a tendência é os preços subirem.

As empresas financeiras que juntam desta forma uma grande massa de "junk" assinados pelos chamados "ninjas", começam a ficar preocupadas, e empurram os papéis mais adiante. No caso, o ideal é um poupador sueco, por exemplo, a quem uma agência local oferece um "ótimo negócio" para a sua aposentadoria, pois é um "subprime", ou seja, um tanto arriscado, mas que paga bons juros. Para tornar o negócio mais apetitoso, o lixo foi ele mesmo dividido em AAA, BBB, e assim por diante, permitindo ao poupador, ou a algum fundo de aposentadoria menos cauteloso, adquirir lixo qualificado. O nome do lixo passa a ser designado como SIV, ou *Structured Investment Vehicle*, o que é bastante mais respeitável. Os papéis vão assim se espalhando e enquanto o valor dos imóveis nos EUA sobe, formando a chamada "bolha", o sistema funciona, permitindo o seu alastramento, pois um vizinho conta a outro quanto a sua aposentadoria já valorizou.

Para entender a crise atual [2008-2009], não muito diferente no seu rumo geral do caso da Enron, basta fazer o caminho inverso. Frente a um excesso de pessoas sem recurso algum para pagar os compromissos assumidos, as agências bancárias nos EUA são levadas a executar a hipoteca, ou seja, apropriam-se das casas. Um banco não vê muita utilidade em acumular casas, a não ser para vendê-las e recuperar dinheiro. Com numerosas agências bancárias colocando casas à venda, os preços começam a baixar fortemente. Com isso, o Ninja que esperava ganhar os 80 mil para ir financiando a sua compra irresponsável, vê que a sua casa não apenas não valorizou, mas perdeu valor. O mercado de imóveis fica saturado, os preços caem mais ainda, pois cada agência ou particular procura vender rapidamente antes que os preços caiam mais ainda. A bolha estourou. O sueco que foi o último elo e que ficou com os papéis – agora já qualificados de "papéis tóxicos" – é informado pelo gerente da sua conta que lamentavelmente o seu fundo de aposentadoria tornou-se muito pequeno. "O que se pode fazer, o senhor sabe, o mercado é sempre um risco." O sueco perde a aposentadoria, o Ninja volta para a rua, alguém tinha de perder. Este alguém, naturalmente, não seria o intermediário financeiro. Os fundos de pensão são o alvo predileto, como o foram no caso da Enron.

Casa à venda por preço reduzido em Dallas, Texas, em 2009. Milhares de imóveis à venda nos Estados Unidos não obtiveram compradores, o que provocou uma queda acentuada em seus preços e precipitou a crise financeira no mercado *subprime*.

---

2 Na realidade, o acrônimo Ninja vem de "*no income, no jobs or assets*", ou seja, define pessoas "sem renda, sem emprego ou patrimônio". (Nota dos autores)

---

3 Do inglês *security*, indica o ato de transformar uma dívida com determinado credor em dívida com compradores de títulos no mesmo valor. (Nota dos autores)

A Enron atuava no setor energético e sua sede ficava nesse arranha-céu todo envidraçado em Houston, Texas (foto de 2002). Segundo a revista *Fortune*, em 2000 a empresa era a sétima dos Estados Unidos e a décima sexta entre as 500 maiores do mundo. Após apresentar balanço contábil fraudado para insuflar lucros e esconder prejuízos, faliu em 2001, lesando milhares de acionistas, funcionários e pensionistas (muitos fundos de pensão, incluindo o dos trabalhadores da empresa, investiam em ações da Enron).

Mas onde a agência bancária encontrou tanto dinheiro para emprestar de forma irresponsável? Porque afinal tinha de entregar ao Ninja um cheque de 300 mil para efetuar a compra. O mecanismo, aqui também, é rigorosamente simples. Ao Ninja não se entrega dinheiro, mas um cheque. Este cheque vai para a mão de quem vendeu a casa, e será depositado no mesmo banco ou em outro banco. No primeiro caso, voltou para casa, e o banco dará conselho ao novo depositante sobre como aplicar o valor do cheque na própria agência. No segundo caso, como diversos bancos emitem cheques de forma razoavelmente equilibrada, o mecanismo de compensação à noite permite que nas trocas todos fiquem mais ou menos na mesma situação. O banco, portanto, precisa apenas de um pouco de dinheiro para cobrir desequilíbrios momentâneos. A relação entre o dinheiro que empresta – na prática o cheque que emite corresponde a uma emissão monetária – e o dinheiro que precisa ter em caixa para não ficar "descoberto" chama-se **alavancagem**.

A alavancagem, descoberta ou pelo menos generalizada já na renascença pelos banqueiros de Veneza, é uma maravilha. Permite ao banco emprestar dinheiro que não tem. Em acordos internacionais (acordos de cavalheiros, ninguém terá a má educação de verificar) no quadro do BIS (Bank for International Settlements [Banco de Compensações Internacionais]) de Basileia, na Suíça, recomenda-se por exemplo que os bancos não emprestem mais de nove vezes o que têm em caixa, e que mantenham um mínimo de coerência entre os prazos de empréstimos e os prazos de restituições, para não ficarem "descobertos" no curto prazo, mesmo que tenham dinheiro a receber a longo prazo. Para se ter uma ideia da importância das recomendações de Basileia, basta dizer que os bancos americanos que quebraram tinham uma alavancagem da ordem de 1 para 40. [...]

DOWBOR, Ladislau. A crise financeira sem mistérios. *Le Monde Diplomatique Brasil*. São Paulo, 29 jan. 2009. Disponível em: <www.diplomatique.org.br/acervo.php?id=2281&tipo=acervo>. Acesso em: 8 abr. 2014.

O Banco Lehman Brothers, fundado em 1850, era o quarto maior dos Estados Unidos quando foi à falência em 15 de setembro de 2008. O banco estava muito envolvido no mercado *subprime* e, segundo a revista *Business Week*, sua alavancagem era de 1 para 31. Com o início da crise, não teve dinheiro para honrar seus compromissos e suas ações despencaram 95% (de 82 para 4 dólares), obrigando-o a pedir falência. Na foto de 2008, edifício-sede do banco em Nova York com o logotipo de seu novo dono, o banco de investimento Barclays, com sede em Londres (Reino Unido).

Veja a indicação do filme **Grande demais para quebrar**, que aborda os bastidores da crise financeira americana e a quebra do Lehman Brothers, na seção **Sugestões de leitura, filmes e *sites***.

A crise financeira provocou redução no crescimento do PIB de alguns países e recessão em outros, com o consequente aumento do desemprego, isto é, transformou-se em uma crise econômica mais ampla, como se pode constatar pelos dados das tabelas a seguir. Embora a crise tenha se iniciado no mercado financeiro, é a sociedade como um todo que acaba sofrendo as consequências, com aumento da carga de impostos, corte de benefícios sociais, redução da renda familiar (decorrente do desemprego) e piora nas condições de vida.

Taxa de crescimento do PIB de países selecionados (em porcentagem)						
País*	2007	2008	2009	2010	2011	2012
China	14,2	9,6	9,2	10,4	9,3	7,8
Índia	10,1	6,2	5,0	11,2	7,7	4,0
Estados Unidos	1,9	−0,3	−3,1	2,4	1,8	2,2
Argentina	8,7	6,8	0,9	9,2	8,9	1,9
Brasil	6,1	5,2	−0,3	7,5	2,7	0,9
Alemanha	3,4	0,8	−5,1	4,0	3,1	0,9
Irlanda	5,4	−2,1	−5,5	−0,8	1,4	0,9
Espanha	3,5	0,9	−3,7	−0,3	0,4	−1,4
Itália	1,7	−1,2	−5,5	1,7	0,4	−2,4
Portugal	2,4	0,0	−2,9	1,9	−1,6	−3,2
Grécia	3,5	−0,2	−3,1	−4,9	−7,1	−6,4

FMI. *World Economic Outlook Database*, abr. 2013. Disponível em: <www.imf.org/external/pubs/ft/weo/2013/01/weodata/index.aspx>. Acesso em: 8 abr. 2014.

* Posição segundo a taxa de crescimento do PIB em 2012.

Taxa de desemprego em países selecionados (em porcentagem)						
País*	2007	2008	2009	2010	2011	2012
Espanha	8,3	11,3	18,0	20,1	21,7	25,0
Grécia	8,3	7,7	9,4	12,5	17,5	24,2
Portugal	8,0	7,6	9,5	10,8	12,7	15,7
Irlanda	4,7	6,4	12,0	13,9	14,6	14,7
Itália	6,1	6,8	7,8	8,4	8,4	10,6
Estados Unidos	4,6	5,8	9,3	9,6	8,9	8,1
Argentina	8,5	7,9	8,7	7,8	7,2	7,2
Alemanha	8,8	7,6	7,7	7,1	6,0	5,5
Brasil	9,3	7,9	8,1	6,7	6,0	5,5
China	4,0	4,2	4,3	4,1	4,1	4,1

FMI. *World Economic Outlook Database*, abr. 2013. Disponível em: <www.imf.org/external/pubs/ft/weo/2013/01/weodata/index.aspx>. Acesso em: 8 abr. 2014.

* Posição segundo a taxa de desemprego em 2012. Não há dados disponíveis para a Índia.

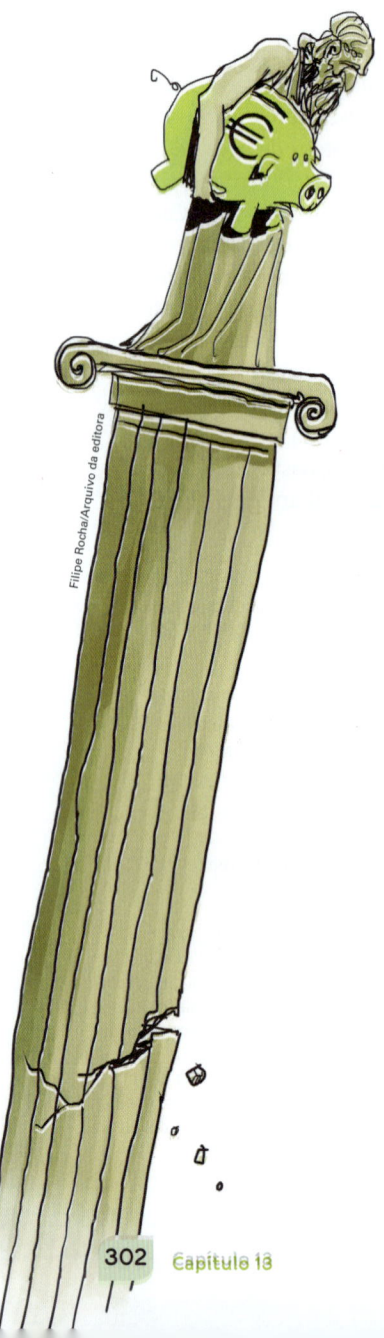

Filipe Rocha/Arquivo da editora

Atividades

Compreendendo conteúdos

1. Com base no que foi estudado ao longo do capítulo e na observação do infográfico das páginas 280 e 281, monte um quadro-resumo contendo:
   - as etapas do desenvolvimento capitalista: embaixo de cada uma delas, descreva em poucas palavras os motivos do nome que as designa;
   - as doutrinas econômicas associadas a cada etapa: liste suas características essenciais;
   - as potências econômicas mais importantes de cada período.

2. Estabeleça uma breve comparação entre a Primeira, a Segunda e a Terceira Revoluções Industriais, mostrando:
   - os novos ramos industriais;
   - as fontes de energia mais importantes;
   - as novas tecnologias desenvolvidas.

3. Relacione a expansão das potências imperialistas no século XIX com as necessidades do capitalismo industrial.

Desenvolvendo habilidades

4. Releia o texto "A crise financeira sem mistérios", na página 300. Em seguida, analise a opinião de dois economistas – Moisés Naím, ex-diretor do Banco Mundial e editor-chefe da revista *Foreing Policy*, e Joseph Stiglitz, ex-economista-chefe do Banco Mundial e professor da Universidade de Columbia. Em seguida, responda às questões propostas.

> ### Que lições podemos tirar desta crise? De que forma ela vai mudar o capitalismo?
>
> **Moisés Naím:** O senso comum diz que a crise vai brecar ou desacelerar a globalização. E que também o capitalismo será drasticamente afetado pela crise e que ele seria substituído por alguma forma de socialismo. Essas visões estão erradas. A globalização vai prosseguir e até mesmo florescer – isso só não vai acontecer para quem pensa que a globalização é um fenômeno restrito ao comércio e a investimentos internacionais. Não há dúvida de que o capitalismo financeiro – na forma em que ele é regulado – vai mudar. De agora em diante, os bancos e as instituições financeiras terão de operar com controles muito maiores. Mas experimente dizer a milhões de indianos ou chineses, que mal começaram a produzir, a vender e a comprar, que o capitalismo é ruim.
>
> **Joseph Stiglitz:** A principal lição é entender que o sistema financeiro precisa de supervisão, como defende o governo americano – mas isso não é o bastante. Nós não queremos apenas saber que os bancos estão com problemas, precisamos interromper o processo antes que seja tarde demais. E isso significa mais regulação. Os bancos têm assumido riscos inadmissíveis de forma repetida. Essa não é a primeira crise: precisamos nos lembrar de que os bancos americanos já foram resgatados na Coreia do Sul, Argentina, Tailândia, Indonésia e Rússia. E o fato é que nós continuamos a resgatá-los. Se essa fosse a primeira vez, você poderia dizer: "Bem, isso foi um acidente". Mas acontece que esse é um padrão de mau comportamento. As regras do jogo têm de mudar.
>
> *EXAME.* São Paulo, ano 43, ed. 942, n. 8, 6 maio 2009, p. 30.

   a) Explique sucintamente a origem da crise financeira que atingiu vários países a partir de 2008.
   b) As análises dos economistas são concordantes ou conflitantes entre si? E com o discurso de posse de Barack Obama, presidente dos Estados Unidos, em 2009 (página 298)?
   c) Você concorda ou não com as avaliações de Naím e Stiglitz? Explique.

5. Analise as tabelas que mostram o endividamento de países da Zona do Euro e de outros países selecionados (na página 299), assim como suas respectivas taxas de crescimento do PIB e de desemprego (na página 302). Reflita sobre a crise econômica iniciada em 2008 com base nas questões a seguir.
   a) Avalie se todos os países:
   - aumentaram sua dívida pública;
   - entraram em recessão;
   - tiveram aumento nas taxas de desemprego.
   b) A crise econômica atingiu igualmente todos os países? Justifique sua resposta.

1. **S** (UEM-PR) Assinale o que for correto em relação ao capitalismo.

01) A partir do século XIX, as relações mercantis, que dão origem ao capitalismo, ampliaram-se geograficamente com as grandes navegações e com a inserção de novas terras nos sistemas de produção. O ciclo de reprodução do capital estava assentado, basicamente, na implantação de indústrias poluidoras nas colônias dos países centrais.

02) Desde o final do século XX, há um processo de globalização em curso. Tal processo é fundamentado na abertura da economia para a livre circulação de produtos e capitais, bem como na regionalização das relações econômicas, por meio de grandes alianças comerciais, os chamados blocos econômicos.

04) No final do século XX, os defensores do chamado liberalismo econômico passam a exigir a presença do Estado na economia, por meio das empresas estatais, sob a alegação de que elas ampliavam as forças produtivas e estimulavam o desenvolvimento do capitalismo.

08) O capitalismo é voltado para a fabricação de produtos comercializáveis, denominados mercadorias, com o objetivo de obter lucro. Esse sistema se baseia na propriedade privada dos meios de produção.

16) No final do século XVIII, o sistema capitalista se consolida definitivamente com o emprego das máquinas a vapor pelas indústrias têxteis da Inglaterra.

2. **N** (UFPA) Em 1909, o orientalista americano Duncan Macdonald, estudioso do mundo muçulmano, fez a seguinte afirmação:

> Os árabes não se mostram especialmente fáceis na crença, mas teimosos, materialistas, questionadores, desconfiados, zombando de suas próprias superstições e usos, gostando de testes do sobrenatural – e tudo isso de um modo curiosamente irrefletido, quase infantil.
>
> MACDONALD, Duncan. *A vida e atitude religiosas no Islã*, 1909.

A imagem dos árabes construída por Macdonald, no início do século XX, em pleno período do Imperialismo, demonstra claramente a concepção que os ocidentais desenvolveram sobre as populações asiáticas e africanas que estavam sendo conquistadas e submetidas ao domínio imperialista das potências ocidentais. A alternativa que retrata essa concepção é:

a) Os povos asiáticos e africanos ainda estavam na infância do processo civilizatório, mas poderiam chegar, por si mesmos, à fase adulta, bastando apenas aceitar o domínio Ocidental.

b) A Ásia e a África eram reconhecidas pelos europeus como os continentes onde nasceu a civilização e, por isso, com fortes laços com a Europa, que herdou os elementos civilizatórios que caracterizam a cultura oriental.

c) As populações asiáticas e africanas eram vistas pelos europeus como inferiores, bárbaras, supersticiosas, e, por isso, incapazes de dirigir seus próprios destinos, o que exigia a intervenção civilizadora dos europeus.

d) Para os europeus, a conquista da Ásia e da África revestia-se de um caráter meritório, já que representaria a confirmação da tese do arianismo, ou seja, da supremacia da raça branca. Caberia, assim, aos europeus o dever de civilizar os outros povos.

e) O mundo muçulmano, criado pela expansão árabe, por meio da "Guerra Santa", seria, na visão dos europeus, o principal aliado do Mundo Cristão Ocidental na eliminação de seitas heréticas, que infestavam o Oriente.

3. **NE** (UEPB) A característica mais forte da globalização é a interdependência entre os diversos atores globais, daí a crise econômica que teve início com o colapso do mercado imobiliário norte-americano ter atingido fortemente a União Europeia, cuja insatisfação e mobilização popular têm como causas:

I. a imposição de medidas impopulares para equilibrar as contas dos Estados, tais como os cortes nos gastos públicos e o aumento de impostos.

II. a redução da renda e da qualidade de vida, direitos historicamente conquistados pelos cidadãos europeus, em especial dos países que implantaram a social democracia.

III. o aumento do desemprego e dos cortes nos recursos à assistência social, enquanto os Estados se endividam e utilizam recursos públicos para salvar o mercado financeiro.

IV. o forte controle da União Europeia sobre a imigração clandestina, que compensa o baixo crescimento demográfico e ocupa funções não qualificadas, sendo portanto bem aceita pela população.

Estão corretas apenas as proposições:

a) I, II e III
b) I e IV
c) II e IV
d) II, III e IV
e) I e III

4. **S** (Udesc-SC) Os EUA sempre foram tomados, ao lado da Inglaterra, como um dos principais representantes e difusores das ideias neoliberais. Porém as medidas emergenciais tomadas pelo governo dos EUA para conter a grave crise financeira que atinge sua economia de certa forma colocam em xeque justamente as ideias que sustentam o neoliberalismo; estima-se que o socorro governamental poderá se configurar como a maior intervenção do Estado norte-americano no setor financeiro ao longo da História.

Por que as medidas tomadas pelo governo dos EUA colocariam em "xeque as ideias que sustentam o neoliberalismo"?

14 A globalização e seus principais fluxos

Vista aérea do Aeroporto Internacional de Pequim (China), em 2013.

Zhang Kaixin/Imaginechina/AFP

> **"Pelo fato de ser técnico-científico-informacional, o meio geográfico tende a ser universal. Mesmo onde se manifesta pontualmente, ele assegura o funcionamento dos processos encadeados a que se está chamando de globalização."**
>
> *Milton Santos (1926-2001), geógrafo, foi professor/pesquisador do Departamento de Geografia da Universidade de São Paulo e ganhou o prêmio Internacional Vautrin Lud (1994).*

A atual fase de expansão do capitalismo ficou conhecida como globalização. Como vimos, ela é consequência do avanço tecnológico empregado em diversos setores da economia e da modernização dos sistemas de transportes e telecomunicações, responsáveis pela aceleração dos fluxos de pessoas, mercadorias, capitais e informações. A globalização é fruto da atual revolução técnico-científica e seria inviável sem um meio geográfico preparado para lhe dar suporte.

Porém, como veremos a seguir, os fluxos da globalização não atingem o espaço geográfico mundial por igual, mas principalmente os lugares que receberam e recebem mais investimentos em infraestrutura, caracterizando o que Milton Santos chamou de meio técnico-científico-informacional (veja frase acima). Então, cabe indagar: Por que isso ocorre? O que diferencia a atual expansão capitalista das etapas anteriores? É o que estudaremos a seguir.

Cassiano Röda/Arquivo da editora

Essas marcas são vistas em todo o mundo: em metrópoles, em cidades médias e até em pequenas cidades. São algumas marcas da globalização do capital.

O que é globalização?

A palavra **globalização** começou a ser empregada nos anos 1980 por consultores de empresas de escolas de administração de universidades norte-americanas (deriva do inglês *globalization*). Inicialmente, servia para definir estratégias de expansão global para empresas transnacionais. A partir dos anos 1990, esse termo foi amplamente divulgado pela mídia e passou a fazer parte do dia a dia de países, empresas, instituições multilaterais, trabalhadores e da população em geral, embora fosse um conceito um tanto incompreendido. Apesar de ter suas origens mais imediatas na expansão econômica ocorrida após a Segunda Guerra Mundial e na Revolução Técnico-Científica iniciada nos anos 1970, a globalização é a continuidade do longo processo histórico de mundialização capitalista, que vem ocorrendo desde o início da expansão marítima europeia. Assim, a globalização é o nome da atual fase de mundialização do capitalismo: ela está para seu atual período informacional assim como o colonialismo esteve para sua etapa comercial e o imperialismo para a industrial e financeira.

Quando o processo de mundialização capitalista teve início, com as Grandes Navegações, o planeta era composto de vários "mundos" — europeu ocidental, russo, chinês, árabe, asteca, tupi, zulu, aborígine, etc. —, e, muitas vezes, os habitantes de um "mundo" não sabiam da existência do de outros. Nessa época, começou o processo de integração e interdependência planetária. Ao atingir o atual período informacional, o capitalismo integrou países e regiões do planeta em um sistema único, formando o chamado **sistema-mundo**. Mundo e planeta tornaram-se sinônimos, que, por sua vez, são sinônimos de globo, palavra da qual se originou o vocábulo globalização (os franceses preferem mundialização; em português empregamos as duas expressões, com uma predileção pela primeira).

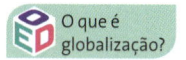

Os nós mais importantes dos fluxos da globalização estão nas cidades globais e na rede urbana por elas polarizada. Essas cidades estão localizadas predominantemente nos países desenvolvidos e em alguns países emergentes: Nova York, Londres, Tóquio, Paris, Hong Kong, Cingapura, Xangai, Sydney, Mumbai, São Paulo, Cidade do México, Johannesburgo, etc. Ao lado dos parques tecnológicos, elas são os principais exemplos de meio técnico-científico--informacional. Na foto, distrito financeiro de Cingapura, em 2013.

Martin Puddy/Corbis/Latinstock

A globalização é um fenômeno que apresenta várias dimensões: além da econômica, a mais evidente e perceptível, tem a social, a cultural e a política, entre outras de menor impacto. Entretanto, todas essas dimensões se materializam no espaço geográfico em suas diversas escalas: mundial, nacional, regional e local. Os lugares estão conectados a uma rede de fluxos, controlada por poucos centros de poder econômico e político. Entretanto, não são todos os lugares que estão integrados ao sistema-mundo. Os fluxos da globalização se dão em rede, mas seus nós mais importantes são os lugares que dispõem dos maiores mercados consumidores e das melhores infraestruturas — hotéis, bancos, Bolsas de Valores, sistemas de telecomunicação, estações rodoferroviárias, terminais portuários, aeroportos (observe o mapa), etc.

Principais aeroportos do mundo – 2011

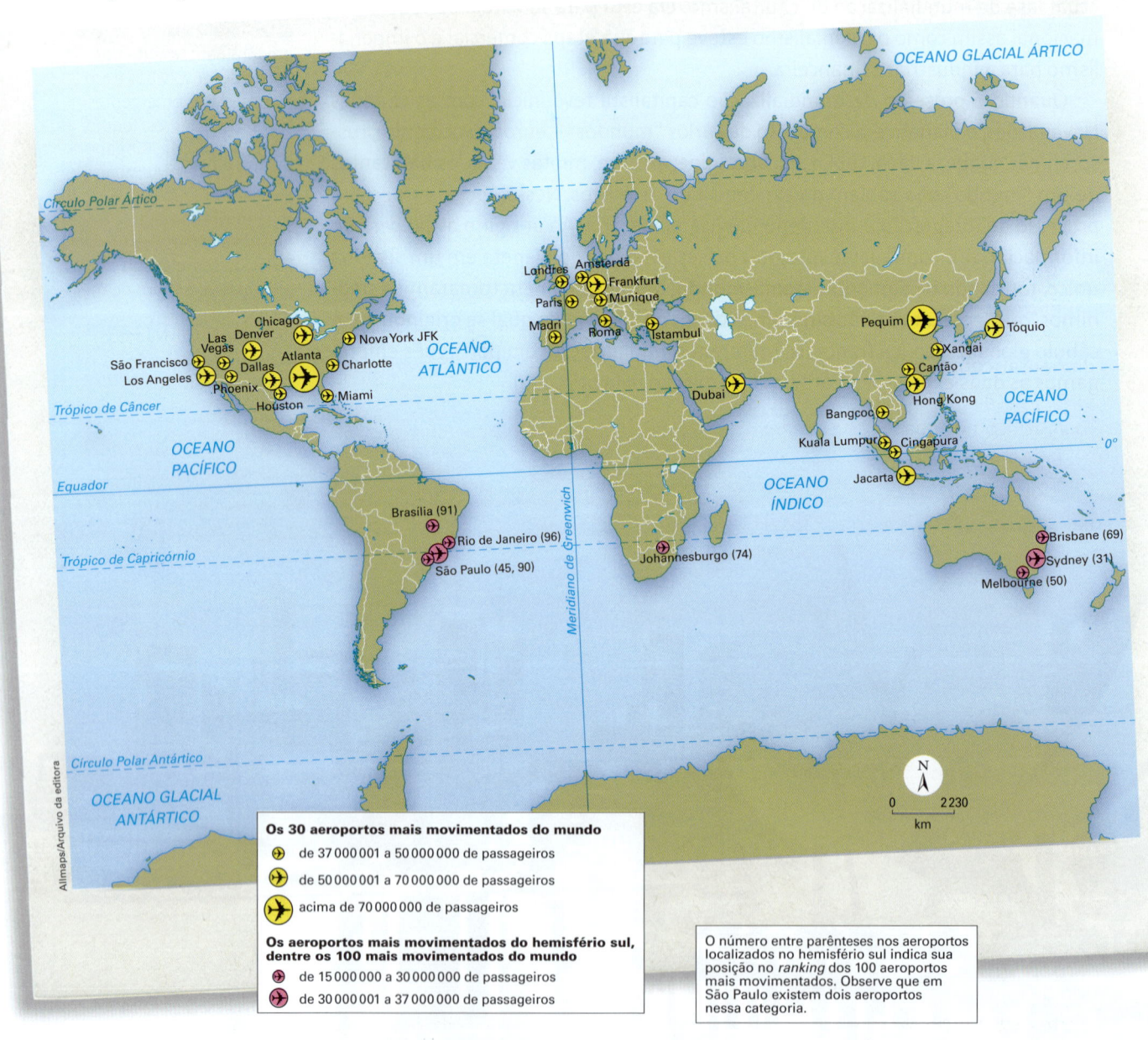

Os 30 aeroportos mais movimentados do mundo
- de 37 000 001 a 50 000 000 de passageiros
- de 50 000 001 a 70 000 000 de passageiros
- acima de 70 000 000 de passageiros

Os aeroportos mais movimentados do hemisfério sul, dentre os 100 mais movimentados do mundo
- de 15 000 000 a 30 000 000 de passageiros
- de 30 000 000 a 37 000 000 de passageiros

O número entre parênteses nos aeroportos localizados no hemisfério sul indica sua posição no *ranking* dos 100 aeroportos mais movimentados. Observe que em São Paulo existem dois aeroportos nessa categoria.

Adaptado de: AIRPORTS COUNCIL INTERNATIONAL. The Word's Top 100 Airports. *The Guardian*. London, 4 may 2012. Disponível em: <www.theguardian.com/news/datablog/2012/may/04/world-top-100-airports>. Acesso em: 8 abr. 2014.

Lucas Jackson/Reuters/Latinstock

A atual expansão capitalista

Atualmente, ao contrário do que ocorreu nas demais etapas do capitalismo, a expansão desse sistema econômico não se inicia pela invasão e ocupação territorial. Por exemplo, nas etapas colonialista e imperialista do capitalismo, era fundamental controlar o território onde os recursos naturais seriam explorados. Com poucas exceções, os conflitos regionais contemporâneos têm um caráter mais étnico-nacionalista do que econômico.

Entretanto, conflitos que geram ocupação ainda acontecem: a invasão do Iraque por tropas dos Estados Unidos em 2003 (a quem o Reino Unido se aliou), por exemplo, foi movida por interesses geopolíticos e econômicos no Oriente Médio, relacionados, sobretudo, ao controle do petróleo. O Iraque dispõe da quarta reserva mundial de petróleo (segundo a OPEP, em 2012, a maior reserva estava na Venezuela). A invasão militar, contudo, foi muito criticada, principalmente porque não foi aprovada pelo Conselho de Segurança da ONU. Em diversos países surgiram manifestações contrárias a essa ação bélica, até mesmo no interior dos Estados Unidos.

Nas guerras colonialistas e imperialistas, manifestações de aprovação ou reprovação eram ausentes, porque não havia uma opinião pública globalizada como nos dias atuais, o que só foi possível em virtude dos avanços tecnológicos nas telecomunicações. Vários movimentos populares antiglobalização vêm ocorrendo no mundo, sendo que o primeiro deles ocorreu em Seattle (Estados Unidos), em 1999, seguido por um movimento pacifista contra a invasão do Iraque, em 2003.

Com uma ou outra exceção, na era da globalização, a expansão capitalista é silenciosa, sutil e ainda mais eficaz. Trata-se de uma "invasão" de mercadorias, capitais, serviços, informações e pessoas. As novas "armas" são a sedução pelo consumo de bens e serviços e a agilidade e eficiência das telecomunicações, dos transportes e do processamento de informações, graças aos satélites de comunicação, à informática, à internet, aos telefones (fixos e celulares), aos aviões, aos supernavios petroleiros e graneleiros e aos trens de alta velocidade.

Em Nova York, ativistas do "Ocupe Wall Street" protestam contra o capitalismo globalizado no dia 1º de maio de 2012, dia do trabalho. Esse movimento (assim como suas variantes regionais em diversas cidades do mundo) foi organizado, coordenado e divulgado por várias **ONGs** por meio da internet. Ou seja, o desenvolvimento de uma opinião pública mundial também resulta da revolução informacional e da globalização.

ONG: (Organização Não Governamental) Sociedade civil sem fins lucrativos, em geral sem vínculos com governos, partidos políticos, religiões ou nacionalidades, que se empenha em defender alguma causa relevante em escala local, nacional ou global. Por exemplo: direitos humanos (Anistia Internacional, Human Rights Watch, etc.), saúde pública (Cruz Vermelha, Médicos Sem Fronteiras, etc.), meio ambiente (Greenpeace, SOS Mata Atlântica, etc.), entre outros.

Como ilustram esses aparelhos, a globalização, a crescente interdependência do mundo, só se viabilizou em razão dos avanços da Revolução Técnico-Científica.

A "guerra" acontece nas Bolsas de Valores, de mercadorias e de futuros em todos os mercados do mundo e em todos os setores econômicos. As estratégias e táticas são estabelecidas nas sedes das maiores corporações transnacionais, dos grandes bancos, das corretoras de valores e de outras instituições, e influenciam quase todos os países. Entretanto, muitas vezes, as estratégias e táticas dos dirigentes das grandes corporações, principalmente do setor financeiro, se mostraram arriscadas, gananciosas e/ou fraudulentas. Isso ficou evidente na crise que eclodiu no mercado imobiliário/financeiro nos Estados Unidos em 2008, como vimos no artigo "A crise financeira sem mistérios", no capítulo anterior.

Smartphone ('telefone inteligente', do inglês) é um celular com várias funções: comunicação, navegação na internet, acesso às redes sociais, etc.

Boeing, modelo 747.

Notebook wireless (computador portátil com conexão sem fio à internet).

Robô industrial em Jacareí (SP).

Reunião por meio de videoconferência.

Trem de alta velocidade, estação de Colônia (Alemanha).

2 Fluxo de capitais especulativos e produtivos

A "invasão" mais típica da globalização é a dos **capitais especulativos**, pois se movimentam com grande rapidez pelo sistema financeiro mundial conectado *on-line*. Os avanços tecnológicos na informática e nas telecomunicações tornaram o dinheiro virtual, isto é, *bites* exibidos nas telas dos computadores, aumentando exponencialmente sua velocidade de circulação.

É desconhecido o montante de capitais especulativos que circula pelo sistema financeiro mundial em razão de sua alta fluidez e baixo controle exercido por muitos governos, mas, ao acompanhar o patrimônio dos maiores bancos do mundo, é possível inferir que é muito dinheiro, na casa dos trilhões de dólares (observe a tabela a seguir). Grande parte desses recursos pertence a milhões de pequenos poupadores espalhados, sobretudo pelos países desenvolvidos, que guardam seu dinheiro num banco ou investem num fundo de pensão, para garantir suas aposentadorias. Essa vultosa soma é transferida de um mercado para outro, de um país para outro, sempre em busca das mais altas taxas de juros dos **títulos públicos** ou da maior rentabilidade das ações, das moedas, etc. Os administradores desses capitais — como bancos de investimento e corretoras de valores — em geral não estão interessados em investir na produção, cujo retorno é demorado, mas em especular, isto é, realizar investimentos de curto prazo nos mercados mais rentáveis.

Os grandes conglomerados financeiros possuem empresas coligadas que atuam em todos os setores das finanças — investimentos, empréstimos, seguros, câmbio, corretagem de valores, etc. — e são fortemente globalizados: estão presentes nas principais economias do mundo. Observe a tabela:

Os dez maiores grupos financeiros do mundo, por patrimônio – 2012		
Banco/posição	Patrimônio (em bilhões de dólares)	Número de países em que atuam
1. HSBC Holdings (Reino Unido)	2 693	65
2. Deutsche Bank (Alemanha)	2 653	56
3. BNP Paribas (França)	2 515	69
4. Mitsubishi UFJ Financial Group (Japão)	2 494	27
5. Crédit Agricole (França)	2 429	43
6. Barclays (Reino Unido)	2 423	46
7. JP Morgan Chase & Company (Estados Unidos)	2 359	33
8. Bank of America (Estados Unidos)	2 210	38
9. Citigroup (Estados Unidos)	1 865	74
10. Banco Santander (Espanha)	1 674	25

UNITED NATIONS CONFERENCE ON TRADE AND DEVELOPMENT. *World Investment Report 2013*: Annex Tables. The top 50 financial TNCs ranked geographical spread index, 2012. Disponível em: <http://unctad.org/en/Pages/Publications.aspx>. Acesso em: 8 abr. 2014.

Capitais especulativos: são aqueles alocados nos mercados de títulos financeiros, ações, moedas ou mesmo de mercadorias, com o objetivo de obter lucros rápidos e elevados. Na fase atual do capitalismo, marcada pela revolução informacional e pela globalização, é possível rastrear todos os mercados do mundo em busca dos títulos que oferecem as maiores taxas de juros, das ações com maior potencial de valorização, das moedas mais desvalorizadas, das mercadorias mais baratas, etc. Esses capitais são de curto prazo, isto é, entram na economia nacional e saem dela em curtos intervalos de tempo.

Bit: contração do inglês *binary digit* ('dígito binário'), define a menor unidade de informação armazenada ou transmitida.

Títulos da dívida pública: títulos emitidos e garantidos pelo governo de um país, estado ou município, para obter recursos no mercado, com o objetivo de financiar o *deficit* orçamentário ou para obter receita para investimentos em infraestrutura, educação, saúde, etc. Podem ser comprados por investidores do próprio país ou por estrangeiros.

Os capitais especulativos prejudicam as economias à medida que, quando algum mercado se torna instável ou menos atraente, os investidores transferem seus recursos rapidamente, e os países onde o dinheiro estava aplicado entram em crise financeira ou são atingidos pelo aprofundamento dela. Isso aconteceu, por exemplo, com o México (1994), os países do Sudeste Asiático (1997), a Rússia (1998), o Brasil (1999), a Argentina (2001) e a Grécia (2010).

Além de investirem em títulos públicos ou em moedas, grande parte dos capitais especulativos, assim como uma parcela dos investimentos produtivos, direciona-se para as Bolsas de Valores e de mercadorias espalhadas pelo mundo (na tabela a seguir estão listadas as maiores Bolsas), investindo em ações ou mercadorias. Pode-se investir em ações de forma produtiva, esperando que a empresa obtenha lucros para receber dividendos pela valorização; ou investir de forma especulativa, comprando ações na baixa e vendendo-as assim que houver valorização, embolsando a diferença e realizando o lucro financeiro. Pode-se também especular com mercadorias e moedas.

O valor de mercado de uma Bolsa de Valores é dado pela soma de todas as ações das empresas nela listadas. Com a crise financeira de 2008/2009, as ações negociadas nas Bolsas mundiais se desvalorizaram drasticamente. Como mostra a tabela da página ao lado, depois de atingir o pico de valorização em maio de 2008, as Bolsas sofreram fortes quedas, sobretudo a partir de outubro, quando a crise se agravou, reduzindo seus respectivos valores de mercado. Depois de chegarem ao "fundo do poço" em fevereiro de 2009, começaram a se recuperar; no final de 2011, sofreram novas quedas, em razão do agravamento da crise na Europa; em dezembro de 2013, quase todas tinham recuperado o patamar pré-crise. Observe a tabela da página ao lado.

Vanessa Carvalho/Brazil Photo Press/AFP

Sede da BM&FBovespa, em São Paulo (SP), em 2013. No final daquele ano, a bolsa brasileira era uma das poucas que ainda não tinha conseguido voltar ao patamar pré-crise, por isso perdeu terreno entre as maiores bolsas de valores do mundo.

As 10 maiores Bolsas de Valores do mundo e a BM&FBovespa – 2013

Bolsa (posição em dez. 2013)	Valor de mercado (em bilhões de dólares)					
	Maio 2008	Out. 2008	Fev. 2009	Dez. 2010	Dez. 2011	Dez. 2013
1. NYSE Euronext* (Estados Unidos)	15 071	10 313	8 701	13 394	11 796	17 950
2. Nasdaq OMX (Estados Unidos)	4 205	2 454	1 959	3 889	3 845	6 085
3. Tóquio SE (Japão)	4 329	2 884	2 563	3 828	3 325	4 543
4. Londres SE (Inglaterra)	3 556	2 042	2 000	3 613	3 266	4 429
5. NYSE Euronext* (Europa)	3 910	2 084	1 677	2 930	2 447	3 584
6. Hong Kong SE (China)	2 355	1 228	1 197	2 711	2 258	3 101
7. Xangai SE (China)	2 611	1 341	1 632	2 716	2 357	2 497
8. TMX Group (Canadá)	2 102	1 111	917	2 170	1 912	2 114
9. Deutsche Borse (Alemanha)	2 007	1 097	818	1 430	1 185	1 852
10. SIX Swiss Exchange (Suíça)	1 274	866	678	1 229	1 090	1 514
18. BM&FBovespa** (Brasil)	1 577	646	596	1 546	1 229	1 020
Total WFE	56 654	33 372	29 109	54 891	47 353	59 844

WORLD Federation of Exchanges. Monthly Reports. Domestic Market Capitalization. Disponível em: <www.world-exchanges.org/statistics/monthly-reports>. Acesso em: 8 abr. 2014.

*Resultante da fusão entre a Bolsa de Valores de Nova York (NYSE) e a Euronext, que é composta das Bolsas de Valores de Paris, Amsterdã, Bruxelas e Lisboa. **Resultante da fusão entre a Bolsa de Mercadorias e Futuros (BM&F) e a Bolsa de Valores de São Paulo (Bovespa).

A circulação dos **capitais produtivos** é mais lenta porque são investimentos de longo prazo, por isso menos suscetíveis às oscilações repentinas do mercado. Sendo investimentos diretos na produção de bens e serviços ou em infraestrutura, esses capitais são aplicados em determinado território e possuem uma base física (fábrica, usina hidrelétrica, rede de lojas, etc.). Estas se instalam em busca de lucros, que podem resultar de custos menores de produção em relação ao país de origem dos investidores, baixos custos de transportes, proximidade dos mercados consumidores e facilidades em driblar barreiras protecionistas.

> **Capitais produtivos:** dinheiro investido na produção de bens ou serviços ou em infraestrutura. O investimento pode ser realizado diretamente, na forma de abertura de uma nova empresa ou filial de alguma já constituída, ou indiretamente, via aplicação de capital em ações nas Bolsas de Valores.

O gráfico da próxima página mostra que desde os anos 1990 os investimentos produtivos no mundo aumentaram, até atingir o pico de 1,4 trilhão de dólares em 2000. Em 2001, houve uma queda acentuada, principalmente nos Estados Unidos, por causa dos ataques terroristas de 11 de setembro e dos escândalos na Bolsa de Valores de Nova York. A crise de confiança no mercado acionário resultou da divulgação de balanços fraudulentos por algumas corporações de grande porte na tentativa de esconder prejuízos e manter o valor das ações artificialmente elevado. A partir de 2003, os investimentos

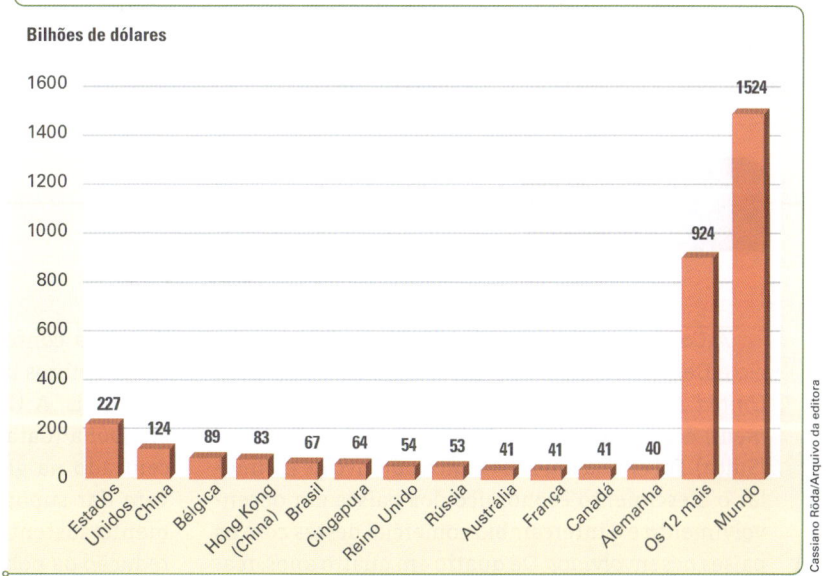

Os principais países receptores de investimentos produtivos, em bilhões de dólares – 2012

Bilhões de dólares

Estados Unidos 227; China 124; Bélgica 89; Hong Kong (China) 83; Brasil 67; Cingapura 64; Reino Unido 54; Rússia 53; Austrália 41; França 41; Canadá 41; Alemanha 40; Os 12 mais 924; Mundo 1524

UNITED Nations Conference on Trade and Development. *World Investment Report 2012.* New York and Geneva: United Nations, 2012. p. 169-172.

Cassiano Róda/Arquivo da editora

Investimentos produtivos no mundo por grupos de países – 1995-2012

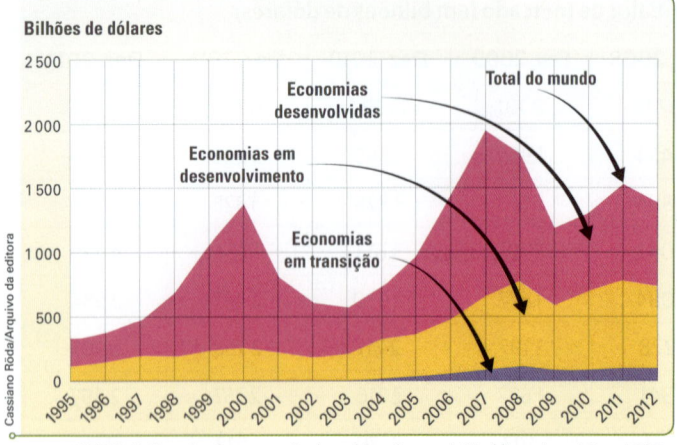

Bilhões de dólares

Economias desenvolvidas
Economias em desenvolvimento
Economias em transição
Total do mundo

Cassiano Röda/Arquivo da editora

UNITED Nations Conference on Trade and Development. *World Investment Report 2013.* New York and Geneva: United Nations, 2013. p. 3.

produtivos mundiais voltaram a crescer, até atingir o recorde histórico de 2 trilhões de dólares em 2007. Entretanto, com a crise financeira, iniciada em 2008, caíram acentuadamente, atingindo 1,2 trilhão de dólares em 2009. A partir de 2010, houve uma recuperação e, em 2011, atingiram 1,7 bilhão de dólares. Em 2012, com o agravamento da crise na Europa, ocorreu uma nova queda, como se pode observar no gráfico da página anterior. Os Estados Unidos estão se recuperando da crise e mantêm-se o maior receptor de investimentos do mundo. Entretanto, como também se pode verificar, os países em desenvolvimento receberam mais investimentos do que os países desenvolvidos, onde a crise tem sido mais prolongada.

A expansão das transnacionais

As transnacionais, ou multinacionais, são empresas que desenvolvem uma estratégia de atuação internacional desde seu país-sede. O governo do país de origem dessas empresas em geral lhes dá suporte econômico e político na concorrência internacional. Isso porque, embora grande parte das operações delas se dê fora do país-sede, as decisões estratégicas, o controle acionário e mesmo a maior parte dos gastos em P&D permanecem no território onde está sua base. Além disso, a maior parte dos lucros obtidos pelas filiais do exterior é enviada ao país-sede, contribuindo para seu enriquecimento.

Segundo o *Relatório do Investimento Mundial 2013*, publicação anual da Unctad que mapeia a distribuição dos investimentos produtivos (saiba mais no boxe abaixo), em 1990, o patrimônio das filiais de todas as transnacionais espalhadas pelo mundo era de 4,6 trilhões de dólares; em 2012, esse valor tinha subido para 86,6 trilhões de dólares. No mesmo período, o valor das vendas dessas empresas no exterior passou de 5,1 trilhões de dólares para 26 trilhões de dólares, e o número de empregados fora do país-sede aumentou de 21,5 milhões para 71,7 milhões de pessoas. Esses números revelam uma grande expansão das empresas transnacionais nesse período.

☞ Consulte o *site* da **Unctad**. Veja orientações na seção **Sugestões de leitura, filmes e *sites***.

Para saber mais

A Unctad

A Conferência das Nações Unidas sobre Comércio e Desenvolvimento (Unctad, sigla do inglês para *United Nations Conference on Trade and Development*) é uma agência da ONU sediada em Genebra (Suíça). Foi criada em 1964 com o objetivo de estimular o crescimento econômico dos países em desenvolvimento e o intercâmbio comercial destes com os países desenvolvidos. De quatro em quatro anos, realiza uma conferência que reúne todos os seus países-membros para debater temas econômicos internacionais. A Unctad XIII ocorreu em abril de 2012 em Doha (Catar) e defendeu um "desenvolvimento centrado na globalização", no qual as finanças devem dar suporte à economia real e ao desenvolvimento sustentável para a geração de empregos e a redução da pobreza.

De acordo com a Unctad, a General Electric (GE) é a maior transnacional do mundo, considerando o valor do seu patrimônio no exterior, e também uma das mais internacionalizadas. O conglomerado possui filiais em mais de 150 países. Observe a seguir a lista das maiores transnacionais do mundo, segundo seu patrimônio no exterior, e a lista das maiores corporações mundiais, considerando o faturamento.

A GE foi criada em 1892 como resultado da fusão entre a Edison General Electric Company, empresa fundada por Thomas A. Edison (inventor da lâmpada incandescente, entre outros produtos), e a Thomson-Houston Company. Na foto de 2007, sede da GE em Fairfield, Connecticut (EUA). Em 2012, a empresa empregava 305 mil funcionários: 134 mil nos Estados Unidos e 171 mil no exterior.

As oito maiores transnacionais do mundo e outras selecionadas, segundo o patrimônio no exterior – 2012				
Empresa*	País-sede	Patrimônio no exterior (em bilhões de dólares)	Patrimônio total (em bilhões de dólares)	Índice de transnacionalidade (%)**
1. General Electric	Estados Unidos	338	685	52,5
2. Royal Dutch Shell	Países Baixos	308	360	76,6
3. BP	Reino Unido	270	300	83,8
4. Toyota Motor	Japão	233	377	54,7
5. Total	França	215	227	78,5
6. Exxon Mobil	Estados Unidos	214	334	65,4
7. Vodafone	Reino Unido	199	217	90,4
8. GDF Suez	França	175	272	59,2
10. Volkswagen	Alemanha	158	409	58,2
12. Nestlé	Suíça	133	138	97,1
30. Fiat	Itália	84	109	79,9
36. CITIC Group	China	72	515	18,4
39. General Motors	Estados Unidos	70	149	46,9
61. Vale	Brasil	46	131	44,5
87. Coca-Cola	Estados Unidos	36	86	51,6

UNITED NATIONS CONFERENCE ON TRADE AND DEVELOPMENT. *World Investment Report 2013*: Annex Tables. The World's Top 100 Non-Financial TNCs, Ranked by Foreign Assets, 2012. Disponível em: <http://unctad.org/en/Pages/Publications.aspx>. Acesso em: 8 abr. 2014.

*Entre as 100 empresas da lista da Unctad aparece apenas uma sediada no Brasil, a Vale. **O índice de transnacionalidade, expresso em porcentagem, é a média de três índices: porcentagem do patrimônio no exterior sobre o patrimônio total, das vendas no exterior sobre as vendas totais e dos empregados no exterior sobre o total de empregados. Quanto maior o índice de transnacionalidade, mais internacionalizada é a empresa.

Segundo a Unctad, a empresa mais internacionalizada do mundo é a indústria alimentícia suíça Nestlé: em 2012, seu índice de transnacionalidade era de 97,1%. Ela também é uma das maiores corporações do mundo por faturamento, segundo a revista *Fortune*. Verifique os dados da Nestlé nas tabelas e compare-os com os da General Electric.

A maioria das empresas transnacionais está sediada nos países desenvolvidos, principalmente nos Estados Unidos. Entre elas estão evidentemente as maiores corporações, como mostra a *Global 500*, pesquisa anual da revista *Fortune* que lista as quinhentas maiores empresas do mundo por faturamento. Entretanto, já há muitas transnacionais sediadas em países emergentes, dentre as quais algumas constam da lista das 500 maiores. Observe a tabela abaixo e a anamorfose da página ao lado.

Harold Cunningham/Getty Images

O Grupo Nestlé, fundado em 1866 pelo farmacêutico Henri Nestlé, está sediado em Vevey, Suíça (observe a bandeira do país junto ao logo da empresa, na foto de 2010). Em 2012, o conglomerado empregava 339 mil trabalhadores (10 mil na Suíça e 329 mil no exterior) e possuía 461 fábricas distribuídas por 83 países.

As oito maiores corporações do mundo e outras selecionadas, segundo o faturamento – 2013		
Posição/empresa	País-sede	Faturamento (em bilhões de dólares)
1. Royal Dutch Shell	Países Baixos	482
2. Wal-Mart Stores	Estados Unidos	469
3. Exxon Mobil	Estados Unidos	450
4. Sinopec Group	China	428
5. China National Petroleum	China	409
6. BP	Reino Unido	388
7. State Grid	China	298
8. Toyota Motor	Japão	266
9. Volkswagen	Alemanha	248
22. General Motors	Estados Unidos	152
24. General Electric	Estados Unidos	147
25. Petrobras	Brasil	144
69. Nestlé	Suíça	99
208. Coca-Cola	Estados Unidos	48
210. Vale	Brasil	48

Global 500. *Fortune*, 22 jul. 2013. Disponível em: <http://money.cnn.com/magazines/fortune/global500/2013/full_list/?iid=G500_sp_full>. Acesso em: 8 abr. 2014.

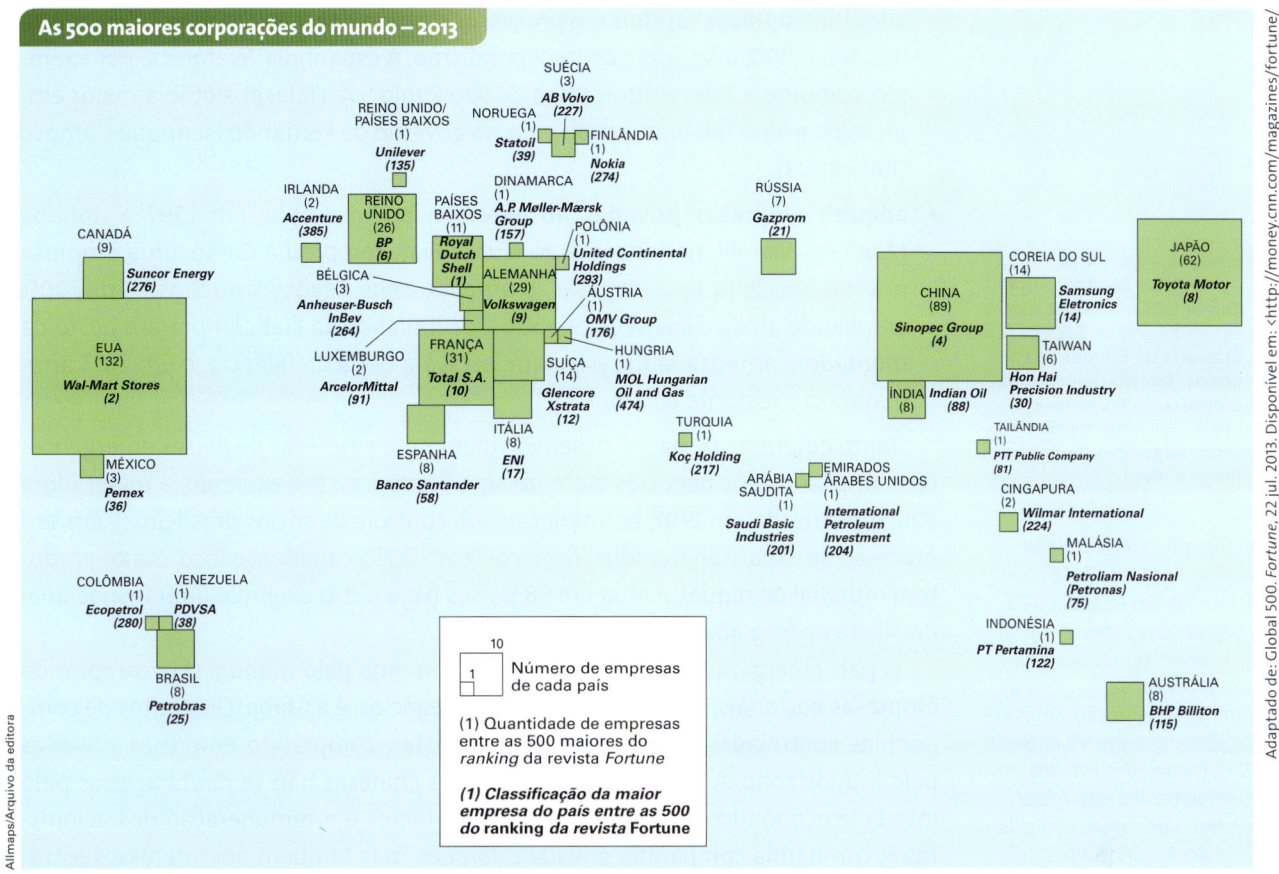

Adaptado de: Global 500. *Fortune*, 22 jul. 2013. Disponível em: <http://money.cnn.com/magazines/fortune/global500/2013/full_list/?iid=G500_sp_full>. Acesso em: 8 abr. 2014.

As 500 maiores corporações do mundo – 2013

Allmaps/Arquivo da editora

Em 2013, o Brasil tinha oito empresas entre as quinhentas maiores do mundo. Além da Petrobras, constavam da lista, por ordem de faturamento: Banco do Brasil, Banco Bradesco, Vale, JBS, Itaúsa-Investimentos Itaú, Ultrapar Holdings e Companhia Brasileira de Distribuição.

Algumas transnacionais, como as primeiras colocadas na lista da revista *Fortune*, cresceram tanto que possuem um faturamento maior que o PIB da maioria dos países do mundo, o que lhes assegura muito poder econômico e político. Poder econômico para controlar e manipular mercados visando ao aumento de seus lucros; poder político para interferir nos governos em benefício de seus interesses. Embora as transnacionais gerem empregos, renda e impostos nos Estados em que se instalam, muitas vezes algumas delas desrespeitam as leis que lhes são desfavoráveis e não demonstram preocupação com a saúde pública, a preservação do meio ambiente e as condições de trabalho de seus empregados. O texto da página 319, de Joseph Stiglitz, prêmio Nobel de Economia (2001), refere-se a esses aspectos contraditórios dessas grandes empresas e cita alguns exemplos dessa falta de preocupação.

> Veja a indicação do filme **A corporação**, na seção **Sugestões de leitura, filmes e *sites***.

Como constatamos pela observação da anamorfose acima, hoje há grandes corporações também nos países emergentes, especialmente na China. Portanto, a expansão dos capitais produtivos pelo mundo não é feita apenas por empresas dos países desenvolvidos.

Os dirigentes das transnacionais têm várias possibilidades para expandir sua atuação global. Podem:

- **construir novas unidades (filiais) no exterior:** isso ocorre, por exemplo, quando a maior montadora de automóveis do mundo, a japonesa Toyota, constrói novas fábricas no Brasil (em 1998 construiu uma unidade em Indaiatuba-SP e, em 2012, concluiu a construção de uma segunda fábrica em Sorocaba-SP), entre outros países; ou amplia as já existentes;

☞ Consulte o *website* da escola de negócios **Fundação Dom Cabral** (FDC); consulte também a página da **Sociedade Brasileira de Estudos de Empresas Transnacionais e da Globalização Econômica** (Sobeet). Veja orientações na seção **Sugestões de leitura, filmes e *sites***.

O frigorífico JBS, fundado em 1953 por João Batista Sobrinho, em Anápolis (GO), após se consolidar no mercado interno, iniciou seu processo de internacionalização. Em 2007, ao comprar o frigorífico Swift & Company, dos Estados Unidos, tornou-se a maior empresa de carne bovina do mundo. Segundo o relatório 2013 da Fundação Dom Cabral, é a empresa brasileira mais internacionalizada: seu índice de transnacionalidade era de 58,9%, com filiais em 16 países. Na foto de 2009, unidade de abate de porcos em Marshalltown, Iowa (Estados Unidos), que antes pertencia ao Swift.

- **adquirir empresas estatais em processos de privatização:** isso foi muito comum nos anos 1990, fase áurea do neoliberalismo. A espanhola Telefónica, por exemplo, comprou a Telecomunicações de São Paulo S.A. (Telesp), então a maior empresa do grupo Telebras, privatizada no governo de Fernando Henrique Cardoso (1995-2003).

- **adquirir empresas privadas no exterior:** por exemplo, em 1997 a italiana Magnetti Marelli, pertencente ao Grupo Fiat, comprou a Cofap, uma empresa privada brasileira de autopeças, e ampliou seus negócios no Brasil. Em 2009, ampliando ainda mais seus negócios, os italianos da Fiat compraram parte da montadora americana Chrysler, que estava à beira da falência, e em 2013 arremataram o restante da empresa.

Tanto empresas de países desenvolvidos como empresas de países emergentes têm ampliado seus negócios além de suas fronteiras. Por exemplo, a mineradora Vale (privatizada em 1997, permaneceu sob controle de sócios brasileiros), em seu processo de expansão mundial, comprou em 2007 a canadense Inco, maior produtora mundial de níquel, e atua em 38 países (veja outro exemplo de transnacional brasileira na foto abaixo).

O país emergente que mais está se expandindo pelo mundo, seja comprando empresas nacionais, seja montando novos negócios, é a China. Dirigentes de companhias controladas pelo governo chinês estão comprando empresas privadas pelo mundo todo. A maioria das corporações chinesas não se pauta apenas pelo interesse econômico imediato – a busca de lucros e a remuneração dos acionistas –, como uma companhia privada qualquer, mas também por interesses estratégicos de longo prazo. Muitas delas buscam garantir o fornecimento de energia e matérias-primas ao país, um dos maiores importadores de produtos primários do mundo. Isso explica o apoio do governo chinês à expansão de suas empresas, especialmente na África, na Ásia e na América Latina, onde há países com grandes reservas de recursos naturais. Portanto, a tendência é que cada vez mais empresas transnacionais de países emergentes, sejam privadas, sejam estatais, ganhem espaço no mundo globalizado.

Charlie Neibergall/Associated Press/Glow Images

A empresa multinacional

A esquerda (e a nem tão esquerda assim) costuma falar mal das grandes empresas, retratando-as em documentários como *A corporação* e *Wal-Mart: The High Cost of Low Prices* [Wal-Mart: o alto custo dos preços baixos] como entidades gananciosas e impiedosas que colocam o lucro acima de tudo. Muitos exemplos de mau procedimento das grandes empresas se tornaram, com razão, famosos e lendários: a campanha da Nestlé para persuadir as mães do Terceiro Mundo a usar seus produtos em vez de amamentar os filhos; a tentativa de Bechtel de privatizar a água da Bolívia (documentada no filme *Thirst* [Sede]); a conspiração de meio século das companhias americanas de cigarros para persuadir as pessoas de que não havia provas científicas de que fumar faz mal para a saúde, ainda que suas próprias pesquisas confirmassem isso (maravilhosamente dramatizada no filme *O informante*); o desenvolvimento pela Monsanto de sementes que produziam plantas que, por sua vez, produziam sementes que não podiam ser replantadas, forçando, assim, os agricultores a comprar novas sementes todos os anos; o enorme vazamento de óleo do superpetroleiro Valdez, a serviço da Exxon, e as tentativas subsequentes da empresa de evitar o pagamento da indenização.

Para muita gente, as grandes empresas multinacionais passaram a simbolizar o que há de errado na globalização; muitos diriam que elas são a principal causa de seus problemas. Essas companhias são mais ricas do que a maioria dos países em desenvolvimento. [...] Essas empresas não são apenas ricas, mas também politicamente poderosas. Se um governo decide tributá-las ou regulamentá-las de uma maneira que não lhes agrada, elas ameaçam mudar-se para outro lugar. Há sempre um outro país disposto a receber suas receitas tributárias, seus empregos e seus investimentos.

As empresas buscam o lucro e isso significa que ganhar dinheiro é a prioridade máxima delas. As companhias sobrevivem diminuindo, dentro da legalidade, seus custos ao máximo. Elas evitam pagar impostos sempre que possível; algumas economizam no seguro-saúde de seus empregados; muitas tentam limitar os gastos com o saneamento da poluição que provocam. Com frequência, a conta é assumida pelos governos dos países em que atuam.

No entanto, as grandes empresas têm levado os benefícios da globalização aos países em desenvolvimento, ajudando-os a elevar o padrão de vida em grande parte do mundo. Elas possibilitaram que os produtos desses países chegassem aos mercados dos países industriais avançados; a capacidade das empresas modernas de fazer com que os produtores saibam quase instantaneamente o que os consumidores internacionais querem tem sido muito benéfica para ambos. Elas têm sido os agentes da transferência de tecnologia dos países industriais avançados para os países em desenvolvimento, ajudando a diminuir a diferença de conhecimento entre os dois grupos. Os quase 200 bilhões de dólares que elas investem anualmente nos países em desenvolvimento diminuíram a diferença de recursos. As grandes empresas levaram empregos e crescimento econômico às nações em desenvolvimento e mercadorias baratas de qualidade cada vez melhor para as desenvolvidas, baixando o custo de vida e contribuindo, assim, para uma era de inflação pequena e taxas de juros baixas.

Com as grandes empresas no centro da globalização, elas podem ser acusadas de muitos de seus males, bem como receber crédito por muitos de seus sucessos. Assim como a questão não é se a globalização em si mesma é boa ou ruim, mas como podemos reformá-la para que funcione melhor, a questão em relação às empresas deveria ser: o que pode ser feito para minimizar seus danos e maximizar sua contribuição para a sociedade?

[...] As empresas são frequentemente acusadas pelo materialismo que é endêmico nas sociedades desenvolvidas. Na maior parte do tempo, elas simplesmente respondem às demandas das pessoas – por exemplo, a necessidade de ir de um lugar para o outro, que os carros e as motos tornam mais fácil; se automóveis e motocicletas são maiores ou mais extravagantes do que precisavam ser é principalmente porque os consumidores gostam de veículos desse tipo e os compram. Ainda assim, é preciso admitir que as empresas se empenham algumas vezes em moldar esses desejos de maneira a aumentar seus lucros, e pelo menos alguns excessos materialistas podem ser atribuídos a esses esforços. Se a propaganda não estimulasse o desejo, elas não gastariam bilhões de dólares por ano em publicidade.

STIGLITZ, Joseph E. *Globalização*: como dar certo. São Paulo: Companhia das Letras, 2007. p. 302-304.

 Veja a indicação do filme **O informante**, na seção **Sugestões de leitura, filmes e *sites***.

3 Fluxo de informações

As informações podem ser divulgadas em diversos veículos de comunicação: jornais, revistas, rádio, televisão, internet, entre outros. Alguns deles são muito antigos, como os jornais, que gradativamente se difundiram a partir do século XV, quando Johannes Gutenberg inventou a prensa tipográfica. Nos primórdios da comunicação de massa, a difusão das informações era apenas local, mas, com o passar do tempo e principalmente com os avanços tecnológicos, a área de abrangência foi se ampliando até atingir a escala planetária. Na atualidade, quase o mundo todo está interligado por cabos de fibras ópticas, como mostra o mapa a seguir, e os satélites de comunicação permitem conectar pessoas de qualquer lugar que tenha uma antena parabólica para captar ondas de rádio, televisão e telefonia celular. O mundo está crescentemente conectado, mas há claramente um centro principal de controle das informações: os Estados Unidos.

Um mundo conectado

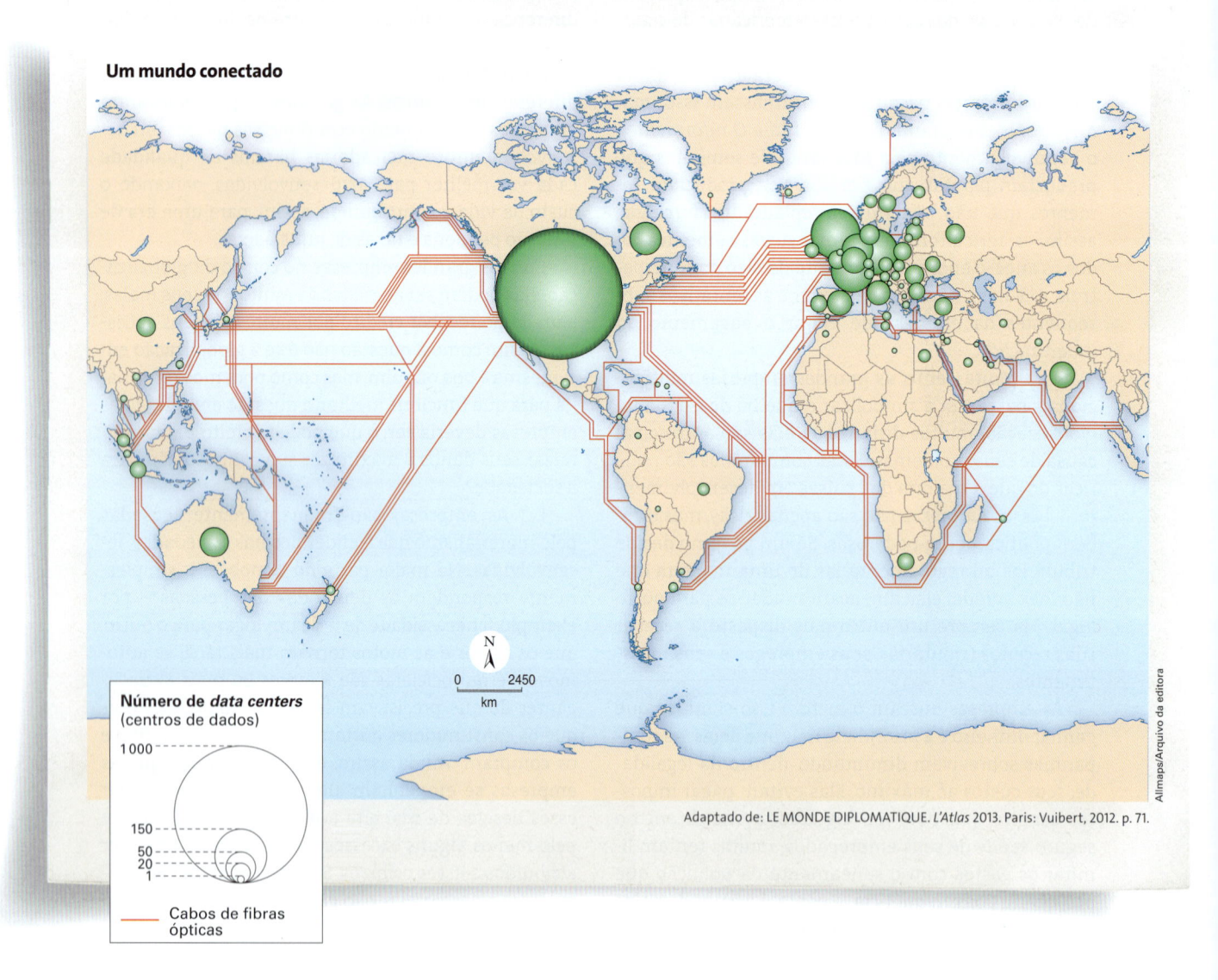

Número de *data centers* (centros de dados)

1 000
150
50
20
1

—— Cabos de fibras ópticas

N

0 2450 km

Allmaps/Arquivo da editora

Adaptado de: LE MONDE DIPLOMATIQUE. *L'Atlas* 2013. Paris: Vuibert, 2012. p. 71.

Atualmente, o veículo de difusão de informações e conhecimentos que mais tem crescido é a internet, um dos principais símbolos da atual Revolução Informacional. Veja o infográfico ao lado.

A INTERNET

ONU. Disponível em: <www.un.org>. Acesso em: 8 abr. 2014.

Anton Balazh/Shutterstock/Glow Images

Aumentou as possibilidades de acesso a diversos serviços (como troca de mensagens, pesquisas em bancos de dados, compra e venda de produtos) e a informações

Mudou as concepções de tempo e espaço

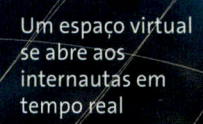

Um espaço virtual se abre aos internautas em tempo real

De um computador, *tablet* ou *smartphone*, em praticamente qualquer lugar do mundo, pode-se pesquisar informações em instituições diversas, conhecer o acervo de museus, comprar produtos variados, baixar livros digitais ou músicas e se comunicar em tempo real com diversas pessoas

IBGE. Disponível em: <www.ibge.gov.br>. Acesso em: 8 abr. 2014.

Ilustrações: RedKoala/Shutterstock/Glow Images

Os avanços tecnológicos facilitam a integração em escala nacional e mundial. Não há distância separando os que estão conectados à internet. De um computador instalado em qualquer lugar do mundo, uma pessoa pode explorar o *site* da ONU, em Nova York (acesso disponível em árabe, chinês, inglês, francês, russo e espanhol); e, em seguida, a página do IBGE, no Rio de Janeiro. As possibilidades são infinitas.

Entretanto ainda são poucos os que têm acesso às informações disponíveis na rede. Segundo dados do Internet World Stats, em meados de 2012, cerca de 2,4 bilhões de pessoas estavam conectadas à internet. É uma quantidade enorme de usuários, mas esse número correspondia a apenas 34% da população mundial.

Como mostram as tabelas abaixo, a maioria dos internautas vive em países desenvolvidos e em alguns emergentes. Os maiores índices de conexão estão em países que têm populações reduzidas e são muito ricos, como os nórdicos. A Islândia é o país que possui mais pessoas conectadas em termos relativos: 98% de sua população é usuária da internet, mas isso representa muito pouco em termos absolutos por causa de sua minúscula população. Já a China, apesar do baixo índice relativo de conexão (40% da população do país), tem um grande número de internautas em razão de sua enorme população. Na Índia, o índice relativo de conexão é menor ainda (11%). Em menor escala, isso também ocorre no Brasil.

Apesar da difusão desigual, a internet tem ampliado as possibilidades de contato entre as pessoas e pode-se afirmar até mesmo que está gestando uma incipiente cidadania global. Por exemplo, nos anos 1990, os movimentos antiglobalização eram organizados por meio de trocas de mensagens na rede mundial de computadores, assim como os movimentos "ocupe" e "indignados" contra o sistema financeiro em 2011/2012 (a novidade é que agora a internet pode ser acessada de *smartphones*). Entre 2010 e 2012, as redes sociais da internet também foram utilizadas para organizar protestos contra regimes ditatoriais em diversos países do Oriente Médio e do norte da África. Esses movimentos ficaram conhecidos como "Primavera Árabe" (vamos estudá-los no capítulo 17).

Filipe Rocha/Arquivo da editora

Os maiores usuários da internet em termos absolutos – jun. 2012		
Posição/país	Total de usuários (em milhões)	Porcentagem dos usuários em relação à população do país
1. China	538	40,1
2. Estados Unidos	245	78,1
3. Índia	137	11,4
4. Japão	101	79,5
5. Brasil	88	45,6
6. Rússia	68	47,7
7. Alemanha	67	83,0
Mundo	**2 406**	**34,3**

INTERNET World Stats. *Top 20 countries with highest number of internet users*, 30 jun. 2012. Disponível em: <www.internetworldstats.com/top20.htm>. Acesso em: 8 abr. 2014.

Os maiores usuários da internet, em termos relativos – dez. 2011		
Posição/país	Total de usuários (em milhões)	Porcentagem dos usuários em relação à população do país
1. Islândia	0,3	97,8
2. Noruega	4,6	97,2
3. Suécia	8,4	92,9
4. Luxemburgo	0,5	91,4
5. Austrália	19,6	89,8
6. Países Baixos	15,1	89,5
7. Dinamarca	4,9	89,0

INTERNET World Stats. *Top 50 countries with highest internet penetration rates*, 31 dez. 2011. Disponível em: <www.internetworldstats.com/top25.htm>. Acesso em: 8 abr. 2014.

4 Fluxo de turistas

Outro importante aspecto da globalização é a crescente movimentação nacional e internacional de turistas, com os impactos econômicos e culturais associados. Um dos fatores que explicam o aumento da circulação de turistas pelo mundo e o surgimento de novos lugares turísticos é o enorme avanço tecnológico da indústria aeronáutica: hoje os aviões são maiores, mais rápidos, econômicos, seguros e confortáveis. Os menores gastos com combustíveis e manutenção e a maior concorrência entre as empresas de aviação fizeram baixar significativamente o preço das passagens aéreas. Como se pode constatar no mapa a seguir, antes de 1800 o turismo era circunscrito a poucos lugares da Europa ocidental e do nordeste da América do Norte. Foi somente no século XX que se tornou um fenômeno global, com a multiplicação de lugares turísticos pelo planeta.

A multiplicação dos lugares turísticos

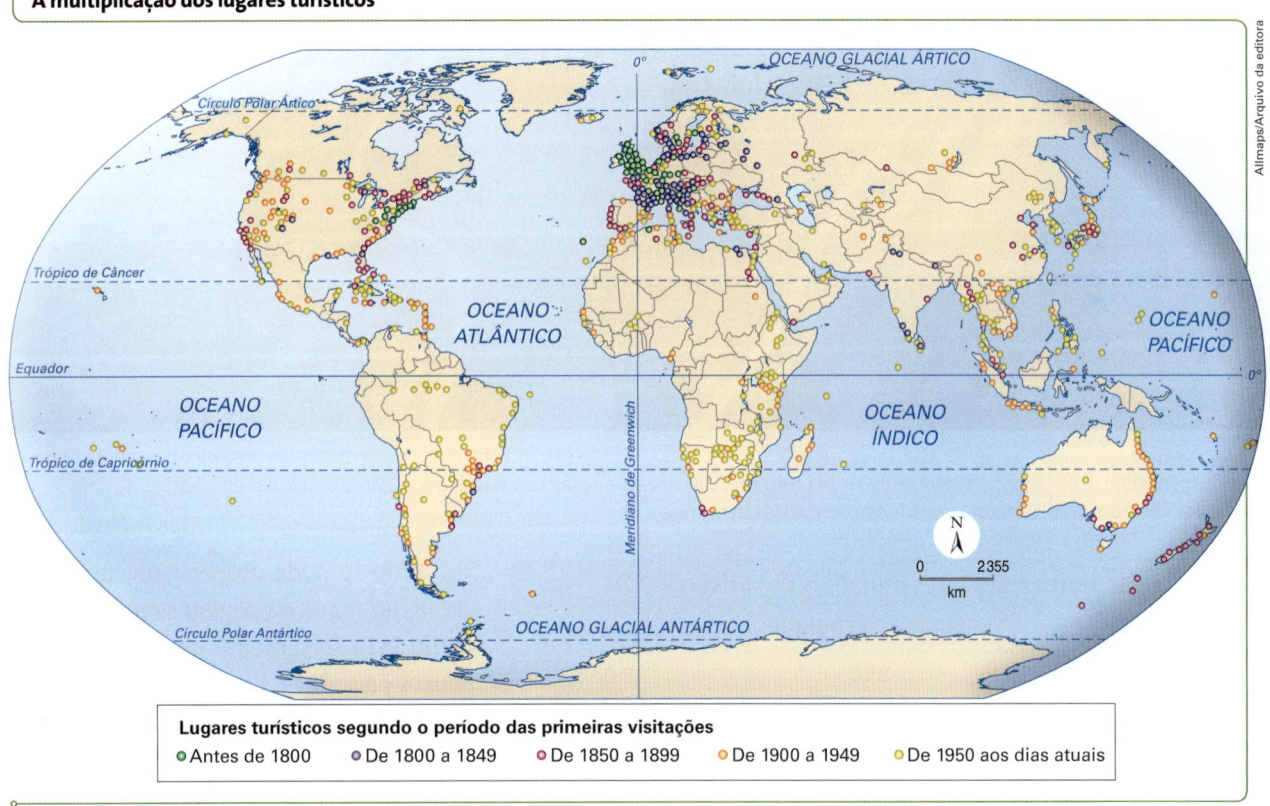

Lugares turísticos segundo o período das primeiras visitações
● Antes de 1800 ● De 1800 a 1849 ● De 1850 a 1899 ● De 1900 a 1949 ● De 1950 aos dias atuais

Adaptado de: LE MONDE. *El atlas de las mundializaciones.* Valencia: Fundación Mondiplo, 2011. p. 163.

Os turistas podem viajar por motivos variados:

- lazer e recreação: as pessoas comuns visitam as cidades globais e outras menos centrais, cidades históricas, estâncias turísticas, museus, parques temáticos, *resorts*, hotéis-fazendas, reservas naturais, etc.;

- negócios: profissionais fazem viagens em escala nacional, regional e mundial para administrar os negócios das corporações transnacionais e também de empresas menores (as cidades globais são os principais destinos desses viajantes);

- cursos, congressos científicos e outros eventos relacionados à educação e ao conhecimento: as universidades e outras instituições de ensino e pesquisa, além dos parques tecnológicos, atraem mais viajantes.

Em 2012, os países que constam do relatório da Organização Mundial do Turismo receberam 1 035 milhões de turistas, que gastaram 1 075 bilhões de dólares (em 1995 foram 537 milhões de turistas, com gastos de 487 bilhões de dólares). Entretanto, a maioria da população do planeta, por não ter renda suficiente, jamais ocupará uma poltrona de avião ou conhecerá outros países; tampouco participará da movimentação mundial de turistas.

Simon Dawson/Bloomberg/Getty Images

Como vimos no mapa da página 308, os grandes aeroportos do mundo são os nós mais importantes da rede de rotas aéreas que abrange todo o espaço geográfico terrestre. Na foto de 2010, vista panorâmica do Aeroporto Internacional de Heathrow, em Londres (Reino Unido), um dos mais movimentados do mundo.

Os maiores receptores mundiais de turistas – 2012		
País	Milhões de visitantes	% do total mundial
França	83,0	8,0
Estados Unidos	67,0	6,5
China	57,7	5,6
Espanha	57,7	5,6
Itália	46,4	4,5
Turquia	35,7	3,4
Alemanha	30,4	2,9
Reino Unido	29,3	2,8
Rússia	25,7	2,5
Malásia	25,0	2,4
Os 10 mais	457,9	44,2
Mundo	1 035,0	100,0

WORLD Tourism Organization. *Tourism Highlights*, 2013 edition.
Disponível em: <http://mkt.unwto.org/publication/unwto-tourism-highlights-2013-edition>.
Acesso em: 18 abr. 2014.

Como se pode observar na tabela ao lado e no mapa da página seguinte, o turismo está fortemente concentrado em poucos países e regiões, em territórios que apresentam melhor infraestrutura para receber os viajantes. Por exemplo, em 2012 os dez maiores receptores de turistas hospedaram 458 milhões de pessoas, o que corresponde a quase metade do total de viajantes; por outro lado, os 48 países da África subsaariana hospedaram 34 milhões de turistas, quase a mesma quantidade que a Turquia. Porém, mesmo na porção subsaariana a distribuição é desigual: apenas um país, a África do Sul, recebeu 27% dos turistas que viajaram para aquela região. Em 2012, o Brasil recebeu 5,7 milhões de turistas, apenas 0,6% do total mundial de viajantes.

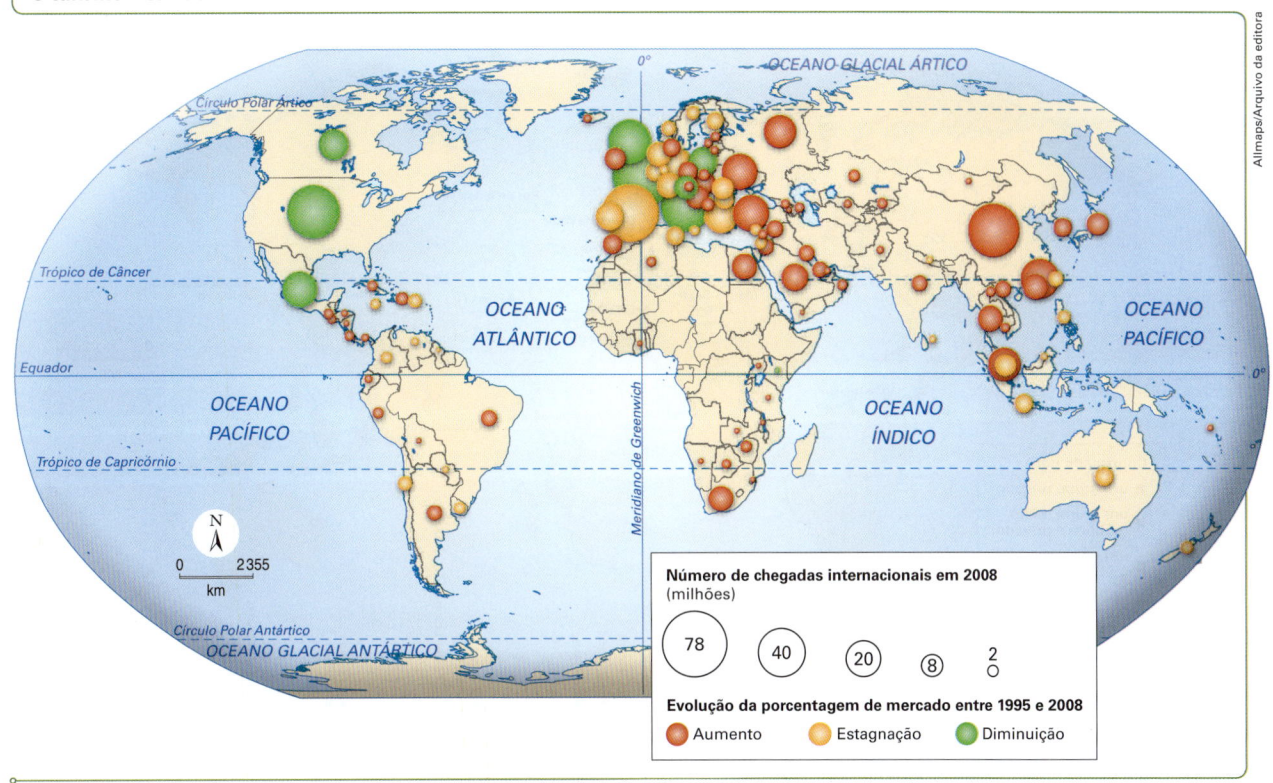

Allmaps/Arquivo da editora

Número de chegadas internacionais em 2008 (milhões)

78   40   20   8   2

Evolução da porcentagem de mercado entre 1995 e 2008

● Aumento   ● Estagnação   ● Diminuição

Adaptado de: LE MONDE. *El atlas de las mundializaciones*. Valencia: Fundación Mondiplo, 2011. p. 160.

A mundialização da sociedade de consumo

Há outro componente, mais visível e mais antigo da globalização, que é a presença de mercadorias estrangeiras em quase todos os países. Com a intensificação dos fluxos comerciais, resultante da mundialização da produção (estudaremos o comércio internacional no capítulo 23), produtos são transportados por navios, trens, caminhões e aviões, que circulam por uma moderna e intrincada rede cobrindo grandes extensões da superfície terrestre, sobretudo nos países desenvolvidos e emergentes.

Com isso, ocorre uma globalização do consumo, não apenas de produtos, mas de novos hábitos. Trata-se de uma "invasão" cultural, constituída, pelo menos em sua forma hegemônica, de uma cultura de massas que se origina, sobretudo, nos Estados Unidos, a nação mais modernizada, poderosa e influente do planeta, e se difunde pelos meios de comunicação mundializados. O *American Way of Life* (em inglês, "estilo de vida americano") é difundido por:

- anúncios de agências de publicidade que vendem produtos e hábitos de consumo;
- filmes de Hollywood (a maioria dos estúdios se localiza nesse bairro de Los Angeles) e séries produzidas por estúdios ou canais de televisão;
- notícias da CNN – Cable News Network (veja no mapa da próxima página os principais canais internacionais de notícias);
- revistas de negócios, como a *Forbes* e a *Fortune*;
- diversas redes de restaurantes *fast-food* (em inglês, "comida rápida");
- músicas, videoclipes e *videogames;*
- esportes, como o basquetebol, o futebol americano, etc.

Diferentemente dos turistas, que fazem parte de um fluxo temporário, os migrantes tendem a se fixar permanentemente ou por longo período de tempo no lugar para onde viajam. Os migrantes e refugiados serão estudados nos capítulos de população desta coleção.

Economia e futebol

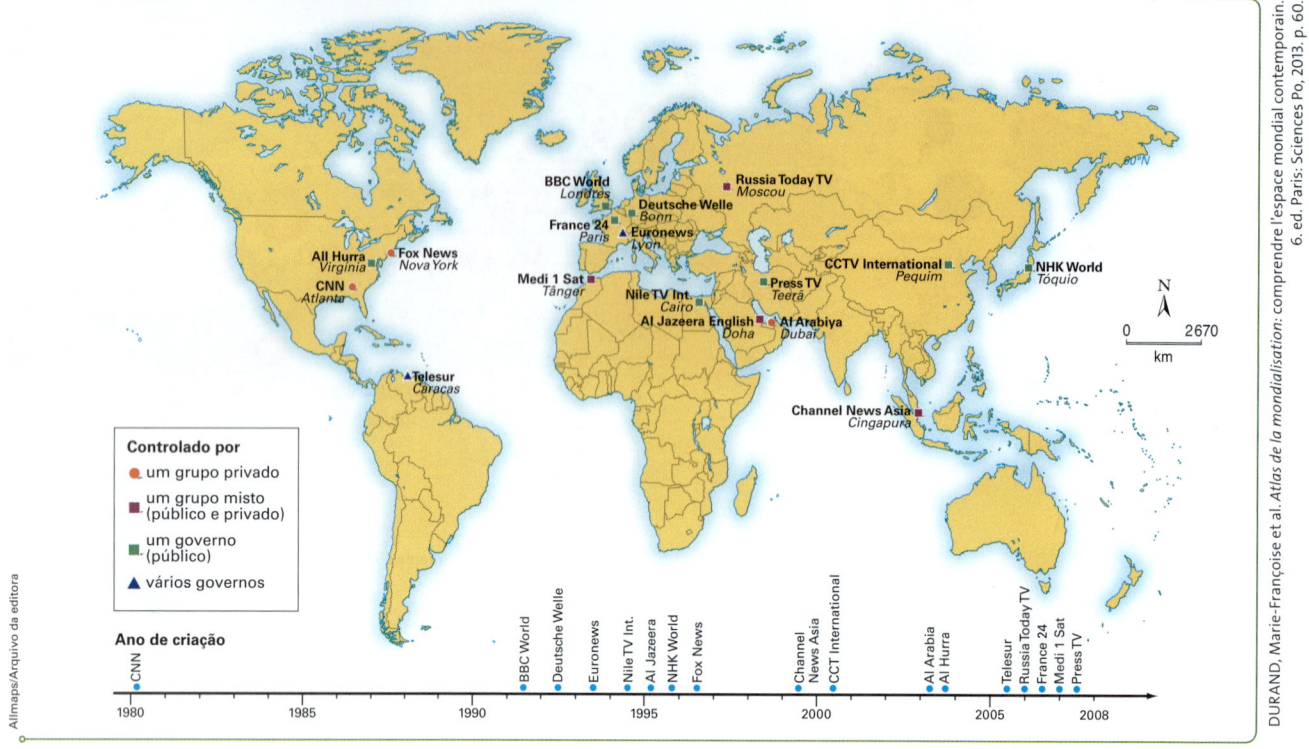

A criação da Al-Jazira (rede internacional de notícias fundada em 1996 e sediada em Doha, Catar) é uma tentativa de transmitir uma visão de mundo alternativa à difundida pela CNN (fundada em 1980 e sediada em Atlanta, Estados Unidos) e outras redes ocidentais.

Como fica evidente pelo uso de muitas palavras difundidas mundialmente, o inglês é a língua da indústria cultural e dos negócios globalizados. Aliás, como mostra o gráfico setorial ao lado, é também o idioma mais utilizado na internet, seguido de perto pelo chinês, cuja participação aumentou significativamente por causa do crescimento da renda da população chinesa, a mais numerosa do planeta.

Apesar do poder da indústria cultural dos Estados Unidos e do avanço do consumo massificado proveniente daquele país, muitos setores, em muitos lugares, resistem (leia o texto da página 328). Entretanto, como mostra o próximo mapa, a comida globalizada não provém somente dos Estados Unidos, embora a maioria das grandes redes de restaurantes *fast-food* seja daquele país. O hambúrguer, alimento mais comum dessas redes, incluindo o da maior e mais onipresente delas – o McDonald's – provém dos Estados Unidos. Mas também estão sediadas em território norte-americano redes globais de restaurantes *fast-food* que servem alimentos originários de outros países, como a *pizza* (Itália) e *tacos* e *nachos* (México). Esses dados evidenciam que o *fast-food* é tipicamente americano como processo de produção de alimento – industrializado e padronizado – e como modo rápido de alimentação, mas não necessariamente como tipo de alimento oferecido.

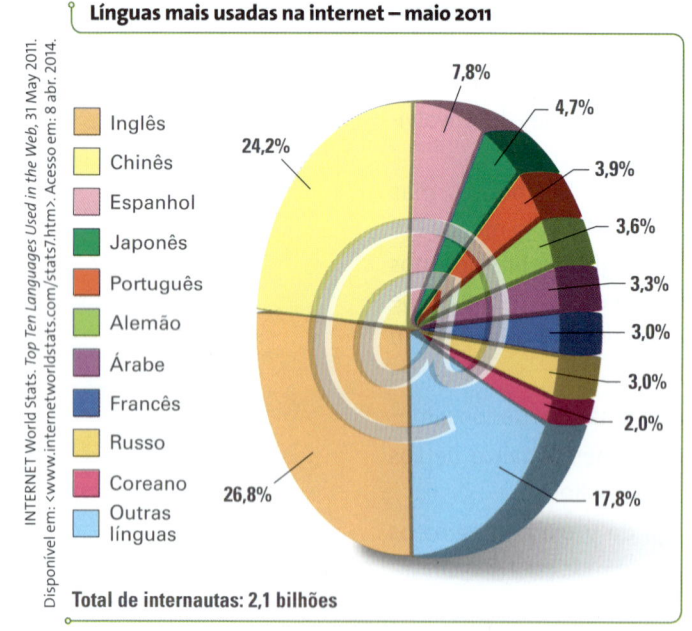

Línguas mais usadas na internet – maio 2011

- Inglês
- Chinês
- Espanhol
- Japonês
- Português
- Alemão
- Árabe
- Francês
- Russo
- Coreano
- Outras línguas

7,8%
4,7%
3,9%
3,6%
3,3%
3,0%
3,0%
2,0%
17,8%
24,2%
26,8%

Total de internautas: 2,1 bilhões

Enquanto o inglês é falado em vários países como língua oficial (Reino Unido, Estados Unidos, Austrália, Canadá, entre outros) e é o mais usado no mundo como segundo idioma, o chinês é muito circunscrito ao território da China.

Como veremos no capítulo 18, foi nos Estados Unidos, país mais industrializado e modernizado do mundo, que começou, com Henry Ford, a produção em série de automóveis. Esse mesmo processo de produção, que ficou conhecido como fordismo, atingiu outros setores industriais. O *fast-food* representa a chegada do fordismo ao setor de alimentação.

Em 1986, após uma manifestação contra a instalação de um restaurante da rede McDonald's em uma praça em Roma (Itália), o jornalista Carlo Petrini e um grupo de ativistas fundaram um movimento que, em nítida contraposição ao *fast-food* e tudo o que ele representa, se autodenominou **Slow Food**. Em 1989, em Paris (França), foi oficialmente constituído o Movimento Internacional Slow Food, sediado na cidade de Bra (Itália) e que hoje tem adeptos em diversos países, incluindo o Brasil.

> "O nosso século [XX], que se iniciou e tem se desenvolvido sob a insígnia da civilização industrial, primeiro inventou a máquina e depois fez dela o seu modelo de vida. Somos escravizados pela rapidez e sucumbimos todos ao mesmo vírus insidioso: a *Fast Life*, que destrói os nossos hábitos, penetra na privacidade dos nossos lares e nos obriga a comer *Fast-Food*."
>
> Manifesto de fundação do Movimento *Slow Food*

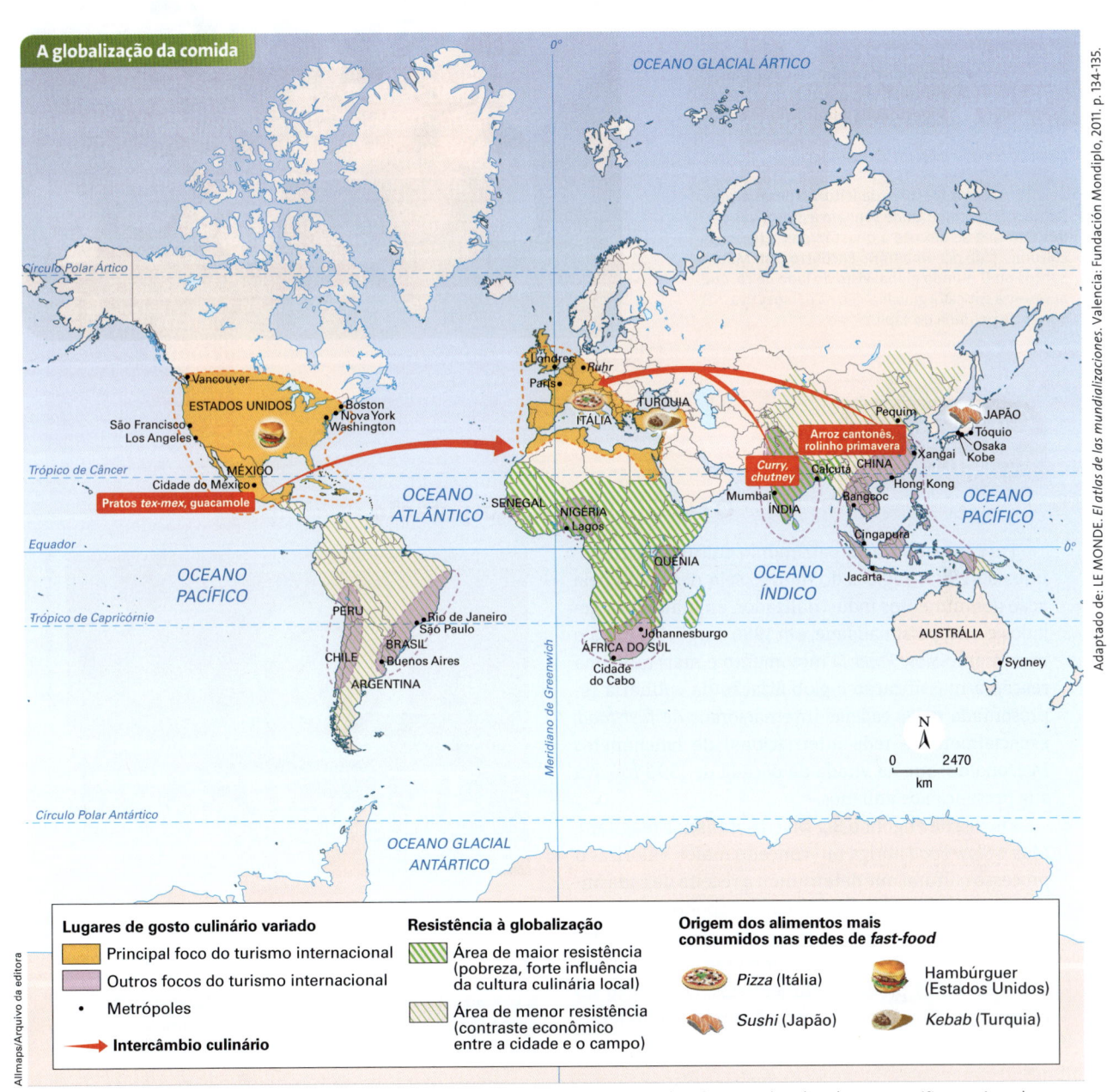

A globalização da comida

Adaptado de: LE MONDE. *El atlas de las mundializaciones*. Valencia: Fundación Mondiplo, 2011. p. 134-135.

Lugares de gosto culinário variado

- Principal foco do turismo internacional
- Outros focos do turismo internacional
- • Metrópoles
- → Intercâmbio culinário

Resistência à globalização

- Área de maior resistência (pobreza, forte influência da cultura culinária local)
- Área de menor resistência (contraste econômico entre a cidade e o campo)

Origem dos alimentos mais consumidos nas redes de *fast-food*

- *Pizza* (Itália)
- *Sushi* (Japão)
- Hambúrguer (Estados Unidos)
- *Kebab* (Turquia)

Observe no mapa que as áreas que oferecem maior resistência à comida globalizada estão localizadas nas regiões mais pobres do mundo e com forte tradição culinária local.

GeoPic/Alamy/Other Images

Na foto ao lado, restaurante *fast-food* em Hasselt (Bélgica), em 2011. Fundada em 1958, é a maior rede de pizzarias do mundo: produz 12 milhões de *pizzas* por dia em 12 mil restaurantes em 88 países. Na foto abaixo, um dos restaurantes do Eataly Food Emporium em Roma (Itália). Inaugurado em 2012, abriga diversos restaurantes de comida italiana e mercadinhos de alimentos típicos do país; todos são filiados ao Movimento Slow Food e seguem seus princípios.

Alberto Pizzoli/Agência France-Presse

👉 Consulte o *site* do **Slow Food Internacional**. Veja orientações na seção **Sugestões de leitura, filmes e *sites***.

👉 Veja, na seção **Sugestões de leitura, filmes e *sites***, indicações do filme **Onde sonham as formigas verdes**, em que se discute a questão das diferenças culturais, e do documentário **Encontro com Milton Santos ou O mundo global visto do lado de cá**, que apresenta críticas à globalização na perspectiva dos países da periferia do capitalismo.

Outras leituras

O caracol contra a corporação

Para impedir que o patrimônio cultural gastronômico de várias regiões do mundo seja destruído pela ação dos alimentos industrializados, enlatados, congelados e sem personalidade, em 1986 surgiu na Itália o movimento *Slow Food*. O movimento é mais que uma reação à massificação e globalização da culinária representada pelas cadeias internacionais de *fast-food*, especialmente a rede internacional de lanchonetes McDonald's, que na virada da década de 1990 forçava sua presença aos italianos.

Em vez de engolir o Big Mac, os italianos reagiram. Mas o *Slow Food* abriga um conceito maior: valorizar o processo cultural que determinou a receita de cada alimento, de cada prato, disseminar o respeito pela qualidade dos ingredientes e desenvolver nos consumidores a percepção de que cada ambiente natural deixa sua marca nos produtos alimentícios. O símbolo do movimento *Slow Food* é o caracol, um bichinho lento, porém determinado.

Reprodução/Arquivo da editora

De acordo com a apresentação em sua página na internet, o *Slow Food* foi criado "como resposta aos efeitos padronizantes do *fast-food*; ao ritmo frenético da vida atual; ao desaparecimento das tradições culinárias regionais; ao decrescente interesse das pessoas na sua alimentação, na procedência e sabor dos alimentos e em como nossa escolha alimentar pode afetar o mundo".

CIAFFONE, Andréa. Turismo e gastronomia: o verdadeiro sabor da descoberta. In: FUNARI, Pedro Paulo; PINSKY, Jaime. *Turismo e patrimônio cultural*. 3. ed. São Paulo: Contexto, 2003. p. 118.

Atividades

Compreendendo conteúdos

1. Defina, com suas palavras, empresa transnacional. Explique por que essas empresas se expandiram pelo mundo, principalmente após a Segunda Guerra Mundial, e avalie se esse processo continua ocorrendo nos dias atuais.

2. Defina, com suas palavras, o que você entende por globalização. Discuta se os fluxos da globalização atingem igualmente todos os lugares do mundo e relacione esse fato com o meio técnico-científico-informacional.

3. Explique como ocorre a expansão dos capitais produtivos e especulativos pelo mundo.

4. Em sua opinião, de que forma está se criando uma cultura massificada no mundo? Você identifica resistências a esse processo? Dê exemplos.

Desenvolvendo habilidades

5. As empresas transnacionais, ou multinacionais, são um dos principais agentes da globalização; são as grandes responsáveis pelo fluxo de capitais produtivos, pela mundialização da produção.

   Em grupo, leiam o texto "A empresa multinacional" (página 319), troquem ideias sobre ele e citem aspectos positivos e negativos da expansão mundial dessas corporações. Listem os benefícios que elas trazem e os problemas que causam aos países onde se instalam.

   Depois, individualmente, escreva um pequeno texto que responda às questões a seguir:

   a) Qual é sua opinião sobre essas empresas? E a do grupo? b) Como você observa a atuação delas em seu cotidiano?

6. Leia o texto a seguir e discuta-o com seus colegas de grupo, procurando:

   a) explicar o que é "globesidade".

   b) relacionar esse fato com os dados apresentados no subtítulo "A mundialização da sociedade de consumo" (página 325), mencionando o papel das grandes redes internacionais de restaurantes de *fast-food* e de outras indústrias alimentícias nesse processo.

   c) refletir sobre algumas possibilidades de frear o crescimento da obesidade entre a população, destacando o papel de governantes e consumidores.

> Se possível assista ao documentário **Super size me: A dieta do palhaço**. Veja a indicação na seção **Sugestões de leitura, filmes e *sites***.

Epidemia de "globesidade"

Estima-se que um quinto da população mundial esteja com excesso de peso. Entre esses, há 300 milhões que são considerados obesos. Pior: esses números têm aumentado nas últimas décadas.

Essas informações abriram a palestra "Atualização da epidemia global de obesidade", proferida pela professora Mary Schmidl, do Departamento de Nutrição e Ciência dos Alimentos da Universidade de Minnesota, nos Estados Unidos. [...]

"É uma doença que está em todas as faixas etárias, grupos étnicos e classes sociais. Ela também atinge tanto homens como mulheres. Essa espécie de onipresença motivou a criação do termo 'globesidade' (*globesity*, em inglês)", contou.

Segundo Mary, não há um vilão único para a epidemia. [...]

A pesquisadora apontou exemplos. A indústria e os comerciantes de alimentos estariam habituando os consumidores a porções cada vez maiores. Garrafas de refrigerante, hambúrgueres, pacotes de salgadinhos, caixas de cereais, entre outros produtos industrializados, têm aumentado de tamanho nos Estados Unidos desde a década de 1970.

[...]

Os governos também têm a sua parte de culpa. As políticas públicas teriam muito ainda a avançar. Uma ideia é sobretaxar alimentos menos saudáveis e estimular o consumo de vegetais. "Se o governo estipulasse um imposto de US$ 0,01 para cada onça (28,3 gramas) de refrigerante vendido, só na cidade de Nova York seriam arrecadados US$ 1,2 bilhão por ano", disse.

A pesquisadora também coloca parte da responsabilidade nos próprios consumidores. Segundo ela, cada um teria que ter um compromisso com a sua saúde, não só procurando melhorar a qualidade e adequar a quantidade dos alimentos consumidos como também criar hábitos de fazer exercícios físicos.

[...]

Mary também propõe a rotulagem de alimentos explicitando a sua caloria e composição nutricional (o que já ocorre no Brasil) e a proibição das máquinas automáticas de guloseimas. [...]

REYNOL, Fábio. Epidemia de "globesidade". Agência de notícias da Fundação de Amparo à Pesquisa do Estado de São Paulo (Fapesp), 9 dez. 2009. Disponível em: <http://agencia.fapesp.br/11471>. Acesso em: 8 abr. 2014.

Texto para a questão 1:

> Do princípio do século XVII ao fim do século XVIII, o aspecto geral do mundo natural alterou-se de tal forma que Copérnico teria ficado pasmo. A revolução que ele iniciara desenvolveu-se tão rápido e de modo tão amplo que não só a astronomia se transformou, mas também a física. Quando isso aconteceu, dissolveram-se os últimos vestígios do universo aristotélico. A matemática tornou-se uma ferramenta cada vez mais essencial para as ciências físicas.
>
> A visão do universo adotada por Galileu — morto em 1642, ano do nascimento de Isaac Newton — baseava-se na observação, na experimentação e numa generosa aplicação da matemática. Uma atitude de certa forma diferente daquela adotada por seu contemporâneo mais jovem, René Descartes, que começou a formular uma nova concepção filosófica do universo, que viria a destruir a antiga visão escolástica medieval.
>
> Em 1687, Newton publicou os Principia, cujo impacto foi imenso. Em um único volume, reescreveu toda a ciência dos corpos em movimento com uma incrível precisão matemática. Completou o que os físicos do fim da Idade Média haviam começado e que Galileu tentara trazer à realidade. As três leis do movimento, de Newton, formam a base de todo o seu trabalho posterior.
>
> Ronan Colin A. *História ilustrada da ciência: da Renascença à revolução científica.* São Paulo: Círculo do Livro, s/d, p. 73, 82-3 e 99 (com adaptações).

1. **CO** (UnB-DF) Na atualidade, o desenvolvimento científico e tecnológico, elemento propulsor das relações econômicas, culminou em uma verdadeira revolução informacional devido à importância da produção de conhecimento. Acerca desse contexto do mundo atual, assinale a opção correta.

   a) Exige-se, na atualidade, mão de obra com baixa qualificação, já que a robótica vem ampliando seu campo de aplicação.

   b) A oferta de emprego no setor industrial, que tem ultrapassado a do setor terciário no século XX, é resultado direto do desenvolvimento tecnológico nos países altamente industrializados.

   c) Não somente as empresas, mas também os Estados têm atuado no fomento do desenvolvimento científico e tecnológico.

   d) As inovações tecnológicas concentram-se nos países de economia emergente, como, por exemplo, nos chamados Tigres Asiáticos.

2. **N** (UFPA) O período da globalização é marcado por ações políticas entre nações para implantação de sistemas técnicos e condições territoriais que possibilitaram circulação de mercadorias, bens e serviços com maior fluidez e sem grandes obstáculos.

   Sobre esse período é correto afirmar:

   a) As condições políticas para globalização foram criadas com a predominância de orientações neoliberais nos países da Europa, da América e da Ásia, que reestruturaram o Estado, fortalecendo empresas estatais, ampliando direitos trabalhistas e protegendo mercados e setores da economia de investidores internacionais.

   b) Acordos políticos na Europa, sobretudo após a queda do socialismo no Leste Europeu, permitiram a formação da Federação dos Estados Europeus, a construção do Parlamento Europeu e de uma cidadania europeia constitucionalmente definida. Isso tudo revela que, no período da globalização, o estado nacional cede espaço ao plurinacional.

   c) Caminhamos para a realização da unicidade normativa, isto é, cada vez mais as nações latino-americanas se adequam de forma irrestrita às legislações impostas por centros europeus e norte-amercianos que decidem sobre a economia e a política mundiais. Assim, serviços como educação, saúde, comunicação e transportes, além de políticas como a previdenciária, são regulados segundo determinações exógenas ao país.

   d) A economia europeia fortaleceu-se no período da globalização. Alicerçada na moeda única, na produção industrial e na dinâmica agrícola, a economia grega é uma das que mais cresce e se destaca por ter passado incólume pela crise financeira que assolou o mundo a partir de 2008.

   e) A técnica, a ciência e a pesquisa aplicada tornaram-se grandes forças produtivas do mundo globalizado, capazes de produzir objetos técnicos de vida útil reduzida. Patrocinadas pela iniciativa pública e privada, elas envolvem o planeta e criam condições para produção e disseminação da sociedade de consumo.

3. **S** (UFPR) O termo globalização tem sido usado para designar um fenômeno que trouxe profundas transformações à economia, à cultura e à organização geopolítica internacional. Explique esse fenômeno, apontando alguns dos seus impactos em nível mundial.

15 Desenvolvimento humano e objetivos do milênio

Danish Siddiqui/Reuters/Latinstock

Favela em meio a prédios residenciais na cidade de Mumbai (Índia), em 2014.

As expressões "subdesenvolvimento" e "terceiro mundo" são empregadas desde o fim da Segunda Guerra Mundial para classificar os países onde a maioria da população apresenta más condições de vida; porém, com o tempo, tornaram-se pejorativas e governo de nenhum país quer ser classificado como tal. Em relatórios de instituições internacionais como a ONU e o Banco Mundial, não se usa a expressão "país subdesenvolvido", e sim "país em desenvolvimento", em oposição a "país desenvolvido".

Na atualidade, é inviável qualquer tentativa de agrupar os mais de duzentos países do mundo em apenas duas ou três categorias. Há uma grande heterogeneidade entre esses países do ponto de vista social e econômico, especialmente no interior do grupo considerado em desenvolvimento, como veremos a seguir. E há ainda os países que até o início dos anos 1990 adotavam o modelo econômico socialista, como os que pertenciam à União Soviética ou recebiam sua influência geopolítica. Como agrupá-los?

Neste capítulo, vamos estudar a origem e as principais características desse complexo problema; a classificação dos países de acordo com a renda (Banco Mundial) e o Índice de Desenvolvimento Humano (IDH). Por fim, estudaremos os Objetivos de Desenvolvimento do Milênio, conjunto de ações que visam superar a pobreza extrema em escala mundial.

Mariano/Acervo do cartunista

A grande heterogeneidade dos países em desenvolvimento

Entre as décadas de 1940 e 1960, várias guerras e guerrilhas de libertação nacional eclodiram na África e na Ásia e ocorreu um processo generalizado de descolonização nesses continentes, como foi visto no capítulo 13. Nessa época, surgiram vários novos países independentes, todos caracterizados por profundos problemas socioeconômicos: altas taxas de natalidade e mortalidade, baixa expectativa de vida, subnutrição, analfabetismo e muitos outros associados à pobreza extrema. A visibilidade e intensificação desses problemas levaram governos do mundo todo a ter plena consciência das desigualdades entre os países, e foram criados os conceitos de "subdesenvolvimento" e "terceiro mundo" (leia o texto do boxe a seguir).

Adnael/Acervo do cartunista

Para saber mais

O fim do terceiro mundo

O conceito de terceiro mundo foi utilizado pela primeira vez pelo demógrafo francês Alfred Sauvy em um artigo publicado em 1952, no qual estabeleceu uma comparação entre os países subdesenvolvidos, no pós-Segunda Guerra, e o Terceiro Estado, na época da Revolução Francesa. Concluiu o artigo intitulado "Três Mundos, um planeta", com a seguinte frase: "Pois enfim esse **Terceiro Mundo**, ignorado, explorado, desprezado, tal como o Terceiro Estado, também quer ser alguma coisa". Sauvy parafraseou a frase do Abade de Sieyès (político francês simpatizante do movimento revolucionário), que, em 1789, ao se referir ao grupo de deputados eleitos pela burguesia e pelos camponeses, qualificou-o de Terceiro Estado, em contraposição à Nobreza (Primeiro Estado) e ao Clero (Segundo Estado).

No período da Guerra Fria (1947-1989), em uma tentativa de regionalização do espaço geográfico mundial, era comum classificar os Estados nacionais em um dos "três mundos": o primeiro formado por países capitalistas desenvolvidos, sob a liderança dos Estados Unidos; o segundo composto dos países socialistas, sob a liderança da União Soviética, e o terceiro integrado pelos países subdesenvolvidos, capitalistas em sua maioria, mas também por alguns socialistas não alinhados com a então superpotência socialista. As nações do terceiro mundo localizavam-se na Ásia, na África, a maioria recém-independente naquele momento, e na América Latina.

Após a Segunda Guerra Mundial, o fato de pertencer ao terceiro mundo tinha um significado geopolítico e socioeconômico e expressava alguma identidade entre os países que pertenciam a esse grupo. Em 1955, foi realizada em Bandung, Indonésia, uma conferência que reuniu as nações recém-independentes da Ásia e da África. Nesse encontro, o terceiro mundo passou a ser identificado como uma terceira via de desenvolvimento, uma alternativa ao capitalismo norte-americano e ao socialismo soviético. Com isso, a Conferência de Bandung lançou as bases do movimento dos países não alinhados.

Hoje em dia, na atual fase informacional do capitalismo, esse conceito ganhou caráter pejorativo (sinônimo de pobreza), e nenhum país quer ser identificado como pertencente a esse grupo (o mesmo ocorre com "subdesenvolvido"). O conceito de terceiro mundo é datado historicamente, no contexto da Guerra Fria.

Desde o início dos anos 1990, com o fim da União Soviética e, portanto, da Guerra Fria, o segundo mundo deixou de existir. Com o surgimento dos países de industrialização recente, denominados emergentes, o grupo de países então classificados de terceiro mundo ficou muito heterogêneo. E, mesmo no interior dos países desenvolvidos, têm aumentado os índices de desigualdade social, marginalização e pobreza, especialmente a partir do início da crise financeira nos Estados Unidos em 2008/2009, que posteriormente atingiu vários países europeus. Assim, embora eventualmente ainda sejam empregadas, atualmente não faz sentido usar as expressões primeiro e terceiro mundos para agrupar os países.

Estatísticas e avaliações de organismos internacionais, como a ONU e o Banco Mundial, demonstraram (e ainda demonstram) que a maioria dos povos que habitam essas ex-colônias tem um padrão de vida muito inferior ao considerado mínimo para atendimento das necessidades básicas de alimentação, moradia, saneamento básico, saúde, educação e trabalho. Esses países, hoje chamados "em desenvolvimento", apresentam profundas desigualdades sociais e regionais e baixo IDH. Muitos dos Estados africanos e asiáticos (que conquistaram sua independência na segunda metade do século XX) e das nações latino-americanas (independentes desde o século XIX) apresentam diversos problemas socioeconômicos. Grande parte deles não conseguiu diversificar a economia e continua exportando produtos primários de origem agropecuária e mineral, como na época do colonialismo. Entretanto, no grupo dos "países em desenvolvimento", há condições socioeconômicas extremamente diversas; por isso há outras classificações em seu interior. Segundo a Unctad, há os "países emergentes" e os "países menos desenvolvidos".

De acordo com o glossário do G-20 (Grupo dos 20), "**países emergentes**" são aqueles que estão em rápido processo de crescimento econômico e industrialização; são considerados em transição entre a situação de "países em desenvolvimento" para a de "países desenvolvidos". Porém, não há uma classificação consensual sobre quais são os países incluídos na categoria "emergente". A Unctad lista apenas dez países como economias emergentes (veja o mapa a seguir). Porém, na mídia especializada em negócios, é comum países como China, Rússia, Índia, Indonésia, Turquia, África do Sul, Marrocos e Colômbia, entre outros, também serem considerados economias emergentes.

Segundo a Unctad, os "**países menos desenvolvidos**" apresentam graves problemas socioeconômicos e os piores índices de desenvolvimento humano; são os mais vulneráveis, os países mais pobres do mundo.

O mundo segundo a Unctad

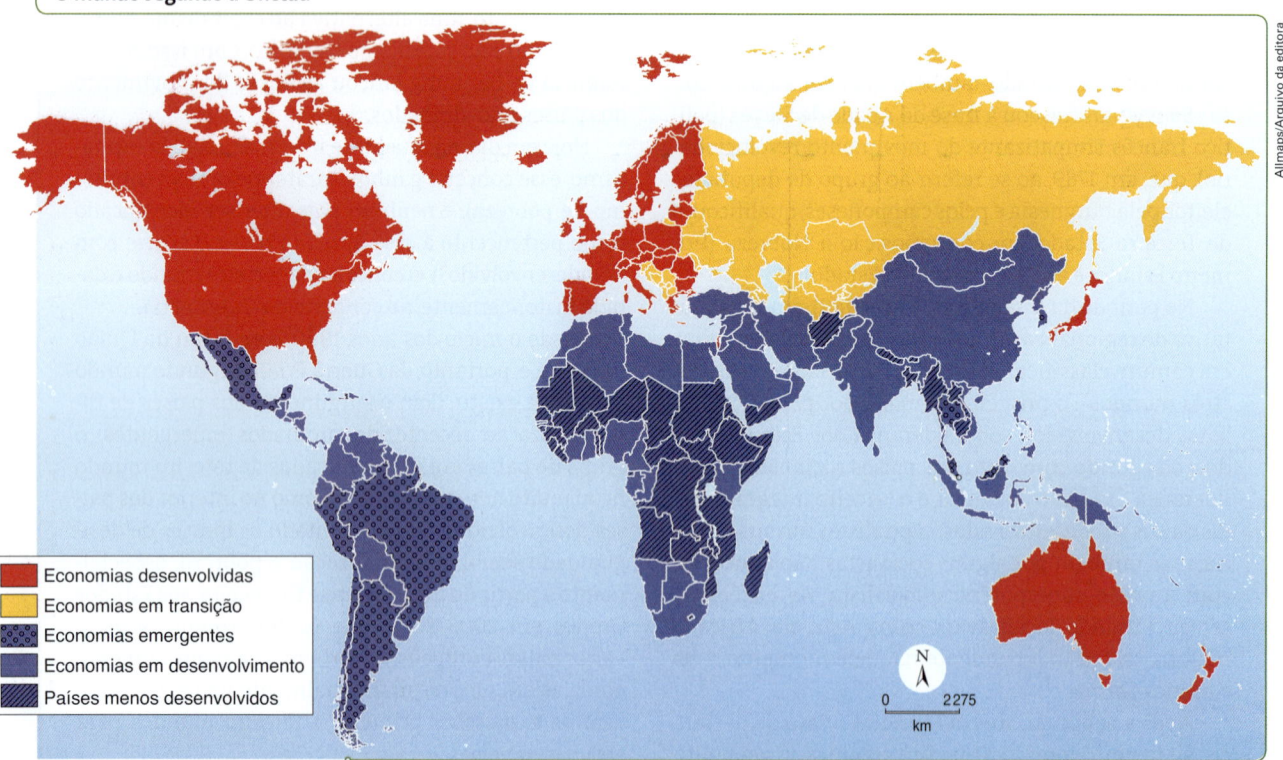

Economias desenvolvidas
Economias em transição
Economias emergentes
Economias em desenvolvimento
Países menos desenvolvidos

Allmaps/Arquivo da editora

Adaptado de: UNCTADSTAT. *Countries, Geographical Regions. Classification*, 12 jun. 2013; *Countries, Economic Groupings*. Classification, 22 jul. 2013. Disponível em: <http://unctad.org/en/pages/Statistics.aspx>. Acesso em: 9 abr. 2014.

Estão nessa categoria 49 países: 34 localizados na África, 14 na Ásia/Pacífico e um na América (Haiti). Como veremos, são os países que despertam mais atenção por parte dos Objetivos de Desenvolvimento do Milênio. Essa mesma organização classifica também alguns dos antigos países socialistas de "**economias em transição**". Observe o mapa na página anterior.

A Unctad faz a seguinte ressalva, reconhecendo que é difícil classificar os países: "As designações 'desenvolvido', 'em transição' e 'em desenvolvimento' foram adotadas por conveniência estatística e não necessariamente expressam um julgamento sobre o estágio alcançado por um país em particular no processo de desenvolvimento".

Podem ser citados alguns exemplos da dificuldade de classificar os países:

- a **Coreia do Sul**, país com um índice de desenvolvimento humano muito elevado e uma das economias mais modernas e competitivas do mundo, ainda aparece no grupo das economias emergentes da Unctad, embora a própria ONU já a classifique como país desenvolvido (o mesmo acontece com Cingapura);

- a **Romênia**, país do antigo bloco socialista, embora tenha um índice de desenvolvimento humano elevado, é um dos mais atrasados da Europa, mas por ser membro da União Europeia está no grupo das economias desenvolvidas (verifique os dados dos países em destaque nas tabelas das próximas páginas);

- os antigos países socialistas que ingressaram na União Europeia, como a Romênia, a Bulgária e os três que pertenciam à União Soviética (Letônia, Lituânia e Estônia), não são classificados como "economias em transição" e sim como "desenvolvidos"; já a **Rússia**, herdeira da antiga superpotência, é considerada uma "economia em transição";

- a divergência entre a lista dos países emergentes da Unctad e a denominação recorrente na mídia internacional.

Pessoas embarcam em trem na estação central de Leipzig (Alemanha), em 2013.

Pessoas viajam no teto de trem em Daca (Bangladesh), em 2014.

© Joaquin Salvador Lavado (Quino)/Acervo do cartunista

Cada uma das personagens adota uma forma diferente de designar os países "não desenvolvidos", porém, atualmente tem-se adotado a terminologia "países em desenvolvimento" porque

a) representa melhor a ausência de desigualdades econômicas que se observa hoje entre essas nações.

b) facilita as relações comerciais no mercado globalizado, ao aproximar países mais e menos desenvolvidos.

c) indica que os países estão em processo de desenvolvimento, reduzindo o estigma inerente ao termo "subdesenvolvidos".

d) demonstra o crescimento econômico desses países, que vem sendo maior ao longo dos anos, erradicando as desigualdades.

e) reafirma que durante a Guerra Fria os países que eram subdesenvolvidos alcançaram estágios avançados de desenvolvimento.

Resolução

⟩ Susanita fica brava porque o telefone de sua casa não funciona. Com isso a tirinha do cartunista Quino critica o mau funcionamento da infraestrutura na Argentina. Isso é uma característica verificada em países em desenvolvimento, mesmo em economias emergentes como a Argentina e o Brasil. A carência ou o mau funcionamento da infraestrutura causa transtornos à vida das pessoas (como denuncia a tirinha) e eleva os custos de produtos e serviços. O diálogo entre Susanita e Mafalda, acerca de como classificar a Argentina, evidencia que a palavra "subdesenvolvido" tem uma conotação pejorativa, estigmatizante, tanto que os organismos internacionais não a utilizam: referem-se a países em desenvolvimento, países menos desenvolvidos, países de baixa renda ou mesmo países pobres. Mafalda achou o termo "subdesenvolvido" muito forte e propôs "amador" em seu lugar.

Ocorre que essa palavra, segundo o *Dicionário Houaiss*, pode ser usada para definir alguém que "se dedica a uma arte ou um ofício por gosto ou curiosidade, não por profissão". Porém, em seu uso pejorativo – o utilizado na tira – pode definir alguém ou algo que "ainda não domina ou não consegue dominar a atividade a que se dedicou, revelando-se inábil, incompetente etc.". Quino usou um eufemismo para o termo "subdesenvolvido", mas continuou criticando seu país. A alternativa correta, portanto, é a **C**.

⟩ Essa questão do Enem contempla as habilidades da **Competência de área 2 – Compreender as transformações dos espaços geográficos como produto das relações socioeconômicas e culturais de poder** – e, sobretudo, a **H9 – Comparar o significado histórico-geográfico das organizações políticas e socioeconômicas em escala local, regional ou mundial.**

Diferenças socioeconômicas

O *Atlas do desenvolvimento global* 2011, do Banco Mundial, faz o seguinte comentário: "Economias de baixa e média renda são muitas vezes definidas como **economias em desenvolvimento**. Não se pretende com isso concluir que todas as economias deste grupo estão vivenciando desenvolvimento similar ou que as outras economias são superiores ou atingiram o estágio final de desenvolvimento".

Por sua vez, os países de alta renda são em geral definidos como economias desenvolvidas, como vimos no mapa da Unctad, mas há várias exceções, como a Arábia Saudita, um país de alta renda que não é considerado desenvolvido. Observe a tabela abaixo.

Filipe Rocha/Arquivo da editora

Indicadores socioeconômicos de países selecionados – 2012				
País	Rendimento Nacional Bruto* *per capita* (em dólares)	Crescimento vegetativo anual (% média, 2000-2012)	Mortalidade de crianças com até 5 anos (por mil)	Acesso a água tratada (% da população rural/urbana)
Renda alta (15 911 ou mais)				
Noruega	98 860	1	2	100 / 100
Estados Unidos	50 120	1	6	94 / 100
Japão	47 810	0	2	100 / 100
Alemanha	44 010	0	3	100 / 100
Coreia do Sul	22 670	1	3	88 / 100
Arábia Saudita	21 210	3	7	97 / 97
Renda média-alta (entre 5 291 e 15 910)				
Rússia	12 700	0	9	92 / 99
Brasil	11 630	1	14	85 / 100
México	9 600	1	14	89 / 96
Argentina	8 620**	1	14	95 / 100
Romênia	8 150	0	11	76 / 99
África do Sul	7 610	1	33	79 / 99
China	5 680	1	12	85 / 98
Renda média-baixa (entre 1 481 e 5 290)				
Índia	1 530	1	44	90 / 96
Renda baixa (1 480 ou menos)				
Haiti	760	1	57	49 / 78
Etiópia	410	3	47	39 / 97
República Democrática do Congo	220	3	100	29 / 80

THE WORLD BANK. *World Development Indicators 2013: size of the economy, population dynamics, mortality, fresh water.* Washington D.C., 2013. Disponível em: <http://wdi.worldbank.org/tables>. Acesso em: 9 abr. 2014.

* O Rendimento Nacional Bruto (RNB) é diferente do Produto Interno Bruto (PIB). Enquanto o PIB mostra a produção interna de um país gerada por todos os setores de sua economia, o RNB mostra essa produção mais os rendimentos que entram em seu território menos os que saem. Por exemplo: dinheiro enviado ao exterior ou recebido de fora, pagamento ou recebimento de *royalties*, de empréstimos, etc. Se um país recebe mais rendimentos do que envia ao exterior, terá um RNB maior que o PIB; se, ao contrário, mais envia ao exterior do que recebe, terá um RNB menor que o PIB. ** Dado de 2011.

Consulte o portal do **Banco Mundial**. Veja orientações na seção **Sugestões de leitura, filmes e *sites*.**

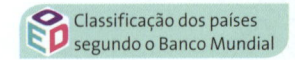
Classificação dos países segundo o Banco Mundial

De acordo com o Banco Mundial, mesmo nos países por ele designados "em desenvolvimento", há um elevado percentual de pobres na população, sobretudo nos do Sul da Ásia e nos da África subsaariana, onde está a maioria dos "países menos desenvolvidos". São pessoas que vivem com menos de 2 dólares por dia, portanto abaixo da **linha de pobreza internacional** (sobrevivem na pobreza extrema aquelas que têm renda inferior a 1,25 dólar/dia).

A maioria dos países que apresentam elevados percentuais de pobreza em sua população se localiza na África subsaariana, entretanto o maior contingente de pobres ainda vive no Sul da Ásia e, sobretudo, na Índia: em 2008 eram 862 milhões de indianos vivendo com menos de 2 dólares por dia. Os africanos nessa situação perfaziam 562 milhões de indivíduos, mas espalhados por 47 países da região ao sul do Saara. A China ainda possuía 399 milhões de pobres, mas foi o país que mais reduziu a pobreza desde o início da década de 1980, quando teve início seu acelerado crescimento econômico. Veja na tabela a seguir as regiões/países onde estão situados os maiores contingentes de pobres no mundo e sua evolução desde 1981. Em 2008, apenas três regiões – Leste da Ásia/Pacífico, Sul da Ásia e África subsaariana – concentravam 95% das pessoas que vivem com menos de 2 dólares/dia. Note que, entre 1981 e 2008, a pobreza absoluta foi reduzida no mundo e a região e o país que mais contribuíram para isso foi o Leste da Ásia e sobretudo a China. Porém, observe que na Índia a pobreza aumentou em termos absolutos, embora tenha se reduzido em termos relativos. O mesmo aconteceu na África subsaariana.

Maiores contingentes de pobres no mundo (pessoas que vivem com menos de 2 dólares PPC* ao dia)				
País/região	**1981**		**2008-2010****	
	Total de pobres (em milhões)	**Percentual sobre a população do país/ região**	**Total de pobres (em milhões)**	**Percentual sobre a população do país/ região**
Leste da Ásia/Pacífico	1 313	92,4	659	33,2
China	972	97,8	364	27,2
Sul da Ásia	811	87,2	1 125	70,9
Índia	621	86,6	843	68,8
África subsaariana	288	72,2	562	69,2
Outras regiões	173	—	125	—
Mundo	**2 585**	**69,6**	**2 471**	**43,0**

THE WORLD BANK. *World Development Indicators* 2012. Washington, D.C., 2012. p. 72; THE WORLD BANK. *Atlas of Global Development*. Data. Poverty headcount ratio at $2 a day (PPP). Disponível em: <www.app.collinsindicate.com/worldbankatlas-global/en-us>. Acesso em: 9 abr. 2014.

* Paridade do Poder de Compra (PPC): método utilizado para estabelecer comparações entre o PIB (e a renda *per capita*) dos países, com base em levantamento internacional de preços feito pelo Banco Mundial e pela Organização de Cooperação e Desenvolvimento Econômico (OCDE). Esse programa compara preços de diversos países. Com base nisso, a paridade do poder de compra é calculada para ajustar os respectivos PIBs. O dólar americano (US$) ajustado pela PPC é melhor para comparar os PIBs dos países do que o dólar corrente, usado pelo Banco Mundial (que considera só a variação da taxa de câmbio), pois este não mostra com precisão as diferenças de capacidade de compra e de padrão de vida de cada país.
**Ano mais recente disponível.

Veja, na seção **Sugestões de leitura, filmes e *sites***, indicação do filme **Quem quer ser um milionário?**, que trata da questão social na Índia.

A pobreza é muito desigual entre os países, mesmo nas regiões onde se concentram mais pessoas pobres. Por exemplo, compare a pobreza da África do Sul com a da República Democrática do Congo, ambos os países situados na África subsaariana. Observe na tabela o percentual de pobreza em alguns países (para saber o total de pobres em números aproximados, calcule a porcentagem sobre a população) e perceba a relação entre esses dados e os indicadores sociais dos mesmos países registrados na tabela da página anterior.

População abaixo da linha de pobreza internacional em países selecionados*		
País (ano da pesquisa)	População total, em milhões de habitantes (2010)	% da população vivendo com menos de 2 dólares por dia
Rússia (2009)	142	0,1
Romênia (2011)	21	1,8
Argentina (2010)	40	1,9
México (2010)	113	4,5
Brasil (2009)	195	10,8
China (2009)	1 338	27,2
África do Sul (2009)	50	31,3
Etiópia (2011)	83	66,0
Índia (2010)	1 225	68,8
República Democrática do Congo (2006)	66	95,2

THE WORLD BANK. *World Development Indicators* 2012. Washington, D.C., 2012. p. 20-22; THE WORLD BANK. *Atlas of Global Development*. Data. Poverty headcount ratio at $2 a day (PPP). Disponível em: <www.app.collinsindicate.com/worldbankatlas-global/en-us>. Acesso em: 9 abr. 2014.

* Nos relatórios do Banco Mundial só constam dados de países em desenvolvimento; não há dados para a Arábia Saudita e o Haiti.

Como estudaremos adiante, a ONU criou os Objetivos de Desenvolvimento do Milênio e usa a expressão "combate à **pobreza**", e não "ao subdesenvolvimento". Excetuando as economias "em transição", a oposição entre países desenvolvidos, de um lado, e países em desenvolvimento, de outro, divide a maior parte dos Estados em dois grupos, como se formassem dois mundos dissociados e estanques. Além de não apreender as peculiaridades socioeconômicas e culturais de cada país, essa classificação transmite a ideia de que o "subdesenvolvimento", ou a situação de pobreza, é um estágio para o desenvolvimento. Isso é reforçado quando os países pobres são chamados, pelos organismos internacionais, de "países em desenvolvimento" ou de "países menos desenvolvidos". Entretanto, a maioria dos países desenvolvidos da atualidade não foi considerada subdesenvolvida no passado.

Desenvolvimento e "subdesenvolvimento" são realidades opostas, porém inseparáveis, resultantes do processo de mundialização do capitalismo. Desde as Grandes Navegações e os descobrimentos houve grande transferência de riqueza das colônias para as metrópoles, fruto da exploração colonialista e depois imperialista, criando as condições para o desenvolvimento econômico, que com o tempo elevaria as condições de vida da população. Como mostra a tabela a seguir, a diferença de renda no mundo (considerando a renda *per capita* dos países e regiões) não era muito evidente no início das Grandes Navegações, mas foi aumentando ao longo do desenvolvimento desigual do capitalismo e tornou-se muito acentuada no período contemporâneo. O desenvolvimento econômico foi maior no novo mundo (sobretudo nos Estados Unidos), no Japão e na Europa ocidental, onde se localizam os países desenvolvidos, e muito baixo na América Latina, na Ásia (excetuando o Japão) e principalmente na África, o continente que mais sofreu com o imperialismo europeu e que menos se desenvolveu economicamente no período.

Renda *per capita* entre 1500 e 1998 (em dólares de 1990)					
Região	1500	1870	1950	1998	Aumento percentual da renda *per capita* entre 1500 e 1998
Europa ocidental	774	1974	4594	17921	2215
Novo Mundo*	400	2431	9288	26146	6437
Japão	500	737	1926	20413	3983
Ásia (exceto Japão)	572	543	635	2936	413
América Latina	416	698	2554	5795	1293
África	400	444	852	1368	242
Mundo	565	867	2114	5709	910

MADDISON, 2006. In: THE WORLD BANK. *World Development Report* 2009. Washington, D.C., 2009. p. 109.

* Estados Unidos, Canadá, Austrália e Nova Zelândia.

As desigualdades sociais são muito acentuadas nos países emergentes e bem visíveis em suas paisagens. Acima, condomínios de classe média ao lado da favela Real Parque, em São Paulo-SP (foto de 2011). Essa favela, onde vivem cerca de 4 mil pessoas, vem sendo urbanizada. Ao lado, a Villa 31, villa miseria (como os argentinos chamam suas favelas), onde vivem cerca de 40 mil pessoas. Fica próxima ao centro financeiro de Buenos Aires (foto de 2009).

Entretanto, o rápido crescimento econômico que vem ocorrendo em diversos países em desenvolvimento desde os anos 1990 tem alterado essa situação. Países emergentes, como China, Brasil, Rússia, Índia e México, entre outros, são, em muitos aspectos (PIB, produção industrial, recursos naturais e potencial do mercado interno), mais ricos que muitos países classificados como desenvolvidos. Porém, apesar de as elites desses países terem alto padrão de vida, o IDH de suas populações é inferior ao dos países desenvolvidos, como mostra a tabela da página 343. Além disso, a infraestrutura produtiva (energia, telecomunicações, portos, rodovias, etc.), muitas vezes, apresenta problemas.

Os países do golfo Pérsico produtores de petróleo, como Arábia Saudita e Kuwait, estão no grupo das nações de alta renda *per capita*. Entretanto, como a riqueza desses países se concentra nas mãos de uma minoria, eles não podem ser considerados desenvolvidos. O Brasil, país de renda média-alta, tem uma das piores distribuições de renda do mundo, de acordo com dados do Banco Mundial. Analise a tabela a seguir e constate como, de maneira geral, a riqueza está distribuída de forma muito mais desigual nos países em desenvolvimento.

Philippe Lopez/AFP

Idoso revira o lixo ao lado de anúncio de bens de consumo de luxo, em Xangai (China), em 2010.

 As desigualdades no mundo

Distribuição de renda em países selecionados*		
País (ano da pesquisa)	Percentual sobre o total do rendimento nacional		Índice de Gini**
	10% mais pobres	10% mais ricos	
Japão (1993)	5	22	25
Noruega (2000)	4	23	26
Romênia (2011)	4	21	27
Alemanha (2000)	3	22	28
Índia (2010)	4	29	34
Etiópia (2011)	3	28	34
Rússia (2009)	3	32	40
Estados Unidos (2000)	2	30	41
China (2009)	2	30	42
Argentina (2010)	1	32	44
República Democrática do Congo (2006)	2	35	44
México (2010)	2	38	47
Brasil (2009)	1	43	55
África do Sul (2009)	1	52	63

THE WORLD BANK. *World Development Indicators 2013: distribution of income or consumption*. Washington D.C., 2013. Disponível em: <http://wdi.worldbank.org/tables>. Acesso em: 9 abr. 2014.

* Alguns países, como é o caso da Arábia Saudita, não fornecem dados desse indicador socioeconômico.

** Esse coeficiente de desigualdade recebe esse nome em homenagem ao seu criador, o estatístico italiano Corrado Gini (1884-1965), e revela como a renda está distribuída em uma sociedade. Esse coeficiente varia de zero, que indica plena igualdade, a cem, situação de máxima desigualdade.

Macroeconômico: refere-se à macroeconomia, ramo da economia que se preocupa em estudar o comportamento do sistema econômico como um todo em suas grandes variações estatísticas: PIB, nível de renda e emprego, etc.

> **"A pobreza deve ser vista como privação de capacidades básicas, em vez de meramente como baixo nível de renda."**
>
> *Amartya Sen (1933), professor da Universidade de Harvard, um dos criadores do IDH e ganhador do prêmio Nobel de Economia em 1998.*

A pobreza se materializa no espaço geográfico e é perceptível na paisagem, como nesta foto de 2009, que mostra pessoas vivendo em habitações precárias ao lado de um córrego poluído na favela Diepsloot, em Johannesburgo (África do Sul). Ali vivem cerca de 150 mil pessoas, que, além de sofrerem com a precariedade da infraestrutura, convivem com o medo da violência.

2 Índice de Desenvolvimento Humano

Analisar o desenvolvimento de um país apenas do ponto de vista **macroeconômico** significa obter uma visão parcial e limitada da realidade, como denunciam as charges da abertura do capítulo. Para analisar as condições de vida de uma população, é preciso considerar, além dos indicadores econômicos tradicionais (como renda *per capita* e PIB), os indicadores sociais (expectativa de vida, mortalidade infantil e analfabetismo, por exemplo), os políticos (respeito aos direitos humanos, participação política da população, entre outros) e a sustentabilidade ambiental. O economista Amartya Sen define o desenvolvimento como um processo de expansão das liberdades reais dos seres humanos, o que inclui o acesso a bons serviços públicos, garantias de direitos civis, entre outros itens. Segundo ele, não podemos encarar o desenvolvimento apenas do ponto de vista dos indicadores econômicos.

Desde 1990, o Programa das Nações Unidas para o Desenvolvimento (Pnud) calcula e divulga o **Índice de Desenvolvimento Humano** (IDH) de quase todos os países. Esse índice fornece um retrato mais preciso das condições de vida das populações (observe o mapa e a tabela da página ao lado). Porém, apesar de ser um indicador mais aperfeiçoado, o IDH apresenta uma média e, portanto, ainda esconde desigualdades, como criticam as charges das páginas 332 e 333. Por exemplo, em um país de desenvolvimento humano elevado, como o Brasil, milhões de pessoas continuam vivendo em péssimas condições de vida e, portanto, teriam um baixo IDH se fossem consideradas à parte. Mesmo nos países de IDH muito elevado nem todos vivem bem.

Durante muito tempo, a pobreza foi encarada apenas como uma limitação na renda das pessoas, mas atualmente, mais do que isso, deve ser considerada uma privação das capacidades básicas do ser humano, como propõe o respeitado economista indiano (veja frase ao lado); consequentemente, deve ser vista também como uma restrição à cidadania e aos direitos humanos. Daí a importância de programas de complementação de renda e de investimentos em melhorias dos serviços públicos, como saúde, educação e saneamento básico, para compensar as privações impostas pelos baixos rendimentos. Por isso, complementando o IDH, em 2010, o Pnud criou o Índice de Pobreza Multidimensional (IPM), que mede a pobreza da população de um país pela intensidade de privações que ela sofre e não apenas pela renda.

Kurzen/The New York Times/Latinstock

Índice de Desenvolvimento Humano – 2012

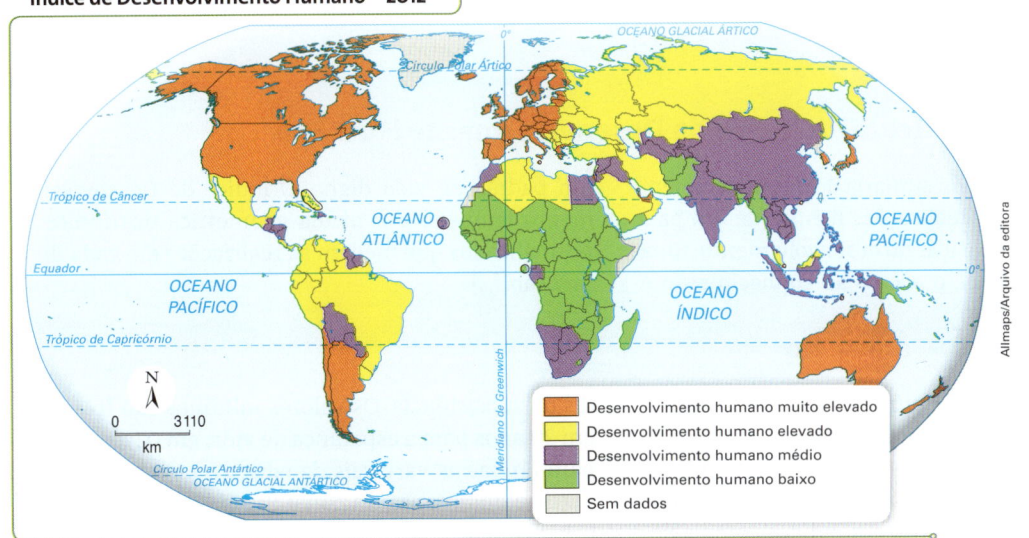

Adaptado de: PNUD. *Relatório de desenvolvimento humano* 2013. Nova York:
Programa das Nações Unidas para o Desenvolvimento, 2013. p. 150-153.

Índice de Desenvolvimento Humano de países selecionados – 2012				
Posição/país	IDH	Expectativa de vida ao nascer (em anos)	Escolaridade média/ escolaridade esperada* (em anos)	Rendimento nacional bruto *per capita* (dólar PPC de 2005)
Desenvolvimento humano muito elevado				
1. Noruega	0,955	81,3	12,6 / 17,5	48 688
3. Estados Unidos	0,937	78,7	13,3 / 16,8	43 480
5. Alemanha	0,920	80,6	12,2 / 16,4	35 431
10. Japão	0,912	83,6	11,6 / 15,3	32 545
12. Coreia do Sul	0,909	80,7	11,6 / 17,2	28 231
45. Argentina	0,811	76,1	9,3 / 16,1	15 347
Desenvolvimento humano elevado				
55. Rússia	0,788	69,1	11,7 / 14,3	14 461
56. Romênia	0,786	74,2	10,4 / 14,5	11 011
57. Arábia Saudita	0,782	74,1	7,8 / 14,3	22 616
61. México	0,775	77,1	8,5 / 13,7	12 947
85. Brasil	0,730	73,8	7,2 / 14,2	10 152
Desenvolvimento humano médio				
101. China	0,699	73,7	7,5 / 11,7	7 945
121. África do Sul	0,629	53,4	8,5 / 13,1	9 594
136. Índia	0,554	65,8	4,4 / 10,7	3 285
Desenvolvimento humano baixo				
161. Haiti	0,456	62,4	4,9 / 7,6	1 070
173. Etiópia	0,396	59,7	2,2 / 8,7	1 017
186. República Democrática do Congo	0,304	48,7	3,5 / 8,5	319

PNUD. *Relatório de desenvolvimento humano 2013*. Nova York: Programa das Nações Unidas para o Desenvolvimento, 2013. p. 150-153.

* Número de anos de escolaridade que uma criança em idade de entrada na escola pode esperar receber se as taxas de matrícula por idades permanecerem as mesmas ao longo de sua vida escolar.

Cálculo do Índice de Desenvolvimento Humano

O IDH é uma medida sumária do desenvolvimento humano. Mede as realizações médias de um país em três dimensões básicas do desenvolvimento: uma vida longa e saudável, o acesso ao conhecimento e um padrão de vida digno. O Índice de Desenvolvimento Humano é a média geométrica dos índices normalizados que medem as realizações em cada dimensão. [...]

Criação dos índices de dimensão

São definidos valores mínimos e máximos (limites) para transformar os indicadores em índices entre 0 e 1. Os máximos são os valores mais altos observados no período (1980-2011). Os valores mínimos podem ser apropriadamente entendidos como valores de subsistência. Os valores mínimos são fixados em 20 anos para a esperança de vida, em 0 (zero) ano para ambas as variáveis da educação e em US$ 100 para o Rendimento Nacional Bruto (RNB) *per capita*. [...]

Limites para o Índice de Desenvolvimento Humano		
Indicadores	**Máximo observado**	**Mínimo**
Esperança de vida ao nascer (anos)	83,4 (Japão, 2011)	20
Média de escolaridade (anos)	13,1 (República Tcheca, 2005)	0
Escolaridade esperada (anos)	18,0 (limitados a)	0
Índice de educação combinado	0,978 (Nova Zelândia, 2010)	0
Rendimento Nacional Bruto *per capita* (dólar PPC)	107 721 (Catar, 2011)	100

Após definidos os valores mínimos e máximos, os subíndices são calculados da seguinte forma:

$$\text{Índice de dimensão} = \frac{\text{valor real} - \text{valor mínimo}}{\text{valor máximo} - \text{valor mínimo}}$$

[...]

O IDH é a média geométrica dos três índices de dimensão.

Adaptado de: Pnud. *Relatório de desenvolvimento humano* 2011. Nova York: Programa das Nações Unidas para o Desenvolvimento, 2011. p. 174.

 Consulte os *websites* do **Pnud** (Brasil e Estados Unidos) e um *site* exclusivo para os **Relatórios de Desenvolvimento Humano**. Veja orientações na seção **Sugestões de leitura, filmes e *sites***.

As tradicionais explicações que enfatizam as relações econômicas entre os países ao longo da História, embora não sejam falsas, consideram apenas um aspecto desse complexo problema. Ao darem destaque à relação Norte-Sul e aos antagonismos entre os países ricos e os pobres (e muitos nem são tão pobres) como fatores responsáveis pelas desigualdades sociais, encobrem as contradições internas tanto dos países em desenvolvimento como dos países desenvolvidos.

③ Percepção da corrupção e "Estados fracassados"

Com poucas exceções, os países em desenvolvimento, principalmente os "países menos desenvolvidos", são, ou foram por longo período, governados por ditaduras ou regimes democráticos pouco consolidados, sob o comando de elites em geral indiferentes ao bem-estar social do restante da população. Por isso, o governo deixa de cumprir muitas de suas atribuições básicas e dedica-se a satisfazer aos interesses da classe social ou do grupo étnico detentor do poder. A apropriação do aparelho estatal por um setor da sociedade (clã ou etnia, por exemplo) é mais comum nos países menos desenvolvidos, sobretudo na África subsaariana, e denominada "Estado predatório" pelo sociólogo espanhol Manuel Castells. Em casos extremos, uma pessoa ou uma família chega a comandar um país todo, como demonstra o exemplo abaixo.

Em países em desenvolvimento que atingiram certo grau de industrialização, como muitos dos emergentes, é comum um grupo social ou partido político se apropriar do aparelho de Estado. Nesse caso, costuma ocorrer a concessão de subsídios e de generosos incentivos fiscais a diversos grupos econômicos ligados ao poder instituído, muitas vezes em detrimento de investimentos sociais que poderiam beneficiar a maioria da população.

> **Subsídio:** benefício concedido pelo governo a pessoas, empresas ou a setores da economia. Esse benefício pode ser instituído na forma de pagamento da diferença entre o preço de custo (mais alto) e o preço de mercado (mais baixo) de determinado bem; pode ocorrer também na forma de empréstimos a juros abaixo da taxa de mercado ou, ainda, como isenção de impostos.
>
> **Incentivo fiscal:** subsídio concedido pelos governos (federal, estaduais ou municipais) em operações ou atividades que queiram incentivar, geralmente na forma de redução ou mesmo isenção de impostos.

Para saber mais

"Estado predatório"

O Zaire, atual **República Democrática do Congo**, país situado no centro da África, foi governado pelo ditador Mobutu Sese Seko, ex-sargento do exército colonial belga, entre 1965 e 1997. Durante seu governo, Mobutu acumulou uma fortuna avaliada em 6 bilhões de dólares, segundo dados do Banco Mundial e do FMI. Em 1997, Laurent Kabila, líder guerrilheiro que lutava contra o regime de Mobutu, ocupou Kinshasa, a capital do país, e tomou o poder. Mobutu fugiu para o Marrocos, onde morreu de câncer no mesmo ano. Kabila instaurou uma nova ditadura, contra a qual cresceu a resistência. A guerra civil decorrente desse enfrentamento provocou a morte de milhares de pessoas. Em 2001, Laurent Kabila foi assassinado e em seu lugar assumiu seu filho, Joseph Kabila. Em 2006 foram convocadas as primeiras eleições livres do país e Kabila elegeu-se presidente; em 2011 realizaram-se novas eleições e ele reelegeu-se. Embora seja muito rica em recursos minerais, a República Democrática do Congo é um dos países mais pobres do mundo: tem o menor IDH entre todos os que constam do relatório 2013 do Pnud e mais de 90% de sua população vive com menos de 2 dólares por dia.

Mobutu possuía duas residências privativas, além do palácio presidencial. Esta que se vê na foto de 2010 localiza-se em Nsele, a 50 km de Kinshasa, e está abandonada. A imagem dá uma boa medida de como era sua ostentação.

Gwenn Dubourthoumieu/AFP

O desvio das funções do governo, a relação licenciosa entre o Estado e o capital, o governo e o partido político, a impunidade de funcionários públicos desonestos e o desrespeito à cidadania acabaram intensificando a corrupção, um grave problema nos países em desenvolvimento, especialmente nos mais pobres. Embora não seja exclusividade desses países, a corrupção no setor público está fortemente arraigada na maioria deles, em razão da falta de transparência e da impunidade, e consome vultosos recursos que poderiam ser investidos na solução de seus problemas sociais. Como é impossível mensurar com precisão essa prática danosa à sociedade, a Transparência Internacional (ONG com sede em Berlim, Alemanha) criou o Índice de Percepção da Corrupção (IPC). O IPC é elaborado anualmente com base em pesquisas e entrevistas feitas por diversas entidades junto a setores da sociedade mundial e de cada país. Com base nesse índice, os países são classificados segundo o grau de corrupção percebido no setor público, variando de zero (altamente corrupto) a cem (altamente honesto).

A corrupção é um problema grave que aparece em todos os países: desenvolvidos, emergentes e menos desenvolvidos. Como mostram o mapa da página ao lado e a tabela abaixo, ela é muito mais grave nos países em desenvolvimento, especialmente nos menos desenvolvidos, onde o sistema jurídico é frágil e a cidadania, pouco consolidada. Dos doze países altamente corruptos do mundo (IPC menor que 20), seis estão localizados em diversas regiões da Ásia, quatro na África subsaariana (a região mais pobre do mundo) e dois na América Latina e Caribe. Dos doze países altamente honestos (IPC maior ou igual a 80), oito se situam na Europa Ocidental, dois na Oceania, um no Leste da Ásia e um na América do Norte.

Um mundo de extremos: os países mais honestos e os mais corruptos – 2012			
Países altamente honestos/posição	IPC	Países altamente corruptos/posição	IPC
1. Dinamarca	90	165. Burundi	19
2. Finlândia	90	166. Chade	19
3. Nova Zelândia	90	167. Haiti	19
4. Suécia	88	168. Venezuela	19
5. Cingapura	87	169. Iraque	18
6. Suíça	86	170. Turcomenistão	17
7. Austrália	85	171. Usbequistão	17
8. Noruega	85	172. Myanmar	15
9. Canadá	84	173. Sudão	13
10. Países Baixos	84	174. Afeganistão	8
11. Islândia	82	175. Coreia do Norte	8
12. Luxemburgo	80	176. Somália	8

TRANSPARENCY INTERNATIONAL. *Corruption Perception Index* 2012. Disponível em: <http://cpi.transparency.org/cpi2012/results>. Acesso em: 9 abr. 2014.

A corrupção é um problema grave também no Brasil (69ª posição, com IPC de 43) e em outros países da América Latina, como evidenciam as manchetes da revista *Exame* e das edições *on-line* do jornal *Clarín* (Argentina) e do *Jornal do Brasil* (na página ao lado). Como afirma o escritor Leonardo Boff, neste artigo publicado no JB, a corrupção é um "crime contra a sociedade". Ela afeta gravemente o crescimento econômico e principalmente a população pobre, justamente a que mais depende de serviços públicos oferecidos pelo Estado.

Um estudo feito em 2005 (matéria de capa da revista *Exame*, acima) mostrou que, se o índice de corrupção no Brasil fosse idêntico ao dos Estados Unidos, o PIB poderia crescer mais 2% ao ano e os serviços públicos poderiam ser de melhor qualidade.

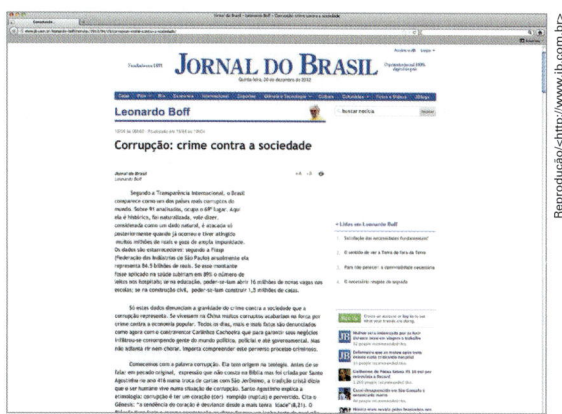

Clarín.com, Buenos Aires, 22 ago. 2012. Disponível em: <www.clarin.com/mundo/region-variasdenuncias-condenas_0_760124067.html>. Acesso em: 9 abr. 2014.

Jornal do Brasil, Rio de Janeiro, 15 abr. 2012. Disponível em: <www.jb.com.br/leonardo-boff/noticias/2012/04/15/corrupcao-crime-contra-a-sociedade>. Acesso em: 9 abr. 2014.

Segundo dados da Fiesp (Federação das Indústrias de São Paulo), cerca de 85 bilhões de reais são desviados anualmente pela corrupção de funcionários públicos desonestos.

Índice de Percepção da Corrupção - 2012

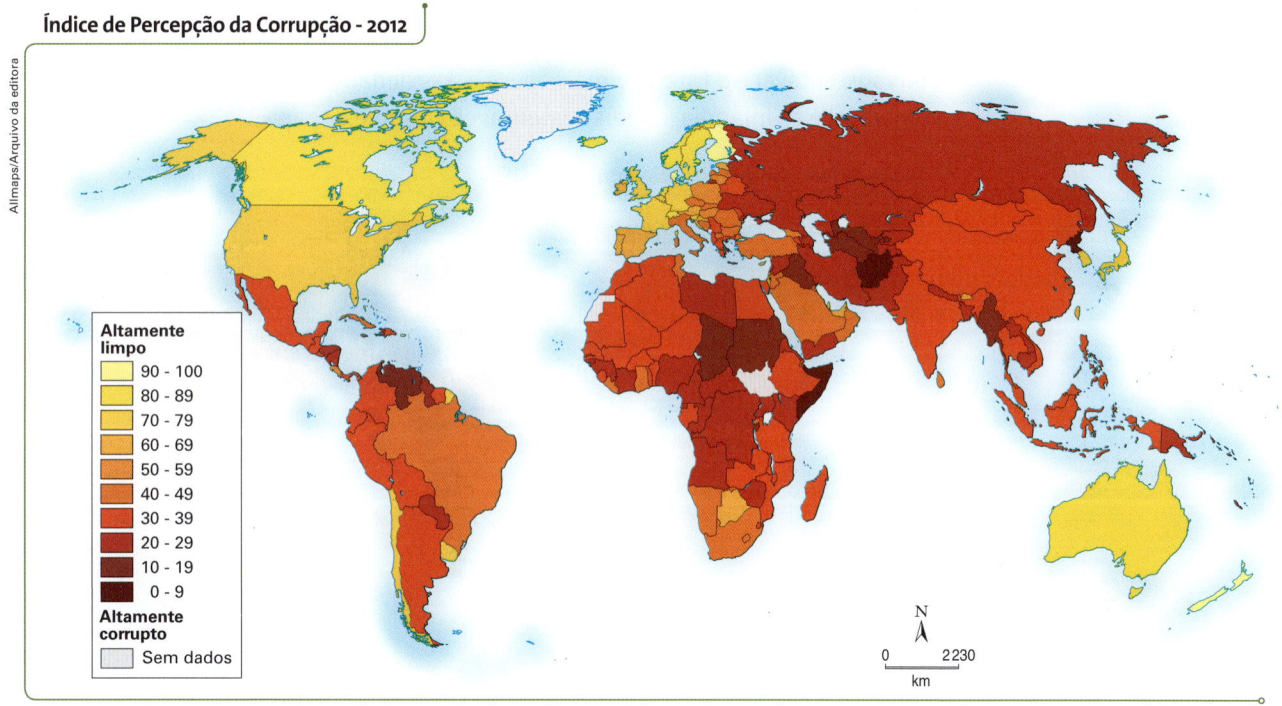

Adaptado de: TRANSPARENCY INTERNATIONAL. Corruption Perception Index 2012. Disponível em: <http://cpi.transparency.org/cpi2012/results>. Acesso em: 9 abr. 2014.

Estreitamente ligada ao problema da corrupção está a questão dos "**paraísos fiscais**". Muitas vezes o dinheiro obtido em esquemas ilícitos é transferido para paraísos fiscais no exterior, muitos deles localizados em países desenvolvidos ou em territórios ultramarinos desses países. É importante destacar que o IPC avalia apenas a corrupção no setor público, portanto desconsidera o fato de muitos países na lista dos menos corruptos darem suporte financeiro aos criminosos que atuam no mundo, principalmente nos países mais pobres. Ou seja, alguns países ricos e "altamente limpos" são coniventes com a corrupção. Por exemplo, a Suíça, um dos países menos corruptos do mundo (veja sua posição na tabela da página anterior), tem um histórico de abrigar em seu sistema bancário dinheiro oriundo de esquemas de corrupção em países em desenvolvimento. Recentemente vem crescendo a pressão sobre os paraísos fiscais para seus sistemas financeiros serem mais transparentes e menos coniventes com a corrupção internacional.

Paraísos fiscais: países que cobram impostos muito baixos sobre capitais ou simplesmente não os cobram, além de adotarem leis vantajosas às corporações transnacionais e aos grupos financeiros internacionais. Esse conjunto de medidas tem levado muitas empresas a alocar capital e instalar sedes nesses países, e ainda muitos deles abrigam "dinheiro sujo", isto é, recursos originários de corrupção, tráfico de drogas, entre outras fontes ilícitas.

A violência nos "Estados fracassados"

Outro sério problema que várias das nações menos desenvolvidas enfrentam, sobretudo as africanas e asiáticas, são as **guerras civis** que as arruínam social e economicamente. De acordo com a publicação *The State of the World Atlas* 2012, das trinta guerras em andamento em 2010, dezessete ocorriam na Ásia (sendo cinco no Oriente Médio), nove na África (sete na região subsaariana), três na América Latina e uma na Europa. Essas guerras atingiam principalmente os países que a ONG norte-americana *The Fund for Peace* chama de "**Estados fracassados**[1]". Tal conceito define as nações em que o Estado apresenta tal grau de desestruturação que sua sociedade está muito vulnerável aos conflitos violentos e à desagregação social e econômica. Demonstra que o Estado fracassou em sua missão de garantir a paz, a segurança e a coesão social aos habitantes de seu território. É medido pelo Índice de Fracasso dos Estados, que é composto de doze indicadores sociais, econômicos, políticos e militares. As notas para cada um desses indicadores variam de um a dez e a média final compõe um único indicador. Quanto mais próximo de 120, maior o fracasso do Estado e a desagregação social; quanto mais próximo de zero, mais sustentável é o Estado e mais coesa é a sociedade. A Somália é o Estado mais vulnerável e a Finlândia, o mais sustentável. Observe o mapa.

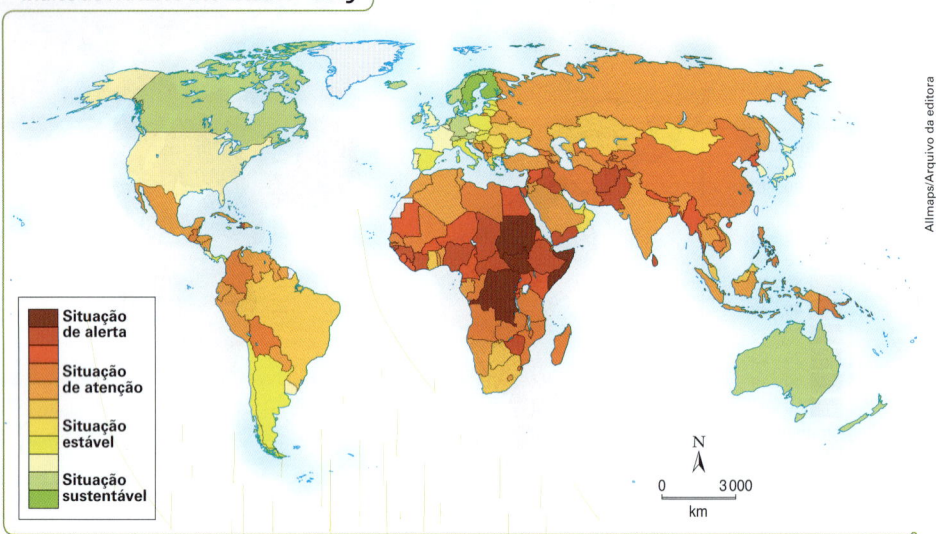

Índice de Fracasso dos Estados – 2013

Situação de alerta
Situação de atenção
Situação estável
Situação sustentável

Allmaps/Arquivo da editora

THE FUND FOR PEACE. *The Failed States Index*, Washington D.C., 2013. Disponível em: <http://ffp.statesindex.org/rankings-2013-sortable>. Acesso em: 9 abr. 2014.

Dos dezesseis Estados com maior Índice de Fracasso, onze são da África subsaariana, quatro da Ásia e um do Caribe. Observe a tabela da página ao lado e perceba que não é mera coincidência que a Somália seja o primeiro colocado nesse *ranking* e o último na tabela da página 346, que retrata o Índice de Percepção da Corrupção. Perceba que há uma forte correlação entre o IPC e o IFE. Observe que quanto mais a corrupção é disseminada em um país, mais desestruturada é a sociedade, portanto maior é seu grau de vulnerabilidade e mais elevado seu IFE; no outro extremo, quanto menor o índice de corrupção mais coesas e estáveis são as sociedades, mais sustentáveis os Estados e mais baixo seu IFE. Evidentemente, esses indicadores também se relacionam ao Índice de Desenvolvimento Humano (IDH).

....
1   *Failed States* às vezes é traduzido também como "Estados falidos"; optamos por "Estados fracassados" porque o termo "falido" em português tem uma conotação mais econômica, como sinônimo de "quebrado".

Um mundo de extremos: os Estados mais vulneráveis e os mais sustentáveis – 2013			
Países mais vulneráveis/posição* (índice acima de 100)	IFE	Países mais sustentáveis/posição (índice abaixo de 30)	IFE
1. Somália	113,9	165. Alemanha	29,7
2. República Democrática do Congo	111,9	166. Áustria	26,9
3. Sudão	111,0	167. Países Baixos	26,9
4. Sudão do Sul	110,6	168. Canadá	26,0
5. Chade	109,0	169. Austrália	25,4
6. Iêmen	107,0	170. Irlanda	24,8
7. Afeganistão	106,7	171. Islândia	24,7
8. Haiti	105,8	172. Luxemburgo	23,3
9. República Centro-Africana	105,3	173. Nova Zelândia	22,7
10. Zimbábue	105,2	174. Dinamarca	21,9
11. Iraque	103,9	175. Suíça	21,5
12. Costa do Marfim	103,5	176. Noruega	21,5
13. Paquistão	102,9	177. Suécia	19,7
14. Guiné	101,3	178. Finlândia	18,0
15. Guiné Bissau	101,1		
16. Nigéria	100,7		

THE FUND FOR PEACE. *The Failed States Index* 2013.
Disponível em: <http://ffp.statesindex.org/rankings-2013-sortable>.
Acesso em: 9 abr. 2014.

* O Brasil está na 126ª posição, em situação estável, com IFE de 62,1.

Observe a tabela acima e perceba que justamente alguns dos países mais pobres e vulneráveis do mundo, alguns dos que constam da lista dos "Estados fracassados", têm elevadas despesas públicas com as forças armadas, às vezes superior ao que é investido em educação e saúde. É exatamente o oposto do que ocorre nos países mais sustentáveis.

Entretanto, deve-se lembrar que o percentual gasto com armas nas maiores potências econômicas mundiais representa muito dinheiro em razão do tamanho de seus PIBs. Em 2012, os Estados Unidos foram o país que mais gastou, em termos absolutos, com armamentos no mundo. Em termos relativos está longe do Sudão do Sul, mas como o PIB norte-americano era de 15 685 bilhões de dólares naquele ano, os 4,4% do orçamento de suas forças armadas corresponderam a cerca de 690 bilhões de dólares.

Thomas Lohnes/Getty Images

Enquanto bilhões de dólares são gastos com armas no mundo todo, milhões de pessoas passam fome, especialmente crianças, que perecem por desnutrição e falta de assistência médica. Na foto, criança subnutrida sendo pesada no campo de refugiados Mugunga 3, periferia da cidade de Goma (República Democrática do Congo), em 2013.

Os sudaneses do sul comprometeram 10,3% de um PIB de 9,3 bilhões de dólares, o que correspondeu a um gasto total de aproximadamente 950 milhões de dólares. O valor dos gastos do governo dos Estados Unidos com armas é 74 vezes maior do que o PIB do Sudão do Sul. Os dispêndios bélicos da maior potência militar do planeta superam o PIB de mais de 90% dos Estados-membros da ONU, ou, visto de outra forma: tirando o próprio Estados Unidos, apenas 18 países têm um PIB maior que o orçamento militar desse país.

Gastos públicos em países selecionados, como porcentagem do PIB			
País*	Forças armadas (2012)	Educação (2011)	Saúde (2011)
Sudão do Sul	10,3	*	1,6
Omã	8,6	4,3	2,3
Arábia Saudita	8,0	*	3,7
Afeganistão	4,7	*	9,6
Estados Unidos	4,4	5,6	17,9
Angola	3,6	3,5	3,5
Paquistão	3,0	2,4	2,5
Zimbábue	2,9	2,5	*
China	2,0	*	5,2
Brasil	1,5	5,8	8,9
Finlândia	1,5	6,8	8,9
Noruega	1,4	6,9	9,1

THE WORLD BANK. *World Development Indicators 2013: military expenditures and arms transfers*. Washington D.C., 2013. Disponível em: <http://wdi.worldbank.org/tables>. Acesso em: 9 abr. 2014.

* A Somália é um Estado tão desestruturado que não dispõe de dados para nenhuma das variáveis acima.

Os dez maiores exportadores de armas 2008-2012

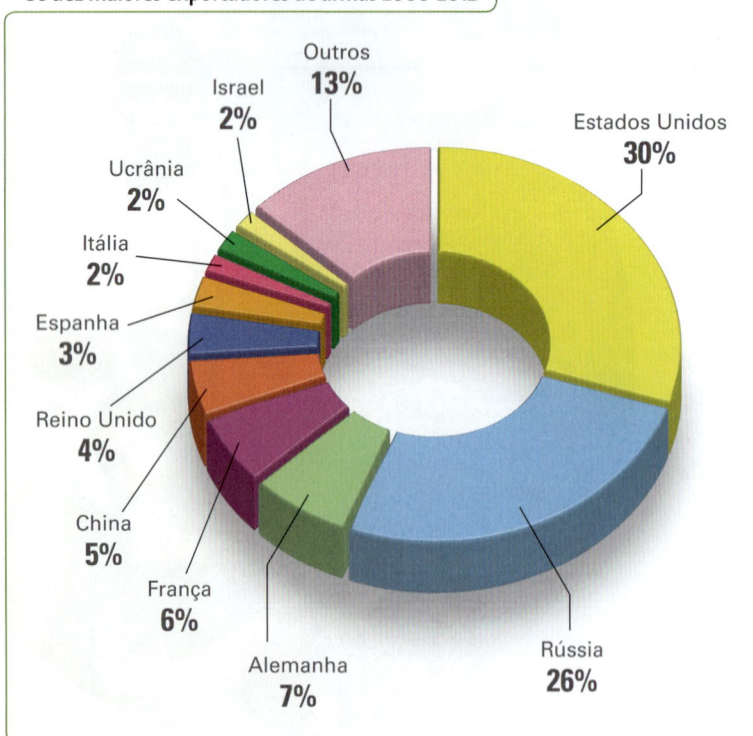

Outros **13%**
Israel **2%**
Ucrânia **2%**
Itália **2%**
Espanha **3%**
Reino Unido **4%**
China **5%**
França **6%**
Alemanha **7%**
Rússia **26%**
Estados Unidos **30%**

Note como a situação dos países mais pobres é perversa: têm um PIB pequeno e gastam proporcionalmente mais com armas, sobrando menos para investimentos sociais. É importante lembrar também que os países "menos desenvolvidos" não produzem armamentos, por isso importam dos países desenvolvidos e de alguns emergentes, principalmente das grandes potências militares. Apenas os Estados Unidos são responsáveis por 30% das exportações mundiais de armas, como mostra o gráfico ao lado.

SIPRI - Stockholm International Peace Research Institute. SIPRI *Yearbook 2013*. Disponível em: <www.sipri.org/yearbook/2013/05>. Acesso em: 9 abr. 2014.

Thomas Mukoya/Reuters/Latinstock

Em muitos "países menos desenvolvidos" e com graves problemas institucionais, a falta de perspectivas socioeconômicas leva muitos jovens, principalmente do sexo masculino, a serem aliciados por grupos armados. Sobre isso, leia os trechos abaixo.

Para superar a falta de perspectivas socioeconômicas, o desalento que impera nos países pobres, deve-se romper o círculo vicioso pobreza-guerra-pobreza, principalmente nos chamados "Estados fracassados". Contudo, essa não é uma tarefa fácil, por causa dos interesses envolvidos tanto dos grupos que detêm o poder nesses países como dos exportadores de armas. Mas a tomada de consciência internacional da importância de combater a pobreza e a desesperança mobilizou os países do mundo a estabelecer os Objetivos de Desenvolvimento do Milênio.

Nos países pobres, principalmente na África subsaariana, enquanto muitas pessoas morrem em guerras, nas quais se utilizam armamentos caros importados dos países ricos, outras tantas morrem de fome todos os dias. Na foto, soldados congoleses perseguem rebeldes na selva, em Goma (República Democrática do Congo), em 2013.

Assista à conferência **A língua das armas**, proferida pelo botânico congolês Corneille Ewango, no *site* da TED Conferences. Veja indicações na seção **Sugestões de leitura, filmes e *sites***.

Veja indicações do filme **Hotel Ruanda**, que trata da guerra civil ruandesa, na seção **Sugestões de leitura, filmes e *sites***.

Outras leituras

Estados falidos: jovens na guerra

O *ranking* do Índice dos Estados Falidos [ou Fracassados] está intimamente ligado a importantes indicadores demográficos e ambientais. Dos 20 Estados listados, 17 possuem taxas de rápido crescimento populacional, muitos deles com expansão de cerca de 3% ao ano ou 20 vezes por século. Em cinco desses 17 países, as mulheres têm em média seis filhos cada. Em 14 dos Estados, pelo menos 40% da população se situa abaixo de 15 anos, uma estatística demográfica geralmente associada com a futura instabilidade política. Jovens sem oportunidades de emprego tornam-se desafeiçoados, o que faz deles recrutas prontos para movimentos de insurgência.

BROWN, Lester R. *Plano B 4.0*: mobilização para salvar a civilização. São Paulo: Ideia; New Content, 2009. p. 43.

A guerra cria um círculo vicioso. Quando grupos rebeldes começam a ganhar dinheiro, atraem mais líderes gananciosos. Ao mesmo tempo, a guerra torna difícil para as pessoas pacíficas ganharem seu sustento. Ninguém quer construir fábricas em regiões conflagradas. A pobreza promove a guerra e a guerra empobrece.

THE ECONOMIST. Pobreza é principal causa de guerra civil. *Valor Econômico*, ano 4, n. 776, 10 jun. 2003. p. A-12.

4 Objetivos de desenvolvimento do milênio

Eskinder Debebe/ONU

Na Cúpula do Milênio, realizada em 2000 na sede da ONU, em Nova York, foi lançada uma ambiciosa proposta para reduzir a pobreza mundial e melhorar os indicadores de desenvolvimento humano dos países de África, Ásia e América Latina, onde vive a maioria dos pobres do mundo. **Os Objetivos de Desenvolvimento do Milênio (ODM)** constam da *Declaração do Milênio das Nações Unidas*, documento assinado pelos países-membros da ONU (na ocasião eram 189). Todos os membros da organização assumiram oito compromissos, a serem postos em prática até o ano de 2015. Esses objetivos estão reproduzidos a seguir.

O então secretário-geral da ONU, Kofi Annan, discursa na sede das Nações Unidas durante a abertura da Cúpula do Milênio, em 6 de setembro de 2000.

OBJETIVOS DE DESENVOLVIMENTO DO MILÊNIO

Conheça os oito compromissos assumidos pelos países-membros da ONU e a situação do Brasil nesse cenário, conforme dados publicados pela ONU. Consulte o *site* do Pnud Brasil e conheça a situação mundial.

1 Erradicar a extrema pobreza e a fome

O Brasil já cumpriu o objetivo de reduzir pela metade o número de pessoas vivendo em extrema pobreza até 2015: de 25,6% da população em 1990 para 4,8% em 2008. Mesmo assim, 8,9 milhões de brasileiros ainda tinham renda domiciliar inferior a US$ 1,25 por dia até 2008. Para ter uma ideia do que isso representa em relação ao crescimento populacional do país, em 2008 o número de pessoas vivendo em extrema pobreza era quase um quinto do observado em 1990 e pouco mais do que um terço do valor de 1995. Diversos programas governamentais estão em curso com o objetivo de alcançar essa meta.

2 Atingir o ensino básico universal

No Brasil, os dados mais recentes são do 4º Relatório Nacional de Acompanhamento dos ODM, de 2010, com estatísticas de 2008: 94,9% das crianças e jovens entre 7 e 14 anos estão matriculados no Ensino Fundamental. Nas cidades, o percentual chega a 95,1%. O objetivo de universalizar o ensino básico de meninas e meninos foi praticamente alcançado, mas as taxas de frequência ainda são mais baixas entre os mais pobres e as crianças das regiões Norte e Nordeste do país. Outro desafio é com relação à qualidade do ensino recebido.

3 Promover a igualdade entre os sexos e a autonomia das mulheres

O empoderamento das mulheres é importante para o cumprimento do Objetivo 3, e também para vários outros objetivos, em especial os relacionados à pobreza, fome, saúde e educação. No Brasil, as mulheres já estudam mais que os homens, mas ainda têm menos chances de emprego, recebem menos do que homens trabalhando nas mesmas funções e ocupam os piores postos. Em 2008, 57,6% das brasileiras eram consideradas economicamente ativas, perante 80,5% dos homens. Em 2010, elas ficaram com 13,6% dos assentos no Senado, 8,7% na Câmara dos Deputados e 11,6% no total das Assembleias Legislativas.

4 Reduzir a mortalidade na infância

As projeções para os ODM ligados à saúde são as piores no grupo de metas estabelecidas até 2015. O Brasil reduziu a mortalidade infantil (crianças com menos de 1 ano) de 47,1 óbitos por mil nascimentos, em 1990, para dezenove em 2008. Até 2015, a meta é reduzir esse número para 17,9 óbitos por mil, mas a desigualdade ainda é grande: crianças pobres têm mais do que o dobro de chance de morrer do que as ricas, e as nascidas de mães negras e indígenas têm maior taxa de mortalidade. O Nordeste apresentou a maior queda nas mortes de 0 a 5 anos, mas a mortalidade na infância ainda é quase o dobro das taxas registradas no Sudeste, no Sul e no Centro-Oeste.

5 Melhorar a saúde materna

Segundo o 4º Relatório Nacional de Acompanhamento dos ODM de 2010, o Brasil registrou uma redução na mortalidade materna de praticamente 50% desde 1990. A Razão de Mortalidade Materna (RMM) corrigida para 1990 era de 140 óbitos por 100 mil nascidos, enquanto em 2007 declinou para 75 óbitos. O relatório explica que a melhora na investigação dos óbitos de mulheres em idade fértil (10 a 49 anos de idade), que permite maior registro dos óbitos maternos, possivelmente contribuiu para a estabilidade da RMM observada nos últimos anos da série.

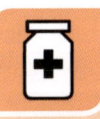

6 Combater o HIV/Aids, a malária e outras doenças

O Brasil foi o primeiro país em desenvolvimento a proporcionar acesso universal e gratuito para o tratamento de HIV/Aids na rede de saúde pública. Quase 200 mil pessoas recebem tratamento com antirretrovirais financiados pelo governo. A sólida parceria com a sociedade civil tem sido fundamental para a resposta à epidemia no país. De acordo com dados do Relatório de Acompanhamento dos ODM de 2010, a taxa de prevalência da infecção na população em geral, de 15 a 49 anos, é de 0,61% e cerca de 630 mil pessoas vivem com o vírus.

7 Garantir a sustentabilidade ambiental

O país reduziu o índice de desmatamento e o consumo de gases que provocam o buraco na camada de ozônio e aumentou sua eficiência energética com a intensificação do uso de fontes renováveis de energia. O acesso à água potável deve ser universalizado, mas a meta de melhorar condições de moradia e saneamento básico ainda depende dos investimentos a serem realizados e das prioridades adotadas pelo país. A estimativa é de que o Brasil cumpra, na média nacional, todos os oito ODM, incluindo o ODM 7. Mas este é considerado por muitos especialistas como um dos mais complexos para o país, principalmente na questão de acesso aos serviços de saneamento básico em regiões remotas e nas zonas rurais.

8 Estabelecer uma parceria mundial para o desenvolvimento

O Brasil foi o principal articulador da criação do G-20 nas negociações de liberalização de comércio da Rodada de Doha da Organização Mundial do Comércio. Também se destaca no esforço para universalizar o acesso a medicamentos para a Aids. O país é pró-ativo e inovador na promoção de parcerias globais usando a Cooperação Sul-Sul e a contribuição com organismos multilaterais como principais instrumentos.

Adaptado de: PNUD BRASIL. *Os Objetivos de Desenvolvimento do Milênio*: 8 objetivos para 2015. Disponível em: <www.pnud.org.br/ODM.aspx>. Acesso em: 9 abr. 2014.

Cada um dos oito ODM gerais é subdividido em metas específicas, as quais são avaliadas para medir o avanço em relação ao que foi projetado para 2015. Por exemplo, os avanços da meta 1A – reduzir pela metade a pobreza extrema entre 1990 e 2015 – estão registrados no gráfico ao final da página (cada país é avaliado considerando-se a meta estabelecida para sua região). Note que, enquanto os países subsaarianos estão longe de atingir sua meta, os países asiáticos do leste e sudeste, especialmente a China, superaram com folga a deles. Observe o mapa e o gráfico.

Pobreza extrema em 2010*

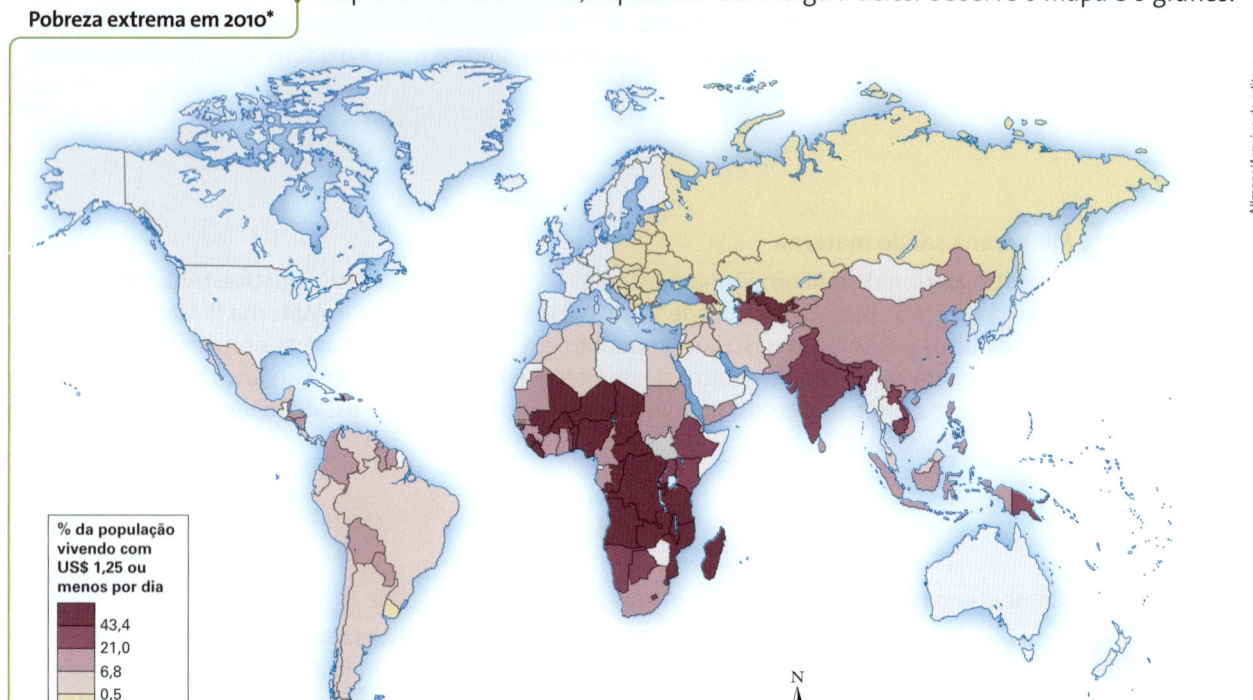

% da população vivendo com US$ 1,25 ou menos por dia

- 43,4
- 21,0
- 6,8
- 0,5
- Sem dados

N

0 2520
km

Allmaps/Arquivo da editora

WORLD BANK. e*Atlas of the Millennium Development Goals*. New York: Collins Bartholomew/The World Bank, 2011. Disponível em: <www.app.collinsindicate.com/mdg/en-us>. Acesso em: 9 abr. 2014.

* Ou ano mais recente disponível.

Consulte anamorfoses animadas no *site* do **WorldMapper**. Veja orientações na seção **Sugestões de leitura, filmes e** *sites*.

Pobreza extrema em 1990, 2005, 2008 e meta para 2015

Porcentagem de pessoas vivendo com menos de US$ 1,25 por dia

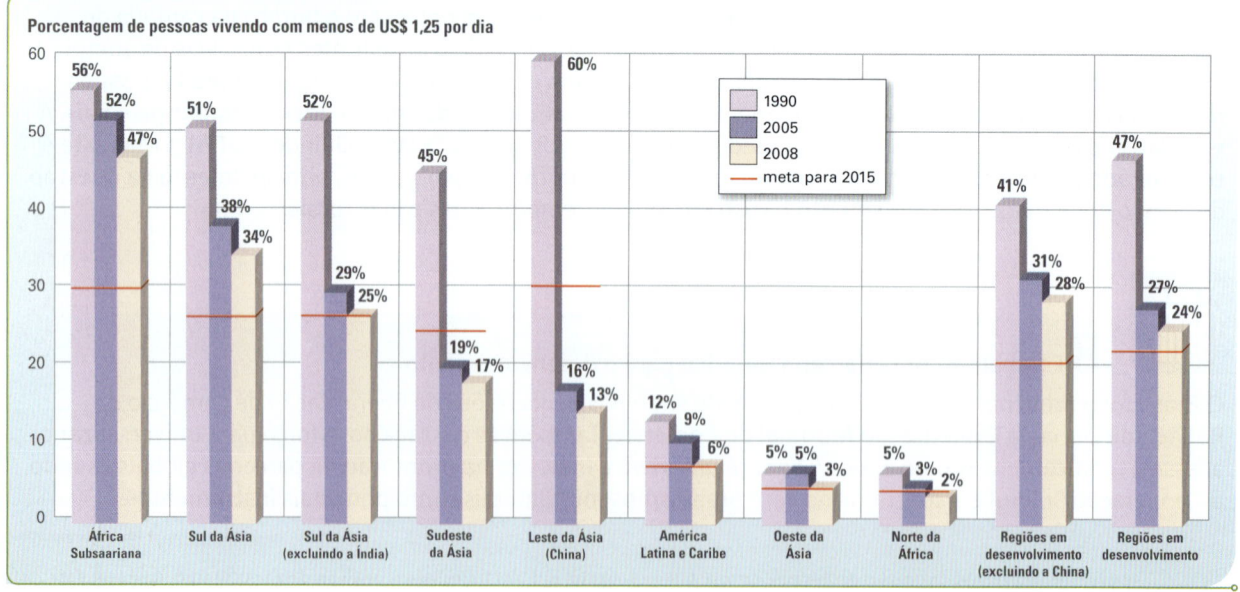

- 1990
- 2005
- 2008
- meta para 2015

ONU. *Objectivos del Desarrollo del Milenio*. Informe 2013. Nueva York: Naciones Unidas, 2013. p. 6.

Para a efetivação dos Objetivos de Desenvolvimento do Milênio, é fundamental que os países ricos cumpram as metas do objetivo 8. Essas ações são particularmente necessárias com relação aos países da África subsaariana, onde, como vimos, localiza-se a maioria dos países menos desenvolvidos e também a maior parte dos "Estados fracassados". Esses são os países que mais precisam avançar para cumprir as metas do milênio, mas não conseguirão fazê-lo sem um efetivo auxílio externo. Entretanto, a assistência internacional é claramente insuficiente, e algumas das maiores potências econômicas mundiais, como os Estados Unidos, o Japão e a Alemanha, ajudam menos do que poderiam. Observe na tabela a seguir que, proporcionalmente ao tamanho das respectivas economias, são os países europeus ocidentais, sobretudo os nórdicos, os que mais doam recursos aos países menos desenvolvidos.

Assistência internacional aos países menos desenvolvidos (os cinco maiores doadores e outros selecionados, como porcentagem do RNB) – 2009	
País/posição	% do RNB
1. Luxemburgo	0,27
2. Dinamarca	0,25
3. Noruega	0,23
4. Irlanda	0,22
5. Suécia	0,20
9. Reino Unido	0,12
12. Canadá	0,09
17. Estados Unidos	0,06
18. Alemanha	0,05
19. França	0,04
20. Japão	0,04

WORLD BANK. e*Atlas of the Millennium Development Goals*. New York: Collins Bartholomew/The World Bank, 2011. Disponível em: <www.app.collinsindicate.com/mdg/en-us>. Acesso em: 9 abr. 2014.

Em foto de 2012, Dirk Niebel, ministro do Desenvolvimento da Alemanha, cumprimenta Abdiwahab Khalif, vice-primeiro-ministro da Somália, na chegada ao aeroporto de Mogadíscio, capital do país, trazendo alimentos e outros suprimentos a serem enviados para crianças de uma aldeia somali.

Atividades

Compreendendo conteúdos

1. Observe a tabela que mostra o "Índice de Desenvolvimento Humano de países selecionados – 2012" (página 343) e responda: uma renda *per capita* mais elevada sempre corresponde a uma condição de vida melhor, a um IDH mais elevado? Dê exemplos.

2. Observe a tabela que mostra a "Distribuição de renda em países selecionados" (página 341) e estabeleça uma comparação entre os países desenvolvidos e os países em desenvolvimento.

3. Identifique as correlações existentes entre os dados observados nas tabelas dos itens anteriores e cite medidas que podem melhorar a condição de vida de uma sociedade e elevar seu IDH.

4. O que são os Objetivos de Desenvolvimento do Milênio?

Desenvolvendo habilidades

5. Observe o mapa-múndi que mostra o "Índice de Percepção da Corrupção – 2012" (página 347) e o que mostra o "Índice de Desenvolvimento Humano – 2012" (página 343). Em seguida, responda às questões propostas:

   a) De modo geral, onde se localizam os países mais corruptos e menos corruptos?
   b) Qual é a correlação geral que se pode estabelecer entre o mapa que mostra a percepção da corrupção no mundo e o que mostra o IDH dos países?

6. Observe o mapa-múndi a seguir, compare-o com os dados de pobreza extrema no planisfério da página 354 e responda às questões propostas.

Analfabetismo feminino por regiões do mundo

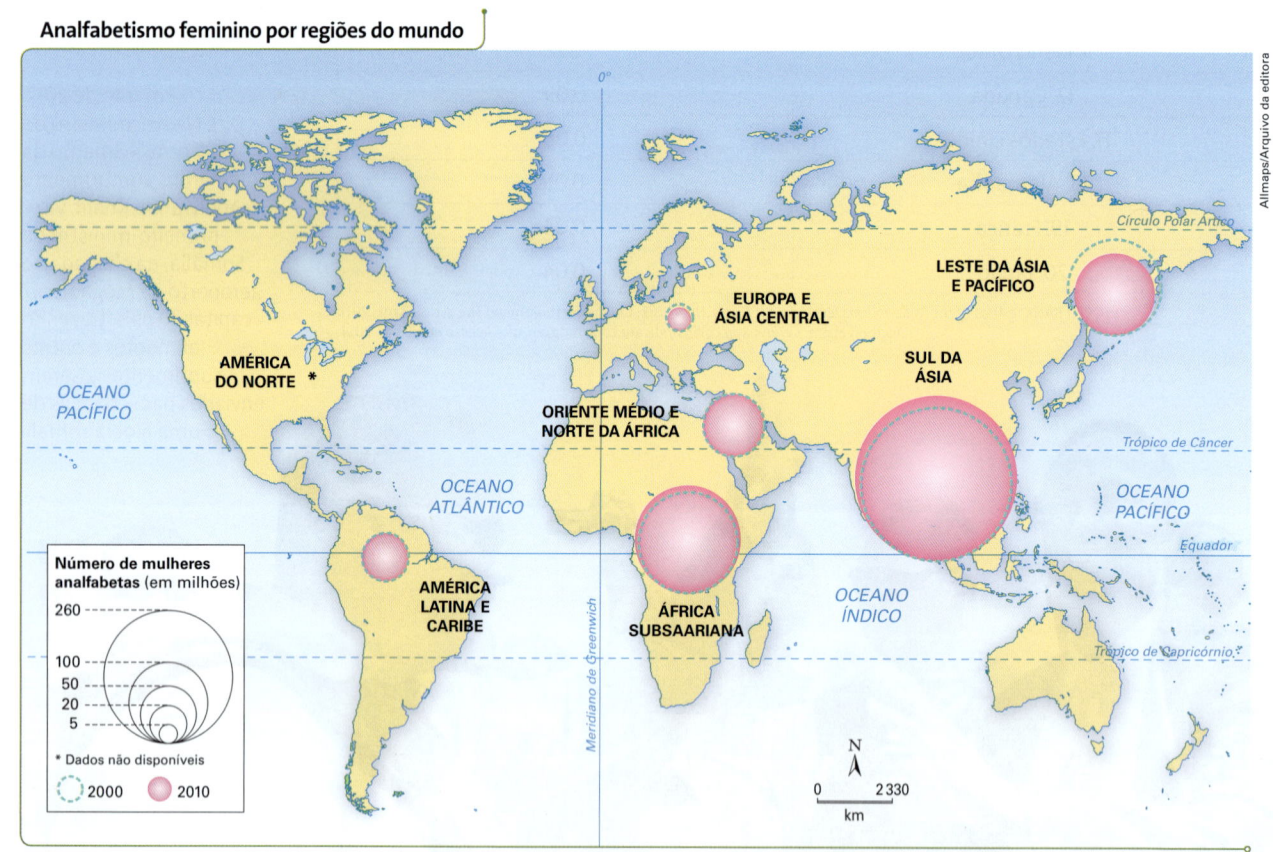

Adaptado de: LE MONDE DIPLOMATIQUE. *L'Atlas* 2013. Paris: Vuibert, 2012. p. 871.

a) Em quais regiões do mundo estão os maiores contingentes de mulheres analfabetas e de pessoas que vivem na pobreza extrema? Que correlações podem ser estabelecidas entre essas duas informações?
b) Por que é muito importante atingir a terceira meta dos Objetivos de Desenvolvimento do Milênio? Caso não se lembre dela, reveja-os nas páginas 352 e 353.

Vestibulares de Norte a Sul

1. **S** (UEPG-PR) Com relação à divisão ou regionalização do mundo quanto às suas características sociais e econômicas, assinale o que for correto.

01) Os países em desenvolvimento, que a partir da globalização ficaram conhecidos como mercados emergentes englobam, dentre outros, o Brasil, a Argentina e o México.

02) A classificação dos países que levava em conta o nível de desenvolvimento econômico considerava a existência de países desenvolvidos e países subdesenvolvidos, o que sugeria a existência de atraso econômico de alguns países em relação a outros.

04) Após a Segunda Guerra Mundial os países foram agrupados em três grandes grupos: Primeiro Mundo, que reunia os países capitalistas e socialistas desenvolvidos; Segundo Mundo, formado pelos países capitalistas e socialistas em desenvolvimento; e Terceiro Mundo, do qual faziam parte países capitalistas e socialistas subdesenvolvidos.

08) Países centrais, mercados emergentes e países periféricos é a divisão que se fez mais recentemente dos países face à expansão e internacionalização dos mercados na era da globalização.

16) Os chamados países periféricos são os países pobres e pouco industrializados que dificilmente atraem investimentos estrangeiros significativos e apresentam baixos índices de desenvolvimento humano.

2. **SE** (Fatec-SP) O Índice de Desenvolvimento Humano (IDH) é uma medida comparativa usada para classificar a qualidade de vida oferecida por um país aos seus habitantes, levando em consideração três dimensões básicas do desenvolvimento humano: renda, educação e saúde.

O IDH vai de 0 a 1. Quanto mais próximo de 1, mais desenvolvido é o país.

Analise a tabela a seguir:

Classificação do IDH	País	IDH Valor	Expectativa de Vida (anos)	Média de anos de escolaridade (anos)	Rendimento Nacional Bruto (RNB) *per capita* (em dólar)
1º	Noruega	0,943	81,1	12,6	47 557
4º	EUA	0,910	78,5	12,4	43 017
45º	Argentina	0,797	75,9	9,3	14 527
51º	Cuba	0,776	79,1	9,9	5 416
84º	Brasil	0,718	73,5	7,2	10 162
173º	Zimbábue	0,376	51,4	7,2	376
174º	Etiópia	0,363	59,3	1,5	971

Adaptado de: PNUD. Relatório de Desenvolvimento 2011. Disponível em: <www://hdr.undp.org/en/media/HDR_2011_PT_Tables.pdf>. Acesso em: 24 set. 2012.

Pode-se concluir corretamente que

a) a Etiópia, por contar com qualidade nos serviços de saúde e de saneamento ambiental, ampliou a expectativa de vida de seus habitantes.

b) o Zimbábue apresenta a média de anos de escolaridade igual à do Brasil e tem o Rendimento Nacional Bruto superior ao da Etiópia.

c) Cuba, apesar de ter o rendimento nacional bruto elevado, não investe no setor educacional e na saúde de sua população.

d) a Argentina, por estar em crise econômica, apresenta os índices de renda, educação e saúde inferiores aos do Brasil.

e) a Noruega tem a maior classificação no IDH por, entre outros fatores, garantir vários anos de escolaridade para seus habitantes.

Texto para a próxima questão:

> A crise da Europa é hoje o maior risco para a economia mundial, disse o secretário do Tesouro dos Estados Unidos da América, referindo-se à tensão entre os bancos e os governos endividados. Disse, ainda, que a China e outros países emergentes com *superavit* nas contas têm espaço bastante para estimular o consumo interno, aumentar as importações e compensar a fraca demanda nas economias desenvolvidas. Para isso, os governos desses países deveriam deixar suas moedas valorizar-se. Em outras palavras, o câmbio subvalorizado da China resulta em valorização real das moedas de outros países emergentes, torna seus produtos mais caros e diminui seu poder de competição no comércio internacional.
>
> Rolf Kuntz. *O Estado de S.Paulo*, 25 set. 2011.

3. **CO** (UnB-DF) Com referência às ideias do texto acima, aos temas a ele associados e às estruturas nele empregadas, julgue os itens subsequentes.

a) No texto, a expressão "países emergentes" (ref. 1) refere-se a nações cujo desempenho econômico é caracterizado por ausência de competitividade no mercado internacional e baixa capacidade de produção.

b) No passado, fenômenos climáticos eram fatores de queda na produção de alimentos e, consequentemente, de fome; atualmente, o que inibe a oferta de alimentos é a insuficiência de desenvolvimento tecnológico voltado para as atividades agrícolas.

c) Entre os vários elementos que têm marcado a cultura e a memória do Nordeste brasileiro, incluem-se a seca recorrente, a pobreza da população e a migração. No entanto, atualmente, a agricultura irrigada e a industrialização têm introduzido dinâmicas econômicas que alteram essa imagem.

d) A interdependência entre países, como aponta o texto, expressa a expansão de mercados e os avanços da tecnologia da informação e das comunicações, o que propicia o fluxo de capitais e acelera a integração global.

e) A China diferencia-se dos demais países por seu regime de governo e pelo fato de seu vigoroso crescimento econômico basear-se nas exportações e prescindir de investimentos internos, o que torna seus produtos mais baratos que os produzidos pelos demais países emergentes.

4. **SE** (UFJF-MG) Leia o texto a seguir.

> O Brasil faz parte de um grupo relativamente pequeno de países que melhoraram seu Índice de Desenvolvimento Humano (IDH) em 2011, segundo o relatório anual divulgado pelo Programa das Nações Unidas para o Desenvolvimento (Pnud). Entre 187 nações avaliadas, 151 mantiveram ou perderam posição no ano, e o Brasil está entre as 36 nações restantes com um desempenho aceitável.
>
> MONTOLA, Paulo. O Brasil avança devagar no *ranking* mundial do IDH. *GE Atualidades*, São Paulo, ed. 15, p. 99, jan./jun. 2012.

a) Antes do IDH, utilizava-se o cálculo da renda *per capita* para avaliação do bem-estar das populações. Por que o cálculo da renda *per capita* não representa a real situação social de uma nação?

b) O cálculo do IDH é obtido a partir da média de três indicadores para medir o bem-estar. Quais são esses indicadores?

c) Apesar de apresentar melhora no IDH e de ter uma renda *per capita* relativamente alta, a 84ª posição do Brasil no *ranking* mostra as debilidades do país. De acordo com o Censo 2010, 10% dos brasileiros mais ricos detêm 44,5% da renda nacional. Como esses dados provocam as debilidades do país?

5. **S** (UFPR) Observe a tabela abaixo:

Países selecionados	População (2011)	PIB (2011)	Índice de Gini (2011)	Crescimento do PIB (2012)	IDH (2011)
Brasil	194 milhões	US$ 2,5 trilhões	0,539	1,5%	0,718 (alto)
China	1,34 bilhão	US$ 7,32 trilhões	0,474*	7,8%	0,687 (médio)
Estados Unidos	313,8 milhões	US$ 15,09 trilhões	0,450	2,2%	0,910 (muito alto)

Fontes: *Revista Época*, n. 756, 12 nov. 2012; Income inequality: Delta blues. *The Economist*, 23 jan. 2013; UNDP. Human development report 2011. *Dado para 2012.

Com base na tabela e nos conhecimentos de Geografia, assinale a alternativa correta.

a) O índice de Gini revela que a tradição liberal dos EUA se reflete em uma desigualdade de renda mais elevada que a dos outros países selecionados.

b) A grande população da China torna difícil para esse país alcançar um IDH elevado devido aos custos dos sistemas de saúde e de educação.

c) Os EUA possuem o maior PIB em virtude do volume de suas exportações de alta tecnologia e das remessas de lucros de empresas multinacionais desse país para suas sedes.

d) Embora possua o segundo maior PIB, o elevado contingente populacional da China implica uma renda *per capita* baixa, refletida no seu nível de desenvolvimento humano.

e) A comparação entre Brasil e China mostra que o crescimento do PIB não tem efeito sobre o IDH porque esse índice é calculado com base nas estatísticas de saúde e de educação.

16 Ordem geopolítica e econômica: do pós-Segunda Guerra aos dias de hoje

U.S. Navy/Mass Communication Specialist 2nd Class James R. Evans/Files/Handout/Reuters/Latinstock

Porta-aviões norte-americano USS Carl Vinson navega no estreito de Malaca (Malásia), em 2011.

Desde o fim da Segunda Guerra Mundial, o mundo vem passando por importantes transformações geopolíticas e econômicas.

O período da Guerra Fria (1947-1991) foi marcado pelo antagonismo geopolítico-ideológico entre os Estados Unidos e a União Soviética, pela bipolarização de poder entre as duas superpotências e pelo medo da eclosão de uma guerra nuclear.

Em 1989, o Muro de Berlim, que dividia a antiga capital alemã em duas, foi derrubado por seus cidadãos; em 1991, a União Soviética se fragmentou territorialmente e cada uma de suas quinze repúblicas se tornou um país independente, fato que selou o fim do bloco socialista. Desde então, vivemos o período pós-Guerra Fria, que na atualidade caminha para uma situação de multipolaridade.

As mudanças continuam ocorrendo: a China despontou como grande potência econômica e principal credora dos Estados Unidos, e os países emergentes, entre os quais se destacam o Brasil e a Índia, vêm ganhando importância e têm procurado aumentar sua influência no mundo. Para entender essas transformações, é necessário estudar a ordem internacional – arranjo geopolítico e econômico que regula as relações entre as nações do mundo em determinado momento histórico – desde o fim da Segunda Guerra Mundial até os dias atuais. É o que faremos a seguir.

Barack Obama recebe Hu Jintao, então presidente da China (2011), para um jantar na Casa Branca. A charge ironiza o crescente endividamento dos Estados Unidos.

OLHA... SE VOCÊ PRECISAR DE MAIS DINHEIRO EMPRESTADO... É SÓ DIZER!

JANTAR DE ESTADO PARA A CHINA

© 2011

© 2011 Rob Rogers/Pittsburgh Post-Gazette/Dist. by Universal Uclick for UFS

Mísseis balísticos intercontinentais com capacidade de transportar bombas nucleares, em parada militar na Praça Vermelha, Moscou (Rússia), em 1969.

Jerry Cooke/Corbis/Latinstock

1 A ordem geopolítica

Durante a Segunda Guerra Mundial, a União das Repúblicas Socialistas Soviéticas, criada em 1922, e os Estados Unidos da América lutaram do mesmo lado, com o objetivo de derrotar as forças do Eixo nazifascista (Alemanha, Japão e Itália). No fim da guerra, os países do Eixo foram derrotados e, ao mesmo tempo, Reino Unido e França se enfraqueceram econômica, militar e politicamente, fatos que acarretaram um período de grandes transformações econômicas e geopolíticas. A divergência ideológica entre os Estados Unidos e a União Soviética, que seguiam linhas político-econômicas diferentes, acabou por deteriorar essa relação, que se transformou em confronto indireto. A União Soviética, apesar da vitória, sofreu grandes perdas humanas (mais de 20 milhões de pessoas morreram, a maioria civis) e enormes prejuízos materiais (grande parte das indústrias, cidades e fazendas foi destruída) por causa da guerra; por isso, estabeleceu como metas a reconstrução do país e a busca do equilíbrio bélico com o rival ocidental. Diferentemente, os Estados Unidos, que ingressaram no conflito somente em 1941, além de perderem relativamente poucos combatentes, conseguiram manter intactas suas cidades, indústrias e propriedades agrícolas, e ainda aumentaram a produtividade industrial e acumularam vultosas reservas.

Emergiam, portanto, duas superpotências no cenário mundial: a União Soviética e os Estados Unidos. A hegemonia americana consolidou-se no **bloco capitalista**, ou **ocidental**. Paralelamente, os soviéticos expandiram seu território e sua área de influência a um conjunto de países que posteriormente compôs o **bloco socialista**, ou **oriental** (observe o mapa ao lado).

Como cada uma das superpotências tentava disseminar seus respectivos sistemas econômicos e seus valores político-ideológicos, a divisão do mundo em dois blocos rivais e a emergência do conflito Leste-Oeste se caracterizaram pelo antagonismo geopolítico-militar e pela propaganda ideológica. Cada uma delas, ao mesmo tempo em que buscava ampliar sua área de influência, tentava conter a expansão da outra, em uma época marcada pela **bipolarização de poder** entre os Estados Unidos e a União Soviética que ficou conhecida como Guerra Fria.

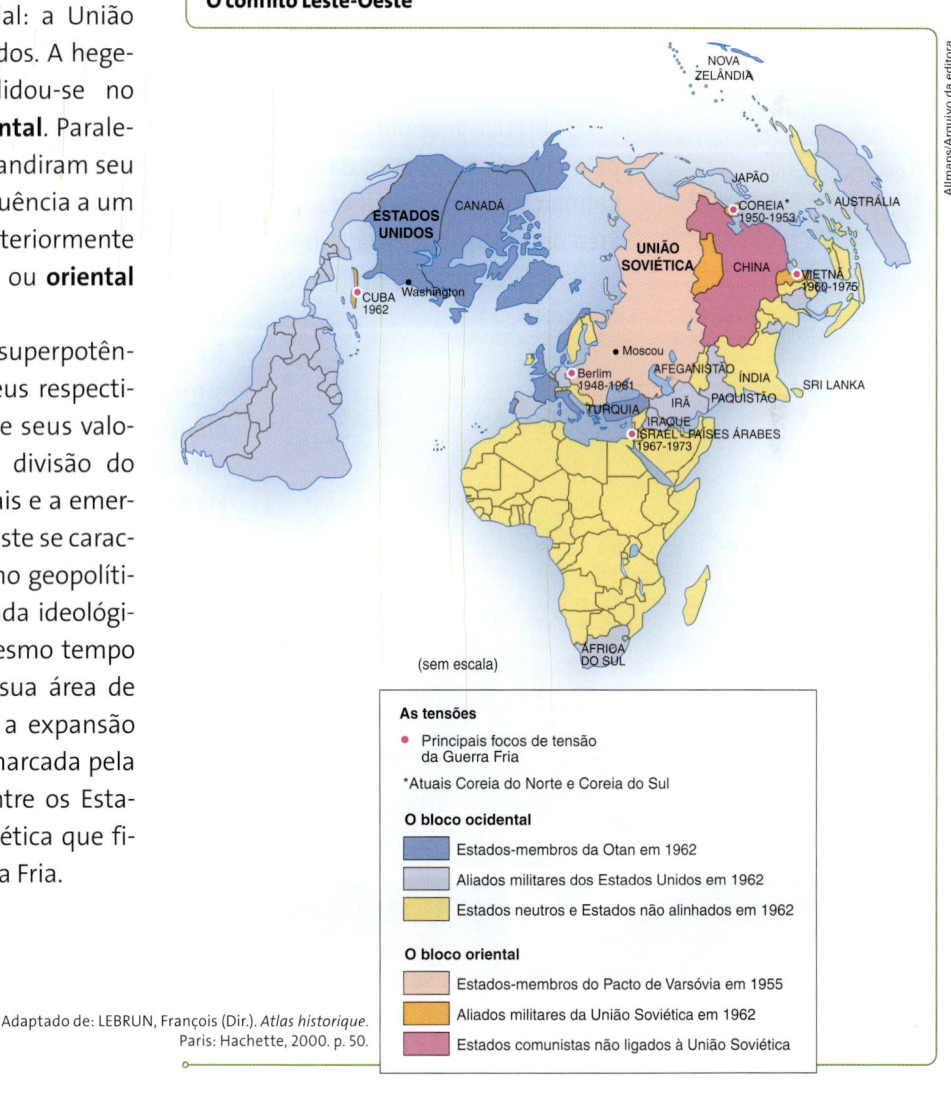

O conflito Leste-Oeste

(sem escala)

As tensões

- Principais focos de tensão da Guerra Fria

*Atuais Coreia do Norte e Coreia do Sul

O bloco ocidental

Estados-membros da Otan em 1962

Aliados militares dos Estados Unidos em 1962

Estados neutros e Estados não alinhados em 1962

O bloco oriental

Estados-membros do Pacto de Varsóvia em 1955

Aliados militares da União Soviética em 1962

Estados comunistas não ligados à União Soviética

Adaptado de: LEBRUN, François (Dir.). *Atlas historique.* Paris: Hachette, 2000. p. 50.

Veja a indicação do filme **O dia seguinte**, na seção **Sugestões de leitura, filmes e *sites***.

Nesse período, as duas superpotências, buscando manter o equilíbrio bélico e a paridade nuclear, mantiveram uma acirrada corrida armamentista; nenhum dos lados admitia ficar em posição de inferioridade. O cientista político francês Raymond Aron definiu bem essa situação: "Guerra Fria, paz impossível, guerra improvável". A paz era impossível porque as superpotências apresentavam, em vários aspectos, um antagonismo insuperável. A guerra era improvável porque, se ocorresse e culminasse em enfrentamento nuclear, não haveria vencedores, podendo mesmo levar ao fim da humanidade ou ao menos à barbárie. Daí a famosa resposta de Albert Einstein, que era pacifista e defendia o controle das armas nucleares, ao ser indagado sobre como seria a Terceira Guerra Mundial (leia-a ao lado). Em suma, o que garantiu a paz durante esse período foi a premissa de que o conflito bélico asseguraria a mútua destruição dos contendores. Imperou, por isso, uma **"paz armada"**. As armas eram construídas não para serem usadas, sobretudo os letais mísseis nucleares, mas sim para servir de instrumento de dissuasão. Que fato marca o início da Guerra Fria?

Em 1947, os Estados Unidos lançaram as bases da **Doutrina Truman** e do **Plano Marshall**; esse é o ano considerado um dos marcos do início desse período histórico. Em 11 de março de 1947, o presidente Harry S. Truman (que governou o país de 1945 a 1953) discursou no Capitólio, em Washington D.C., sede do Poder Legislativo dos Estados Unidos, propondo a concessão de créditos para a Grécia e a Turquia, com o objetivo de sustentar governos pró-ocidentais naqueles países. Ao proferir esse discurso, lançou a doutrina que levou seu nome e orientou as ações americanas no contexto da Guerra Fria.

O objetivo geopolítico da Doutrina Truman era conter **o socialismo**. Desenvolvida pelo então conselheiro da embaixada dos Estados Unidos em Moscou, George F. Kennan, sua estratégia era isolar a União Soviética e impedir a expansão de sua área de influência. Para isso foram criadas, entre outras ações, alianças militares, como a Organização do Tratado do Atlântico Norte (Otan), sobre a qual falaremos mais adiante. Complementando a Doutrina Truman, o então secretário de Estado norte-americano, George C. Marshall, idealizou um plano de ajuda econômica para acelerar a recuperação dos países da Europa ocidental – o Plano Marshall. O Programa de Recuperação Europeia, nome oficial do plano, ao consolidar as economias capitalistas da Europa ocidental, conteve a expansão da influência soviética e teve como objetivo recuperar mercados para produtos e capitais americanos. Observe ao lado a charge publicada na época.

WHILE THE SHADOW LENGTHENS

Com esta charge, o cartunista norte-americano Edwin Marcus (1885-1961) criticou o atraso na aprovação dos recursos do Plano Marshall pelo Congresso. Publicada pelo *New York Times* em 14 de março de 1948, intitulava-se "Enquanto a sombra se expande"; nela vemos um cidadão, que simboliza a Europa ocidental, acuado entre a "ameaça comunista" (representada pelo urso, símbolo da ex-União Soviética) e o atraso do Plano Marshall.

A OCDE

Para administrar e distribuir os recursos do Plano Marshall, em 1948 foi criada a Organização Europeia de Cooperação Econômica (Oece). Até 1952, foram transferidos recursos da ordem de 13 bilhões de dólares (algo em torno de 150 bilhões de dólares em valores de 2010) a dezoito países europeus ocidentais. Os principais beneficiados pelo programa de recuperação foram: Reino Unido (24%), França (20%), Alemanha Ocidental (11%) e Itália (10%). Grande parte desse dinheiro foi usada para comprar máquinas e equipamentos, matérias-primas, fertilizantes e alimentos, entre outros bens, que ajudaram a recuperar a economia europeia, mas também a estimular a indústria e a agricultura dos Estados Unidos. A maioria dos produtos era adquirida dos americanos porque parte desse dinheiro era doação, vinculada à compra de produtos de empresas do país, e outra parte era empréstimo.

Em 1961, a Oece passou a se chamar **Organização de Cooperação e Desenvolvimento Econômico (OCDE)**, porque nações não europeias foram admitidas e novos objetivos foram estabelecidos. Passou a ser composta de países europeus ocidentais beneficiados pelo Plano Marshall mais os Estados Unidos e o Canadá. Como consta no artigo 1º da Convenção assinada pelos vinte países fundadores, seus objetivos são:

- atingir um crescimento econômico vigoroso e sustentável, gerando empregos e melhorando o padrão de vida da população dos países-membros, enquanto mantém a estabilidade financeira;
- contribuir para a expansão econômica sustentada dos países-membros e não membros e para o desenvolvimento da economia mundial;
- contribuir para a expansão do comércio mundial com base em acordos multilaterais.

Com o passar do tempo, a organização foi se expandindo e incorporando outros países desenvolvidos: Japão (1964), Finlândia (1969), Austrália (1971) e Nova Zelândia (1973). Durante décadas, a OCDE foi conhecida como o "clube dos ricos", congregando alguns dos países mais ricos e industrializados do mundo. Entretanto, a partir da década de 1990, com o ingresso de México, República Tcheca, Hungria, Polônia, Coreia do Sul, Eslováquia, Chile, Eslovênia, Estônia e Israel, a OCDE não é mais composta apenas de países desenvolvidos, como no início. Entre os 34 países que atualmente compõem a organização, há economias emergentes e países do antigo bloco socialista (observe o mapa abaixo). Em contrapartida, Brasil e China, por exemplo, ainda não fazem parte da OCDE, apesar de mais extensos, populosos e industrializados do que muitos membros da organização.

Desde 1998 o Brasil vem mantendo um programa de cooperação com a OCDE em diversas áreas. Por exemplo, tem participado do Programa Internacional de Avaliação de Alunos (Pisa, na sigla em inglês).

Em maio de 2007, o Conselho de Ministros da OCDE adotou uma resolução que iniciou negociações com o governo brasileiro visando ao ingresso do país na organização. Tiveram início negociações semelhantes com os governos da Rússia, China, Índia, Indonésia e África do Sul. Portanto, em 2013, havia forte tendência de a OCDE ampliar o número de seus países-membros.

A Organização de Cooperação e Desenvolvimento Econômico (OCDE) em 2013

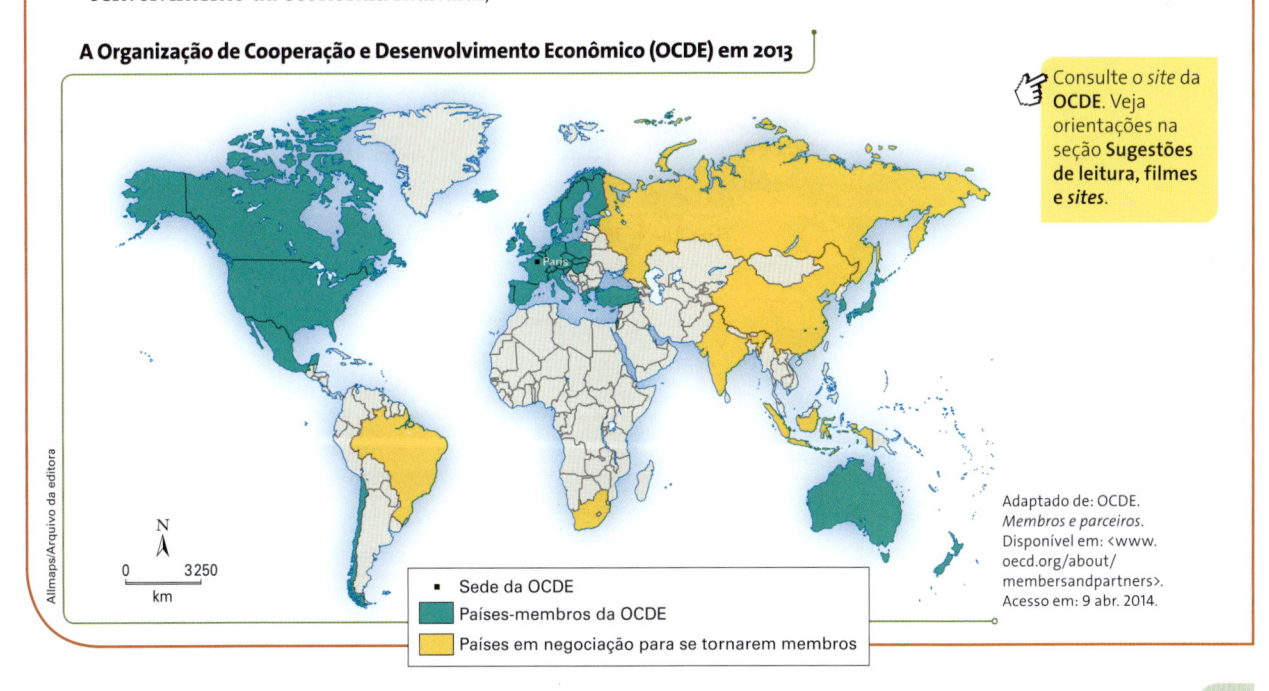

Consulte o *site* da **OCDE**. Veja orientações na seção **Sugestões de leitura, filmes e *sites***.

- Sede da OCDE
- Países-membros da OCDE
- Países em negociação para se tornarem membros

Allmaps/Arquivo da editora

Adaptado de: OCDE. *Membros e parceiros*. Disponível em: <www.oecd.org/about/membersandpartners>. Acesso em: 9 abr. 2014.

As alianças militares

No início da Guerra Fria, muitos setores da sociedade norte-americana acreditavam que, se a União Soviética estendesse sua zona de influência para além do Leste Europeu e da China (que aderiu ao socialismo em 1949), todos os países, sucessivamente, acabariam caindo nas "garras" do inimigo. Esse pressuposto geopolítico ficou conhecido como **efeito dominó**. Para contê-lo, o governo dos Estados Unidos criou várias alianças militares na Europa ocidental (Otan), no Sudeste Asiático (Otase – Organização do Tratado do Sudeste da Ásia), no Oriente Médio (Pacto de Bagdá) e na Oceania e Pacífico Sul (Pacto Anzus, sigla para Austrália, Nova Zelândia e Estados Unidos), além de acordos bilaterais com alguns países como o Japão e a Coreia do Sul, estabelecendo um cinturão de isolamento em torno da superpotência rival, que ficou conhecido como **cordão sanitário**. Observe o mapa a seguir.

A mais importante dessas organizações militares foi a **Otan**, criada em 1949, com sede em Bruxelas (Bélgica), para defender a Europa ocidental da ameaça soviética. A organização foi criada como resposta ao **bloqueio a Berlim Ocidental**, implantado pela União Soviética entre junho de 1948 e maio de 1949, como reação à introdução do marco (moeda que circulava na parte ocidental da Alemanha) nessa zona da cidade. Os aliados capitalistas abasteceram Berlim Ocidental pelo ar, por meio de uma "ponte aérea" (observe no mapa da próxima página que essa cidade estava "ilhada" na zona de ocupação soviética), furando o bloqueio terrestre imposto pela União Soviética. Depois de onze meses, o bloqueio foi suspenso, mas esse acontecimento foi a primeira grave crise da Guerra Fria.

As alianças militares e o cordão sanitário

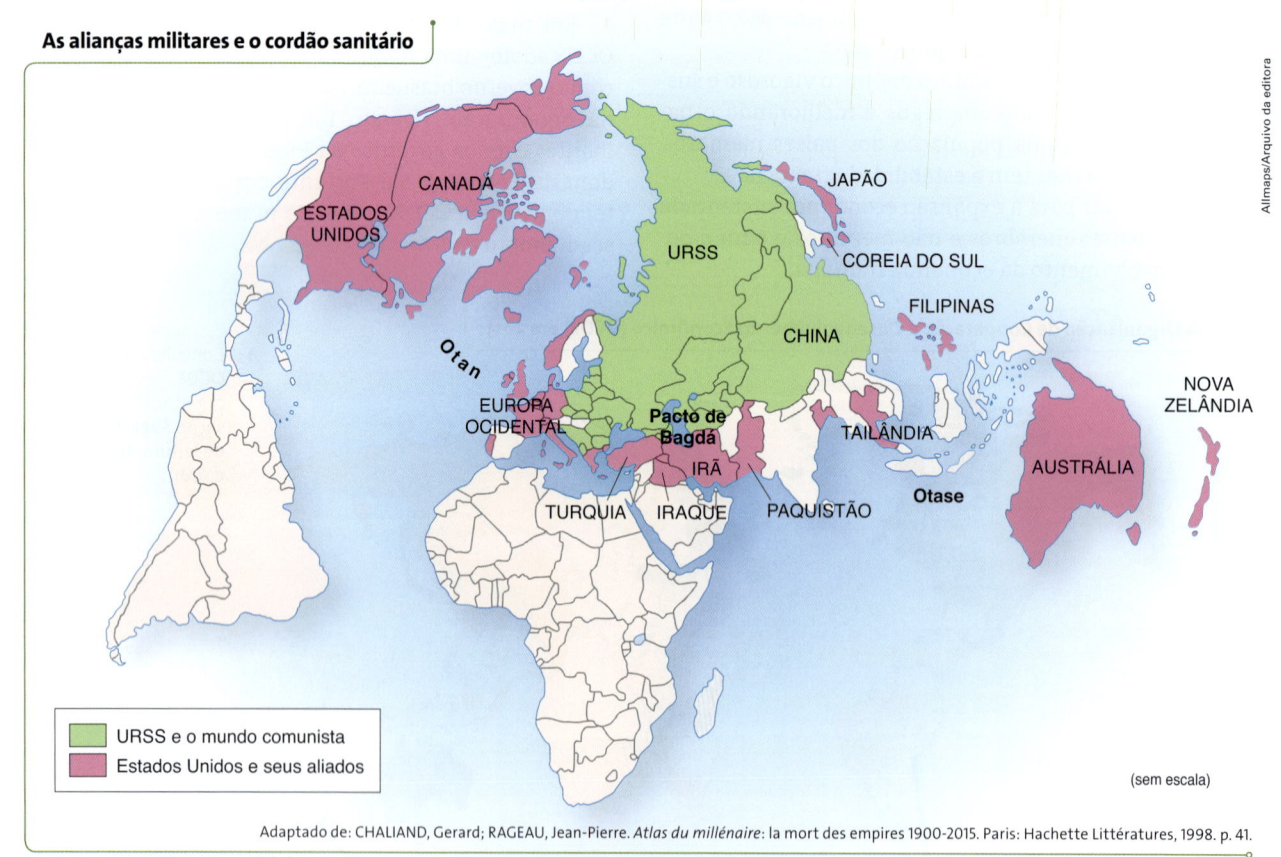

Allmaps/Arquivo da editora

(sem escala)

- URSS e o mundo comunista
- Estados Unidos e seus aliados

Adaptado de: CHALIAND, Gerard; RAGEAU, Jean-Pierre. *Atlas du millénaire*: la mort des empires 1900-2015. Paris: Hachette Littératures, 1998. p. 41.

Essa projeção mostra claramente a estratégia de contenção embutida na Doutrina Truman. Observe que a União Soviética ficou cercada pelas alianças militares constituídas pelos Estados Unidos e seus aliados.

Com a criação da Otan, os Estados Unidos delimitaram sua zona de influência na Europa ocidental por meio da construção de uma série de bases militares e de um gigantesco mercado de armamentos convencionais e nucleares para seu complexo industrial-militar e também para o de seus aliados.

Outra consequência importante do bloqueio a Berlim foi a criação da República Federal da Alemanha (RFA), ou Alemanha Ocidental, em maio de 1949, nas zonas ocupadas por Estados Unidos, Reino Unido e França. Com o fim da Segunda Guerra, a Alemanha foi dividida entre os vencedores em quatro zonas de ocupação: americana, britânica, francesa e soviética. O mesmo aconteceu com Berlim, sua antiga capital. Os setores americano, britânico e francês, embora dentro do território da Alemanha Oriental (socialista), permaneceram ligados à Alemanha Ocidental (capitalista), cuja cidade de Bonn foi escolhida para ser sua capital. A resposta soviética veio em outubro daquele mesmo ano, com a criação da República Democrática Alemã (RDA) em sua respectiva zona de ocupação. A capital da Alemanha Oriental, como ficou mais conhecida a RDA, passou a ser a parte oriental de Berlim, sob controle soviético. Observe o mapa acima.

Até a década de 1960, muitos berlinenses deixaram o setor oriental em busca de melhores oportunidades de trabalho e condições de vida no setor ocidental. Para acabar com esse êxodo de trabalhadores e reafirmar a soberania sobre seu setor da cidade, as autoridades orientais construíram o **Muro de Berlim**, um dos símbolos mais significativos do mundo bipolar e das tensões da Guerra Fria. Ao dividir Berlim, o muro de concreto materializava no território de uma cidade todo o antagonismo dessa época: o conflito Leste-Oeste, ou capitalismo *versus* socialismo.

A Alemanha dividida após a Segunda Guerra Mundial

Sarre: cedido à França e reincorporado à Alemanha em 1957

Fronteiras da Alemanha antes da Segunda Guerra Mundial

Fronteira entre as duas Alemanhas

Adaptado de: DUBY, Georges. *Atlas historique mondial*. Paris: Larousse, 2001. p. 103.

Na noite de 13 de agosto de 1961, o lado ocidental de Berlim foi isolado com arame farpado e soldados impediam a circulação de pessoas. A partir de então, começou a ser erguido um muro de 159 km de extensão, que isolou a parte ocidental e tornou concreto, nos dois sentidos da palavra, o conflito Leste-Oeste. Na foto, de 28 de julho de 1962, o muro nas proximidades do portão de Brandenburgo (ao fundo), mesmo local onde se comemorou sua queda, em 1989.

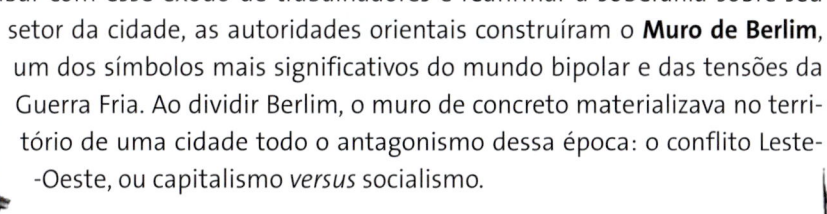

Bettmann/Corbis/Latinstock

Quando a Alemanha Ocidental ingressou na Otan, em 1955, a resposta soviética veio com a criação de uma aliança militar sob seu comando: o **Pacto de Varsóvia**, assinado no mesmo ano na capital da Polônia. A União Soviética delimitava, assim, sua própria zona de influência e seu principal mercado de armas, o que consolidou a divisão da Europa pela **"cortina de ferro"**. Observe o mapa.

A Europa da Guerra Fria

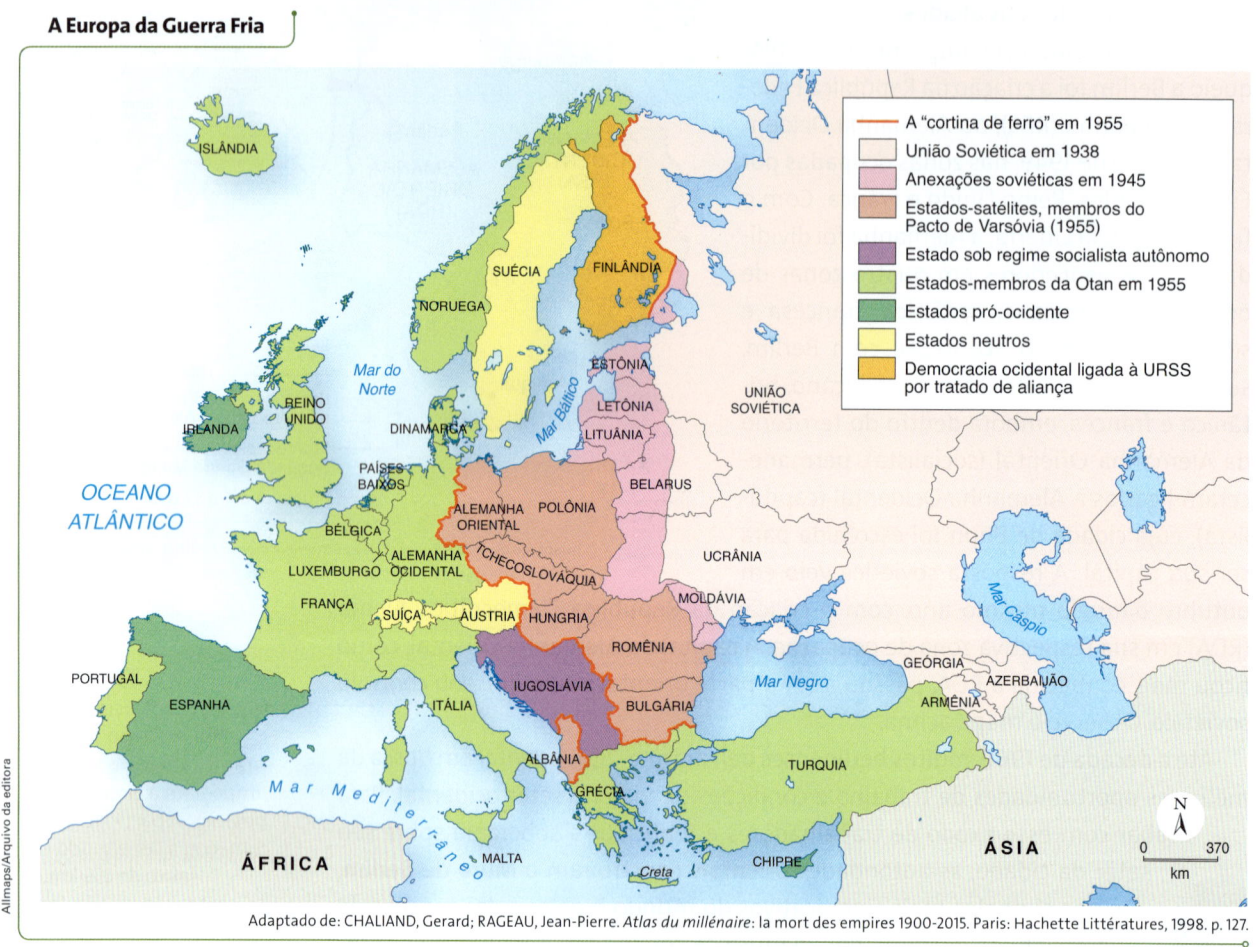

Adaptado de: CHALIAND, Gerard; RAGEAU, Jean-Pierre. *Atlas du millénaire*: la mort des empires 1900-2015. Paris: Hachette Littératures, 1998. p. 127.

Durante a Guerra Fria, a *cortina de ferro* (expressão criada em 1946 por Winston Churchill, então primeiro-ministro britânico) separava a Europa ocidental, sob influência dos Estados Unidos, da Europa oriental, sob influência da União Soviética. Os países europeus orientais, de regime comunista, eram também conhecidos como "países da cortina de ferro".

Desde o fim da Guerra Fria, a importância das alianças militares tem diminuído, e aquelas que não desapareceram, como o Pacto de Varsóvia, extinto em 1991, foram reestruturadas. A mais importante delas, a Otan, reduziu seu arsenal militar, ganhou mais mobilidade, flexibilidade e novas atribuições. Algumas de suas novas funções são garantir a paz na Europa e dar suporte a intervenções regionais, como no caso da Força Internacional de Assistência e Segurança (Isaf), no Afeganistão. Além disso, vem ganhando novos países-membros: em 1999 entraram na organização a Hungria, a Polônia e a República Tcheca.

Em 2004, mais sete países do antigo bloco oriental ingressaram na Otan, e, em 2009, mais dois, elevando para 28 o número de países-membros (observe o mapa da próxima página). O ingresso de ex-integrantes do Pacto de Varsóvia demonstra como o mundo mudou do ponto de vista geopolítico desde o fim da Guerra Fria. Quem imaginaria essa mesma situação naquela época?

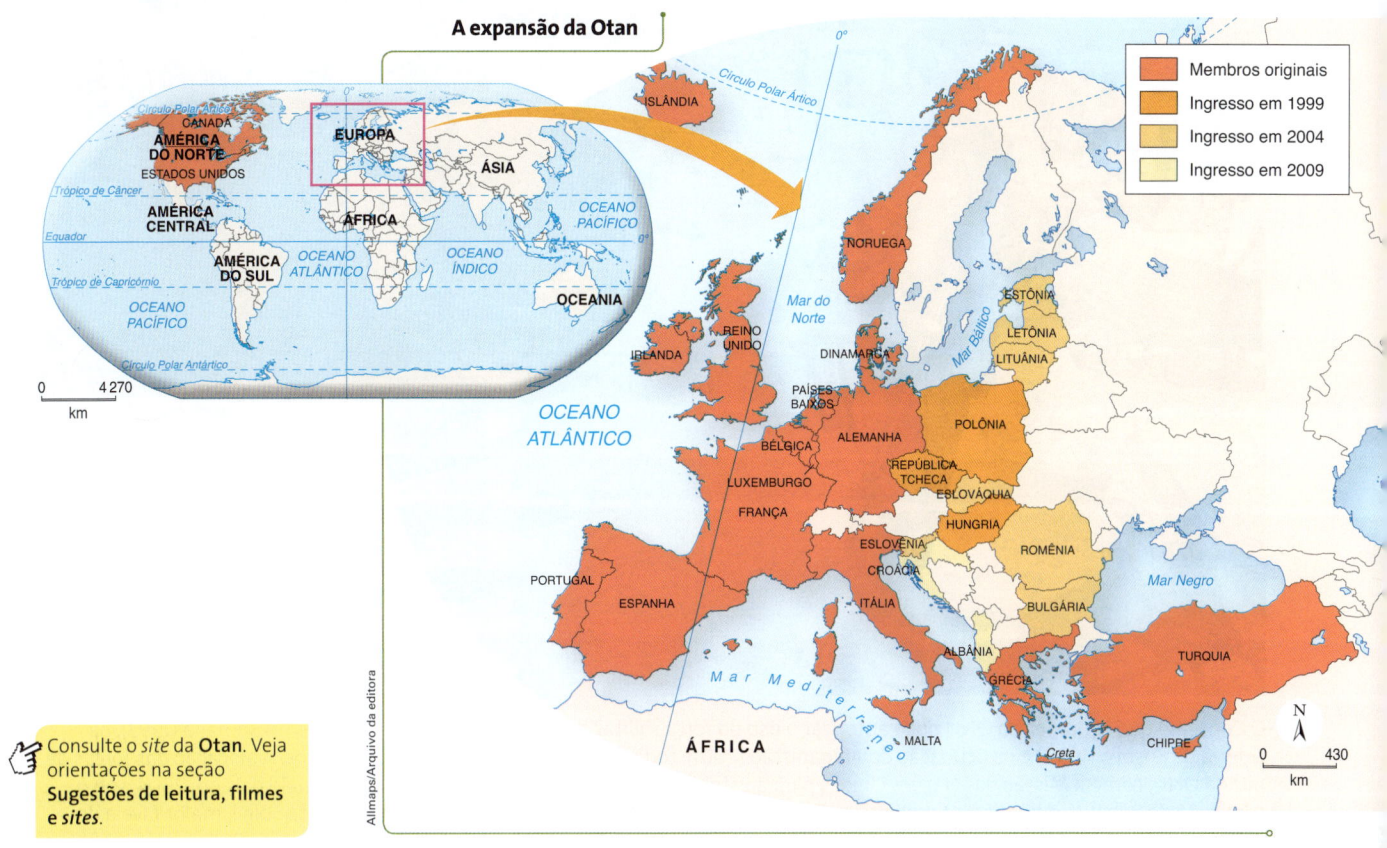

A expansão da Otan

Membros originais
Ingresso em 1999
Ingresso em 2004
Ingresso em 2009

Allmaps/Arquivo da editora

Consulte o *site* da **Otan**. Veja orientações na seção **Sugestões de leitura, filmes** e *sites*.

Organizado pelos autores.

A ONU e a crise de legitimidade

A **Organização das Nações Unidas (ONU)** foi criada ao final da Segunda Guerra Mundial com o objetivo de preservar a paz e a segurança no mundo, além de promover a cooperação internacional para resolver questões econômicas, sociais, culturais e humanitárias. Em 1945, representantes de 51 países, reunidos na Conferência de São Francisco (Estados Unidos), aprovaram uma Carta de Princípios que deveria nortear as ações da entidade no mundo após a Segunda Guerra. Sediada em Nova York, a ONU substituiu a Liga das Nações, criada após a Primeira Guerra. Atualmente, apresenta vários órgãos, dos quais os mais importantes são a Assembleia Geral e o Conselho de Segurança (CS), e diversas agências. A Assembleia Geral congrega as delegações dos países-membros (193 em 2013). Organiza uma reunião anual (pode haver, entretanto, sessões de emergência), mas não decide sobre questões de segurança e cooperação internacional, limitando-se a fazer recomendações.

O CS é o órgão de maior poder da ONU. É composto de delegados de quinze países-membros, dos quais cinco são permanentes e dez eleitos a cada dois anos. O poder desse órgão se concentra entre os cinco membros permanentes, que têm poder de veto: qualquer decisão só é posta em prática se houver consenso entre Estados Unidos, Reino Unido, França, China e Rússia (que substituiu a extinta União Soviética). Durante a Guerra Fria, no mundo bipolar, a capacidade de ação da ONU era bastante limitada, pois suas decisões ora contrariavam os interesses americanos, ora os soviéticos. O lado que se sentia prejudicado vetava a resolução que lhe contrariasse.

O CS pode investigar disputas e conflitos internacionais ou no interior de um país, propor soluções visando a acordos de paz e adotar sanções que vão desde o corte das comunicações ou das relações diplomáticas até o bloqueio econômico.

O Conselho de Segurança da ONU pode autorizar o uso da força militar, como ocorreu em intervenções na Somália (1993), na Guerra de Kosovo (1999) e na ocupação do Afeganistão (2001), todas sob a liderança dos Estados Unidos. A alocação das forças de paz da ONU, como a Missão das Nações Unidas para a Estabilização no Haiti (Minustah), enviadas àquele país em 2004, sob o comando do Brasil, também passa por aprovação do CS. Na foto, soldado brasileiro faz patrulha em Cité Soleil, maior favela de Porto Príncipe, capital do Haiti, em 2010.

Hector Retamal/AFP

☞ Consulte os *sites* das **Nações Unidas**. Veja orientações na seção **Sugestões de leitura, filmes e *sites***.

No entanto, na guerra contra o Iraque (2003), a ONU foi colocada em xeque. Os Estados Unidos, com apoio solitário do Reino Unido, optaram por invadir o território iraquiano sem a autorização do CS, com o objetivo de derrubar o ditador Saddam Hussein (ele foi condenado à morte e executado em 2006). Sabendo que não teria o apoio necessário dos membros do CS, o governo dos Estados Unidos, sob a Presidência de George W. Bush (2001-2009), resolveu apostar no **unilateralismo** e ignorou o órgão. Tal atitude desgastou a ONU e, por extensão, o **multilateralismo** construído desde sua criação, porque lhe tirou a prerrogativa de decidir sobre intervenções militares.

O fato de a ONU estar sediada em Nova York é uma das evidências da influência que os Estados Unidos tinham quando ela foi criada. O prédio das Nações Unidas (o retangular no centro da foto de 2008) fica em Manhattan, ao lado do East River, um dos canais que beiram essa ilha.

Vdbvsl/Alamy/Other Images

O *deficit* de representatividade do CS da ONU

A composição do CS não expressa a correlação de forças do mundo atual, e sim a de quando a ONU foi criada, resultante do desfecho da Segunda Guerra. Por isso, em 2004, o Brasil, a Alemanha, o Japão e a Índia formaram um grupo para tentar acelerar sua reforma. Em 2005, esse grupo apresentou à Assembleia Geral um projeto que previa a expansão do número de membros permanentes. Diante da falta de consenso, o projeto não foi acatado, mas o governo brasileiro não desistiu de seu propósito. Por ser o maior da América Latina territorial, populacional e economicamente, o país é um candidato natural a uma vaga permanente, caso o CS seja ampliado. O governo brasileiro tem estabelecido articulações diplomáticas nesse sentido, como fica evidente no discurso do então ministro das Relações Exteriores, Celso Amorim, na abertura da 60ª Assembleia Geral da ONU, no boxe abaixo.

Mesmo se os Estados Unidos, que têm procurado se manter neutros nesse debate, e os outros membros permanentes vierem a concordar em ampliar o CS, os postulantes ainda enfrentarão problemas, já que o ingresso no CS depende da aprovação de dois terços dos Estados-membros da ONU. Na América Latina, o México e possivelmente a Argentina, apesar da parceria no Mercosul, poderiam questionar a adesão do Brasil. Na África, também há outros pretendentes, como o Egito e a Nigéria, que podem concorrer com a África do Sul. Na Ásia o conflito indo-paquistanês poderia se acirrar porque o Paquistão não se conformaria com a entrada da Índia, seu inimigo histórico. Ainda na Ásia, a China tende a vetar a entrada do Japão por não querer vê-lo fortalecido política e militarmente na região. Na Europa, a situação da Alemanha é desconfortável, porque os italianos também são pretendentes a uma vaga no Conselho e não querem ser preteridos.

Outras leituras

Trecho do discurso do ministro das Relações Exteriores

[...] A reforma do Conselho de Segurança destaca-se como peça central do processo em que estamos envolvidos. A necessidade de fazer com que o Conselho se torne mais representativo e democrático é reconhecida pela imensa maioria dos Estados-membros.

No horizonte histórico em que vivemos, nenhuma reforma do Conselho de Segurança será significativa se não contemplar uma expansão dos assentos permanentes e não permanentes, com países em desenvolvimento da África, da Ásia e da América Latina em ambas as categorias. Não podemos aceitar a perpetuação de desequilíbrios contrários ao espírito do multilateralismo.

Um Conselho mais eficaz deve ser capaz, acima de tudo, de assegurar o cumprimento de suas decisões. Não parece razoável imaginar que o Conselho poderá continuar ampliando sua agenda e suas funções sem que se resolva seu *deficit* democrático. [...]

Ray Stubblebine/Reuters/Latinstock

O ministro Celso Amorim discursando na ONU em 17 de setembro de 2005. Dez anos antes, na abertura da 50ª Assembleia Geral, o então ministro Luiz Felipe Lampreia, em discurso nesse mesmo púlpito, já defendia a reforma do CS com o argumento de que, após décadas de sua criação, ele não mais expressava a correlação de poder no mundo.

BRASIL. Ministério das Relações Exteriores. Discurso do Ministro de Estado das Relações Exteriores, Embaixador Celso Amorim, na abertura do debate geral da 60ª Sessão da Assembleia Geral das Nações Unidas, Nova York, 17 set. 2005. Disponível em: <www.itamaraty.gov.br>. Acesso em: 9 abr. 2014.

Cada pretendente terá de angariar o máximo de apoios para conseguir alcançar seu objetivo, principalmente na região em que se localiza. O Brasil já obteve apoio de todos os membros permanentes do CS, com exceção dos Estados Unidos, que até 2013 não tinham se posicionado. O apoio da China e da Rússia foi formalizado no primeiro encontro do Brics (grupo que estudaremos mais à frente neste capítulo e do qual fazem parte Brasil, Rússia, Índia, China e África do Sul), realizado em 2009 na Rússia.

A cooperação Sul-Sul e a articulação para ampliar o CS da ONU

Alguns governos de países em desenvolvimento têm se empenhado no aprofundamento da cooperação entre si – que chamam de cooperação Sul-Sul, como mostra o texto a seguir. Com isso visam aumentar a aproximação política, econômica e tecnológica entre eles e o poder de negociação com os países desenvolvidos – muitas vezes chamados de países do Norte. Um exemplo desse empenho foi o acordo de cooperação trilateral firmado entre Índia, Brasil e África do Sul, em junho de 2003 (em 2013 comemorou-se 10 anos de cooperação). O nome oficial do grupo é Fórum de Diálogo IBSA ou IBAS (a primeira sigla vem das iniciais em inglês dos três países; a segunda, em português). O grupo busca atuar de forma coordenada nos fóruns internacionais para aumentar o poder de negociação de seus países-membros e, como candidatos a membro permanente do CS da ONU, defendem a reforma desse órgão (leia o documento abaixo).

V Cúpula do Fórum de Diálogo IBAS – Declaração de Tshwane

[...]

Os Líderes notaram que o Fórum de Diálogo da Índia-Brasil-África do Sul (IBAS) reúne três grandes sociedades pluralistas, multiculturais e multirraciais de três continentes, isto é, Ásia, América do Sul e África, como um agrupamento puramente Sul-Sul de países com ideais compartilhados e comprometidos com o desenvolvimento sustentável inclusivo, na busca de bem-estar para seus povos. Os líderes sublinharam a importância dos princípios, normas e valores subjacentes ao Fórum de Diálogo IBAS, isto é, democracia participativa, respeito pelos direitos humanos, e o Estado de Direito.

[...]

Os líderes reafirmaram seu compromisso em aumentar a participação de países em desenvolvimento nos órgãos de tomada de decisão de instituições multilaterais. Eles sublinharam a necessidade de reforma urgente das Nações Unidas (ONU) para torná-la mais democrática e compatível com a realidade geopolítica atual. Eles enfatizaram particularmente que nenhuma reforma das Nações Unidas será completa sem uma reforma do Conselho de Segurança da ONU (CSNU), incluindo uma expansão de seus membros tanto na categoria permanente quanto na não permanente, com participação ampliada de países em desenvolvimento em ambas. Tal reforma é de extrema importância para que o CSNU obtenha a representatividade e legitimidade de que necessita para enfrentar os desafios contemporâneos.

Reiteraram que o sistema internacional contemporâneo deve refletir as necessidades e as prioridades dos países em desenvolvimento. Os países do IBAS, em conjunto com outros países que nutrem ideais semelhantes, continuarão a empenhar-se para contribuir com uma nova ordem mundial cuja arquitetura política, econômica e financeira seja mais inclusiva, representativa e legítima.

V Cúpula do Fórum de Diálogo Índia, Brasil e África do Sul (IBAS). Declaração de Tshwane, 18 out. 2011. Disponível em:<www.itamaraty.gov.br>. Acesso em: 9 abr. 2014.

Os governos dos três países têm buscado criar programas para cooperação e conhecimento mútuos em diversas áreas — medicina e saúde, educação, cultura, agricultura, ciência e tecnologia, comércio e investimentos, etc. — e, para isso, foram organizados dezesseis Grupos de Trabalho. Criaram também o Fundo IBAS para o Alívio da Fome e da Pobreza por meio do qual buscam, apoiados em suas experiências nacionais, financiar projetos de ajuda a países menos desenvolvidos ou que estejam saindo de algum conflito armado, além de promover os Objetivos de Desenvolvimento do Milênio. Até 2012, cinco países tinham sido beneficiados por esse fundo: Burundi, Cabo Verde, Guiné-Bissau, Haiti e Palestina.

Para saber mais

A diversidade emergente

Essa imagem é simbólica e representa parte das transformações pelas quais o mundo, e especialmente os países emergentes, vêm passando. Os três governantes representam importantes economias emergentes que buscam cooperar política e economicamente entre si (o gesto deles simboliza essa aproximação), contribuindo para um mundo mais plural e multipolar. A imagem também revela um poder mais plural e democrático do ponto de vista de gênero, étnico-racial e religioso com a eleição de:

- uma **mulher** presidente: a primeira na história do Brasil, 79 anos depois da instituição do voto feminino no país (esse direito básico da cidadania só foi assegurado pelo Código Eleitoral de 1932, que decretava em seu artigo 2º: "É eleitor o cidadão maior de 21 anos, sem distinção de sexo [...]");
- um **negro** presidente: o terceiro num país majoritariamente composto de negros (79,5% da população), onde, até 1994, quando Nelson Mandela foi eleito, vigorava um regime racista e segregacionista no qual eles não eram considerados cidadãos;
- um *sikh* primeiro-ministro: o primeiro de uma religião minoritária a governar um país em que 80,5% da população são hindus, 13,4% islâmicos, 2,3% cristãos e apenas 1,9% *sikhs*, crença que funde aspectos do hinduísmo e do islamismo.

Roberto Stuckert Filho/Abr/Radiobrás

Chefes de Estado e de Governo posam para foto oficial na V Cúpula do IBAS, realizada em Pretória (África do Sul), em 2011. Da esquerda para a direita, Dilma Rousseff, presidente do Brasil; Jacob Zuma, presidente da África do Sul; e Manmohan Singh, primeiro-ministro da Índia até 2014 (quando Narendra Modi foi eleito). Em 2013, a VI Cúpula do IBAS aconteceu em Nova Délhi (Índia), onde os mesmos governantes se reuniram.

Consulte o *site* do **Fórum de Diálogo IBAS**. Veja orientações na seção **Sugestões de leitura, filmes e *sites***.

2 A ordem econômica

Após a Segunda Guerra, norte-americanos e britânicos, preocupados com a recuperação econômica de um mundo devastado pelo conflito bélico, convocaram a **Conferência de Bretton Woods** (cidade localizada nas montanhas de New Hampshire, Estados Unidos), em 1944. Apesar da participação de governos de várias nações, incluindo o da União Soviética e o do Brasil, quem definia as regras do plano eram os Estados Unidos e, em menor grau, o Reino Unido. Os representantes dos 44 países participantes temiam a ocorrência de uma crise econômica, como a dos anos 1930, e lançaram um plano que visava garantir a reconstrução e a estabilidade da economia mundial após o término da guerra. Nessa reunião, estabeleceu-se um novo padrão monetário, o **dólar-ouro**, em substituição ao ouro, padrão vigente até então. O banco central dos Estados Unidos (Federal Reserve Board, mais conhecido como Fed) garantiria uma paridade fixa de 35 dólares por onça-troy (31,1 g) de ouro e a livre conversibilidade. Na prática isso significava que a emissão de dólares deveria ser lastreada em ouro, tornando-a uma moeda de reserva garantida pelo Fed, o que perdurou até 1971. Observe, na tabela abaixo, quanto a economia dos Estados Unidos se sobrepunha às demais em 1950. Observe também a tabela "Membros do G-20 em 2012" (página 375) e perceba as mudanças ocorridas desde então, quais países entraram e quais saíram da lista das maiores economias mundiais.

As sete maiores economias do mundo em 1950		
Posição/país	PIB total (em bilhões de dólares*)	PIB *per capita* (em dólares*)
1. Estados Unidos	381	2 536
2. União Soviética	126	699
3. Reino Unido	71	1 393
4. França	50	1 172
5. Alemanha Ocidental	48	1 001
6. Japão	32	382
7. Itália	29	626

KENNEDY, Paul. *Ascensão e queda das grandes potências*: transformação econômica e conflito militar de 1500 a 2000. 2. ed. Rio de Janeiro: Campus, 1989. p. 353.

* Dólares de 1964.

Filipe Rocha/Arquivo da editora

Porém, no fim da década de 1960, a economia norte-americana começou a perder a hegemonia no mundo capitalista. Teve de enfrentar a concorrência da Europa ocidental e do Japão — já recuperados — e de administrar problemas macroeconômicos: perda de competitividade industrial, sucessivos *deficits* orçamentários, desequilíbrios na balança comercial, elevados gastos com a corrida armamentista e com a longa Guerra do Vietnã (1955-1975), na qual os Estados Unidos ingressaram em 1964. Essa situação levou o governo americano a emitir moeda sem lastro, isto é, sem a retenção do valor correspondente em ouro no banco central, o que provocou inflação e, consequentemente, desvalorizações do dólar em relação a outras moedas fortes. As sucessivas desvalorizações levaram o governo dos Estados Unidos a acabar com a livre conversibilidade em 1971. Desde então, a cotação do dólar continuou caindo até atingir, em 1995, seu patamar mais baixo. Na segunda metade da década de 1990, com o elevado crescimento econômico dos Estados Unidos, o dólar teve uma relativa valorização diante de seus competidores, mas com a crise mundial de 2008/2009 sofreu nova desvalorização. A retomada do crescimento a partir de 2010 promoveu a tendência de alta diante de outras moedas. Veja na tabela a seguir um histórico das variações nas cotações do dólar a partir de 1960.

Cotação do dólar (conversão de um dólar para outras moedas)					
Moedas/país	1960 (média anual)	1995 (cotação em 18 mar.)	2000 (cotação em 21 nov.)	2009 (cotação em 21 nov.)	2013 (cotação em 21 nov.)
Libra esterlina (Reino Unido)	0,63	0,35	0,70	0,61	0,62
Iene (Japão)	358,2	89,1	110,0	88,92	100,94
Marco (Alemanha)	4,1	1,4	—	—	—
Euro (União Europeia)*	—	—	1,18	0,67	0,74

FMI. Exame, 29 mar. 1995 (1960 e 1995); BANCO CENTRAL DO BRASIL. *Conversão de moedas.* Disponível em: <www4.bcb.gov.br/?TXCONVERSAO>. Acesso em: 25 abr. 2014.

* A moeda da União Europeia foi instituída em 1999 apenas para transações bancárias. Em 2002, as notas de euro começaram a circular e as moedas nacionais dos países que o adotaram, como o marco alemão, deixaram de existir. O Reino Unido, embora membro da União Europeia, não aderiu à moeda única e continuou usando a libra esterlina.

Durante a Conferência de Bretton Woods, foram constituídos dois organismos até hoje muito atuantes no cenário político, econômico e financeiro mundial: o **Banco Internacional de Reconstrução e Desenvolvimento** (Bird), a instituição mais conhecida do Banco Mundial, e o **Fundo Monetário Internacional** (FMI), ambos com sede em Washington, capital dos Estados Unidos. Essas organizações já nasceram sob controle da potência hegemônica. Ao Bird coube, inicialmente, financiar a reconstrução dos países devastados pela guerra e, posteriormente, financiar a longo prazo projetos voltados ao desenvolvimento dos países-membros (188 em 2013). Em 1960 foi criada a Associação Internacional de Desenvolvimento (AID), que atualmente concede empréstimos sem juros e assistência técnica aos 82 países mais pobres do mundo (40 dos quais na África subsaariana). A AID, o Bird e mais três instituições compõem o **Grupo Banco Mundial**.

O FMI foi criado para zelar pela estabilidade financeira mundial mediante duas atribuições básicas: garantir empréstimos aos países que tenham dificuldade para fechar seu **balanço de pagamentos** e assegurar a estabilidade nas taxas de câmbio, sempre tendo o dólar como padrão de referência.

Assim, esses organismos ficaram responsáveis por viabilizar a reconstrução do bloco capitalista após a Segunda Guerra, garantir o crescimento da economia mundial e evitar novas crises, como a que eclodiu em 1929.

No entanto, o acirramento das tensões da Guerra Fria foi o que, de fato, garantiu a reconstrução do mundo ocidental sob a influência dos Estados Unidos. Além do Plano Marshall, direcionado à Europa no início da década de 1950, foi elaborado o **Plano Colombo**, voltado para estimular o desenvolvimento de países do Sul e Sudeste da Ásia. O Japão foi beneficiado por um programa de ajuda bilateral e, entre 1947 e 1950, recebeu 2,5 bilhões de dólares (em valores da época) diretamente do Tesouro dos Estados Unidos. Todos esses planos de ajuda econômica possibilitaram o fluxo de produtos e capitais norte-americanos e, alinhados com a Doutrina Truman, a contenção do expansionismo soviético.

Balanço de pagamentos: somatório de todas as transações econômicas realizadas por um país. Contém os resultados da balança comercial (exportações – importações), da balança de serviços (viagens, transportes, seguros, lucros e dividendos, juros, *royalties*, assistência técnica; etc.), dos investimentos, empréstimos, dos capitais de curto prazo, remessa de dinheiro enviada por emigrantes, etc.

Plano Colombo: plano de desenvolvimento criado em duas conferências realizadas em 1950 e 1951 na cidade de Colombo (Sri Lanka), visando à recuperação econômica dos países do Sul e Sudeste Asiático que foram devastados na Segunda Guerra Mundial. Contava com a participação de Estados Unidos, Canadá, Japão, Reino Unido, Austrália e Nova Zelândia, como contribuintes, e vinte países da Ásia, como receptores.

Para complementar as medidas econômicas idealizadas em Bretton Woods, foi constituído, em 1947, na Conferência Econômica de Havana, o Acordo Geral de Tarifas e Comércio (**Gatt**, do inglês *General Agreement on Tariffs and Trade*). Com sede em Genebra (Suíça), seu objetivo principal era combater medidas protecionistas e estimular o comércio mundial. O Gatt, assim como o Bird e o FMI, sempre atuou em cooperação com a ONU. Desde 1995, quando passou a denominar-se **Organização Mundial do Comércio** (OMC), tem procurado aumentar sua influência nas questões comerciais mundiais, como veremos no capítulo 11.

Além dessas organizações econômicas criadas em Bretton Woods e em Havana, os países mais ricos constituíram um fórum de debates sobre a conjuntura econômica e a política mundial, conhecido durante muito tempo como G-7.

Do G-7 ao G-20

O G-7 (Grupo dos 7) teve sua origem em um encontro realizado em 1975, no qual se reuniram representantes das principais potências capitalistas da época: França (o país anfitrião), Estados Unidos, Alemanha, Reino Unido, Itália e Japão. Surgiu, portanto, como G-6. Em 1977, o Canadá passou a integrar o grupo, que se transformou em G-7. Durante anos esse fórum englobou as sete maiores economias do mundo. Em 1997, em encontro realizado em Denver (Estados Unidos), a Rússia foi admitida como membro do grupo, que passou a ser chamado de G-8. Por se caracterizar como um fórum, o grupo não tem uma sede fixa, e a cada ano o encontro acontece em um país-membro, quando são debatidas as questões mundiais de interesse do grupo.

Bloomberg/Getty Images

O G-8 está descaracterizado porque não reúne mais as maiores economias do planeta, e o cenário econômico mundial está muito mais complexo do que na época em que foi criado. Atualmente, o fórum que tem ganhado projeção, especialmente depois da crise de 2008/2009, é o G-20 (Grupo dos 20), que congrega também as principais economias emergentes.

Para saber mais

O G-20 e a crise financeira mundial

Com as sucessivas crises que atingiram as economias emergentes no fim da década de 1990, foi necessário criar um novo fórum para discutir formas de regulação do sistema financeiro internacional. O G-20, originado em 1999, é composto dos países do G-8, da Austrália, dos dez países emergentes com maior peso econômico no mundo e, ainda, da União Europeia (observe a tabela e o mapa a seguir). Trata-se do reconhecimento da crescente importância econômica dos países emergentes, principalmente China, Brasil e Índia, e do fato de que eles não vinham participando adequadamente das discussões dos destinos da economia mundial. Para agregar alguns países emergentes regionalmente importan-tes, mas com PIBs menores que o de alguns países europeus, o G-20 não é composto exatamente das maiores economias do mundo, como se observa na tabela.

A Espanha (5ª economia europeia e 13ª do mundo em 2012, com PIB de 1 352 bilhões de dólares) não faz parte do G-20 porque a Europa já está super-representada. Além de abrigar quatro países como representantes individuais – Alemanha, França, Reino Unido e Itália –, ainda tem a própria União Europeia, que representa os 28 países do bloco, incluindo os quatro que já fazem parte do G-20. O mesmo vale para outras economias europeias importantes, como os Países Baixos, a Suíça e a Suécia.

Membros do G-20 em 2012		
Posição/país	PIB total (em bilhões de dólares)	PIB *per capita* (em dólares)
1. Estados Unidos	16 245	51 749
2. China	8 227	6 091
3. Japão	5 960	46 720
4. Alemanha	3 428	41 863
5. França	2 613	39 772
6. Reino Unido	2 472	39 093
7. Brasil	2 253	11 340
8. Rússia	2 015	14 037
9. Itália	2 015	33 072
10. Índia	1 842	1 489
11. Canadá	1 821	52 219
12. Austrália	1 532	67 556
14. México	1 178	9 749
15. Coreia do Sul	1 130	22 590
16. Indonésia	878	3 557
17. Turquia	789	10 666
19. Arábia Saudita	711	25 136
26. Argentina	476	11 573
28. África do Sul	384	7 508

Filipe Rocha/Arquivo da editora

WORLD BANK. *World Development Indicators database*, World Bank, 17 dez. 2013.
Disponível em: <http://data.worldbank.org>. Acesso em: 9 abr. 2014.

Os membros do G-20

Allmaps/Arquivo da editora

Adaptado de: G-20. Austrália 2014. *Member map*. Disponível em: <www.g20.org/about_g20/interactive_mapl>. Acesso em: 9 abr. 2014.

O G-20 é composto dos ministros das finanças e presidentes de bancos centrais dos dezenove países representados no mapa. O vigésimo membro é a União Europeia, representada pelos presidentes do Conselho Europeu e do Banco Central Europeu.

☞ Consulte o *site* do **G-20**. Veja orientações na seção **Sugestões de leitura, filmes e *sites***.

O G-20 congrega cerca de dois terços da população do planeta, 90% do PIB mundial e 80% do comércio internacional. A reunião inaugural do fórum aconteceu em dezembro de 1999, em Berlim (Alemanha), e desde então vêm ocorrendo reuniões anuais. Com a crise financeira mundial de 2008/2009, o G-20 ganhou importância como fórum de discussão e proposição de soluções, e há quem defenda, como Celso Amorim, então ministro das Relações Exteriores do Brasil, que deveria ocupar o lugar do G-8 no cenário mundial.

A décima reunião regular do G-20 realizou-se em novembro de 2008 em São Paulo; alguns dias depois ocorreu uma nova reunião, em Washington. Só que nessa reunião extraordinária, convocada para buscar alternativas para a crise financeira, os países do G-20 estiveram, pela primeira vez, representados por seus chefes de Estado e de governo. Foi mais uma demonstração da crescente importância das economias emergentes, as menos atingidas pela crise mundial.

Os encontros seguintes se destinaram a encontrar soluções para a crise, assunto que ainda permeou a cúpula realizada em 2013 em São Petersburgo (Rússia). Nesse encontro estabeleceu-se o Plano Integral de São Petersburgo, que apresenta medidas coordenadas voltadas para estimular o crescimento da economia mundial e a geração de empregos. A colocação em prática desse plano foi o foco das reuniões de 2014, ocorridas na Austrália.

Outro exemplo do fortalecimento dos países em desenvolvimento ocorreu na Quinta Conferência Ministerial da OMC, realizada em Cancún (México), em setembro de 2003. Nela foi formado, mais uma vez sob a iniciativa da diplomacia brasileira e dos aliados do IBAS, um grupo de países que ficou conhecido como G-20 (Grupo dos 20) comercial. O G-20 comercial visa defender os interesses dos países em desenvolvimento nas negociações comerciais com os países desenvolvidos — outro exemplo de cooperação Sul-Sul. O G-20 comercial (do qual faziam parte, em 2013, 23 membros) é composto apenas de países em desenvolvimento: doze da América Latina, seis da Ásia e cinco da África (no capítulo 23 vamos estudar melhor esse grupo, que não deve ser confundido com o G-20 financeiro, que vimos anteriormente).

Cristine Lagarde, diretora-gerente do FMI, discursa no encontro de ministros das finanças e presidentes de bancos centrais dos países do G-20 realizado em Sydney (Austrália), em 2014.

Saeed Khan/AFP

3 O fim da Guerra Fria e a nova ordem mundial

Pós-Guerra Fria: ordem unipolar?

Com o fim do mundo bipolar da Guerra Fria, a tendência era que a ordem internacional fosse multipolar porque o Japão e a Alemanha se recuperaram da destruição sofrida na Segunda Guerra Mundial e despontaram como potências econômicas. A recuperação japonesa foi tão consistente que nos anos 1980 muitos analistas acreditavam que o país alcançaria os Estados Unidos e talvez até se transformasse na maior potência econômica do mundo. Paralelamente a isso, a Alemanha e a França lideraram a formação da União Europeia (integração que começou desde o término da Segunda Guerra, com o objetivo principal de recuperar e fortalecer as economias de seus membros). Entretanto, com o passar do tempo nenhum deles se mostrou à altura de desafiar a hegemonia dos Estados Unidos e criar um mundo multipolar.

O Japão, mesmo no auge de seu poder econômico, era uma potência com limitações geopolíticas. Por causa da derrota na Segunda Guerra e da Constituição elaborada no período de ocupação dos Estados Unidos, renunciou à posse de armas nucleares e mesmo de forças armadas com capacidade de intervenção externa. O país possui apenas forças de autodefesa, e parte de sua segurança está a cargo dos Estados Unidos. Além disso, desde meados da década de 1990, o Japão vem apresentando baixo crescimento econômico, alternado com anos de recessão. Em 1985, o PIB japonês correspondia a 32% do PIB americano; em 1995, essa relação atingiu 71% (maior aproximação); mas, em 2005, caiu para 36%, voltando aos níveis dos anos 1980 (calcule essa relação em 1950 e em 2012 com base nos dados das tabelas das páginas 372 e 375).

A Alemanha, embora seja uma grande potência econômica e tenha recuperado sua plena soberania e se fortalecido economicamente após a reunificação de 1990, também apresenta limitações geopolíticas: suas forças armadas estão sob o controle da Otan, organização sempre comandada por um general norte-americano.

A Rússia, apesar de herdeira do poderoso arsenal nuclear soviético, mergulhou em profunda crise econômica nos anos 1990, da qual começou a se recuperar somente nos anos 2000.

A China, nos anos 1990, apesar de vir crescendo a taxas elevadas desde o início dos anos 1980, antes de almejar o posto de potência mundial, tinha muitos problemas internos a resolver, como garantir o crescimento econômico sustentado e gerar empregos para sua enorme população.

Em razão disso, na década de 1990, muitos especialistas em relações internacionais argumentavam que o mundo bipolar da Guerra Fria tinha sido substituído por um **mundo unipolar**, onde reinava apenas uma superpotência com poder geopolítico-militar incontestável e enorme superioridade no campo econômico e tecnológico: os Estados Unidos.

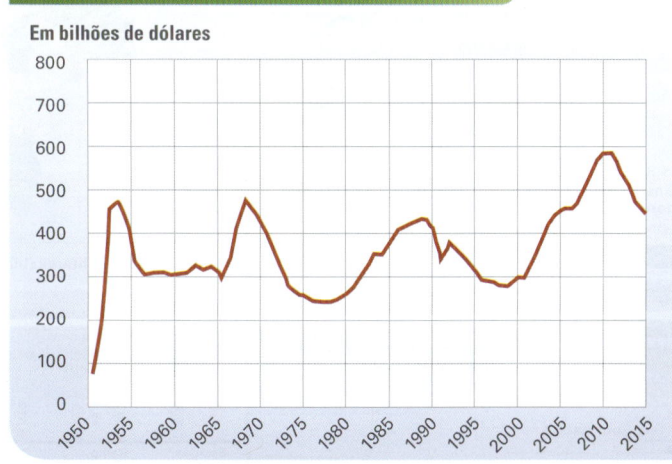

Despesas militares dos Estados Unidos – 1950-2015

Em bilhões de dólares

STOCKHOLM International Peace Research Institute. SIPRI *Yearbook 2013*. Disponível em: <www.sipri.org/yearbook/2013/03>. Acesso em: 9 abr 2014.

A tese da unipolaridade se fortaleceu com a reafirmação do poder militar norte-americano após a eleição de George W. Bush em janeiro de 2001 e, sobretudo, após os ataques de 11 de setembro daquele ano (observe os dados do mapa abaixo). Esse atentado terrorista levou os Estados Unidos à guerra no Afeganistão, cujo objetivo era capturar Osama bin Laden e destruir as bases da organização Al Qaeda naquele país, e, dois anos depois, à guerra contra o Iraque, cujo objetivo era depor Saddam Hussein, que supostamente armazenava armas de destruição em massa. Essa última guerra, na realidade uma invasão nos moldes do antigo imperialismo (para garantir acesso ao petróleo), ocorreu sem a legitimação de uma resolução aprovada no CS da ONU, reforçando o unilateralismo norte-americano. Essas medidas refletiam a chamada **Doutrina Bush**, que consistia em desencadear ataques preventivos contra países que, segundo o Pentágono, poderiam abrigar ou apoiar terroristas e ameaçar a segurança e integridade dos Estados Unidos.

Além do Afeganistão e do Iraque, já atacados, desde o governo de George W. Bush constam da lista do Pentágono como ameaças à segurança dos Estados Unidos o Irã e a Coreia do Norte, países situados no chamado **eixo do mal**, de acordo com o linguajar maniqueísta do então presidente americano. Em um de seus discursos, Bush chegou a ameaçar: "Cada nação e cada religião têm de tomar uma decisão agora. Ou estão conosco ou estão com os terroristas".

Dados do Banco Mundial e do Stockholm International Peace Research Institute (SIPRI) revelam que os Estados Unidos são um dos países que mais gastam com armas em termos relativos (4,4% do PIB, em 2012), e, de longe, o que mais gasta em termos absolutos (685 bilhões de dólares, em 2012). O país aumentou fortemente seus dispêndios com armas para sustentar as guerras no Iraque e no Afeganistão. Segundo o SIPRI, entre 2001 e 2012, o aumento desses gastos foi de 69%, fazendo com que a participação americana atingisse 40% das despesas militares mundiais. Essa fatia já foi maior (observe no gráfico da próxima página que o pico das despesas foi em 2010), mas com a enorme elevação da dívida pública e a solução dessas guerras, o país está cortando seus gastos militares: em 2011 caiu 1% e em 2012, 5,6%.

Despesas militares no mundo

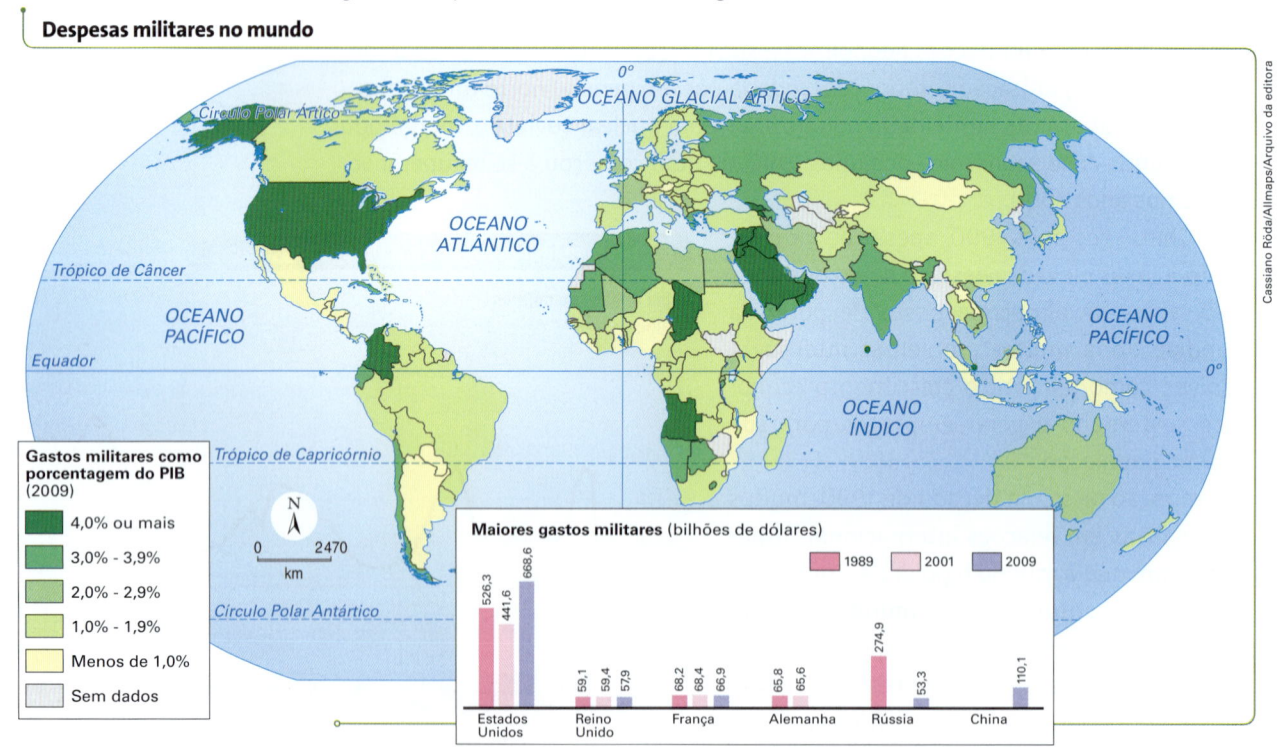

Adaptado de: SMITH, Dan. *The Penguin State of the World Atlas.* 9th. ed. London: Penguin Books, 2012. p. 62-63.

A nova ordem: multipolar

Entretanto, com a eclosão da crise mundial em 2008, a elevação do endividamento público do governo dos Estados Unidos e a necessidade de corte de gastos, houve mudanças significativas – políticas, econômicas e consequentemente geopolíticas – no cenário descrito anteriormente. A crise enfraqueceu a economia do país, embora deva ser lembrado que ela já vinha dando sinais de que não estava bem desde o início dos anos 2000. A eleição do democrata Barack Obama em 2008 (ele assumiu em janeiro de 2009), em grande parte ajudada pela crise, acarretou uma importante mudança de rumo na política externa americana. Com o novo governo, os Estados Unidos abandonaram o unilateralismo exacerbado da Doutrina Bush e vêm apostando preferencialmente no multilateralismo, na negociação e no diálogo, até mesmo com países antes inseridos no chamado eixo do mal, como o Irã. Também se reaproximaram de tradicionais aliados, como a França e a Alemanha, cujas relações estavam enfraquecidas desde a intervenção no Iraque, ação que esses países não apoiaram. Com a reeleição de Obama em novembro de 2012 para mais um mandato de quatro anos, essa política externa deverá ter continuidade.

Diante dessa nova situação política e econômica americana, somada ao fortalecimento econômico da China, alçada à condição de segunda economia mundial (em 2010) e principal credora dos Estados Unidos, e à emergência do G-20 financeiro e do grupo conhecido como Brics (leia o texto do infográfico nas páginas a seguir), a tese da unipolaridade foi totalmente superada.

Embora os Estados Unidos continuem com mais poder do que os outros países, as relações entre as potências consolidadas e emergentes caminham para uma situação de mais equilíbrio, de maior simetria e até mesmo de maior interdependência; enfim, para um **mundo multipolar**. Previsões são sempre sujeitas à prova de realidade, mas indicam um cenário de mudanças na correlação de forças em futuro próximo, revelando a emergência de novas potências no mundo. Sem dúvida, os países do Brics, principalmente a China, são os que têm maior potencial para ocupar uma vaga entre as grandes potências de um mundo multipolar em construção.

Outro importante indicador das mudanças na correlação de poder econômico entre as potências atuais é o fato de os Estados Unidos tornarem-se o país mais endividado do mundo e ser justamente a China seu maior credor, superando recentemente o Japão. Observe o gráfico ao lado e perceba que mais dois membros do Brics – Brasil e Rússia – também estão entre os maiores compradores de títulos públicos do governo norte-americano.

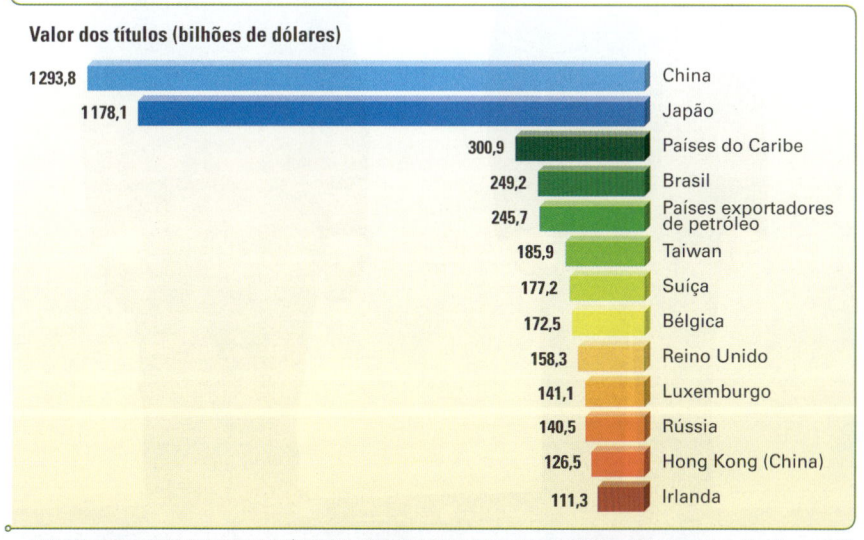

Principais países detentores de títulos do Tesouro dos Estados Unidos* – setembro de 2013 (total nas mãos de estrangeiros: 5 653 bilhões de dólares)

Valor dos títulos (bilhões de dólares)

País	Valor
China	1 293,8
Japão	1 178,1
Países do Caribe	300,9
Brasil	249,2
Países exportadores de petróleo	245,7
Taiwan	185,9
Suíça	177,2
Bélgica	172,5
Reino Unido	158,3
Luxemburgo	141,1
Rússia	140,5
Hong Kong (China)	126,5
Irlanda	111,3

U. S. DEPARTMENT OF THE TREASURY/FEDERAL RESERVE BOARD. *Major Foreign Holders of Treasury Securities*, 18 nov. 2013. Disponível em: <www.treasury.gov/resource-center/data-chart-center/tic/Documents/mfh.txt>. Acesso em: 9 abr. 2014.

* Estão representados apenas os países que detêm mais de 100 bilhões de dólares de títulos.

OS BRICS

Brics é um acrônimo que define um grupo formado por cinco importantes países emergentes – Brasil, Rússia, Índia, China e África do Sul.

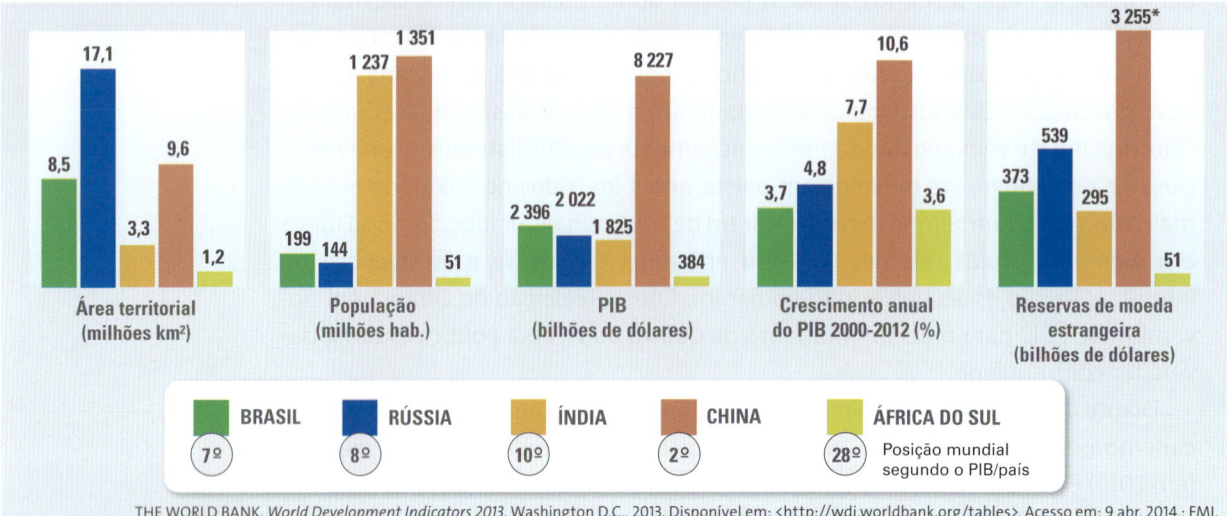

Área territorial (milhões km²)
- 8,5
- 17,1
- 3,3
- 9,6
- 1,2

População (milhões hab.)
- 199
- 144
- 1 237
- 1 351
- 51

PIB (bilhões de dólares)
- 2 396
- 2 022
- 1 825
- 8 227
- 384

Crescimento anual do PIB 2000-2012 (%)
- 3,7
- 4,8
- 7,7
- 10,6
- 3,6

Reservas de moeda estrangeira (bilhões de dólares)
- 373
- 539
- 295
- 3 255*
- 51

Legenda:
- BRASIL — 7º
- RÚSSIA — 8º
- ÍNDIA — 10º
- CHINA — 2º
- ÁFRICA DO SUL — 28º — Posição mundial segundo o PIB/país

THE WORLD BANK. *World Development Indicators 2013*. Washington D.C., 2013. Disponível em: <http://wdi.worldbank.org/tables>. Acesso em: 9 abr. 2014.; FMI. *World Economic Outlook Database*, abr. 2013. Disponível em: <www.imf.org/external/pubs/ft/weo/2013/01/weodata/index.aspx>. Acesso em: 9 abr. 2014; HARVARD BUSINESS SCHOOL. *Global Finance. International Reserves of Country Worldwide*. Disponível em: <www.gfmag.com/component/content/article/119-economic-data/12374-international-reserves-by-countryhtml.html#axzz2lKr5FsV6>. Acesso em: 9 abr. 2014. * Dado de 2011.

Foto oficial da VI Cúpula de líderes do Brics, realizada em Fortaleza (CE) e Brasília (DF), em 2014. A anfitriã, Dilma Rousseff, presidente do Brasil, no meio da foto, tem à sua esquerda Xi Jinping, presidente da China, e Jacob Zuma, presidente da África do Sul; à direita da governante brasileira, estão Narendra Modi, primeiro-ministro da Índia, e Vladimir Putin, presidente da Rússia.

O grupo Brics não é um bloco econômico nem uma aliança política ou militar. Contudo, apesar da existência de muitas diferenças internas, há pontos em comum e interesses convergentes entre seus membros, por isso ele acabou adquirindo a forma de um fórum de discussões. Em 16 de junho de 2009, aconteceu na Rússia a primeira reunião dos chefes de Estado e de governo dos quatro países do grupo (antes do ingresso da África do Sul), e desde então eles vêm se reunindo regularmente. O objetivo deles é, antes de tudo, mostrar unidade diante das potências já estabelecidas, discutir estratégias para terem maior participação nas decisões políticas e econômicas que afetam o mundo e obter maior projeção internacional.

BRICS 2014
Brasil

As maiores potências econômicas em 2050 (projeção)

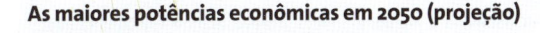

PIB total (em bilhões de dólares)

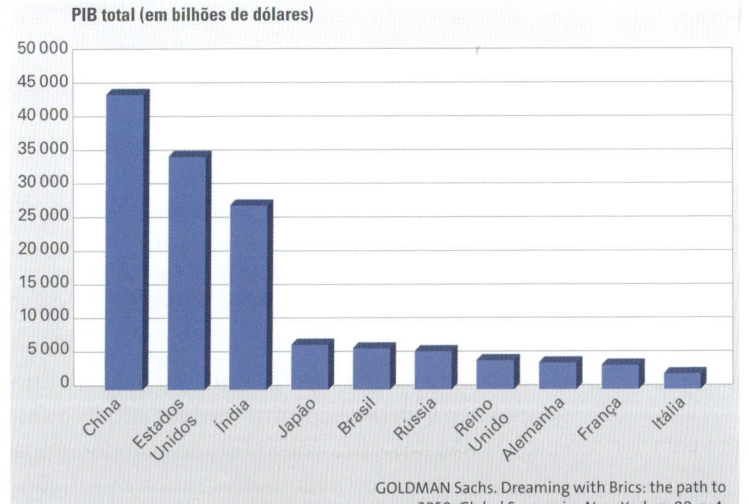

GOLDMAN Sachs. Dreaming with Brics: the path to 2050. *Global Economics*, New York, n. 99, p. 4, 1º out. 2003. Disponível em: <www.goldmansachs.com/our-thinking/archive/brics-dream.html>. Acesso em: 9 abr. 2014.

Durante a III Cúpula do Bric, realizada em Sanya (China) em 2011, a África do Sul foi convidada a fazer parte do grupo, que assim ganhou o "S" de *South Africa*. Apesar de ser a maior economia africana, a África do Sul tem um PIB pequeno comparado ao dos outros quatro; no entanto, tem um peso político importante como representante desse continente.

A sigla Bric foi criada em 2001 pelo economista Jim O'Neill e seus colaboradores, do banco Goldman Sachs. Foi usada em um documento, que mostrava diversas projeções para os quatro países. Com base em uma série de dados – tamanho do PIB, taxa de crescimento econômico, renda *per capita*, tamanho da população, participação no consumo global e movimentação financeira –, os autores desse documento previram que esses quatro países deverão estar entre as seis maiores potências econômicas do mundo em 2050 (veja o gráfico ao lado).

FMI. *World Economic Outlook Database*, abr. 2013. Disponível em: <www.imf.org/external/pubs/ft/weo/2013/01/weodata/index.aspx>. Acesso em: 9 abr. 2014.

As maiores potências econômicas em 2012

País	PIB
Estados Unidos	15 685
China	8 227
Japão	5 964
Alemanha	3 401
França	2 609
Reino Unido	2 441
Brasil	2 396
Rússia	2 022
Itália	2 014
Índia	1 825

1.

> O G-20 é o grupo que reúne os países do G-7, os mais industrializados do mundo (EUA, Japão, Alemanha, França, Reino Unido, Itália e Canadá), a União Europeia e os principais emergentes (Brasil, Rússia, Índia, China, África do Sul, Arábia Saudita, Argentina, Austrália, Coreia do Sul, Indonésia, México e Turquia). Esse grupo de países vem ganhando força nos fóruns internacionais de decisão e consulta.
>
> ALLAN, R. *Crise global*. Disponível em: <http://conteudoclippingmp.planejamento.gov.br>. Acesso em: 31 jul. 2010.

Entre os países emergentes que formam o G-20, estão os chamados Brics (Brasil, Rússia, Índia e China), termo criado em 2001 para referir-se aos países que:

a) apresentam características econômicas promissoras para as próximas décadas.
b) possuem base tecnológica mais elevada.
c) apresentam índices de igualdade social e econômica mais acentuados.
d) apresentam diversidade ambiental suficiente para impulsionar a economia global.
e) possuem similaridades culturais capazes de alavancar a economia mundial.

Resolução

❯ A alternativa que responde a esta questão é a **A**. Como vimos, o G-20 vem ganhando importância no cenário econômico mundial e, entre os representantes dos países emergentes nesse fórum, estão os do Brics. O consultor Jim O'Neill e seus colaboradores criaram esse acrônimo no início do anos 2000 quando fizeram uma série de projeções e constataram que esses quatros países apresentavam as economias mais promissoras para as próximas décadas (como se constata no gráfico da página anterior, as estimativas vão até 2050). Em 2011, a África do Sul, que é uma economia pequena perto dos outros quatro, mas um país emergente importante regionalmente, foi convidada para entrar no fórum, que ganhou o "S" (de *South Africa*), e o grupo passou a se chamar Brics. Portanto, quando esta questão foi cobrada no Enem de 2010, a África do Sul ainda não tinha entrado e o "S" era usado apenas como plural de Bric.

2.

> Embora o aspecto mais óbvio da Guerra Fria fosse o confronto militar e a cada vez mais frenética corrida armamentista, não foi esse o seu grande impacto. As armas nucleares nunca foram usadas. Muito mais óbvias foram as consequências políticas da Guerra Fria.
>
> HOBSBAWM, E. *Era dos extremos*: o breve século XX: 1914-1991. São Paulo: Cia. das Letras, 1999 (adaptado).

O conflito entre as superpotências teve sua expressão emblemática no(a)

a) formação do mundo bipolar.
b) aceleração da integração regional.
c) eliminação dos regimes autoritários.
d) difusão do fundamentalismo islâmico.
e) enfraquecimento dos movimentos nacionalistas.

Resolução

❯ O período da Guerra Fria foi marcado pelo conflito geopolítico e ideológico entre as duas superpotências – União Soviética *versus* Estados Unidos. Cada uma delas procurou delimitar sua zona de influência ao mesmo tempo em que buscava ampliar seu sistema político-econômico sobre a área da outra. Essa situação caracterizou o mundo bipolar, marcado pelo conflito Leste × Oeste. De fato, como aponta o texto do historiador inglês Eric Hobsbawm, esse foi o aspecto mais importante da Guerra Fria. Portanto, a resposta correta é a alternativa **A**.

❯ Ambas as questões do Enem contemplam a **Competência de área 2 – Compreender as transformações dos espaços geográficos como produto das relações socioeconômicas e culturais de poder – e a Habilidade 7 – Identificar os significados histórico-geográficos das relações de poder entre as nações.**

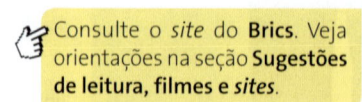

Consulte o *site* do **Brics**. Veja orientações na seção **Sugestões de leitura, filmes e *sites***.

Atividades

Compreendendo conteúdos

1. Caracterize sucintamente o período da Guerra Fria e explique a ligação entre o Plano Marshall e a Doutrina Truman.

2. O que foi o conflito Leste-Oeste? Quais eram os principais símbolos da ordem mundial bipolar?

3. O que é a ONU? Discorra sobre sua origem e estrutura de poder.

4. Por que a representação atual do CS da ONU é anacrônica?

5. O que são o Bird e o FMI? Explique o papel dessas instituições no período pós-Segunda Guerra Mundial.

Desenvolvendo habilidades

6. Leia os trechos a seguir, o primeiro retirado da revista *Política Externa* e o segundo, do livro *Compreender o mundo*, de Boniface Pascal. Depois, faça o que se pede.

> **Cartas dos editores**
>
> Há diversas indicações de que se cristaliza entre os estudiosos das relações internacionais o conceito de que chega ao fim a curta era da unipolaridade que parecia haver sucedido a da bipolaridade quando, em 1989, com a queda do Muro de Berlim, ficou estabelecido, simbolicamente, o fim da Guerra Fria entre Estados Unidos e União Soviética.
>
> O crescimento econômico de países até agora considerados no máximo emergentes, que vem sendo a locomotiva do desenvolvimento global no século XXI, é o principal indicador desse ainda incompletamente definido novo arranjo de forças, que alguns chamam de multipolar, outros de não polar.
>
> [...]
>
> *Política Externa.* São Paulo: Paz e Terra, v. 17, n. 1, jun./ago. 2008. p. 5.
>
> **Introdução**
>
> [...]
>
> Na verdade, o mundo não é unipolar, pois em um mundo globalizado potência alguma pode impor sua agenda às outras. Nem mesmo uma superpotência pode, sozinha, decidir, e muito menos resolver, os grandes desafios internacionais. No entanto, o mundo também não é multipolar: não há nada equivalente ao poderio norte-americano, embora ele seja menos nítido após os dois mandatos de George W. Bush.
>
> O mundo, portanto, não é nem unipolar nem multipolar, ele é globalizado. Pode-se dizer mesmo que está em vias de multipolarização, com o enfraquecimento relativo dos Estados Unidos (o que pode, no entanto, reverter), e, sobretudo, a emergência lenta e constante de outros polos de potências que, embora não estejam ainda em condições de se medir com os Estados Unidos, têm o próprio espaço, a própria margem de manobra e dispõem de peso crescente no processo internacional de decisão.
>
> No início dos anos 1970, refletindo sobre a geopolítica mundial, Nixon e Kissinger[1] distinguiam cinco polos de potências: os Estados Unidos, a União Soviética, a Europa, o Japão e a China. Se trocarmos hoje a URSS [União das Repúblicas Socialistas Soviéticas] pela Rússia e levarmos em conta modificações eventuais de hegemonia no interior desse clube, veremos que a situação não evoluiu muito. Seria possível, eventualmente, juntar a Índia a essa lista, mas essa seria, antes, uma perspectiva futura do que uma realidade imediata.
>
> [...]
>
> BONIFACE, Pascal. *Compreender o mundo.* São Paulo: Senac, 2011. p. 15-16.

a) Identifique, ao longo do capítulo, elementos para comprovar as ideias defendidas nos dois textos.

b) Há concordância entre os textos? Afinal, qual é a ordem internacional pós-Guerra Fria: unipolar ou multipolar? Qual é a posição do Brasil nessa nova ordem?

c) Produza um pequeno texto dissertativo sintetizando sua reflexão e dê um título a seu ensaio.

---

1 Richard Nixon (1913-1994) foi presidente dos Estados Unidos entre 1969 e 1974; Henry Kissinger (1923-) foi Secretário de Estado norte-americano entre 1973 e 1977.

1. **NE** (UEPB) Observe com atenção o mapa da Europa.

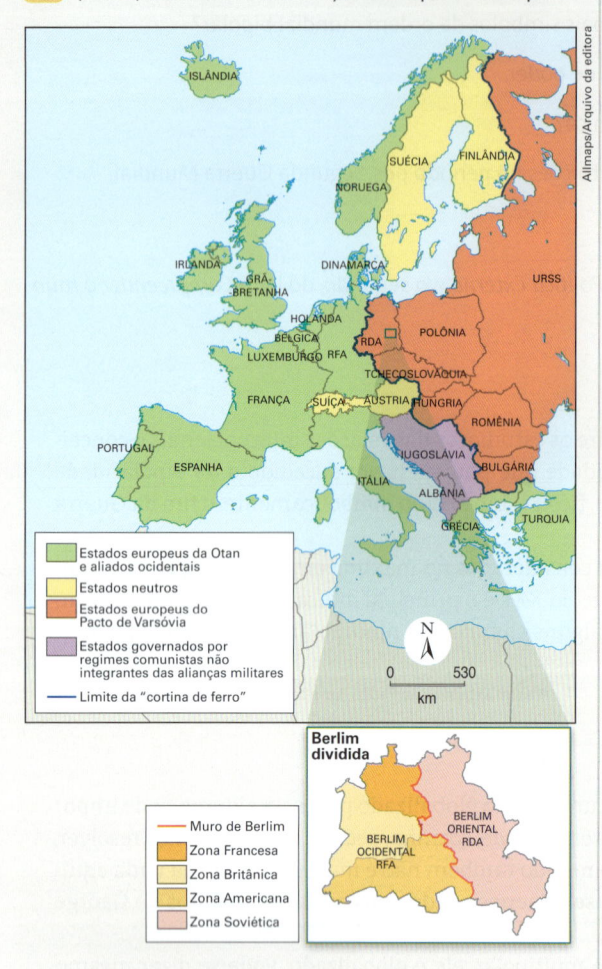

Nele está representado(a)

a) a nova ordem mundial, multipolar, que não tem apenas os Estados nacionais como agentes organizadores do cenário nacional, mas também as grandes corporações multinacionais.

b) o mundo bipolar da Guerra Fria, que se delineou logo após a Segunda Guerra Mundial e perdurou até 1989 com a queda do muro de Berlim, o que simbolizou o fim da divisão leste/oeste entre as duas potências militares.

c) a nova divisão internacional do trabalho, na qual os países do leste europeu deixam de comercializar prioritariamente com a Rússia e ampliam suas exportações com a Europa Ocidental.

d) a regionalização do mundo entre países ricos representados pelo Norte industrializado e os países pobres como sinônimos de Sul subdesenvolvido.

e) a União Europeia, que teve início em 1951 com a Comunidade Europeia do Carvão e do Aço, da qual faziam parte seis países, e entrou oficialmente em vigor em 1992 com doze países-membros.

2. **SE** (Uerj)

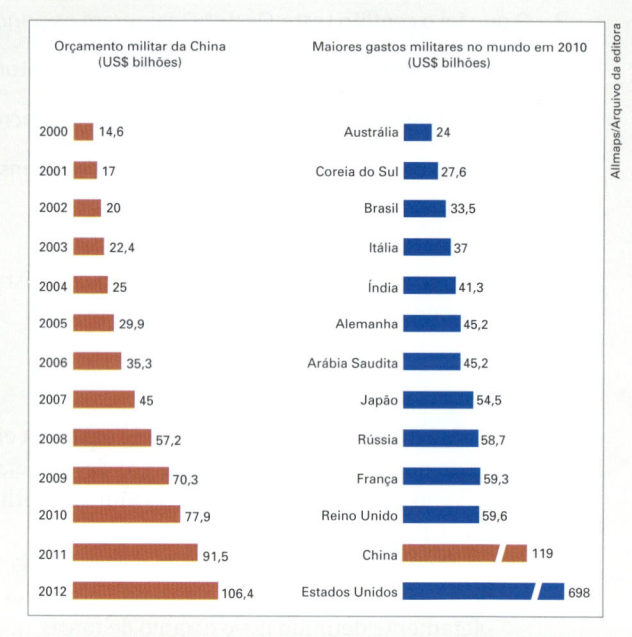

O gasto militar é um dos indicadores do poder dos países no cenário internacional em um dado contexto histórico.

Com base na análise dos dois gráficos, pode-se projetar a seguinte alteração na atual ordem geopolítica mundial:

a) eliminação de conflitos atômicos

b) declínio da supremacia europeia

c) superação da unipolaridade bélica

d) padronização de tecnologias de defesa

3. **S** (UFPR) O termo Brics tem sido utilizado para designar os países Brasil, Rússia, Índia, China e África do Sul. Sobre esses países, é correto afirmar que:

a) formam um bloco econômico que, a exemplo do Mercosul e da União Europeia, estão estabelecendo um conjunto de tratados e acordos visando a integração da economia.

b) são considerados países emergentes, embora possuam diferenças expressivas entre si, no que diz respeito à população, território, recursos naturais e industrialização.

c) sua importância como bloco econômico e político tem reformulado a geopolítica mundial e rivalizado com outras entidades supranacionais, a exemplo da ONU.

d) Uma das suas características é a semelhança no regime político adotado, mostrando que o mundo ainda se divide por questões de natureza ideológica.

e) sua emergência como bloco foi consequência da alta capacidade em articular necessidades globais com interesses regionais, acima dos interesses econômicos e políticos.

17 Conflitos armados no mundo

Soldados procuram militantes de oposição responsáveis por explosão de carro-bomba em Mogadíscio, capital da Somália, em 2014.

Faisal Isse/Xinhua/eyevine/Glow Images

A guerra é um fenômeno complexo e multifatorial. Em geral eclode por motivos diversos e muitas vezes envolve grupos étnicos diferentes (de um ou mais países), dois ou mais Estados beligerantes, ou forças de ocupação estrangeira e grupos guerrilheiros, que, por sua vez, podem usar métodos terroristas.

Neste capítulo, estudaremos a diferença entre guerrilha e terrorismo, além de outros conceitos importantes para compreensão deste tema, e analisaremos exemplos de conflitos armados mais significativos no mundo, recentes ou em andamento. Aprofundaremos apenas dois casos que apresentam causas múltiplas e interligadas: a Guerra no Afeganistão, motivada pelo terrorismo da Al-Qaeda, e os conflitos entre árabes e judeus, motivados por disputas de território. Veremos também a "Primavera Árabe", que, na Síria, em vez de alcançar a democracia, descambou para a guerra civil.

Pessoas carregam seus pertences na cidade de Homs (Síria), destruída pela guerra civil, em 2014.

Joseph Eid/AFP

Conflitos armados: uma visão geral

Os conflitos armados sempre existiram na história da humanidade: nos primórdios, entre tribos; com o passar do tempo, entre Estados. Mas também ocorrem guerras civis, que são enfrentamentos bélicos entre grupos rivais no interior de um país, como vem acontecendo na Síria desde o início de 2011. Porém, atualmente, é raro ocorrer guerras no território dos países com IDH mais elevados. Como veremos, a maioria dos conflitos bélicos está associada à pobreza, à injustiça social e à falta de oportunidades econômicas, especialmente para os jovens. A frase na próxima página e a foto da abertura deste capítulo sintetizam bem essa questão.

> Consulte *sites* de importantes veículos da mídia internacional que abordam as guerras atuais. Veja orientações na seção **Sugestões de leitura, filmes e *sites***.

Logo que a Guerra Fria terminou, aumentaram os conflitos armados no mundo (foram 50 em 1990), a ponto de em 1993 o então secretário-geral da Otan, Manfred Wörner, afirmar: "Desde a dissolução do comunismo soviético, nós nos encontramos diante de um paradoxo: há um recuo da ameaça, mas também um recuo da paz". A partir daí, os conflitos bélicos deixaram de se inserir na lógica bipolar da Guerra Fria e passaram a ter motivações diversas. Com o passar do tempo, reduziu o número de guerras (foram 30 em 2010) e a maioria delas vem ocorrendo em países pobres da África e da Ásia. Observe o gráfico ao lado e o mapa a seguir.

SMITH, Dan. *The Penguin State of the World Atlas.* 9th ed. London: Penguin Books, 2012. p. 58-59.

Conflitos armados desde o fim da Guerra Fria

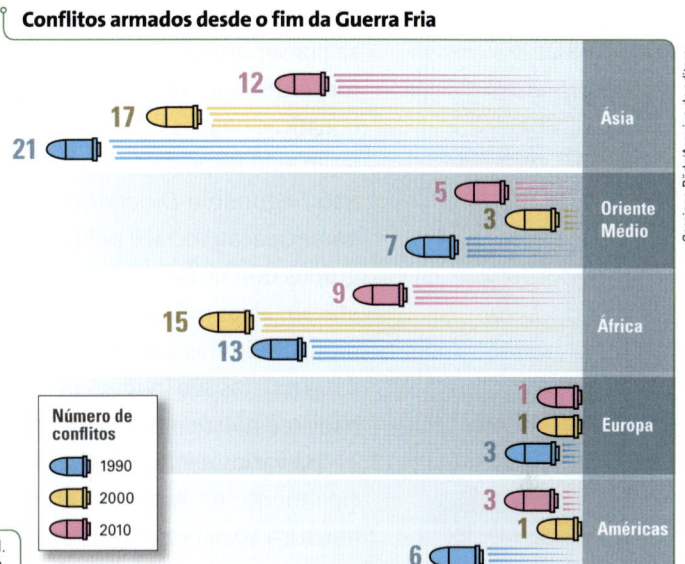

Cassiano Röda/Arquivo da editora

Guerras regionais no século XXI

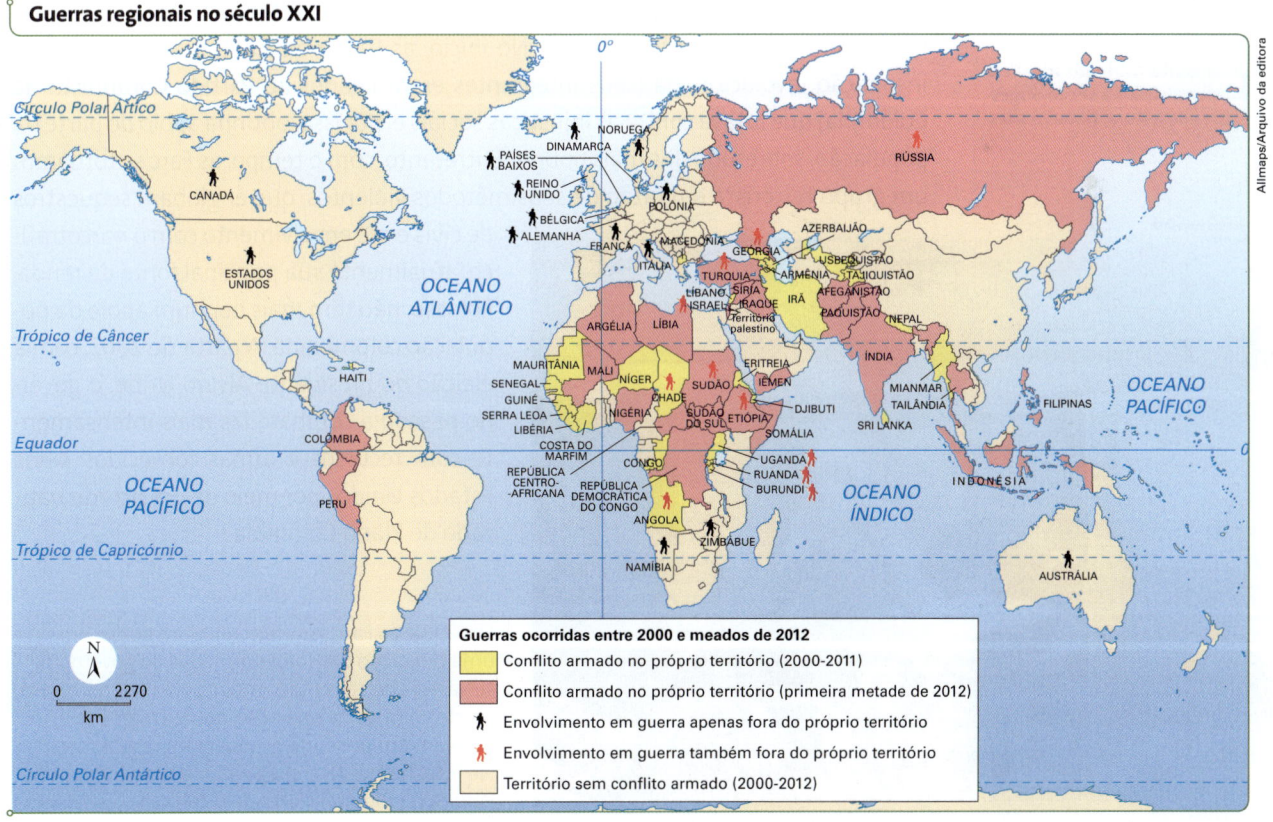

Adaptado de: SMITH, Dan. *The Penguin State of the World Atlas.* 9th ed. London: Penguin Books, 2012. p. 58-59.

Allmaps/Arquivo da editora

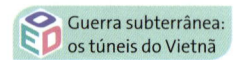

Guerra subterrânea: os túneis do Vietnã

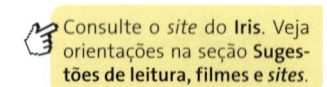

Consulte o *site* do **Iris**. Veja orientações na seção **Sugestões de leitura, filmes e *sites***.

2 Guerra, guerrilha e terrorismo

De acordo com o *Dicionário de política*, de Norberto Bobbio, **terrorismo** é a "prática política de quem recorre sistematicamente à violência contra as pessoas ou as coisas, provocando o terror". Quando uma organização pratica um atentado terrorista, seja instalando uma bomba em local público, seja utilizando um homem-bomba em ataque suicida, está querendo intimidar, disseminar o medo em uma comunidade ou país para atingir algum fim: difusão de uma ideologia, autonomia político-territorial, autoafirmação étnica ou religiosa, entre outros.

É importante também distinguir guerrilha de terrorismo, embora muitas vezes um grupo guerrilheiro possa utilizar-se de táticas terroristas. A **guerrilha** se caracteriza por ser um conflito que opõe formações irregulares de combatentes, de um lado, e forças armadas regulares de um Estado, de outro. É típica de países que apresentam injustiças políticas e socioeconômicas muito acentuadas e, portanto, parte da população está disposta a lutar por mudanças ou apoiar o grupo que se propuser a fazer isso. Segundo o *Dicionário de política*: "A destruição das instituições existentes e a emancipação social e política das populações são, de fato, os objetivos precípuos dos grupos que recorrem a este tipo de luta armada". Em geral, os grupos guerrilheiros atacam alvos militares e pontos estratégicos do Estado. Preocupam-se em fazer o mínimo de vítimas civis e em conquistar a simpatia e o apoio de parte da população. Já os terroristas são indiferentes à quantidade de vítimas civis, com o objetivo de causar pânico, e não se interessam em dialogar com a população nem obter seu apoio.

Há vários exemplos históricos de grupos guerrilheiros em diversos países, principalmente na América Latina, África e Ásia, continentes marcados por pobreza, injustiça social e concentração do poder político.

Na América Latina, em 2013, o grupo armado mais antigo em atuação eram as Forças Armadas Revolucionárias da Colômbia (Farc), que, desde sua criação, em 1964, lutam contra o Estado colombiano. No início, as Farc eram uma guerrilha rural de inspiração revolucionária (seus integrantes eram ligados ao Partido Comunista da Colômbia) que lutava contra as injustiças sociais e, por isso, obtinha apoio de parte da população, sobretudo dos mais pobres. Entretanto, com o tempo, as Farc se tornaram um grupo terrorista em razão de seus métodos violentos, que englobam sequestros de civis e até envolvimento com o narcotráfico, atualmente sua principal fonte de renda. Por isso, não têm mais nenhum apoio da população colombiana. A partir de 2002, com a eleição do presidente Álvaro Uribe, o governo passou a combatê-las mais intensamente com recursos e armas fornecidos pelos Estados Unidos por meio de um acordo batizado de Plano Colômbia.

Inaldo Perez/AFP

Em 2008, as Farc sofreram um duro golpe: em uma operação das forças armadas do governo na selva, três de seus mais importantes líderes foram mortos. Em outra operação, quinze reféns que estavam em poder do grupo foram resgatados. Na foto, helicóptero chega a uma base militar em Pereira (Colômbia) trazendo o corpo de Ivan Rios, um dos líderes das Farc.

Em 2012, houve uma distensão no conflito, fato que acabou levando ao início de um processo de negociação de paz na tentativa de pôr fim aos enfrentamentos de quase cinco décadas. Mas, mesmo durante o período de negociações, não houve um cessar-fogo: as forças militares do governo mantiveram ofensivas contra o grupo, e os guerrilheiros continuaram seus ataques.

Na África, em diversos países, grupos guerrilheiros lutaram contra o colonialismo, como o Movimento Popular de Libertação de Angola (MPLA) e a União para a Independência Total de Angola (Unita), que combateram a dominação portuguesa. Entretanto, após a independência política, obtida em 1975, o conflito armado em Angola se inseriu na lógica da Guerra Fria. O MPLA se consolidou no poder com o apoio da União Soviética, e a Unita, apoiada por Estados Unidos e África do Sul, passou a lutar contra o governo. A guerra civil em Angola se estendeu até 2002, quando foi selado um acordo de paz. A Unita deixou de ser um grupo guerrilheiro e se transformou em partido de oposição ao MPLA.

Há grupos guerrilheiros que adotam táticas terroristas contra um Estado nacional, tentando separar parte do território ou expulsar tropas de ocupação. São exemplos os grupos chechenos, na Rússia, e os curdos, na Turquia (observe o mapa no boxe abaixo). É o caso também dos atuais grupos palestinos, que reivindicam territórios ocupados por Israel (em seguida, estudaremos em detalhe o conflito israelo-palestino).

Embora enfraquecidas, em 2012 as Farc continuavam em ação e, como se observa, ainda controlavam uma parte significativa do território colombiano.

Adaptado de: SMITH, Dan. Atlas dos conflitos mundiais. São Paulo: Nacional, 2007. p. 103.

Para saber mais

Curdistão

O Curdistão (do persa *Kordestan*, 'terra dos curdos') é uma região que abrange parte dos territórios de vários Estados, com destaque para Turquia, Iraque, Irã e Síria, e que tem cerca de 26 milhões de habitantes. Na Turquia, onde vive a maioria do grupo étnico curdo (cerca de 15 milhões, 20% da população do país), foi criado o mais atuante grupo guerrilheiro que luta por um Estado curdo independente, o Partido dos Trabalhadores do Curdistão (PKK, do curdo *Partiya Karkerên Kurdistan*). Esse grupo atua também no norte do Iraque. Desde 1984 o PKK vem promovendo diversos ataques contra alvos turcos, que revidam sempre com violentos contra-ataques das forças armadas da Turquia. Desde o início desse conflito, morreram mais de 30 mil pessoas, a maioria delas da etnia curda.

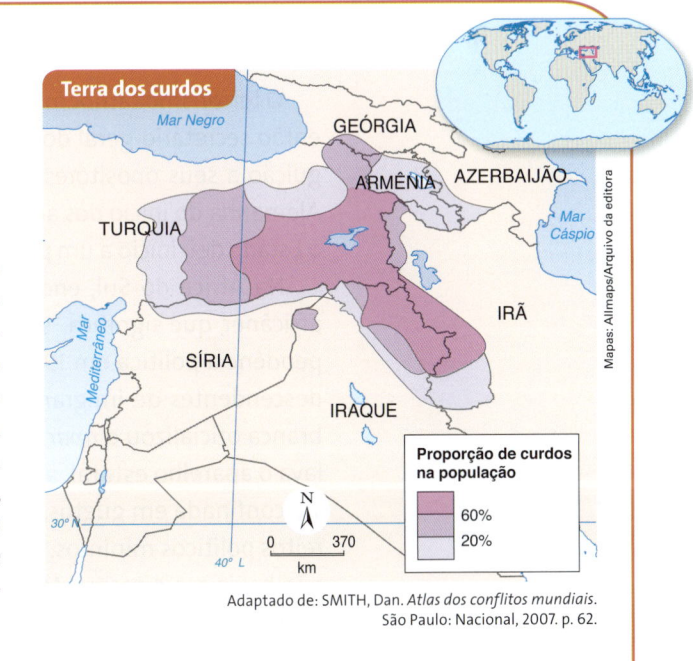

Adaptado de: SMITH, Dan. *Atlas dos conflitos mundiais*. São Paulo: Nacional, 2007. p. 62.

Finalmente, há grupos que espalham o terror como afirmação de seu fundamentalismo religioso. É esse o caso da organização terrorista Al-Qaeda (em árabe, que significa "a base"), que luta contra a hegemonia da sociedade cristã ocidental, representada principalmente pelos Estados Unidos, em nome da preservação de certos preceitos do islamismo. Como é o maior grupo terrorista em atividade e estabeleceu conexões com as Guerras do Afeganistão e do Iraque, vamos estudá-lo a seguir.

Observe no mapa os principais ataques terroristas ocorridos no início do século XXI.

Ataques terroristas no mundo

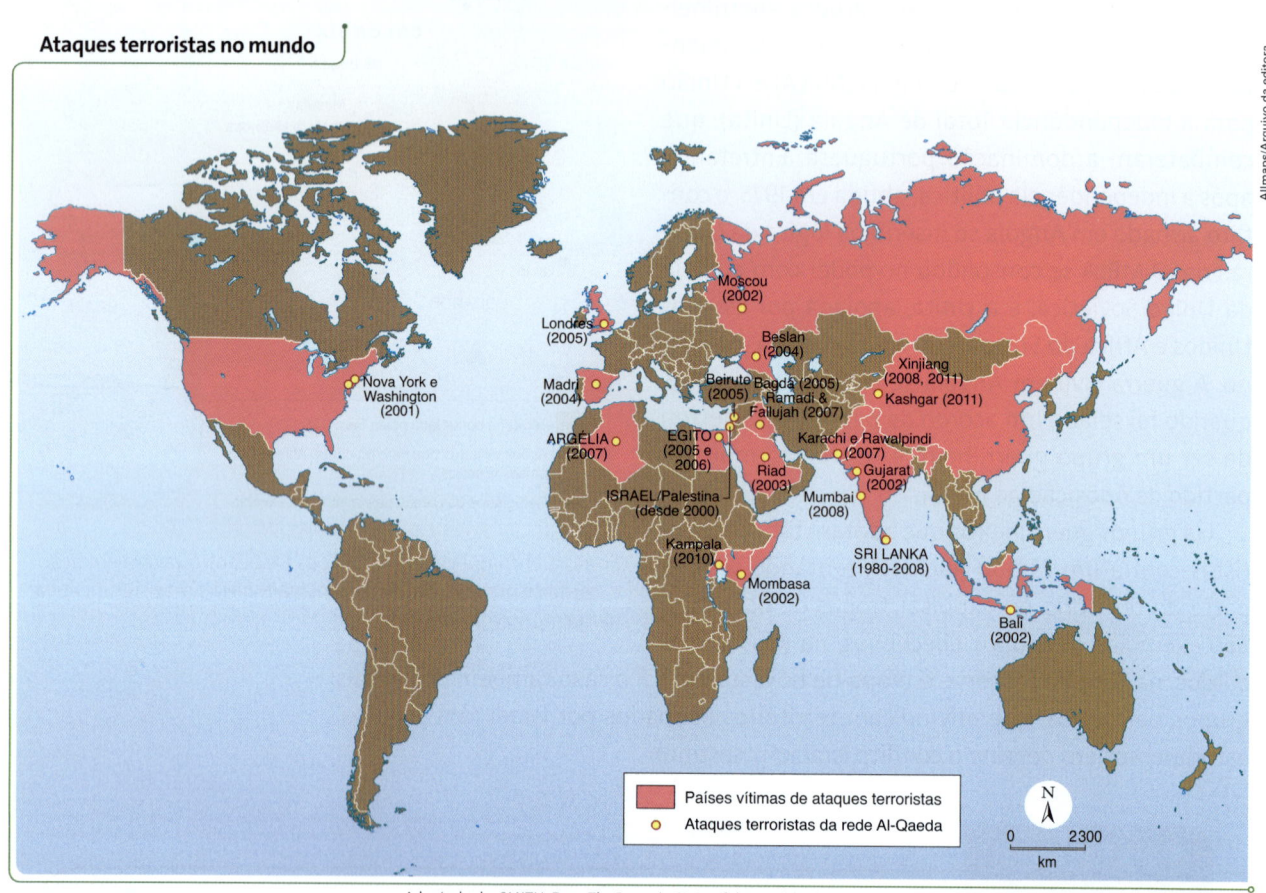

Adaptado de: SMITH, Dan. *The Penguin State of the World Atlas*. 8th ed. London: Penguin Books, 2008. p. 62-63; SMITH, Dan. *The Penguin State of the World Atlas*. 9th ed. London: Penguin Books, 2012. p. 64-65.

O terrorismo também pode ser praticado pelo Estado. Nos anos 1920, Josef Stálin, então secretário-geral do Partido Comunista da União Soviética (PCUS), em perseguição a seus opositores, mandou vários deles para campos de concentração. Na Alemanha do início dos anos 1930, com a ascensão dos nazistas liderados por Hitler, o Estado deu início a um processo de genocídio contra judeus, comunistas e ciganos.

Na África do Sul, enquanto vigorou o regime segregacionista **apartheid** (em africâner, que significa "separação"), o Estado também foi terrorista. Após a independência política em 1961, o Partido Nacional chegou ao poder, controlado pelos descendentes de imigrantes holandeses e alemães; a partir de então, a minoria branca oficializou o *apartheid*. Essa minoria (menos de 10% da população) controlava o aparelho estatal, as empresas, as terras e explorava a maioria negra, que vivia confinada em guetos, coagida pela violência e sem possibilidade de exercer direitos políticos mínimos. Durante o *apartheid*, as pessoas eram brancas ou negras, não havia meio-termo. Mas isso mudou um pouco com o fim desse regime segregacionista. De acordo com a *Statistics South African*, órgão responsável pelo Censo 2011 do país, os 50,6 milhões de sul-africanos são compostos de 79,5% de africanos (assim o Censo classifica os negros, divididos em diversas etnias: zulus, xhosas, pedis, sothos, etc.), 9% de brancos, 9% de *coloureds* (do inglês, que significa "mestiços") e 2,5% de indianos/asiáticos.

Em 1994, quando Nelson Mandela (de etnia xhosa), após 27 anos de reclusão, foi eleito presidente da República, o *apartheid* foi extinto do ponto de vista jurídico-institucional. Porém, a herança da histórica discriminação negativa imposta aos negros, da falta de oportunidades e das desigualdades socioeconômicas ainda permanece na sociedade sul-africana. Por isso, o governo da África do Sul, no terceiro mandato de um presidente negro (Jacob Zuma, da etnia zulu, eleito em 2009 e reeleito em 2014), continuava pondo em prática as políticas de **ação afirmativa** iniciadas em 1994 para compensar as desigualdades socioeconômicas herdadas da época do *apartheid* (saiba mais lendo os textos a seguir). Entre essas políticas, podem-se citar: política de reforma agrária para permitir que a maioria da população sul-africana tenha acesso à terra, medidas visando a inclusão de trabalhadores negros em empresas e no serviço público, e a entrada de maior número de estudantes negros nas universidades do país.

> **Ação afirmativa:** expressão usada para definir medidas compensatórias que buscam igualar as oportunidades entre desiguais. Em geral, são medidas temporárias adotadas por um governo para compensar ou eliminar desigualdades socioeconômicas ou políticas provocadas por discriminação negativa de cunho étnico-racial, religioso, de gênero, etc., ocorridas no passado ou no presente. Pode ser considerada forma de reparação da discriminação negativa ocorrida ao longo da História, como a imposta aos negros pela escravidão, no Brasil, ou pelo *apartheid*, na África do Sul.

Ben Curtis/AP/Glow Images

Crianças jogam futebol na rua em frente a um cartaz do Congresso Nacional Africano, em Soweto, periferia de Joanesburgo (África do Sul), em zona da cidade onde no passado os negros ficavam confinados (foto de 2014). Paralelamente às políticas de ação afirmativa, os governos pós-*apartheid* têm procurado investir em educação e saúde para as crianças e os jovens terem uma condição de vida melhor que a de seus antepassados. O cartaz diz, "1994: educação não livre para a maioria; 2013: mais de 80% das escolas são livres".

Outras leituras

O que era o *apartheid*?

Apartheid era um sistema rígido de segregação racial, de separação entre brancos e negros, que teriam lugares separados onde morar e manteriam suas culturas próprias. Os contatos entre os dois grupos deveriam restringir-se às relações de trabalho, nas quais os brancos estavam destinados a ser os patrões e os negros, os empregados. Proibia-se o casamento de brancos com negros, mestiços ou asiáticos. A separação racial deveria ser completa: um negro não poderia sequer rezar na igreja de brancos. Teoricamente, cada grupo teria direito a seu desenvolvimento próprio. Assim, todo o ensino, do primário ao universitário, era segregado: havia estabelecimentos para os brancos e outros para os negros. Sucede que, na divisão do território entre brancos e negros, os brancos ficaram com as melhores terras, além do controle das minas de ouro e diamantes. Na lógica do *apartheid*, cabia aos brancos a riqueza e aos negros, a pobreza. E estes últimos não eram cidadãos. Não podiam votar nem ser votados.

SILVA, Alberto da Costa e. *A África explicada aos meus filhos*. Rio de Janeiro: Agir, 2008. p. 140.

Ação afirmativa

Conceitualmente, a ação afirmativa refere-se a um conjunto de políticas públicas adotadas com vistas a contribuir para a ascensão de grupos socialmente minoritários, sejam eles grupos étnico-culturais, sexuais ou portadores de necessidades especiais. Em síntese, a ação afirmativa tem como objetivo combater as desigualdades sociais resultantes de processos de discriminação negativa, dirigida a setores vulneráveis e desprivilegiados da sociedade.

Tais políticas, que têm como marco histórico a sua institucionalização no sistema educacional norte-americano, a partir da década de 1960, visando ao ingresso dos negros nos centros universitários de excelência do país, são, *grosso modo*, justificadas a partir de duas ordens de argumentos.

Na primeira delas, parte-se do princípio de que a ação afirmativa decorre da necessidade de superação de uma histórica situação de exploração e discriminação presentes em uma dada sociedade, subjazendo, portanto, a esta perspectiva, a ideia de reparação (ou compensação) a um grupo por uma injustiça ocorrida no passado.

Numa outra vertente, a ação afirmativa teria a função de corrigir situações de desigualdades existentes presentemente em uma sociedade, resultantes da discriminação ou do racismo institucional, bem como de uma cultura política baseada em crenças e atitudes eivadas de preconceito, hostilidade e segregação. Neste sentido, as políticas de ação afirmativa constituem-se em medidas garantidoras da inclusão social, voltando-se, portanto, para a promoção da igualdade social, conforme prescrito nos textos constitucionais dos Estados democráticos de direito.

UNIVERSIDADE FEDERAL DA PARAÍBA (UFPB). Programa de Pós-Graduação em Ciências Jurídicas. João Pessoa, 2009. Disponível em: <www.ccj.ufpb.br/pos/index.php/acao-afirmativa>. Acesso em: 6 nov. 2012.

> Consulte o *site* da **ONU** que mostra ações da organização contra o terrorismo. Veja orientações na seção **Sugestões de leitura, filmes e *sites***.

O terrorismo de Estado também foi comum na América Latina durante as várias ditaduras militares que se instalaram no período da Guerra Fria: Brasil (1964-1985), Chile (1973-1990), Argentina (1976-1983), entre outras. Nesse período, milhares de pessoas foram presas sem julgamento, torturadas e muitas delas assassinadas apenas porque se opunham ao governo vigente. Em reação ao fechamento político e à ausência de diálogo, surgiram grupos armados que passaram a adotar práticas terroristas contra os governos ditatoriais, acirrando o conflito e a violência.

O terrorismo da Al-Qaeda e a Guerra no Afeganistão

A Al-Qaeda foi responsável pelo maior atentado terrorista da História, ocorrido em 11 de setembro de 2001 contra os Estados Unidos (veja a foto na página ao lado). Após esse atentado, transformou-se no mais atuante e temido grupo terrorista do mundo.

A Al-Qaeda foi oficialmente criada em 1988, mas começou a se formar já no início dos anos 1980. Na época, o milionário saudita Osama bin Laden ajudou a recrutar voluntários e a formar os *mujahedins* (combatentes islâmicos, majoritariamente árabes) para lutar no Afeganistão contra a ocupação soviética (1979-1989), pois ele não aceitava a presença estrangeira em países muçulmanos (em 1984 ele próprio foi lutar nessa guerra e permaneceu até o fim). Os *mujahedins* receberam apoio financeiro de Bin Laden, da Arábia Saudita, de outros países árabes, do Paquistão e dos Estados Unidos (porque esse conflito ainda se inseria na lógica bipolar da Guerra Fria). Além disso, os norte-americanos forneceram armas e treinamento militar aos combatentes no Afeganistão.

Helene Seligman/Agência France-Presse

Dezenove terroristas (catorze deles sauditas) sequestraram quatro aviões em aeroportos dos Estados Unidos e os usaram nos ataques a importantes símbolos do poder americano. Dois deles foram arremessados contra as torres gêmeas do World Trade Center (Nova York), símbolos do poder econômico, provocando o desabamento dos edifícios e a morte de 2 973 pessoas. O terceiro avião caiu sobre uma ala do Departamento de Defesa (Washington, D.C.), símbolo do poder militar. O quarto avião caiu em um campo agrícola no estado da Pensilvânia.

Com a expulsão dos soviéticos, instaurou-se uma luta pelo poder no Afeganistão até a vitória, em 1996, do movimento Talibã (em *pashtun*, que significa "estudantes"), grupo fundamentalista formado pela etnia majoritária no país (observe o gráfico abaixo). O Talibã foi organizado no Paquistão, nas *madrassas* (em árabe, que significa "escolas religiosas") destinadas ao estudo do Alcorão, o livro sagrado do islamismo. Nessa época, Bin Laden voltou ao Afeganistão, montou o quartel-general da Al-Qaeda no país e criou diversos centros de treinamento de terroristas; o regime Talibã passou a oferecer suporte à causa antiamericana. Alguns anos antes, Bin Laden tornara-se inimigo dos Estados Unidos quando estes, durante a primeira guerra contra o Iraque, em 1990/1991, deixaram tropas e aviões em alerta na Arábia Saudita (como vimos, ele era contra a presença de estrangeiros em território muçulmano, principalmente em seu país natal, onde estão as cidades sagradas de Meca e Medina).

Na Primeira Guerra do Golfo, o Iraque, então governado por Saddam Hussein, invadiu o Kuwait para se apoderar de seus campos de petróleo e ameaçou invadir a Arábia Saudita. Por isso, os Estados Unidos interferiram na guerra para expulsar o Iraque do território kuwaitiano e defender o da Arábia Saudita, maior produtor de petróleo e importante aliado na região (Bin Laden também era inimigo do regime saudita por causa dessa aliança com os Estados Unidos).

Allmaps/Arquivo da editora

Adaptado de: IBGE. *Atlas geográfico escolar*. 6. ed. Rio de Janeiro, 2012. p. 47.

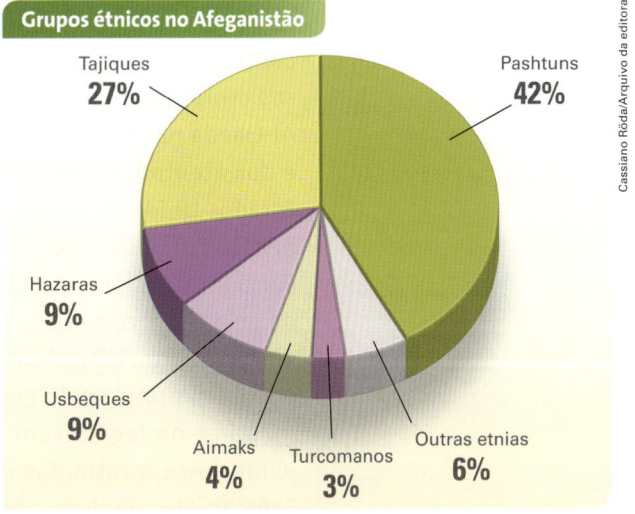

Cassiano Röda/Arquivo da editora

Grupos étnicos no Afeganistão

- Tajiques 27%
- Pashtuns 42%
- Hazaras 9%
- Usbeques 9%
- Aimaks 4%
- Turcomanos 3%
- Outras etnias 6%

Adaptado de: *ATLAS of the Middle East*. 2nd ed. Washington, D.C.: National Geographic, 2008. p. 24.

Shah Marai/AFP

Soldado afegão, do Exército Nacional do Afeganistão, patrulha estrada próxima a Cabul, a capital do país, em 2013.

Veja a indicação do filme **A caminho de Kandahar**, na seção **Sugestões de leitura, filmes e *sites***.

Após os ataques de 11 de setembro, os Estados Unidos exigiram do Afeganistão a entrega de Bin Laden. Como o governo do Talibã não cedeu à exigência, em outubro de 2001, as forças armadas dos Estados Unidos, apoiadas pelos ingleses, iniciaram um ataque aéreo contra o país. Paralelamente, apoiaram a Aliança do Norte, grupo guerrilheiro composto de diversas etnias que tinham em comum a oposição ao Talibã. Com o apoio anglo-americano, a Aliança do Norte foi conquistando porções do território afegão até tomar a capital, Cabul, em novembro de 2001, e o Talibã acabou deposto. O líder moderado da etnia pashtun, Hamid Karzai, foi escolhido para formar o governo interino.

Em 2002 foi instituída a Missão das Nações Unidas de Assistência ao Afeganistão (Unama), e em 2004 foram realizadas eleições diretas, nas quais Hamid Karzai, até então governante interino, foi eleito presidente (seu segundo mandato se estendeu até 2014).

Entretanto, o governo afegão não controlava o país integralmente, mas apenas Cabul e algumas regiões próximas da capital. Parte do território continuava controlada por milícias locais, sob a liderança de senhores da guerra de diversas etnias (essa situação permanecia até 2013). A rearticulação do Talibã e da Al-Qaeda na fronteira com o vizinho Paquistão e a intensificação dos combates e dos atentados terroristas, principalmente em Cabul, levaram o governo dos Estados Unidos e seus aliados a aumentar o contingente das tropas no Afeganistão. Em 2002, o Conselho de Segurança da ONU aprovou o envio de uma Força Internacional de Assistência e Segurança (Isaf, sigla em inglês), comandada pela Otan, composta de pouco mais de 5 mil soldados. Em 2012, esse contingente superou 112 mil soldados; no entanto, com o plano de retirada das tropas, posto em prática pelo governo dos Estados Unidos e seus aliados, o número de militares na região vem reduzindo. A previsão é que todas as tropas da Isaf-Otan fossem retiradas do território afegão até o fim de 2014. A partir daí, o Exército Nacional do Afeganistão, que vem sendo treinado e equipado para cumprir essa missão assumiria a segurança do país.

Guerra do Iraque e retaliações da Al-Qaeda

Em 2003, tropas americanas e britânicas ocuparam o Iraque e depuseram Saddam Hussein, que supostamente teria armas de destruição em massa e, como o Afeganistão, daria suporte à Al-Qaeda (nenhuma dessas suposições foi comprovada). Mais tarde, a Espanha também enviou soldados ao Iraque. Em represália ao apoio desses países à ocupação do território iraquiano, militantes da Al-Qaeda provocaram a explosão simultânea de quatro trens de passageiros em Madri, Espanha, em 2004. No ano seguinte, a rede terrorista foi responsável por explosões causadas por homens-bomba no metrô e em um ônibus em Londres, Inglaterra (veja as fotos a seguir).

Essa guerra custou aos Estados Unidos cerca de 1 trilhão de dólares e a vida de muitos soldados. Por isso, uma das promessas de Barack Obama em sua posse em 2009 foi retirar os quase 140 mil soldados que estavam combatendo no Iraque. Em dezembro de 2011, as últimas tropas deixaram o país, pondo fim a um conflito que provocou a morte de 4 489 soldados americanos e mais de 115 mil civis iraquianos, segundo a ONG Iraq Body Count.

Um dos trens destruídos por bombas colocadas na rede ferroviária de Madri (11 de março de 2004).

Corbis/Latinstock

Resgate aguarda feridos na estação King's Cross do metrô de Londres após três composições terem sido destruídas por bombas (7 de julho de 2005).

Philippe Huguen/Agência France-Presse/Getty Images

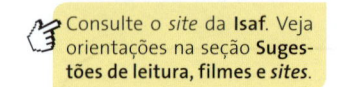 Consulte o *site* da **Isaf**. Veja orientações na seção **Sugestões de leitura, filmes e *sites***.

Efetivos da Isaf no Afeganistão*		
País	Número de soldados (10 set. 2012)	Número de soldados (1º abr. 2014)
Estados Unidos	74 400	33 500
Reino Unido	9 500	5 200
Alemanha	4 645	2 730
Itália	4 000	2 019
Polônia	2 432	968
Outros 43 países	17 602	6 761
Total	**112 579**	**51 178**

INTERNATIONAL SECURITY ASSISTANCE FORCE (Isaf). *Troop Contributing Nations*. Disponível em: <www.isaf.nato.int>. Acesso em: 10 abr. 2014.

* De acordo com a Isaf, esses números são aproximados, porque mudam diariamente.

Osama bin Laden estava na lista dos dez terroristas mais procurados pelo FBI (*Federal Bureau of Investigation*, em inglês) desde 1998, quando foi acusado de ser um dos responsáveis por explosões de bombas em embaixadas dos Estados Unidos na Tanzânia e no Quênia, que causaram a morte de mais de duzentas pessoas. Após os atentados de 2001, o governo dos Estados Unidos chegou a oferecer 25 milhões de dólares de recompensa por informações que pudessem levar à sua captura. Durante todo esse tempo, Bin Laden permaneceu escondido em diversos lugares, até ser descoberto em um casarão na cidade de Abbotabad, próximo a Islamabad, capital do Paquistão. Nesse local, ele foi morto por forças especiais da Marinha dos Estados Unidos em maio de 2011. A partir dessa data, a Al-Qaeda passou a ser liderada pelo médico egípcio Ayman al-Zawahiri, até então o número dois de sua hierarquia.

A Al-Qaeda é uma organização terrorista diferente dos grupos tradicionais: não possui uma base territorial fixa. Atua em rede, com células espalhadas por diferentes países, as quais se articulam para um ataque e depois se desfazem. Células da Al-Qaeda foram responsáveis por diversos ataques terroristas após 11 de setembro de 2001 (reveja-os no mapa da página 390). Observando o mapa, percebe-se que a Al-Qaeda cometeu atentados não apenas nos países desenvolvidos, mas também em países em desenvolvimento, incluindo os muçulmanos.

O cartaz "Terroristas mais procurados" (*Most wanted terrorists*, em inglês), disponível no *site* do FBI, mostra a foto e a descrição de Osama bin Laden. Embora falecido, ele ainda constava nesse *site* em abril de 2014, quase três anos após sua morte. Desde então, é Ayman Al-Zawahiri que consta da lista dos terroristas mais procurados, cuja captura pode ser recompensada com 25 milhões de dólares.

Reprodução/<www.fbi.gov>

The FBI (Federal Bureau of Investigation). U.S. Department of Justice. Disponível em: <www.fbi.gov/wanted/wanted_terrorists/usama-bin-laden>. Acesso em: 10 abr. 2014.

3 Guerras étnico-religiosas e nacionalistas

Guerras étnicas opõem povos diferentes na disputa pelo controle do poder dentro de um país, mas também podem ser separatistas quando opõem um grupo étnico minoritário e um governo na luta pela independência de parte do território. Como veremos a seguir, há vários exemplos desse tipo de guerra, mas antes é importante conhecer alguns conceitos que serão usados.

Para saber mais

Etnia, povo, nação e população

A palavra **etnia** (do grego *éthnos*, que significa "povo") define um grupo humano que tem características culturais próprias. É possível distinguir uma etnia de outra com base em suas diferenças religiosas, linguísticas, de costumes e tradições. Em sentido antropológico, **povo** e etnia são sinônimos. Neste capítulo essas palavras são utilizadas com esse sentido. Entretanto, povo, no sentido jurídico-político, é sinônimo de **cidadão** e refere-se à população que habita o território sob jurisdição de um Estado e tem um conjunto de direitos e deveres.

A palavra **população** define todos os habitantes de um território, independentemente de suas diferenças culturais e de terem ou não cidadania. População é um termo de conotação quantitativa, que inclui, por exemplo, os residentes estrangeiros não naturalizados.

A palavra **nação**, no sentido antropológico, também é muito usada como sinônimo de etnia ou povo. É comum a afirmação de que a União Soviética ou a Iugoslávia eram formadas por várias nações, etnias ou povos, assim como no Brasil se fala de diversas nações, etnias ou povos indígenas.

Contudo, nação também pode ter uma conotação político-territorial e, como conceito jurídico-político, é sinônimo de **Estado**.

Quando uma nação (em sentido antropológico) ou etnia busca controlar um território e constituir-se como Estado, ou defende algum programa de autoafirmação de sua nacionalidade, está empenhada em um projeto político chamado **nacionalismo**. O nacionalismo pode assumir várias formas e originar-se de necessidades diversas. Por exemplo:

- Um grupo étnico que se sinta oprimido pode querer afirmar sua nacionalidade e tornar-se independente, criando um novo Estado, como fez a etnia trigrínia ao se separar da Etiópia e constituir a Eritreia (1993); ou como o povo basco vem tentando, sem sucesso, na Espanha; ou ainda como ocorre com os curdos, na Turquia.

- Um Estado-Nação pode querer impor seus valores (muitas vezes do grupo étnico dominante) ao conjunto dos cidadãos para sobreviver como unidade política, como no caso da Nigéria, que possui mais de 250 grupos étnicos, em que os hauçás são a etnia majoritária (29% da população) e mais influente politicamente.

Vale lembrar que o Estado-Nação quase sempre é multinacional, multiétnico. O que garante sua integridade político-territorial é uma identidade nacional entre seus habitantes, conquistada por vias democráticas, apesar das diferenças culturais e regionais. Essa identidade pode ser fortalecida, por exemplo, por uma língua falada em todo o território, como acontece no Brasil, ou por um projeto de integração política e socioeconômica – por meio de medidas de ação afirmativa – de grupos étnicos marginalizados, como acontece na África do Sul. Muitas vezes, entretanto, esse sentido de identidade é imposto, como aconteceu nas extintas União Soviética e Iugoslávia, que constituíam ditaduras de partido único.

Os habitantes do Parque Indígena do Xingu pertencem a várias etnias e são culturalmente diferentes da maioria da população brasileira. Apesar disso, não têm um projeto político de independência, visando a criação de um Estado próprio. Pode-se dizer que o Xingu é habitado por várias nações indígenas, mas, nesse caso, o termo **nação** tem uma conotação antropológica, é sinônimo de **etnia**. Na foto, indígenas kalapalos durante o ritual Quarup, em 2009.

Delfim Martins/Pulsar Imagens

O separatismo no Cáucaso e nos Bálcãs

Na década de 1990, ao mesmo tempo em que muitos Estados se empenharam em estabelecer acordos de maior integração econômica, social e política entre si, outros promoveram ocorreu uma desintegração territorial, caso das antigas União Soviética e Iugoslávia. Em alguns dos países que surgiram da desintegração desses territórios, novos movimentos separatistas foram organizados por minorias étnicas que também anseiam por autonomia, como os chechenos, na Rússia; os ossétios e abkhazes, na Geórgia; e os kosovares, na Sérvia. Esses separatismos estão associados a movimentos nacionalistas que buscam controlar um território e formar um Estado soberano. Em alguns desses casos, são utilizados métodos terroristas tanto por parte dos grupos minoritários como pelo Estado que os oprime.

A princípio, pode parecer que os movimentos separatistas estão na contramão da História, já que a tendência do mundo globalizado é de crescente integração. Entretanto, antes da independência, a limitação à soberania desses Estados era imposta pelo controle político exercido por Moscou (na então União Soviética, cujo governo era controlado pelos russos) e por Belgrado (na antiga Iugoslávia, cujo poder central era exercido pelos sérvios). Com a fragmentação, ocorreu um rearranjo territorial, e cada novo Estado independente pôde decidir se pleitearia ou não sua adesão à União Europeia. A limitação da soberania dentro desse bloco resulta de um acordo entre os Estados-membros em troca de vantagens socioeconômicas, porém seu ordenamento jurídico e suas singularidades culturais e regionais são mantidos.

A União Soviética era um dos principais exemplos de países multiétnicos. No início dos anos 1990, antes de sua dissolução, chegou a possuir a terceira população do planeta (cerca de 290 milhões de habitantes), composta de cerca de 140 etnias, algumas das quais articuladas em fortes movimentos nacionalistas que aspiravam à independência. Em 1991, com a fragmentação político-territorial, cada uma das quinze antigas repúblicas soviéticas se transformou em um novo Estado, como mostra o mapa. Observe que, em geral, a etnia majoritária em cada um deles dá nome ao país: por exemplo, Casaquistão quer dizer "terra dos casaques", uma das etnias da Ásia central; Eslovênia é o país dos eslovenos, uma das etnias da região do mar Báltico.

Adaptado de: CHARLIER, Jacques (Dir.). *Atlas du 21ᵉ siècle édition 2012*. Groningen: Wolter-Noordhoff/Paris: Nathan, 2011. p. 95.

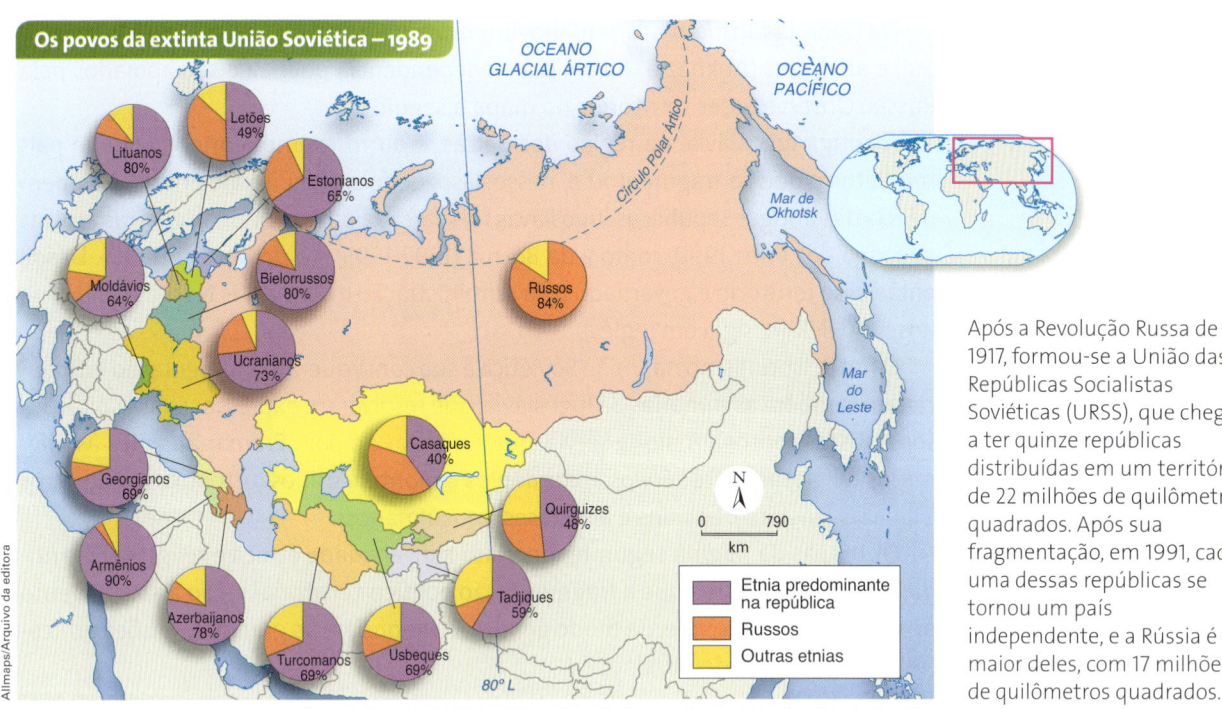

Os povos da extinta União Soviética – 1989

OCEANO GLACIAL ÁRTICO
OCEANO PACÍFICO

Círculo Polar Ártico

Mar de Okhotsk

Mar do Leste

- Letões 49%
- Lituanos 80%
- Estonianos 65%
- Moldávios 64%
- Bielorrussos 80%
- Ucranianos 73%
- Russos 84%
- Georgianos 69%
- Casaques 40%
- Quirguizes 48%
- Armênios 90%
- Azerbaijanos 78%
- Tadjiques 59%
- Turcomanos 69%
- Usbeques 69%

80° L

0 — 790 km

N

Etnia predominante na república
Russos
Outras etnias

Allmaps/Arquivo da editora

Adaptado de: UNIVERSITY OF TEXAS LIBRARIES. Comparative Soviet Nationalities by Republic. Disponível em: <www.lib.utexas.edu/maps/commonwealth/ussr_natrep_89.jpg>. Acesso em: 10 abr. 2014.

Após a Revolução Russa de 1917, formou-se a União das Repúblicas Socialistas Soviéticas (URSS), que chegou a ter quinze repúblicas distribuídas em um território de 22 milhões de quilômetros quadrados. Após sua fragmentação, em 1991, cada uma dessas repúblicas se tornou um país independente, e a Rússia é o maior deles, com 17 milhões de quilômetros quadrados.

Entretanto, a Rússia continua um país multiétnico, ainda sujeito à ação de movimentos separatistas, como o que ocorreu na Chechênia (observe o mapa da próxima página), uma república localizada no Cáucaso, região extremamente diversificada do ponto de vista étnico-religioso. Os chechenos são muçulmanos, e os russos, cristãos ortodoxos. A Guerra da Chechênia (1994-1996) ocorreu porque o governo russo não reconheceu o movimento nacionalista, que buscava a divisão de parte de seu território, e atacou militarmente os separatistas. Conflitos voltaram a ocorrer no fim de 1999, resultando em nova intervenção de Moscou e em nova guerra.

Dmitry Lovetsky/AP/Glow Images

O conflito na Chechênia está em estado latente e os guerrilheiros vêm cometendo atentados terroristas contra alvos russos. No pior deles, ocorrido em 2004, eles ocuparam uma escola da pequena cidade de Beslan, na Ossétia do Norte (república da Federação Russa), e fizeram reféns estudantes, professores e funcionários. Depois de três dias de tensão, sem que se chegasse a um acordo, as forças russas invadiram a escola, o que resultou na morte de 336 reféns, a maioria crianças, e de 30 terroristas. Na foto de 2005, familiares lembram os entes queridos mortos no ano anterior na escola de Beslan.

Na Geórgia também ocorrem movimentos separatistas: os ossétios (Ossétia do Sul) e abkhazes (Abkhazia) lutam pela independência política e são apoiados pela Rússia. Observe esses territórios no mapa a seguir.

A antiga Iugoslávia, na região dos Bálcãs, é outro exemplo importante de país multiétnico que se fragmentou e, nesse caso, de forma muito violenta. A independência das antigas repúblicas iugoslavas foi marcada por sangrentas guerras étnicas ao longo dos anos 1990, como a da Bósnia (1992-1995) e a do Kosovo (1999). Desde então esse território é governado pela Administração Interina das Nações Unidas no Kosovo (UNMIK, sigla em inglês).

O fim do socialismo na União Soviética e sua consequente fragmentação influenciaram também as minorias da Iugoslávia, que resolveram expressar suas aspirações separatistas contra a maioria sérvia, que controlava o país. Eram marcantes as diferenças religiosas entre sérvios, macedônios e montenegrinos (ortodoxos), eslovenos e croatas (cristãos), bósnios e albaneses (muçulmanos).

Os mapas da página seguinte mostram a diversidade étnica e religiosa da antiga Iugoslávia. Observe que a fragmentação político-territorial levou ao surgimento de seis novos países, que, de modo geral, correspondem às grandes divisões étnico-religiosas do mundo atual.

Adaptado de: LE MONDE DIPLOMATIQUE. *El atlas de las minorías*. Valencia: Fundación Mondiplo, 2012. p. 63.

A Iugoslávia foi criada após a Primeira Guerra Mundial com o nome de Reino dos Sérvios, Croatas e Eslovenos. Em 1929, foi adotado o nome de Reino da Iugoslávia, com capital em Belgrado, na Sérvia. Após a Segunda Guerra Mundial, com a chegada dos comunistas ao poder, passou a se chamar República Socialista Federal da Iugoslávia. Era organizada em seis repúblicas e abrigava as etnias majoritárias. A Sérvia era ainda dividida em duas regiões autônomas: Voivodina e Kosovo.

Adaptado de: CHARLIER, Jacques (Dir.). *Atlas du 21e siècle édition 2012*. Groningen: Wolter-Noordhoff/Paris: Nathan, 2011. p. 86.

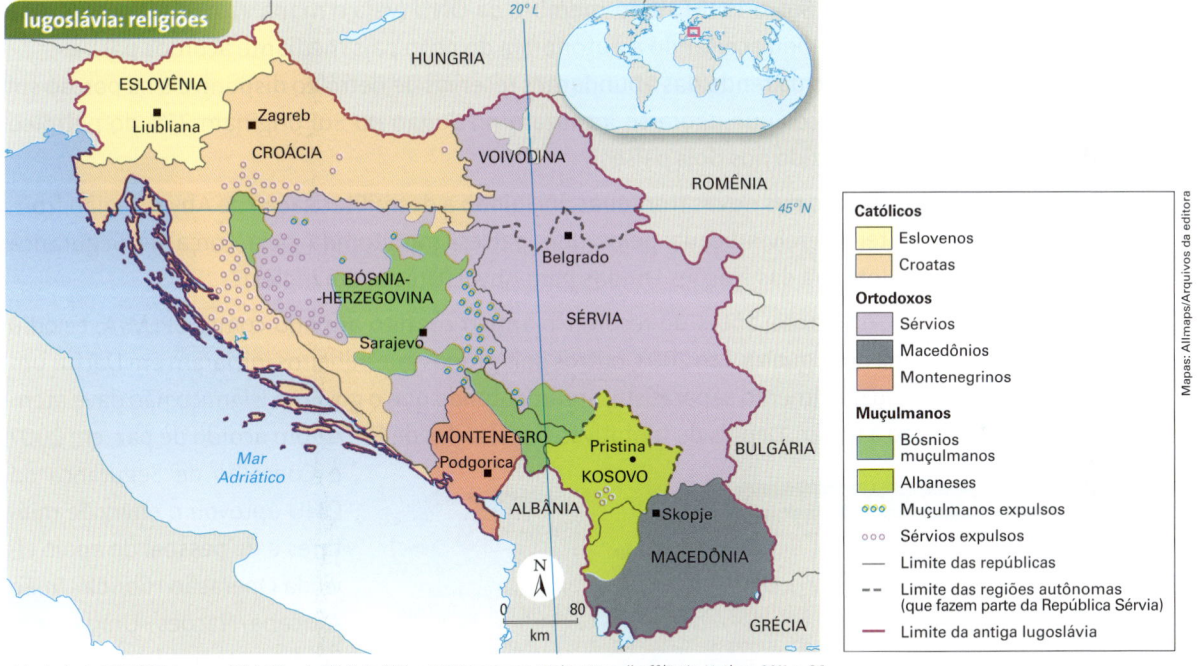

Adaptado de: CHARLIER, Jacques (Dir.). *Atlas du 21e siècle édition 2012*. Groningen: Wolter-Noordhoff/Paris: Nathan, 2011. p. 86.

Conflitos étnico-religiosos na África subsaariana

Na África vêm ocorrendo diversos conflitos que opõem etnias diferentes, muitas das quais forçadas a conviver dentro do território de um mesmo Estado. Por terem sido constituídas, de forma geral, sobre os limites traçados pelas potências imperialistas europeias no Congresso de Berlim (1884-1885), os limites fronteiriços dos Estados africanos não respeitaram os territórios dos grupos tribais vigentes anteriormente à sua Constituição. Uma das consequências disso foi a ocorrência, ao longo da História, de uma série de conflitos étnicos.

Animismo: religião cosmocêntrica na qual impera a crença de que a natureza tem alma (do latim *anima*) e os espíritos habitam animais e elementos naturais, como plantas, rochas, rios e nuvens.

- hauçás × ibos, na Guerra de Biafra (1967-1970), na qual os ibos lutaram sem sucesso pela separação dessa região, parte do território da Nigéria;
- o separatismo da etnia tigrínia na Etiópia, resultando na independência da Eritreia em 1993 (veja o mapa abaixo);
- hutus × tútsis, na guerra civil de Ruanda em 1994, que provocou a morte de cerca de 1 milhão de pessoas (90% tútsis, etnia minoritária no país);
- muçulmanos × cristãos e **animistas** no Sudão, entre outros.

O conflito no Sudão, um dos mais longos da África, opôs os muçulmanos, no poder desde a independência em 1956, e rebeldes separatistas cristãos e animistas baseados no sul do país. Os enfrentamentos vinham ocorrendo desde a época da independência, mas se intensificaram fortemente a partir de 1983, quando foi fundado o Movimento de Libertação do Povo Sudanês (SPLM, do inglês *Sudan People's Liberation Movement*) e seu braço armado, o Exército de Libertação do Povo Sudanês (SPLA, do inglês *Sudan People's Liberation Army*). Após duas décadas de guerra, o saldo foi de cerca de 2 milhões de mortos e 4 milhões de refugiados. Em 2002, o governo e os separatistas do SPLM/A iniciaram uma negociação que culminou num acordo de paz, firmado em 2005, e seis anos depois na independência da porção meridional do país. Como resultado desse processo, em 2011 foi criado o Sudão do Sul, o 193º Estado-membro da ONU (veja o mapa abaixo). O governo do Sudão acabou aceitando a autonomia do novo país mediante acordos para a:

- divisão da renda das abundantes reservas de petróleo disponíveis na porção sul (os poços que agora se localizam no Sudão do Sul originam 75% do petróleo produzido nos dois países);
- fixação das novas fronteiras, incluindo a desmilitarização de Abyei, região fronteiriça reivindicada pelos dois países, monitorada pela Força de Segurança Interina das Nações Unidas para Abyei (Unisfa, em inglês).

Entretanto, antes de resolver o antigo conflito armado com o SPLM/A, eclodiu uma nova guerra. Em 2003, outros dois grupos guerrilheiros iniciaram em Darfur um novo movimento separatista, argumentando que o governo islâmico não dava atenção à região. Depois de tentativas fracassadas de firmar um acordo de paz, em 2007 o Conselho de Segurança da ONU aprovou o envio de militares e de pessoal de apoio civil da Operação Híbrida União Africana/Nações Unidas em Darfur (Unamid, em inglês), que começaram a chegar à região em 2008.

Os novos países da África e a produção de petróleo

A exploração do petróleo no Sudão e no Sudão do Sul foi concedida a companhias estrangeiras, com a preponderância da China National Petroleum Corporation. A China tem investido maciçamente em países africanos, como Sudão, Sudão do Sul, Nigéria e Angola, para garantir seu abastecimento de combustíveis fósseis.

Adaptado de: LE MONDE DIPLOMATIQUE. *L'Atlas 2013*. Paris: Vuibert, 2012. p. 157.

De 2005 a 2011, outra força de manutenção da paz atuou no país, a Missão das Nações Unidas no Sudão (UNMIS, em inglês), que auxiliou no acordo entre o governo e o SPLM/A. Com a independência do Sudão do Sul em 2011, essa operação de paz foi extinta e a ONU criou a Missão das Nações Unidas no Sudão do Sul (UNMISS) para auxiliar na consolidação do novo país, que, apesar das grandes reservas de petróleo, está entre os mais pobres do mundo.

☞ Consulte o *site* das **Forças de Manutenção da Paz das Nações Unidas**. Veja orientações na seção **Sugestões de leitura, filmes e *sites***.

Grande parte das guerras recentes é veiculada na mídia como conflito étnico ou religioso. Entretanto, afirmar que grupos sociais vão à guerra apenas por suas diferenças culturais é simplista. Mais do que as diferenças étnicas ou religiosas, as principais causas de numerosos conflitos nos países "menos desenvolvidos", não apenas na África, mas na Ásia e na América Latina, são a pobreza, a falta de oportunidades socioeconômicas, a ausência de liberdade política e principalmente os interesses de líderes gananciosos e corruptos, que se apropriam do aparelho estatal e muitas vezes se utilizam do discurso das diferenças étnicas ou religiosas para atingir seus objetivos político-econômicos, como mostra o texto a seguir.

Alan Boswell/Mct/Zumapress/Keystone

Pessoas fazem fila para pegar água no campo de refugiados de Jamam (Sudão do Sul), em 2012. Esse campo é mantido pelo Alto Comissariado das Nações Unidas para os Refugiados (Acnur ou UNHCR, em inglês), agência da ONU que abriga pessoas que deixaram seu lugar de origem fugindo de guerras ou perseguições.

Outras leituras

Pobreza é principal causa de guerra civil

Um novo estudo feito por Paul Collier, do Banco Mundial, e outros sobre as guerras civis do mundo desde 1960, conclui que, embora as divergências tribais sejam muitas vezes um fator, raramente são o principal. [...]

Em parte, a razão de os países pobres, estagnados, serem vulneráveis é que é fácil dar uma causa a um homem pobre. Mas também, ao que tudo indica, porque pobreza e crescimento baixo ou negativo são muitas vezes sintomas de governos corruptos e incompetentes, que podem provocar rebeliões. Os recursos naturais costumam agravar esses problemas. Quando um Estado possui petróleo, seus líderes podem enriquecer sem se incomodar com o desenvolvimento de outros tipos de atividade econômica. Dirigentes corruptos frequentemente cimentam sua base de apoio dividindo o butim com seu próprio grupo étnico, o que enfurece os outros grupos.

A maioria dos países tem "românticos étnicos que sonham com a criação de uma entidade política etnicamente 'pura'", nas palavras de Collier. Se se encontra petróleo numa região, seus apelos pela secessão logo passam a ser atraentes aos habitantes da região e abomináveis para os outros. O petróleo foi um dos motivos de Biafra tentar se separar da Nigéria e da resistência feroz do governo nigeriano.

THE ECONOMIST. Pobreza é principal causa de guerra civil. *Valor Econômico*, ano 4, n. 776, 10 jun. 2003. p. A-12.

Infográfico

A "PRIMAVERA ÁRABE" E A GUERRA NA SÍRIA

Início da revolta

Mohamed Bouazizi, 26 anos, vendia frutas e legumes nas ruas de Sidi Bouzidi, cidade a 260 quilômetros ao sul de Tunis, capital da Tunísia. Em 17 de dezembro de 2010, ele se recusou a pagar propina a fiscais e teve suas mercadorias confiscadas. Foi à sede do governo municipal tentando reaver seus produtos, mas nem foi recebido. Indignado e humilhado, comprou gasolina e ateou fogo em seu próprio corpo, pondo fim à vida. Esse ato desesperado foi o estopim de enormes protestos contra o abuso de poder de regimes ditatoriais e corruptos que ocorreram em diversos países do norte da África e do Oriente Médio ao longo de 2011. Esses protestos ficaram conhecidos na mídia ocidental como "Primavera Árabe".

Moradores de Sidi Bouzidi passam em frente a um enorme cartaz de Mohamed Bouazizi em 17 de dezembro de 2011, dia em que se celebrou o primeiro ano de sua morte e o início da revolução que derrubou diversos governos autoritários e corruptos. O cartaz diz: "Revolução por liberdade e dignidade".

Pessoas comemoram a decisão do Tribunal Militar da Tunísia de condenar Zine el-Abdine Ben Ali à prisão perpétua por ter sido responsável pela morte de manifestantes durante a rebelião que o tirou do poder no início da "Primavera Árabe". Tunis (Tunísia), 2014.

Soldados do governo Sírio em Homs, em 8 de maio de 2014, após a retirada negociada dos combatentes de oposição ao regime que ocupavam a cidade. Após uma batalha de quase dois anos, foi uma vitória simbólica do presidente Bashar al-Assad, mas a guerra continuaria.

EUROPA

Sidi Bouzidi

Argel · Túnis

TUNÍSIA

Trípoli

MARROCOS

ARGÉLIA

SAARA OCIDENTAL

MAURITÂNIA

CABO VERDE

MALI

NÍGER

SENEGAL

GÂMBIA

BURKINA FASSO

GUINÉ-BISSAU

GUINÉ

NIGÉRIA

GANA

TOGO

BENIN

CAMARÕES

GABÃO

CONGO

- ◻ Países onde houve mudança de governo
- ◻ Países onde a revolta foi contida mediante promessa de reforma política
- ◻ País em guerra civil

N

0   450
km

A incipiente democracia no Egito

Dezoito dias após o início das manifestações, Mubarak renunciou. Em resposta aos protestos populares, a junta militar (governo de transição) marcou a data para a realização de eleições diretas. O processo eleitoral começou em novembro de 2011, com a votação para o Parlamento e o Senado; as eleições para presidente ficaram para o ano seguinte. No segundo turno das eleições presidenciais, realizado em junho de 2012, Mohamed Mursi, do Partido da Liberdade e Justiça, braço político do grupo fundamentalista Irmandade Muçulmana, sagrou-se vencedor com 51,7% dos votos. À medida que seu governo se desenrolava, grande parte da população, sobretudo os setores não fundamentalistas, mostrou-se preocupada com sua ideologia político-religiosa e muitos o acusaram de ser marionete dos líderes da Irmandade. Multidões voltaram à Praça Tahrir para pedir sua saída. Apesar de ter dito em sua posse que seria "o presidente de todos os egípcios", Mursi dividiu as opiniões no país e, em julho de 2013, após um ano de governo, foi deposto por um golpe militar. Um governo de tecnocratas assumiu o poder até a convocação de novas eleições. Esse fato marcou um retrocesso nos ideais que deram origem à "Primavera Árabe" e indica que será longo o processo de construção da democracia no Egito.

Desde janeiro de 2011, por dias seguidos, os manifestantes se concentraram na Praça Tahrir (em árabe, Midan al-Tahrir, que significa "Praça da Libertação"), na capital Cairo, pedindo a renúncia do ditador Hosni Mubarak, no poder desde 1981. Na grande manifestação ocorrida em 1º de fevereiro de 2011, conhecida como "Marcha de um milhão", pessoas carregavam cartazes com o rosto de Mubarak riscado.

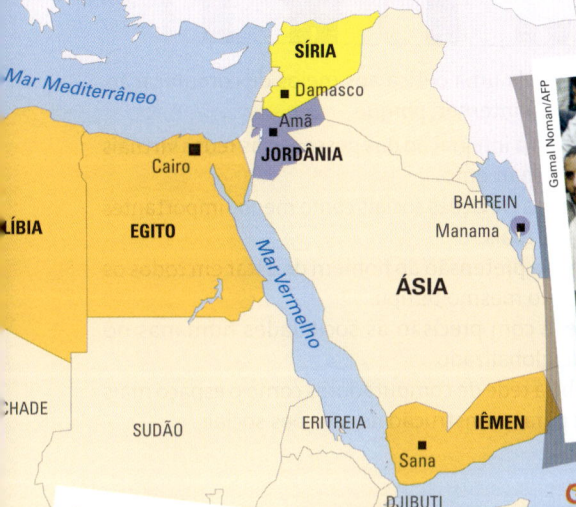

Depois de 42 anos no poder, em 2011 o ditador Muamar Kadafi foi deposto e posteriormente morto pela população líbia em uma curta, porém violenta guerra civil. Na foto, manifestantes queimam cartaz de Kadafi em protesto contra seu governo em Benghazi (Líbia), em 2011.

Depois de 33 anos governando o Iêmen, em 2011 o ditador Ali Abdullah Saleh fez um acordo com a oposição para deixar o poder. Na foto, manifestação contra Saleh em Sana, capital do Iêmen, em 8 de abril de 2011.

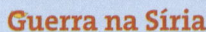

(mapa: Mar Mediterrâneo, SÍRIA, Damasco, Amã, JORDÂNIA, Cairo, LÍBIA, EGITO, Mar Vermelho, BAHREIN, Manama, ÁSIA, CHADE, SUDÃO, ERITREIA, IÊMEN, Sana, DJIBUTI)

Guerra na Síria

Na Síria o movimento pró-democracia encontrou forte resistência do ditador Bashar al-Assad, no poder desde 2000 (substituiu seu pai, Hafez al-Assad, que governou o país por 30 anos). Essa resistência acabou levando os sírios a uma violenta guerra civil. Os protestos contra o governo se iniciaram em março de 2011, mas foram duramente reprimidos, o que levou setores contrários ao governo Assad a se articularem no chamado Exército Sírio Livre, dando início aos combates. Além da crise econômica, da repressão política e do consequente descontentamento da população, essa guerra também tem aspecto religioso: a maioria da população síria é seguidora do islamismo sunita, mas a elite dirigente é alauíta, uma corrente do islamismo xiita. Por isso, o governo sírio é aliado dos xiitas do Irã, no poder naquele país, e do Hezbollah, grupo guerrilheiro xiita baseado no Líbano. O governo sírio também tem o apoio da Rússia, aliada da família Assad desde a época da Guerra Fria, quando ainda era União Soviética, e Hafez estava no poder. De outro lado, os rebeldes do Exército Sírio Livre, composto de setores islâmicos moderados, têm recebido apoio militar dos países ocidentais. Há também setores islâmicos fundamentalistas, como a Frente Islâmica, que lutam contra o governo Assad, mas não têm apoio ocidental.

Em agosto de 2013, os Estados Unidos, com o apoio do Reino Unido e da França, ameaçaram intervir militarmente na guerra após concluírem que o governo de Assad usou armas químicas contra a população civil na periferia da capital Damasco, matando 1 429 pessoas, sendo 426 crianças. Um acordo entre os Estados Unidos e a Rússia levou o governo sírio a assinar a Convenção sobre Armas Químicas (que proíbe sua produção, seu armazenamento e uso) e a aceitar o ingresso de inspetores da Organização para a Proibição de Armas Químicas (Opaq), que seriam encarregados de fiscalizar a destruição do arsenal e das instalações responsáveis por sua produção. Segundo a ONG Observatório Sírio dos Direitos Humanos, até março de 2014, a guerra civil já tinha matado 150 344 pessoas (dos quais 51 212 civis, sendo 7 985 crianças) e levado mais de 2 milhões a se refugiarem em países vizinhos, entretanto, uma solução definitiva para o conflito ainda não havia sido encontrada.

Adaptado de: IBGE. Atlas geográfico escolar. 6. ed. Rio de Janeiro: IBGE, 2012. p. 45.

1.

No mundo árabe, países governados há décadas por regimes políticos centralizadores contabilizam metade da população com menos de 30 anos; desses, 56% têm acesso à internet. Sentindo-se sem perspectivas de futuro e diante da estagnação da economia, esses jovens incubam vírus sedentos por modernidade e democracia. Em meados de dezembro, um tunisiano de 26 anos, vendedor de frutas, põe fogo no próprio corpo em protesto por trabalho, justiça e liberdade. Uma série de manifestações eclode na Tunísia e, como uma epidemia, o vírus libertário começa a se espalhar pelos países vizinhos, derrubando em seguida o presidente do Egito, Hosni Mubarak. *Sites* e redes sociais – como o Facebook e o Twitter – ajudaram a mobilizar manifestantes do norte da África a ilhas do Golfo Pérsico.

SEQUEIRA, C. D.; VILLAMÉA, L. A epidemia da Liberdade. *Istoé Internacional.* 2 mar. 2011. (adaptado).

Considerando os movimentos políticos mencionados no texto, o acesso à internet permitiu aos jovens árabes

a) reforçar a atuação dos regimes políticos existentes.
b) tomar conhecimento dos fatos sem se envolver.
c) manter o distanciamento necessário à sua segurança.
d) disseminar vírus capazes de destruir programas dos computadores.
e) difundir ideias revolucionárias que mobilizaram a população.

Resolução

◉ A alternativa correta para esta questão é a letra **E**. A internet e as redes sociais tiveram um papel importante na organização dos protestos da chamada "Primavera Árabe" e na comunicação entre os manifestantes. No entanto, o que moveu as pessoas (jovens e maduras) para ir às ruas e às praças públicas foi o descontentamento com os longevos governos ditatoriais, além da falta de oportunidades econômicas e das más condições de vida. Em muitos setores da mídia ocidental, têm ocorrido uma supervalorização das chamadas redes sociais nesse episódio. Muito antes da existência delas, as sociedades protestavam e trocavam governos, isto é, tinham suas redes sociais de mobilização, que, evidentemente, não eram tão rápidas e penetrantes como as atuais disponíveis na internet. De qualquer modo, não se faz revolução nas redes sociais, mas sim em praça pública, como os árabes demonstraram.

2.

Vida social sem internet?

A charge revela uma crítica aos meios de comunicação, em especial à internet, porque

a) questiona a integração das pessoas nas redes virtuais de relacionamento.
b) considera as relações sociais como menos importantes que as virtuais.
c) enaltece a pretensão do homem de estar em todos os lugares ao mesmo tempo.
d) descreve com precisão as sociedades humanas no mundo globalizado.
e) concebe a rede de computadores como o espaço mais eficaz para a construção de relações sociais.

Resolução

◉ A alternativa correta para esta questão é a letra **A**. A charge questiona, por meio da fala da mulher, o fato de que os relacionamentos virtuais construídos nas diversas redes sociais da internet não podem substituir os relacionamentos do mundo real. As redes sociais permitem o contato virtual entre as pessoas de lugares distantes, mas o encontro só pode se dar no mundo real.

Essa questão do Enem se relaciona com a anterior. No caso da "Primavera Árabe", as redes sociais, o mundo virtual da internet, foram importantes para as pessoas combinarem os encontros, mas os protestos aconteceram nas ruas, nas praças, ou seja, no mundo real, onde as pessoas de fato se integram.

Ambas as questões contemplam a **Competência de área 5 – Utilizar os conhecimentos históricos para compreender e valorizar os fundamentos da cidadania e da democracia, favorecendo uma atuação consciente do indivíduo na sociedade** – e especialmente as habilidades **H21 – Identificar o papel dos meios de comunicação na construção da vida social** – e **H22 – Analisar as lutas sociais e conquistas obtidas no que se refere às mudanças nas legislações ou nas políticas públicas.**

Os conflitos entre árabes e judeus e a questão palestina

Os judeus viviam na Palestina desde a Antiguidade. No início da Era Cristã, quando parte do atual Oriente Médio ficou sob o domínio dos romanos, eles foram expulsos e se dispersaram por vários lugares, principalmente da Europa central e oriental. Após longa ocupação romana, no século VII a Palestina foi ocupada por árabes, que ficaram conhecidos nesse território como palestinos. No século XIX, durante a expansão imperialista europeia, essa região ficou sob o domínio do Reino Unido. A partir daí, a Palestina passou a receber imigrantes judeus (povo que considerava sua essa terra porque aí estão enterrados seus ancestrais), movimento que se intensificou bastante com a ascensão do nazismo na Alemanha, em 1933. Com isso, criou-se um conflito, pois árabes e judeus tiveram de compartilhar e disputar o mesmo território.

Em 1947, depois de muita pressão das organizações judaicas, a ONU dividiu esse território em dois Estados: um para abrigar o povo judeu e outro, o povo palestino (observe o primeiro mapa ao lado). Israel, o Estado judeu, foi proclamado oficialmente em 1948. No entanto, os países árabes vizinhos, principalmente Egito, Síria e Jordânia, não aceitaram o novo Estado e atacaram-no militarmente, tentando impedir seu estabelecimento. Israel venceu essa guerra e ampliou seu território, apropriando-se de parte do que havia sido delimitado como Estado da Palestina (observe o segundo mapa).

Foi nesse contexto que nasceu a Organização para a Libertação da Palestina (OLP). Fundada em 1964, era uma frente de vários grupos com atuação moderada e controlada pelos países árabes. Mas quando a Fatah (em árabe, que significa "conquista"), grupo guerrilheiro liderado por Yasser Arafat, tornou-se hegemônica na organização, esta passou a cometer diversos atentados terroristas contra Israel. Isso aconteceu principalmente a partir de 1969, quando Arafat se tornou o presidente da OLP.

Entretanto, o conflito bélico que provocou as maiores transformações territoriais na região foi a Guerra dos Seis Dias (5 a 10 de junho de 1967), que novamente opôs Israel aos países árabes vizinhos. Após vencê-los de forma arrasadora nesta guerra-relâmpago, ampliou significativamente seu território, como mostra o mapa ao lado. Como se pode observar, Israel não se apropriou de todo o território reservado aos palestinos pela ONU: uma parte dele passou ao controle do Egito (Gaza) e outra, da Jordânia (Cisjordânia), mas o fato é que esse povo ficou sem Estado, dando início à chamada "questão palestina".

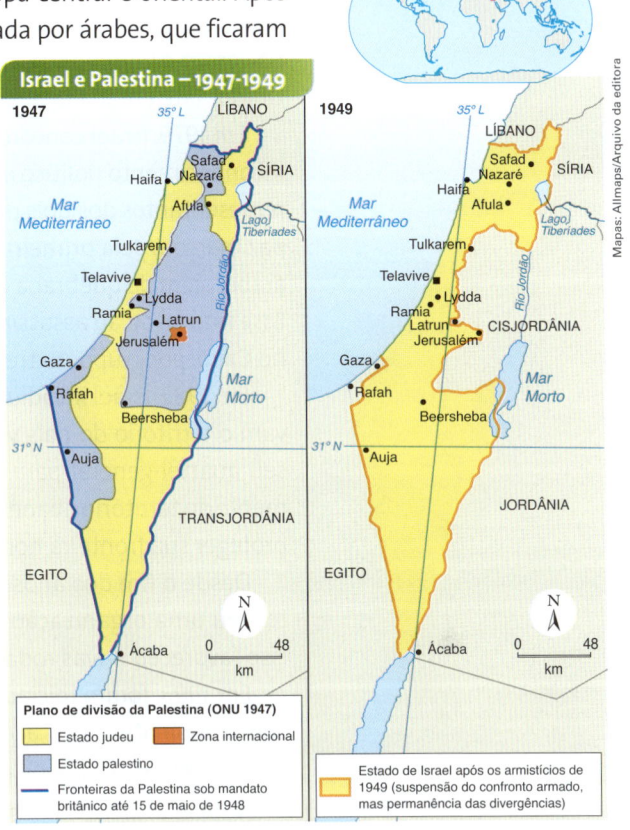

Mapas: Allmaps/Arquivo da editora

Adaptado de: VARROD, Pierre (Dir.). *Atlas géopolitique et culturel*: dynamiques du monde contemporain. Paris: Dictionaires Le Robert, 2003. p. 144.

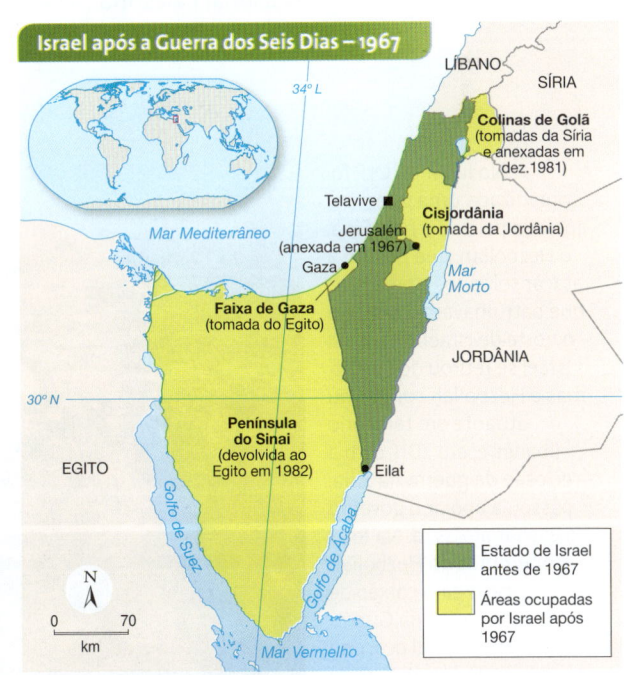

Adaptado de: VARROD, Pierre (Dir.). *Atlas géopolitique et culturel*: dynamiques du monde contemporain. Paris: Dictionaires Le Robert, 2003. p. 114.

Os desdobramentos dessa guerra agravaram a tensão entre os Estados árabes e o Estado de Israel. A partir de então as ações terroristas da OLP também se intensificaram. Os países árabes perderam vastos territórios; assim, um novo conflito bélico eclodiu em 6 de outubro de 1973, a Guerra do Yom Kipur (que tem esse nome porque os árabes atacaram Israel em um dos mais importantes feriados judaicos, o "Dia do Perdão"). Depois de 20 dias de combates, essa guerra foi novamente vencida por Israel. Com isso, o novo presidente do Egito, Anuar Sadat, ao perceber que não poderia vencer o inimigo no campo de batalha, buscou uma aproximação com os Estados Unidos (até então era aliado da União Soviética) e um acordo de paz com Israel.

Em 1979, Israel concordou em devolver a península do Sinai ao Egito em troca de reconhecimento político e de um pacto de não agressão. O acordo foi assinado pelos representantes dos dois países em Camp David, Estados Unidos. Essa negociação de paz marcou, pela primeira vez, o reconhecimento de Israel por parte de um governo árabe, além de quebrar a coalizão que até então havia lutado contra o Estado judeu. Esse fato levou ao assassinato de Anuar Sadat, em 1981, durante uma parada militar no Cairo, por grupos extremistas que não aceitavam negociar com os israelenses.

Em 1982, Israel invadiu o Líbano para expulsar os guerrilheiros da OLP, que utilizavam o território do país vizinho como base. Depois de um acordo, a OLP transferiu seu quartel-general para Tunis (Tunísia). Entretanto, Israel não se retirou integralmente do território libanês e manteve ocupada uma estreita faixa no sul do país para proteger sua fronteira norte.

Desde o fim dos anos 1980, a OLP abdicou da luta armada e do terrorismo e se tornou uma organização política empenhada na construção do Estado Palestino. Isso favoreceu novas rodadas de negociações.

Em 1993, foram iniciadas as negociações de paz entre o Estado de Israel e a OLP, com a assinatura dos acordos de Oslo (Noruega), que culminaram no reconhecimento recíproco e no início do processo de devolução aos palestinos da maior parte da Faixa de Gaza e de diversas cidades da Cisjordânia (observe o mapa da página ao lado). Ao mesmo tempo, foi criada, sob a presidência de Yasser Arafat, a Autoridade Nacional Palestina (ANP), um embrião do futuro Estado Palestino, para administrar esses territórios.

No lugar da OLP foi organizada uma guerrilha apoiada pelo Irã e pela Síria, o Hezbollah, que passou a atacar soldados israelenses que patrulhavam a região e o norte de Israel. Em 2002, Israel se retirou do Líbano, mas o Hezbollah continuou atuante em território libanês e, em 2011, com a eclosão da guerra na Síria, passou a apoiar o governo de Bashar al-Assad. Na foto, membros do Hezbollah carregam caixão de militante morto na Guerra da Síria, em funeral ocorrido na cidade de Chaat, Vale de Bekaa (Líbano), em 2014.

Em 1994, a Jordânia também reconheceu o Estado de Israel, firmando um acordo de utilização conjunta das águas do rio Jordão (em 2013, ainda permanecia pendente um acordo sobre as colinas de Golã, que pertenciam à Síria até serem ocupadas por Israel na Guerra dos Seis Dias).

Em 2000, Israel ofereceu à ANP o controle integral de Gaza e de 90% da Cisjordânia, mas não aceitou que a capital do futuro Estado Palestino fosse em Jerusalém oriental nem o retorno dos refugiados que vivem nos países vizinhos, como pleiteavam os palestinos. A ANP recusou a oferta e o governo israelense retomou a instalação de colônias na Cisjordânia para inviabilizar a devolução desse território, como tinha sido acordado. Em consequência, intensificaram-se as ações terroristas dos grupos Hamas, Jihad Islâmica e Brigadas dos Mártires de Al-Aqsa (vinculado à Fatah), que passaram a cometer ataques suicidas em território israelense. Em resposta, o governo israelense iniciou a construção de uma cerca de segurança, isolando comunidades judaicas e palestinas. Em 2004, após a morte de Arafat, ainda houve tentativas de retomada das negociações, porém, frustradas.

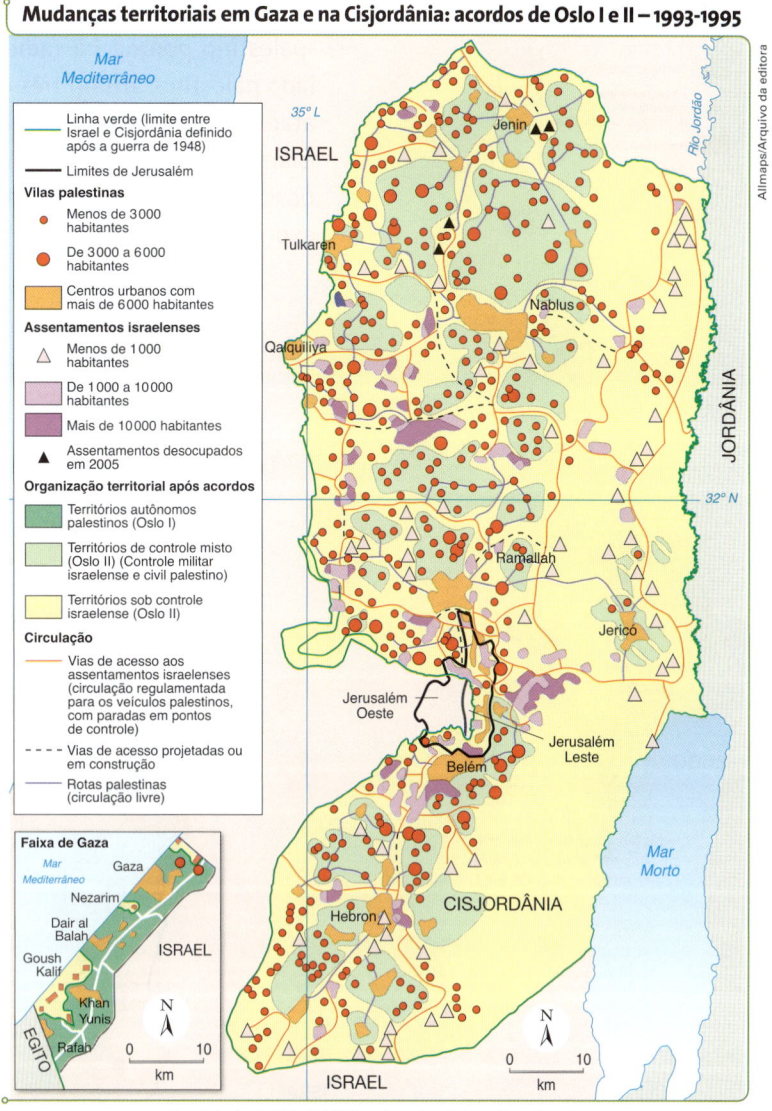

Mudanças territoriais em Gaza e na Cisjordânia: acordos de Oslo I e II – 1993-1995

Adaptado de: ENCEL, Frédéric. *Atlas géopolitique d'Israël*. Paris: Autrement, 2008. p. 66.

Em 2005, Israel iniciou a retirada unilateral das colônias judaicas da Faixa de Gaza (8 mil colonos vivendo em meio a 1,2 milhão de palestinos), transferindo integralmente esse território para o controle da Autoridade Nacional Palestina (observe o mapa menor na próxima página).

Entretanto, ao mesmo tempo em que desocupava Gaza, Israel expandia os assentamentos de colonos judeus na Cisjordânia e ampliava a cerca de segurança, com a justificativa de impedir a entrada de terroristas palestinos. Embora o governo israelense defenda que essa barreira é uma proteção temporária, os palestinos temem que ela acabe definindo o limite entre o Estado de Israel e o futuro Estado Palestino. A cerca abrange 7% de territórios da Cisjordânia ocupados por colônias judaicas e reivindicados pelos palestinos para a constituição de seu futuro Estado (observe o mapa maior na próxima página).

Nascido em Jerusalém, em 1929, Yasser Arafat simbolizou o movimento de resistência palestina (na foto, acena para a população em Ramallah, Cisjordânia, em 2003, um ano antes de morrer em hospital de Paris). Com sua morte, a direção da OLP ficou nas mãos de Mahmoud Abbas, que em 2005 foi eleito presidente da ANP.

Atef Safadi/Epa/Corbis/Latinstock

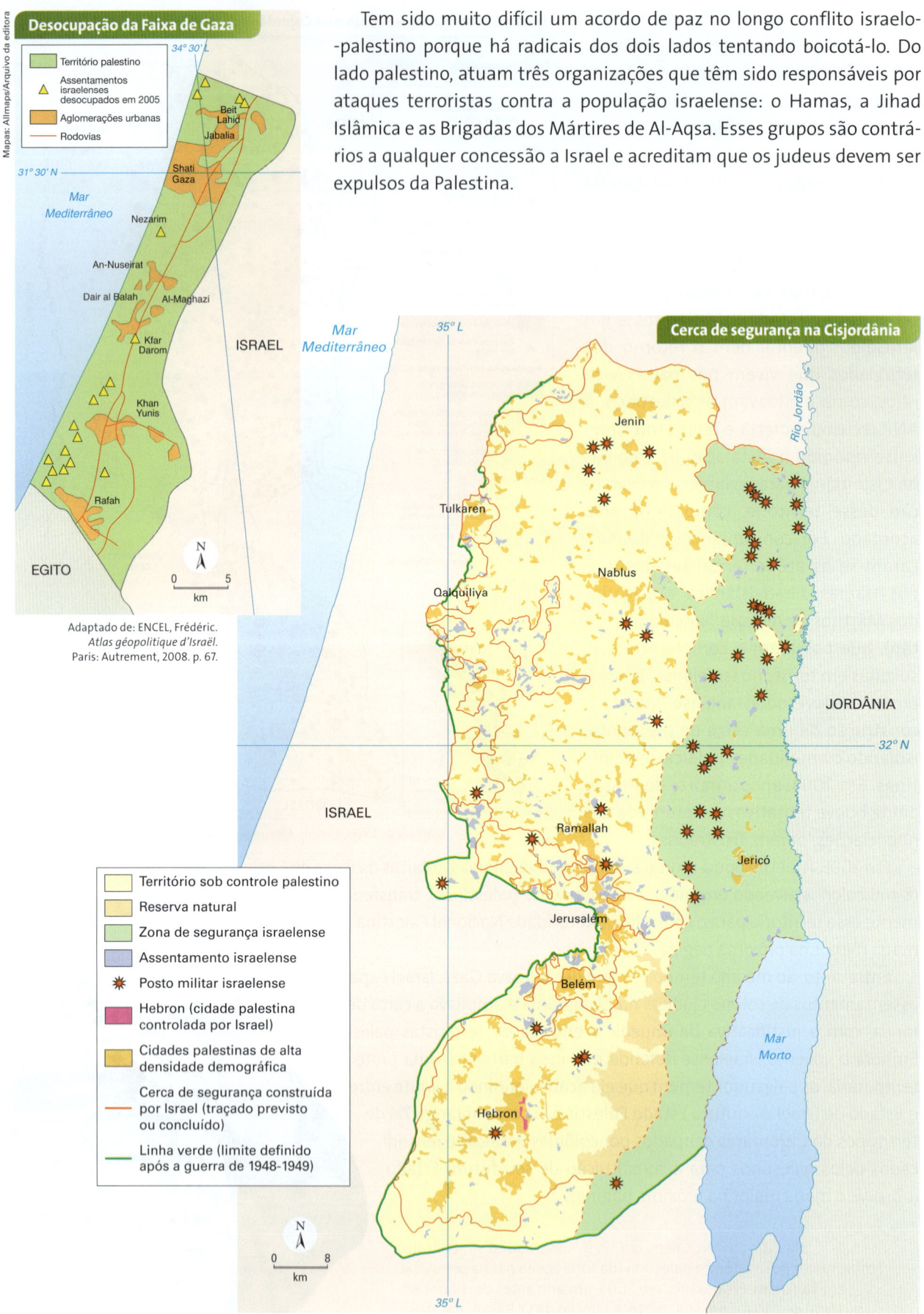

Desocupação da Faixa de Gaza

Território palestino

△ Assentamentos israelenses desocupados em 2005

Aglomerações urbanas

Rodovias

34° 30' L

Beit Lahid
Jabalia
Shati
Gaza
31° 30' N
Mar Mediterrâneo
Nezarim
An-Nuseirat
Dair al Balah
Al-Maghazi
Kfar Darom
ISRAEL
Khan Yunis
Rafah
EGITO

N

0 5
km

Adaptado de: ENCEL, Frédéric. *Atlas géopolitique d'Israël*. Paris: Autrement, 2008. p. 67.

Tem sido muito difícil um acordo de paz no longo conflito israelo-palestino porque há radicais dos dois lados tentando boicotá-lo. Do lado palestino, atuam três organizações que têm sido responsáveis por ataques terroristas contra a população israelense: o Hamas, a Jihad Islâmica e as Brigadas dos Mártires de Al-Aqsa. Esses grupos são contrários a qualquer concessão a Israel e acreditam que os judeus devem ser expulsos da Palestina.

Cerca de segurança na Cisjordânia

Mar Mediterrâneo
35° L
Rio Jordão
Jenin
Tulkaren
Nablus
Qalquiliya
ISRAEL
JORDÂNIA
32° N
Ramallah
Jericó
Jerusalém
Belém
Mar Morto
Hebron
35° L

☐ Território sob controle palestino

☐ Reserva natural

☐ Zona de segurança israelense

☐ Assentamento israelense

✳ Posto militar israelense

▮ Hebron (cidade palestina controlada por Israel)

▮ Cidades palestinas de alta densidade demográfica

— Cerca de segurança construída por Israel (traçado previsto ou concluído)

— Linha verde (limite definido após a guerra de 1948-1949)

N

0 8
km

Adaptado de: ENCEL, Frédéric. *Atlas géopolitique d'Israël*. Paris: Autrement, 2008. p. 51.

A maior parte da barreira construída pelo governo israelense é uma cerca de metal, mas nas áreas por ele consideradas mais perigosas — proximidades de cidades palestinas, como Tulkaren, e em Jerusalém — é um muro de concreto de mais de 8 metros de altura. Na foto, de 2012, crianças jogam bola ao lado de um carro blindado da polícia israelense em Abu Dis (Cisjordânia), vila palestina situada na periferia de Jerusalém e separada da cidade por esse muro.

Ahmad Gharabli/Agência France-Presse

Do lado de Israel, há os setores da direita, do partido Likud e principalmente dos partidos ortodoxos, que abrigam fundamentalistas religiosos, contrários a qualquer concessão aos palestinos. Esses setores da sociedade israelense acreditam que a "terra santa", a "terra prometida", pertence exclusivamente ao povo judeu. São contrários, por exemplo, à retirada dos colonos que vivem em Gaza e na Cisjordânia, portanto, em territórios já oficialmente devolvidos por Israel aos palestinos.

Além disso, a capacidade militar israelense é muito superior à dos palestinos, e a retaliação às agressões de militantes dos grupos palestinos quase sempre fere e mata muito mais civis desse povo. Segundo dados da ONG israelense de direitos humanos B'Tselem (expressão em hebraico, que significa "à imagem de", também usada como sinônimo de 'dignidade humana'), de 2000 a 2012, 6 614 palestinos perderam a vida nesses conflitos, contra 1097 israelenses (veja a tabela a seguir). Entre a população palestina, 21% dessas mortes ocorreram durante os ataques de Israel contra Gaza, ocorridos na virada de 2008 para 2009, durante a operação *Cast Lead* (em inglês, que significa 'chumbo fundido').

Veja a indicação do filme **Promessas de um novo mundo**, na seção **Sugestões de leitura, filmes e *sites***.

Vítimas dos conflitos entre israelenses e palestinos – 2000-2012				
Vítimas	**Nos territórios ocupados**		**No território israelense**	**Em todos os territórios**
	Gaza	Cisjordânia		
Palestinos				
Mortos pelas forças de segurança de Israel	4 651	1 841	69	6 561
Mortos por civis israelenses	4	46	3	53
Total de mortos	4 655	1 887	72	6 614
Israelenses				
Civis mortos por palestinos	39	215	500	754
Soldados das forças de segurança mortos por palestinos	106	147	90	343
Total de mortos	145	362	590	1 097

B'TSELEM – The Israeli Information Center for Human Rights in the Occupied Territories. *Statistics Data*, 29 set. 2000 a 31 jul. 2012. Disponível em: <www.btselem.org/statistics>. Acesso em: 10 abr. 2014.

☞ Consulte a reportagem "A Questão Palestina em profundidade", da **Veja** *on-line*. Veja orientações na seção **Sugestões de leitura, filmes e** *sites*.

Outro fato que dificulta a vida da população palestina nos territórios ocupados é o controle de sua circulação pelas forças de segurança de Israel. O deslocamento entre Gaza e a Cisjordânia passa pelo território do Estado judeu, e boa parte da população palestina trabalha em empresas israelenses. Assim, os palestinos, ao entrarem em território israelense ou passarem por alguma barreira montada na Cisjordânia ou em Gaza, têm de enfrentar longas filas e apresentar documentos, o que torna seu cotidiano sofrido e humilhante.

A "questão palestina", isto é, a histórica luta desse povo pela criação de seu Estado nacional, até 2014 não foi resolvida, e como consequência milhões de palestinos continuavam vivendo espalhados por vários países do Oriente Médio. Como mostra o gráfico ao lado, há mais de 5 milhões de refugiados palestinos que vivem em Gaza e Cisjordânia e em países árabes vizinhos, com destaque para a Jordânia. Entretanto, em uma conquista simbólica e politicamente importante, em novembro de 2012 a Assembleia Geral da ONU elevou a Autoridade Palestina à condição de Estado observador não membro. Em uma votação em que obtiveram 138 votos a favor (inclusive o do Brasil) e oito contra (entre os quais Israel e Estados Unidos), os palestinos tiveram seu *status* político elevado nas Nações Unidas: a Palestina agora está em estágio que antecede o reconhecimento como Estado independente de fato e membro pleno da Organização. Os palestinos não têm direito a voto na Assembleia Geral, mas esperam que esse novo *status* lhes dê mais força nas negociações com Israel e maior participação nas agências da ONU.

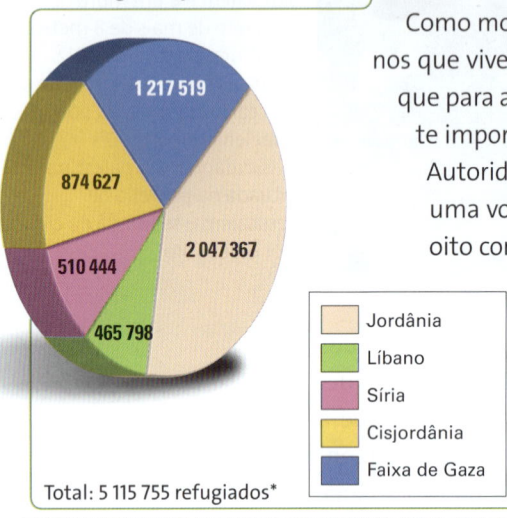

Refugiados palestinos em 2012

1 217 519
874 627
510 444
465 798
2 047 367

- Jordânia
- Líbano
- Síria
- Cisjordânia
- Faixa de Gaza

Total: 5 115 755 refugiados*

UNITED NATIONS RELIEF AND WORKS AGENCY FOR PALESTINE REFUGEES IN THE NEAR EAST (UNRWA). *Fields of Operation*. Jan. 2012. Disponível em: <www.unrwa.org/userfiles/20120317153744.pdf>.Acesso em: 10 abr. 2014.

* Indica apenas os refugiados na área de atuação da Agência das Nações Unidas de Assistência aos Refugiados da Palestina no Oriente Médio (UNRWA, em inglês), onde está a maioria deles, mas há palestinos vivendo em outros países, como os Estados do golfo Pérsico.

Eddie Gerald/Alamy/Other Images

Pessoas observam o posto de polícia do Hamas, na cidade de Gaza (Faixa de Gaza), destruído em um ataque aéreo israelense ocorrido em 18 de novembro de 2012, no qual morreram 31 palestinos.

Marco Longari/Agência France-Presse

Soldado israelense armado de metralhadora observa fila de palestinos que aguardam para cruzar um posto de controle em Ramallah (Cisjordânia, território palestino ocupado), em 2011.

Atividades

Compreendendo conteúdos

1. Uma guerra pode apresentar características múltiplas, dificultando sua classificação. Explique essa frase e dê um exemplo.

2. Explique a diferença entre os métodos de ação de grupos guerrilheiros e terroristas.

3. Qual é a diferença entre etnia, povo e nação?

4. Elabore uma síntese sobre os conflitos entre árabes e judeus e a questão palestina.

Desenvolvendo habilidades

5. Releia a frase de Pascal Boniface (página 388) e o texto "Pobreza é principal causa de guerra civil" (página 403). Após a leitura, analise as informações dos itens a seguir e observe o mapa.

   - De acordo com o *Relatório de Desenvolvimento Humano 2013* do Pnud, dos 46 países que em 2012 apresentavam baixo IDH, 37 estavam localizados na África subsaariana, seis na Ásia/Pacífico, dois no Oriente Médio e um na América Latina/Caribe (o Haiti).
   - De acordo com a ONU, de suas dezesseis forças de paz em atividade em maio de 2013, oito operavam na África subsaariana, três no Oriente Médio, duas na Ásia/Pacífico, duas na Europa e uma na América Latina/Caribe.

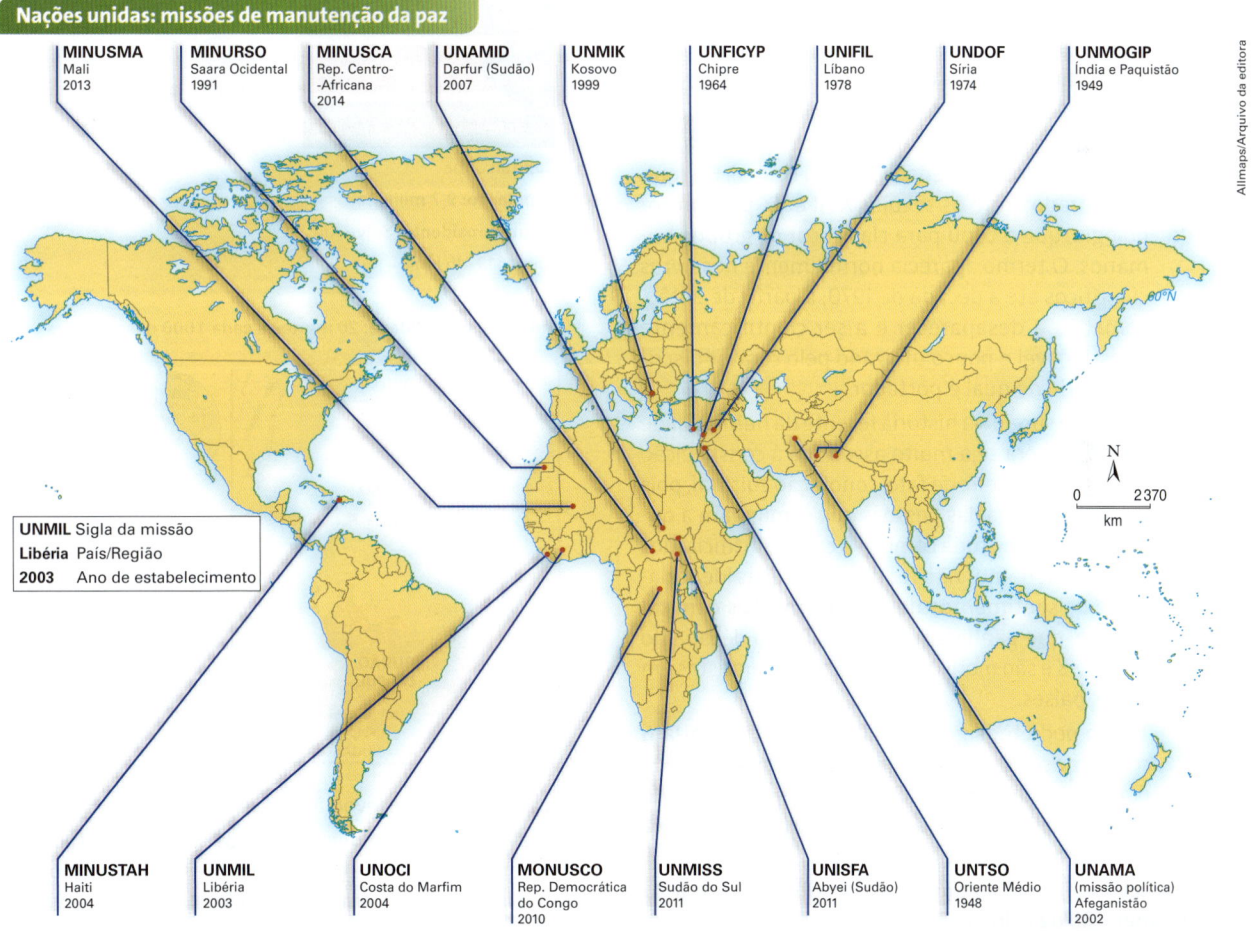

Nações unidas: missões de manutenção da paz

Sigla	País/Região	Ano
MINUSMA	Mali	2013
MINURSO	Saara Ocidental	1991
MINUSCA	Rep. Centro-Africana	2014
UNAMID	Darfur (Sudão)	2007
UNMIK	Kosovo	1999
UNFICYP	Chipre	1964
UNIFIL	Líbano	1978
UNDOF	Síria	1974
UNMOGIP	Índia e Paquistão	1949
MINUSTAH	Haiti	2004
UNMIL	Libéria	2003
UNOCI	Costa do Marfim	2004
MONUSCO	Rep. Democrática do Congo	2010
UNMISS	Sudão do Sul	2011
UNISFA	Abyei (Sudão)	2011
UNTSO	Oriente Médio	1948
UNAMA	(missão política) Afeganistão	2002

UNMIL Sigla da missão
Libéria País/Região
2003 Ano de estabelecimento

UNITED NATIONS. DEPARTMENT OF FIELD SUPPORT. *Cartographic Section*, maio 2013. Disponível em: <www.un.org/Depts/Cartographic/map/dpko/PKO.pdf>. Acesso em: 10 abr. 2014.

6. Agora, responda às questões:

   a) É possível estabelecer relação entre pobreza e guerra civil, como sugerem os textos e os dados acima? Por quê?

   b) Por que ocorrem tantos conflitos armados no continente africano, sobretudo na África subsaariana?

1. **NE** (UEPB) Associe os conceitos da coluna 1 às respectivas definições na coluna 2.

Coluna 1
(1) Povo
(2) Raça
(3) Etnia
(4) Nação

Coluna 2

( ) O termo é derivado do grego e era tipicamente utilizado para se referir a povos não gregos. Tinha também conotação de "estrangeiro". A palavra deixou de ser relacionada ao paganismo, significado dado pelo catolicismo romano, em princípios do século XVIII. O uso do sentido moderno, mais próximo do original grego, começou na metade do século XX, tendo se intensificado desde então, com o sentido de grupo de pessoas que tem uma identidade comum, mas que também se diferencia dos demais grupos humanos em função de aspectos históricos, linguísticos, culturais, religiosos etc.

( ) Conceito usado vulgarmente para categorizar diferentes populações de uma espécie biológica por suas características fenotípicas (ou físicas). Foi muito utilizado entre os séculos XVII e XX pela antropologia, que o usou para classificar os grupos humanos. O termo aparecia normalmente nos livros científicos até a década de 1970; a partir de então, começou a desaparecer e a ser cientificamente questionável e pouco utilizado pelo caráter discriminatório do qual é portador.

( ) Ideia que surgiu na história recente da humanidade e que, embora seja muito associada à constituição de um Estado, tem, de fato, conotação cultural, pois se refere à soma das pessoas que comungam a origem, língua e história comum. A criação artificial dos Estados modernos não fez desaparecer as identidades e os sentimentos de pertencimentos com tal sentido, que ganharam força na última década do século XX e são motivos de conflitos separatistas em vários países.

( ) Termo pode ter significados distintos que variam conforme seu emprego em épocas distintas, mas, do ponto de vista jurídico moderno, pode ser entendido como o conjunto de cidadãos que está vinculado a um regime jurídico e a um Estado.

Assinale a alternativa que traz a sequência correta da enumeração da coluna 2.

a) 3 – 4 – 1 – 2.
b) 3 – 2 – 4 – 1.
c) 2 – 1 – 3 – 4.
d) 4 – 2 – 1 – 3.
e) 1 – 2 – 4 – 3.

2. **NE** (UERN)

"Nascido da divisão do Sudão após décadas de guerra civil, o Sudão do Sul é desde a 0h local (18h desta sexta-feira de Brasília) o mais novo país do mundo, o 54º da África e o 193º membro da Organização das Nações Unidas (ONU). A criação do país já é comemorada na madrugada deste sábado na capital Juba. 'Somos livres! Adeus ao norte, bem-vinda a felicidade!', gritava Mary Okach, uma cidadã da nova nação".

(http://veja.abril.com.br/noticia/internacional/no-sabadonasce-o-54o-pais-da-africa-o-sudao-do-sul)

Sudão do Sul

Capital: Juba
População: 9,7 milhões
Futuro presidente: Salva Kiir
Área: 619 745 km²
Índice HIV: 7%
Índice de mortalidade: 20 mortes a cada 1 000 nascimentos

Allmaps/Arquivo da editora

A guerra civil que levou à divisão do Sudão era

a) a disputa, entre diversas tribos sudanesas, pelas extensas reservas de diamante presentes em todo o país.
b) a imposição de uma identidade islâmica aos cristãos, que são maioria no Sul.
c) a necessidade de melhor administrar política e economicamente o país, visto que o Sudão era o maior país africano.
d) a discriminação racial existente no país, sendo o Norte de maioria branca e o Sul de maioria negra.

3. **CO** (UEG-GO) A complexa geografia política e a grande diversidade cultural do Oriente Médio, palco de conflitos diversos, suscitam um olhar mais atento para os problemas da região. Sobre esse assunto, é correto afirmar:

a) trata-se de uma área de confluência de três grandes religiões (Islamismo, Judaísmo e Cristianismo), sendo marcada pela disputa do petróleo; além de ser ponto estratégico que liga três continentes, é a região onde vivem os curdos, a maior etnia sem território.

b) os acordos assinados pelos líderes palestinos e israelenses contaram com o apoio de grupos ativistas, como o Hezbollah, o Hamas e o Jihad.

c) as disputas entre Israel e Palestina favoreceram a aproximação do Egito, da Jordânia e da Síria, levando a paz à região, e desarticulando, assim, o poderio econômico e ideológico das potências ocidentais sobre a região.

d) a cidade de Jerusalém, localizada na Cisjordânia, é o ponto de concórdia entre palestinos e israelenses porque abriga as principais mesquitas e o Muro das Lamentações.

4. **N** (UFT-TO) No mundo atual presenciamos conflitos étnicos, religiosos e povos sem um Estado-Nação definido, como no caso o povo curdo. A população curda chega a 26,3 milhões nos principais países onde esta população vive (TAMDJIAN, 2005). Com base na informação, é correto afirmar que os curdos vivem principalmente:

a) Na faixa de gaza entre a Palestina e Israel em que os conflitos são frequentes mediante a disputa de territórios, o povo curdo sofre a violência e é excluso de direitos.

b) Na antiga Alemanha Oriental, com o fim da guerra fria os curdos ficaram sem pátria.

c) Nas Repúblicas Independentes da antiga União das Repúblicas Soviéticas como Lituânia, Estônia, Letônia, em que as disputas pelo território têm ocorrido com um grande número de genocídio.

d) Em países do Oriente Médio como Turquia, Síria, Irã, Iraque e Armênia, em que os curdos não têm direitos políticos e são discriminados pelos governos.

e) Em países do Oriente Médio como Arábia Saudita, Iraque, Iêmen, Israel, Líbano e Jordânia em que o petróleo tem sido um dos fatores pela disputa do território em que os curdos ficaram exclusos e sem pátria.

5. **SE** (UFTM-MG) Na Turquia, o conflito do Estado com os curdos existe há 25 anos. Criado em 1978, o Partido dos Trabalhadores do Curdistão quer a criação de um novo Estado independente na porção asiática da Turquia, especificamente no sudeste da antiga Anatólia. Indique a alternativa sobre o conflito na Turquia que melhor caracteriza a razão exposta.

a) Luta étnica para ampliação dos direitos políticos.

b) Luta pela liberdade religiosa.

c) Luta armada para impedir o avanço das forças iranianas em território turco.

d) Luta pela hegemonia geopolítica no Oriente Médio.

e) Luta pela fronteira entre os países onde existem grandes reservas minerais a serem exploradas comercialmente.

6. **SE** (Fuvest-SP) Há anos, a região representada abaixo vem sendo atingida por sérios conflitos políticos, sociais e étnicos, vários deles com enfrentamento bélico.

Norte da África e Oriente Médio – "Arco dos conflitos"

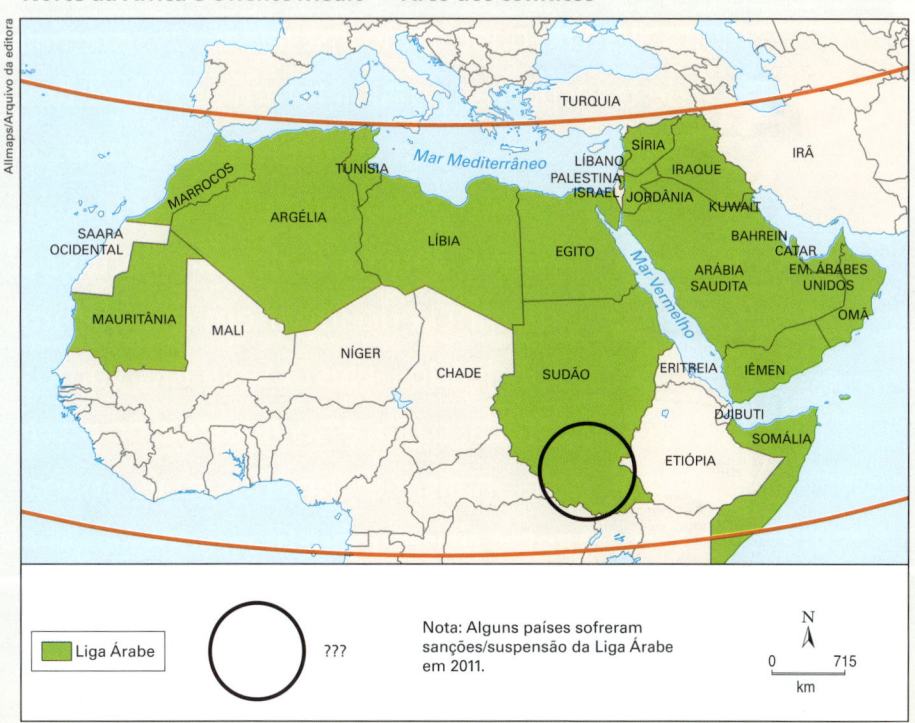

Acerca das dinâmicas socioespaciais em curso nessa região,

a) explique o significado de "Primavera Árabe", citando dois países com ela envolvidos diretamente, nos últimos anos;

b) identifique uma mudança na configuração territorial da área assinalada pelo círculo. Explique.

Adaptado de: *Le Monde diplomatique*, 2011.

Industrialização e comércio internacional

Observe que, diariamente, utilizamos diversos produtos industrializados. Você já imaginou como seria a vida, caso não existissem indústrias? Mesmo quem vive longe de parques industriais, ou nunca viu uma fábrica de perto, seguramente já consumiu algum produto industrializado. Ou seja, as indústrias exercem influência em áreas muito além de onde estão instaladas. Os sistemas de transportes possibilitaram aos produtos atravessar fronteiras e oceanos e serem consumidos a centenas, às vezes, a milhares de quilômetros de distância do lugar em que foram fabricados. Nesta unidade, vamos estudar o processo industrial no mundo e analisar alguns dos mais importantes países industrializados.

18 A geografia das indústrias

Chempark Krefeld-Uerdingen, localizado no estado da Renânia do Norte-Vestfália (Alemanha), em 2012. Esse parque industrial químico está integrado a sistemas de transportes eficientes, o que facilita a entrada de matérias-primas e o escoamento de produtos.

K. H. Halberstadt/Currenta GmbH Co. OHG

417

O processo industrial se caracteriza pela transformação de matérias-primas em produtos para outras indústrias ou em bens para o consumo no dia a dia. Emprega máquinas, ferramentas, energia e trabalhadores. Diferentemente do artesanato e da manufatura, seu processo ocorre no interior de fábricas, o que amplia a capacidade de transformação de matérias-primas e, portanto, de abastecimento de um amplo mercado consumidor.

Apesar de as grandes concentrações industriais estarem restritas a poucos lugares do planeta, como é possível verificar no mapa a seguir, a indústria estabelece uma teia de relações em âmbito local, regional, nacional e mundial, envolvendo o fornecimento de matérias-primas, transportes, comércio, energia, comunicações, mobilidade da mão de obra e outros.

Existem indústrias de diversos tipos e em diferentes estágios de desenvolvimento tecnológico. Algumas empregam tecnologia inovadora e abastecem o mercado mundial, enquanto outras usam técnicas tradicionais e fornecem apenas para o mercado local. De qualquer forma, todas elas impulsionam a economia e dinamizam as atividades agrícolas e o setor de serviços da região e do país onde estão instaladas.

Quais foram os primeiros países a se industrializar? Por que foram pioneiros? Onde se concentram as indústrias no mundo atual e que fatores influenciaram essa distribuição? O que mudou na produção e na localização industrial com a atual Revolução Técnico-Científica? O que é fordismo e toyotismo? Essas questões serão discutidas neste capítulo introdutório e terão continuidade nos seguintes.

Principais polos industriais do mundo

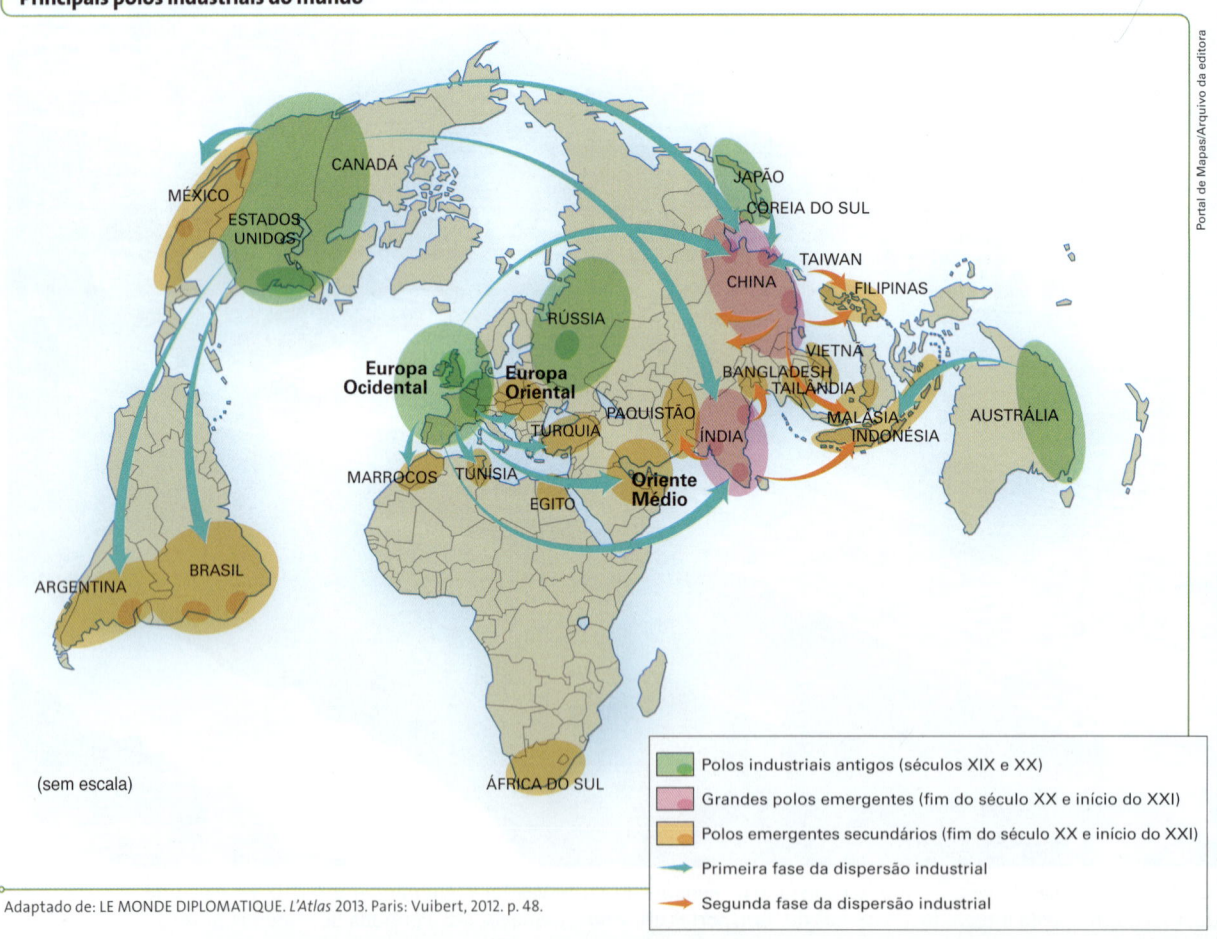

Portal de Mapas/Arquivo da editora

(sem escala)

Polos industriais antigos (séculos XIX e XX)

Grandes polos emergentes (fim do século XX e início do XXI)

Polos emergentes secundários (fim do século XX e início do XXI)

→ Primeira fase da dispersão industrial

→ Segunda fase da dispersão industrial

Adaptado de: LE MONDE DIPLOMATIQUE. *L'Atlas* 2013. Paris: Vuibert, 2012. p. 48.

1 A importância da indústria

A atividade industrial é muito importante nas economias dos países desenvolvidos e de muitos países em desenvolvimento, principalmente dos emergentes. Entretanto, não é tão simples captar a real contribuição do setor industrial para a economia de um país. Por exemplo, nos países industrializados mais avançados, a maior contribuição para o PIB provém do setor de serviços, não do industrial, embora este continue relevante. Mesmo em muitos países em desenvolvimento, a maior contribuição para o PIB vem dos serviços. Nos países desenvolvidos, os serviços contribuem em média com aproximadamente 75% do PIB, a indústria com cerca de 25% e a agropecuária com 1% ou 2%. Nos Estados Unidos, por exemplo, em 2012, os serviços contribuíram com 79% do PIB, a mais alta taxa do mundo, a indústria com 19% e a agropecuária com 1%. Entretanto, sem a indústria, não existiriam boa parte dos serviços e menos ainda a agricultura, que depende de insumos industriais para produção de alimentos e matérias-primas.

Como mostra a tabela da próxima página, embora haja países muito pobres, como o Iraque, em que o setor industrial tem uma participação muito reduzida no PIB, há nações emergentes, como a Tailândia, onde essa participação é muito elevada, bem maior que nos países desenvolvidos. Entretanto, esse percentual não revela se, nesses países, a atividade industrial é:

- moderna ou arcaica, isto é, se emprega ou não máquinas tecnologicamente avançadas e se conta ou não com elevada participação de produtos de alta tecnologia;
- competitiva ou não, isto é, se tem alta ou baixa participação na pauta de exportações, principalmente de produtos de alta e média tecnologia;
- diversificada ou dependente de um único setor, como nos países produtores de petróleo.

Em outras palavras, a contribuição da indústria para o PIB, considerada de forma isolada, é insuficiente para mostrar a importância quantitativa e qualitativa da atividade industrial em um país. Por isso, a Organização das Nações Unidas para o Desenvolvimento Industrial (UNIDO) coleta outros dados que revelam de forma mais abrangente a importância da indústria e seu grau de desenvolvimento tecnológico em diversos países. Observe a tabela na página seguinte.

Robôs industriais produzidos pela empresa alemã Kuka em funcionamento na linha de montagem dos automóveis da marca Porsche, em Leipzig (Alemanha), em 2014.

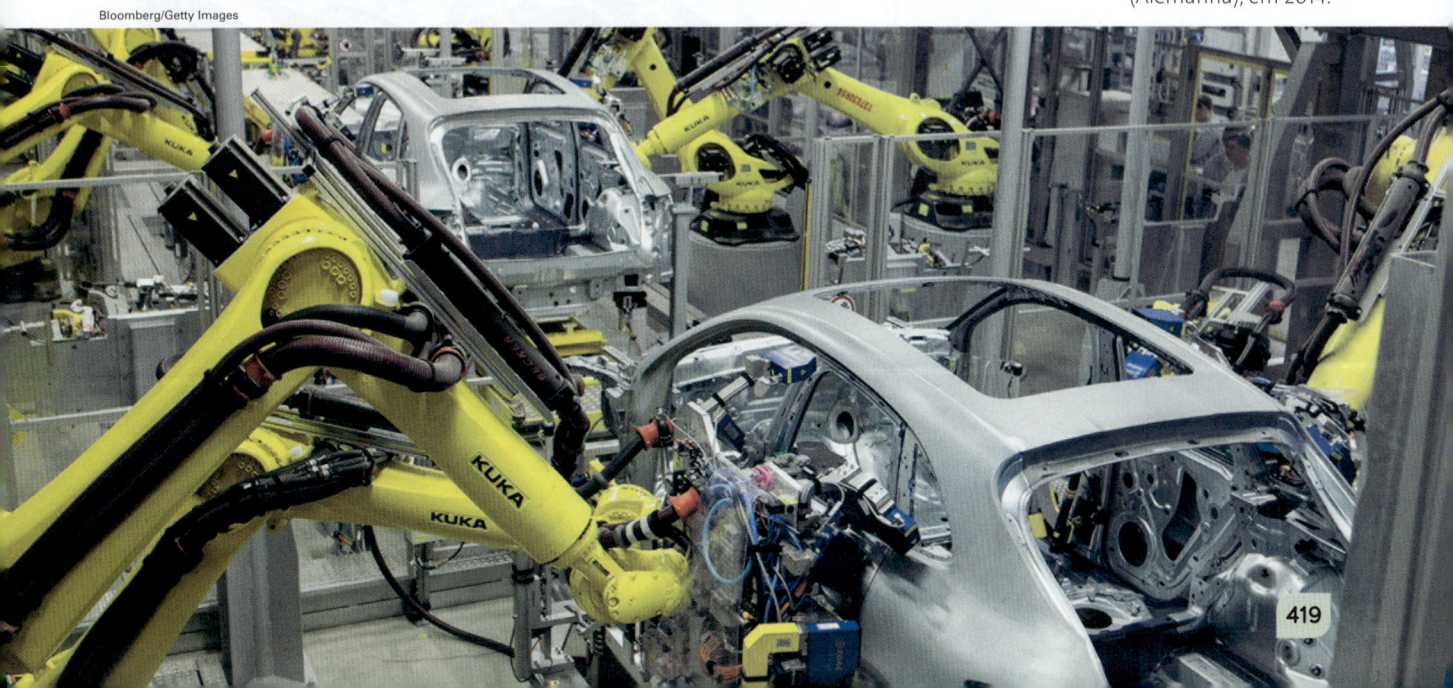

Os cinco países com maior participação na produção industrial mundial e outros selecionados – 2011						
País	**Participação (%)**					
	Valor da produção industrial nacional no PIB	Produtos de alta/média tecnologia no valor da produção industrial nacional	Produção nacional no valor da produção industrial mundial	Produtos industrializados no total das exportações nacionais	Produtos de alta/média tecnologia no total das exportações nacionais de industrializados	Produção nacional no valor total das exportações mundiais de produtos industrializados
Estados Unidos	13,50	51,52	20,52	75,93	62,18	7,89
China	34,15	40,70	16,42	96,17	58,96	14,60
Japão	20,53	53,70	10,70	91,70	78,89	6,04
Alemanha	19,23	56,76	6,70	88,14	72,04	10,45
Coreia do Sul	27,74	53,41	3,36	96,74	71,85	4,30
Reino Unido	10,32	41,99	2,78	79,25	62,14	3,00
Índia	14,89	37,27	2,25	83,34	27,67	2,01
México	17,75	38,45	1,95	76,78	77,83	2,15
Brasil	13,60	34,97	1,76	64,96	35,54	1,33
Rússia	13,71	23,14	1,49	34,95	22,18	1,45
Tailândia	36,66	46,16	0,88	81,90	58,53	1,50
Argentina	20,60	25,84	0,65	51,38	46,33	0,35
África do Sul	15,19	21,24	0,52	62,75	43,56	0,47
Nigéria	3,08	33,44	0,06	15,60	8,87	0,16
Haiti	8,83	5,26	0,00	82,97	3,80	0,00

UNITED Nations Industrial Development Organization. *Industrial Development Report 2013*. Viena: UNIDO, 2013. p. 196-202.

*Veja os 17 países mais industrializados no gráfico da página 431.

☞ Consulte o *site* da **Organização das Nações Unidas para o Desenvolvimento Industrial** (UNIDO). Veja orientações na seção **Sugestões de leitura, filmes e *sites***.

Bill Pugliano/Getty Images

Linha de montagem de automóvel na fábrica da General Motors em Lansing (cidade localizada a cerca de 100 quilômetros de Detroit, estado de Michigan, Estados Unidos), em 2012. Apesar de estar perdendo espaço no mundo e em seu próprio mercado, sobretudo para os chineses, os Estados Unidos ainda têm a maior participação no valor da produção industrial mundial.

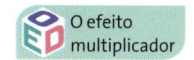

A atividade industrial, de maneira geral, é importante para as atividades agrícolas, o comércio e os serviços. A agricultura moderna utiliza máquinas, ferramentas, sistemas de irrigação, adubos, inseticidas e diversos outros insumos produzidos industrialmente; as diversas lojas existentes nas cidades – de roupas, calçados, eletrodomésticos, automóveis, móveis, entre outros –, além de supermercados e farmácias, não teriam mercadorias para vender caso não existisse a indústria de bens de consumo. O mesmo raciocínio pode ser aplicado para a maioria das atividades de prestação de serviços. Não existiriam manutenção de diversos aparelhos, fornecimento de energia elétrica, de água, as telecomunicações, os transportes, entre outros, não fosse a indústria de bens de capital produzir os equipamentos necessários para esses serviços funcionarem (veja a explicação no infográfico das páginas 424 e 425). E, ainda, para uma indústria funcionar, são necessários serviços de administração, limpeza, transporte, manutenção, alimentação, etc. Esses exemplos mostram que a indústria é fundamental na economia de diversos países e está fortemente inter-relacionada com os serviços e a agropecuária.

A crescente automação, principalmente nos países desenvolvidos e em alguns emergentes, tem reduzido relativamente o número de pessoas empregadas na indústria. Na atualidade, nos países industriais mais avançados, a maioria dos trabalhadores está empregada no setor de serviços. Quanto mais avançada uma economia, menos trabalhadores são empregados na indústria (menos ainda na agropecuária) e mais nos serviços. Ao observar a tabela a seguir, pode-se constatar que em quase todos os países a indústria é uma atividade essencialmente masculina, ao passo que os serviços empregam predominantemente mão de obra feminina.

Distribuição da população economicamente ativa				
% de homens e mulheres empregados no período 2009-2012*				
País	**Indústria**		**Serviços**	
	homem	mulher	homem	mulher
Estados Unidos	25	7	72	92
Japão	33	15	62	80
Alemanha	40	14	58	85
Coreia do Sul	20	13	73	81
Reino Unido	29	8	69	91
Índia	26	21	31	20
Brasil	29	12	52	77
Tailândia	23	18	36	44
Argentina	33	10	65	90
África do Sul	32	13	62	83

THE WORLD BANK. *World Development Indicators 2014: employment by sector*. Washington D.C., 2014. Disponível em: <http://wdi.worldbank.org/tables>. Acesso em: 15 abr. 2014.

* Dado mais recente disponível no período indicado. Não há dados disponíveis para China, Rússia, Nigéria e Haiti. O percentual de empregados na agropecuária corresponde ao número que falta para completar 100%, tanto para homens como para mulheres.

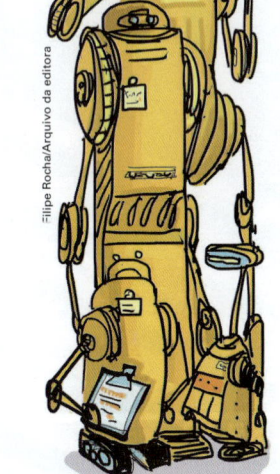

Classificação das indústrias

Segundo a Classificação Nacional de Atividades Econômicas (CNAE) do IBGE, todas as atividades desenvolvidas na economia brasileira estão classificadas em 21 grandes categorias: **A** – agricultura, pecuária, produção florestal, pesca e aquicultura; **B** – indústrias extrativas; **C** – indústrias de transformação, e por aí vai, até a letra **U**. Cada uma dessas atividades é organizada em setores e subsetores. A classificação da CNAE segue padrões internacionais utilizados em levantamentos estatísticos para permitir comparações entre o Brasil e outros países.

A produção industrial brasileira está classificada em duas grandes categorias: **B** – **indústrias extrativas**, organizadas em cinco setores: extração de petróleo e gás natural, extração de minerais metálicos, etc.; e **C** – **indústrias de transformação**, distribuídas em 24 setores: fabricação de produtos alimentícios, têxteis, químicos, de máquinas e equipamentos, etc.

O que é comumente chamado de indústria da construção civil o IBGE chamou de **construção** (item **F** da lista da CNAE), categoria que abriga os setores de construção de edifícios e obras de infraestrutura.

Há outra classificação, com base na qual o IBGE coleta dados e divulga os Indicadores da produção industrial por categorias de uso. Essa classificação é mais sintética, e o órgão do governo federal agrupa todos os setores e subsetores das indústrias de transformação da CNAE em três categorias, de acordo com os bens produzidos, como mostra o infográfico das páginas 424 e 425.

Existem ainda outras formas de classificação das indústrias, como demonstra o texto a seguir.

Colheira mecanizada de alfafa em Blackfoot, estado de Idaho (Estados Unidos), em 2012.

Tipos de indústria

Segundo a função:

a) indústrias germinativas – são as que geram o aparecimento de outras indústrias. Exemplo: a petroquímica.
b) indústrias de ponta – são as indústrias dinâmicas, que comandam a produção industrial. Exemplo: as indústrias química e automobilística.

Segundo a tecnologia:

a) indústrias tradicionais – são as que estão ainda ligadas às vantagens oriundas da primeira "revolução" industrial. Podem ser empresas familiares (empresas "clânicas") e denunciam sua presença pelos seus aspectos internos e externos e por sua localização. Há empresas brasileiras que são ainda deste tipo.
b) indústrias dinâmicas – são aquelas ligadas ao desenvolvimento recente da química, eletrônica e petroquímica, principalmente. Utilizam muito capital e tecnologia e relativamente pouca força de trabalho. Possuem uma flexibilidade maior de localização do que as anteriores e operam em economia de escala.

Segundo a aplicação dos recursos ou fatores:

a) indústrias capital-intensivas – as que aplicam os maiores recursos nos fatores capital e tecnologia.
b) indústrias trabalho-intensivas – as que empregam os maiores recursos em força de trabalho.

SILVA, Armando Correia da. *O espaço fora do lugar.* 2. ed. São Paulo: Hucitec, 1988. p. 23-24.

Joana Lima/DN/D.A Press

Carlos Casaes/Agência A Tarde/Folhapress

No território de um país, de um estado e, às vezes, até de uma cidade, estão instaladas indústrias dinâmicas, de capital intensivo, como a indústria automobilística (na foto de 2009, linha de produção robotizada no Complexo Industrial Ford Nordeste em Camaçari, BA, uma das mais modernas do grupo no mundo), e indústrias tradicionais, de trabalho intensivo, como a indústria de vestuário (na foto de 2009, costureiras trabalham na Eureka Confecções e Estamparia, em Natal, RN).

Infográfico

CLASSIFICAÇÃO DAS INDÚSTRIAS

Considerando os bens produzidos, o IBGE classifica as indústrias de transformação em três categorias: indústrias de bens intermediários, de bens de capital e de bens de consumo.

A indústria brasileira na crise mundial

Desde o início dos anos 2000, as indústrias de todas as categorias vinham crescendo com taxas elevadas, até serem atingidas pela crise econômica mundial em 2009. De lá para cá, a indústria brasileira vem enfrentando dificuldades para retomar o crescimento.

Brasil: indicadores da produção industrial por categorias de uso

Categorias	Variação (%)							
	2000	2004	2007	2008	2009	2010	2011	2012
Bens de capital	13,1	19,7	19,5	14,3	-17,4	20,9	3,2	-11,75
Bens intermediários	6,8	7,4	4,8	1,5	-8,8	11,4	0,3	-1,65
Bens de consumo	3,5	7,3	4,7	1,9	-2,7	6,4	-0,4	-1,01

IBGE. *Séries históricas & estatísticas*. Pesquisa industrial mensal – produção física 1992-2012. Disponível em: <http://seriesestatisticas.ibge.gov.br/Apresentacao.aspx>. Acesso em: 15 abr. 2014.

Sistema de transportes

INDÚSTRIAS DE BENS INTERMEDIÁRIOS

Fabricam produtos semiacabados utilizados como matérias-primas por outros setores industriais. São também chamadas de indústrias pesadas por transformarem grandes quantidades de matéria-prima. Tendem a se localizar próximo aos recursos naturais ou a portos e ferrovias, o que facilita a recepção de matérias-primas e o escoamento da produção.

Renato Cobucci/Hoje em dia/Folhapress

▸ Siderurgia
▸ Petroquímica
▸ Celulose e papel
▸ Cimento, etc.

Área de produção da siderúrgica Usiminas em Ipatinga (MG), em 2012. A siderurgia (fabricação de aço) é um dos cinco subsetores em que se divide a metalurgia.

INDÚSTRIAS DE BENS DE CAPITAL

São responsáveis por equipar as indústrias em geral, assim como a agricultura, os serviços e toda a infraestrutura. Tendem a se localizar em áreas onde há boa infraestrutura industrial, nas proximidades de empresas consumidoras de seus produtos, ou seja, em grandes regiões urbano-industriais.

Ernesto Reghran/Pulsar Imagens

Máquinas e equipamentos para:
▸ Indústrias em geral
▸ Agricultura
▸ Transportes
▸ Geração de energia, etc.

Linha de produção na fábrica de Tratores da Massey Ferguson em Canoas (RS), em 2012.

Países industrializados

Quanto mais industrializada e moderna for a economia de um país, maior será a participação do setor de serviços na composição do seu PIB e menor a da agricultura.

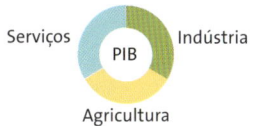

Participação dos setores de atividade (em %) no PIB (em bilhões de dólares) – 2012

Serviços — PIB — Indústria

Agricultura

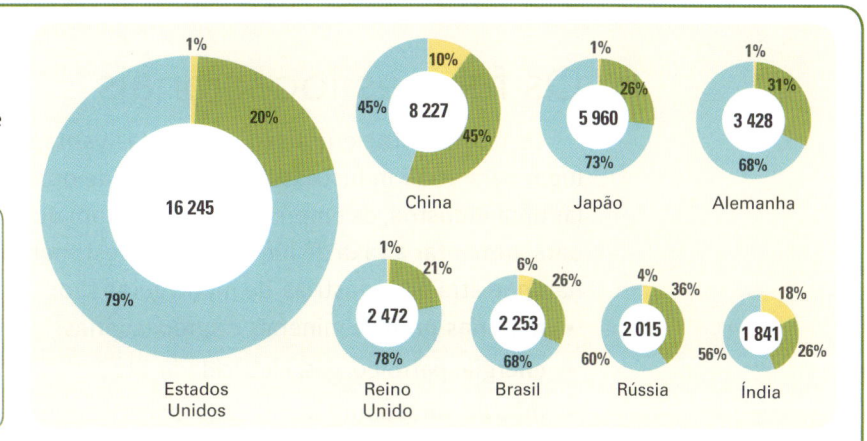

Estados Unidos: 16 245 — 1%, 20%, 79%

China: 8 227 — 10%, 45%, 45%

Japão: 5 960 — 1%, 26%, 73%

Alemanha: 3 428 — 1%, 31%, 68%

Reino Unido: 2 472 — 1%, 21%, 78%

Brasil: 2 253 — 6%, 26%, 68%

Rússia: 2 015 — 4%, 36%, 60%

Índia: 1 841 — 18%, 26%, 56%

THE WORLD BANK. *World Development Indicators 2014: structure of output*. Washington D.C., 2014. Disponível em: <http://wdi.worldbank.org/tables>. Acesso em: 15 abr. 2014.

INDÚSTRIAS DE BENS DE CONSUMO

Também chamadas de indústrias leves, são as mais dispersas espacialmente: estão localizadas em grandes, médios e pequenos centros urbanos ou mesmo na zona rural de diversos países. Porém, concentram-se preferencialmente em regiões urbano-industriais, onde há maior disponibilidade de mão de obra e mais facilidade de acesso ao mercado consumidor.

Eduardo Maia/DN/D.A Press

▶ Não duráveis: alimentos, bebidas, remédios, etc.
▶ Semiduráveis: vestuário, acessórios, calçados, etc.
▶ Duráveis: móveis, eletrodomésticos, automóveis, etc.

Produção de roupas de banho na fábrica da Coteminas S. A. em Macaíba (RN), em 2012.

MERCADO CONSUMIDOR

Com os avanços tecnológicos nos transportes e o barateamento dos fretes, o mercado consumidor se globalizou, está no mundo todo. Entretanto, ainda é maior onde a população detém mais renda: nos países desenvolvidos e em muitas regiões dos países emergentes.

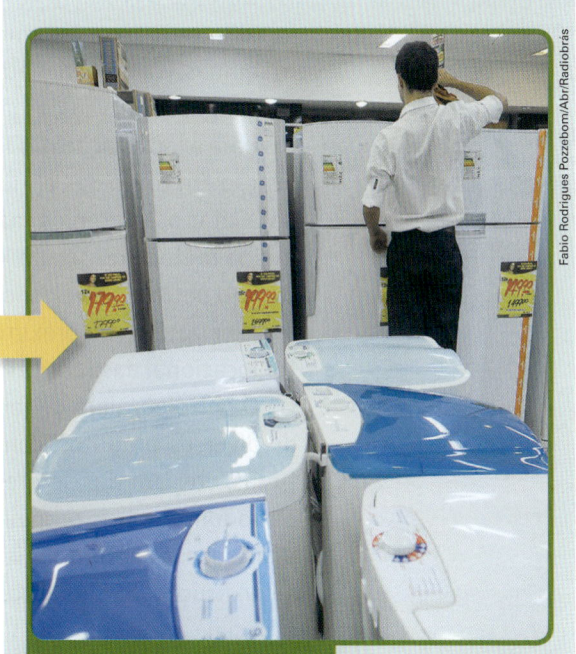

Fabio Rodrigues Pozzebom/Abr/Radiobrás

▶ Lojas de roupas, sapatos, eletrodomésticos, automóveis, etc.
▶ Depósitos de material de construção
▶ Supermercados
▶ Farmácias, etc.

Loja de eletrodomésticos em Brasília (DF), em 2012.

2 Distribuição das indústrias

Os fatores locacionais

Os fatores locacionais são as diversas vantagens oferecidas por determinado lugar para atrair indústrias. No momento de optar por uma localidade para instalar uma indústria, os empresários consideram quais fatores são mais importantes para aumentar a taxa de lucro de seu investimento. Os principais fatores locacionais que atraem indústrias, de modo geral, são:

- **matérias-primas:** minerais e agropecuárias;
- **energia:** petróleo, gás, eletricidade, etc.;
- **mão de obra:** pouco qualificada (baixa remuneração) ou muito qualificada (alta remuneração);
- **tecnologia:** parques tecnológicos, incubadoras, universidades, centros de pesquisa e desenvolvimento (P&D);
- **mercado consumidor:** relacionado à quantidade de pessoas e disponibilidade de renda;
- **logística:** disponibilidade e custos competitivos de transporte e armazenagem;
- **rede de telecomunicações:** telefonia fixa e móvel, internet, etc.;
- **complementaridade:** proximidade de indústrias afins;
- **incentivos fiscais:** redução ou isenção de impostos concedida pelo Estado nas três esferas de poder.

Logística: o termo tem origem militar e envolve aspectos táticos e estratégicos das operações das Forças Armadas no campo de batalha. Recentemente, passou a ser usado na economia para definir o planejamento, a execução e o controle do fluxo de mercadorias e serviços, assim como das informações relativas a eles e a infraestrutura de transportes e armazenagem, buscando melhorar a circulação e reduzir custos.

Durante a Primeira Revolução Industrial (fim do século XVIII a meados do século XIX), como o carvão mineral era a **fonte de energia** usada para movimentar as máquinas, e a precariedade dos meios de transporte dificultava seu deslocamento por longas distâncias, as jazidas carboníferas eram um dos fatores mais importantes para a localização das fábricas. Daí o fato de ter ocorrido uma intensa industrialização em torno das principais jazidas de carvão britânicas, alemãs e americanas, para citar os exemplos mais relevantes. Com a Segunda Revolução Industrial (segunda metade do século XIX) e a crescente utilização de outras fontes de energia, como o petróleo e a eletricidade, os meios de transporte de cargas e passageiros se modernizaram, e a proximidade com o carvão foi perdendo importância como fator locacional das fábricas.

O petróleo, além de fonte de energia, é **matéria-prima** essencial na fabricação de diversos produtos, como plásticos, borrachas, tecidos sintéticos, fertilizantes, tintas, etc. Um dos setores que mais cresceu após sua descoberta foi a indústria petroquímica. Nas primeiras décadas do século XX, quando começaram a ser implantadas, as petroquímicas se concentravam perto das reservas de petróleo, mas a construção de oleodutos e de grandes navios petroleiros levou à sua dispersão espacial.

Hoje a maioria das refinarias de petróleo se localiza nas proximidades dos grandes centros consumidores de seus produtos, porque é mais barato transportar o petróleo bruto que seus derivados – gasolina, nafta, querosene e outros.

Em contrapartida, a proximidade das jazidas de minérios, como ferro, manganês e outros, constitui um dos principais fatores para a localização das indústrias siderúrgicas, como as do Quadrilátero Ferrífero (Minas Gerais), porque é mais barato transportar as chapas de aço do que o minério bruto.

Nas últimas décadas, um fator determinante para a localização de qualquer tipo de indústria é a existência de uma boa logística que possibilite o recebimento de matérias-primas e o escoamento das mercadorias produzidas a custos competitivos. Por isso, muitos centros industriais importantes desenvolveram-se próximos a portos marítimos ou fluviais ou ainda em entroncamentos rodoviários ou ferroviários. Centros industriais mais modernos – que produzem bens de alto valor agregado, como os da área de informática – tendem a se localizar perto de aeroportos. Com a mobilidade do capital e das mercadorias pelo mundo, a logística ganha importância determinante na alocação dos investimentos produtivos no espaço geográfico. Observe, no gráfico a seguir, o índice de desempenho em logística de alguns países selecionados entre os 155 que constam no documento do Banco Mundial.

Extração de minério de ferro na Mina Casa de Pedra no município de Congonhas (MG), em 2008. Essa mina pertence à Companhia Siderúrgica Nacional (CSN), e sua produção abastece a Usina Presidente Vargas/CSN, localizada em Volta Redonda (RJ). Essa usina siderúrgica, uma das maiores da América Latina, localiza-se estrategicamente próxima do abastecimento de matéria-prima e dos maiores mercados consumidores de aço do país, além de estar perto de portos para receber carvão e escoar parte da produção.

Ricardo Azoury/Pulsar Imagens

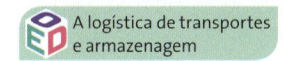

A logística de transportes e armazenagem

Os 10 países com melhor Índice de Desempenho em Logística* e outros selecionados – 2012

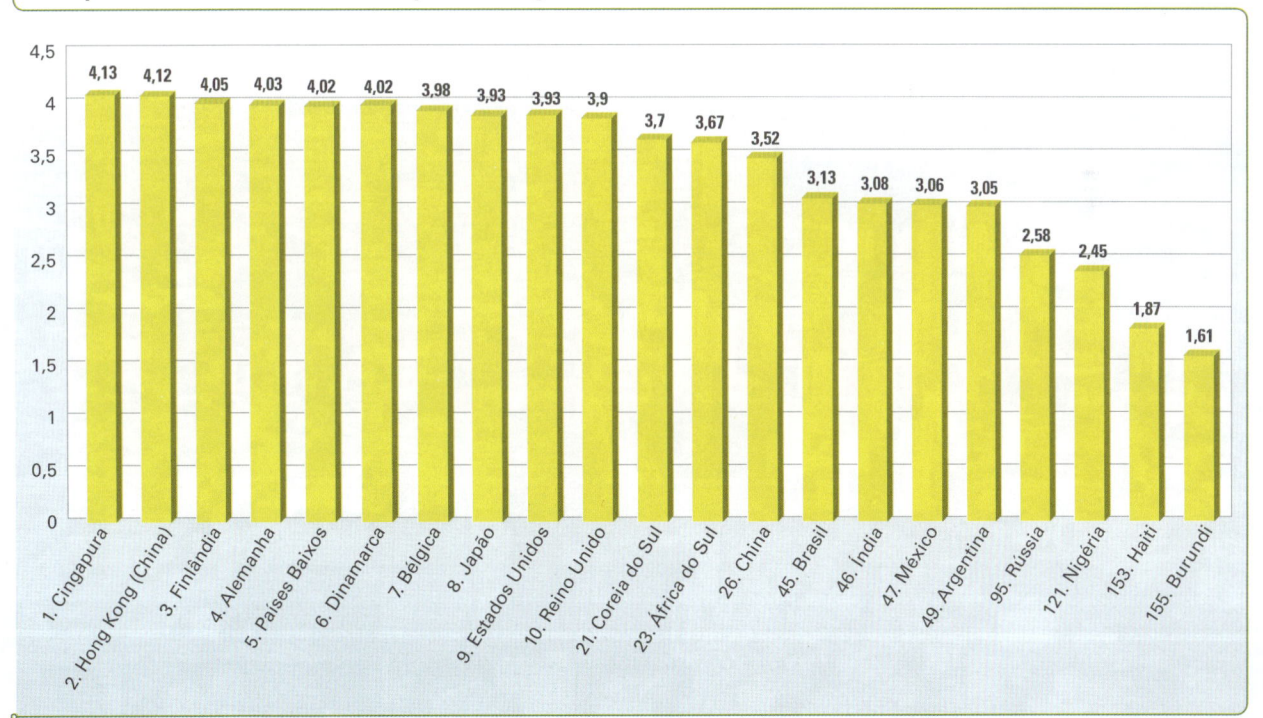

THE WORLD BANK. *Connecting to Compete*. The Logistics Performance Index and its indicators 2012. Disponível em: <http://siteresources.worldbank.org/TRADE/Resources/239070-1336654966193/LPI_2012_final.pdf>. Acesso em: 15 abr. 2014.

* De acordo com o Banco Mundial: "Usando uma escala que varia de 0 a 5, o Índice de Performance em Logística agrega mais de 5 mil avaliações de cada país, complementadas por diversos indicadores qualitativos e quantitativos do ambiente logístico doméstico, das instituições e do desempenho das cadeias de abastecimento (como custos e atrasos)". Quanto mais próximo de 5, melhor é a logística do país; quanto mais perto de 0, pior.

Com o desenvolvimento tecnológico e o consequente barateamento dos transportes, as indústrias, mesmo as que utilizam muita matéria-prima, já não precisam se localizar perto das reservas. O Japão, por exemplo, grande produtor de aço, importa todo o minério de ferro e o carvão utilizados em suas indústrias. As indústrias siderúrgicas japonesas localizam-se em áreas onde os navios carregados de minérios podem atracar.

Muitas vezes, a instalação de uma indústria ou de um distrito industrial estimula o crescimento das cidades em seu entorno, enquanto em outros casos as cidades atraem indústrias, que por sua vez promovem seu crescimento e as transformam em polos de atração de novos estabelecimentos industriais. Isso ocorreu principalmente até meados do século XX, mas já faz tempo que as indústrias têm saído das grandes cidades, como veremos a seguir.

Além desses fatores, há outro que, cada vez mais, vem ganhando importância na hora de decidir onde implantar uma nova fábrica: os incentivos fiscais. Interessadas em atrair novas fábricas, diversos setores do governo concedem isenções de impostos às empresas que pretendem se instalar em seus territórios. Em geral, fazem essas concessões a indústrias que têm efeito multiplicador, isto é, que atraem outras fábricas que, por sua vez, não terão incentivos, o que em geral compensa a isenção concedida. Por exemplo, o governo da Bahia concedeu incentivos fiscais para atrair a fábrica da Ford para o município de Camaçari, o que atraiu várias indústrias de autopeças para seu entorno. Porém, os incentivos fiscais isoladamente não conseguem atrair indústrias. É comum também conceder terrenos para a instalação de unidades produtivas, muitas vezes até mesmo com a infraestrutura básica já implantada. Os governos fazem essas concessões para aumentar a geração de empregos e a arrecadação de impostos, entre muitos outros benefícios.

Antigamente, a disponibilidade de mão de obra e a proximidade do mercado consumidor eram fatores fundamentais para a localização de muitas indústrias, sobretudo as de bens de consumo, como eletrodomésticos, alimentos e roupas. É por isso que o fenômeno industrial esteve inicialmente ligado às concentrações urbanas, particularmente às grandes cidades, como Londres, Nova York, Tóquio, Frankfurt, São Paulo, Seul e Cidade do México (em vista aérea de 2013).

Trabalhadores costuram bolas de futebol em fábrica de fundo de quintal localizada em Sialkot (Paquistão), em 2010.

Sede da Nike em Beaverton, Oregon (Estados Unidos), onde ficam a administração mundial da empresa, o centro de P&D e o Departamento de Marketing (foto de 2010). Já a fabricação dos produtos é feita por empresas terceirizadas de países em desenvolvimento onde a mão de obra, em geral, é mais barata.

Desconcentração da atividade industrial

Com a globalização e a Revolução Técnico-Científica, os avanços nos transportes e nas telecomunicações fizeram as indústrias não mais precisarem se instalar próximas ao mercado consumidor: para as grandes corporações, o mercado consumidor é o mundo todo. A Nike, por exemplo, produtora de material esportivo, está sediada nos Estados Unidos, mas contrata empresas terceirizadas para produzir seus tênis, bolas, agasalhos, entre outros itens, em países de mão de obra barata, sobretudo da Ásia, de onde seus produtos são exportados para o mundo inteiro. Isso vale também para empresas que produzem bens mais sofisticados tecnologicamente, como a também americana Apple, que terceiriza sua produção de celulares, *tablets* e computadores para a taiwanesa Foxconn, que, por sua vez, produz a maior parte desses equipamentos na China. O maior patrimônio da Nike, assim como da Apple, é sua marca, que vai estampada em seus produtos. No capitalismo informacional, a marca é mais importante que o produto.

Nos últimos anos, muitas indústrias de calçados do Rio Grande do Sul fecharam fábricas no estado e transferiram a produção para a China, de onde exportam para outros países, incluindo o Brasil. O custo de transporte é compensado porque a mão de obra chinesa é mais barata e produtiva do que a brasileira (veja o gráfico sobre o custo dos trabalhadores industriais, na página 439).

A desconcentração da produção industrial pelo espaço geográfico mundial exigiu o desenvolvimento de uma densa rede de transportes terrestres e marítimos para viabilizar a rápida circulação de mercadorias entre diversos países. Na foto, porto de Xangai (China), o mais movimentado do mundo, em 2014.

Esses exemplos evidenciam que, para as indústrias trabalho-intensivas, a mão de obra barata é um fator fundamental, mais importante do que a proximidade do mercado consumidor.

O crescimento econômico e populacional das grandes cidades tem aumentado os custos de produção em razão da alta no preço dos imóveis e dos impostos, dos crescentes congestionamentos de trânsito e da elevação do custo da mão de obra. Por causa disso, nas últimas décadas, a distribuição das indústrias no espaço geográfico tem se reorganizado, nas escalas regional, nacional e mundial. A desconcentração industrial resulta da necessidade de buscar custos menores e foi viabilizada pela modernização dos sistemas de transportes, de telecomunicações e dos métodos de gestão.

Com a globalização, uma indústria automobilística japonesa pode conceber um projeto em um centro de P&D localizado no Japão ou nos Estados Unidos, desenvolvê-lo em um desses países, na Europa ou na China, realizar a produção das diversas peças em uma dúzia de países de acordo com as vantagens que ofereçam, escolher alguns deles para realizar a montagem final e garantir suas vendas em escala mundial. Observe o mapa a seguir.

Globaliza-se, assim, não só o mercado como também a produção. Essa dinâmica atual permite maior especialização da atividade industrial nos mais diversos países e regiões do mundo e a consequente intensificação das trocas comerciais em escala planetária. O que não é produzido num país ou região é procurado fora. Da mesma forma, o aumento da produção necessita da ampliação do mercado, que de nacional passa a regional ou mundial.

Produção, venda e centros de pesquisa e desenvolvimento da Toyota – 2009

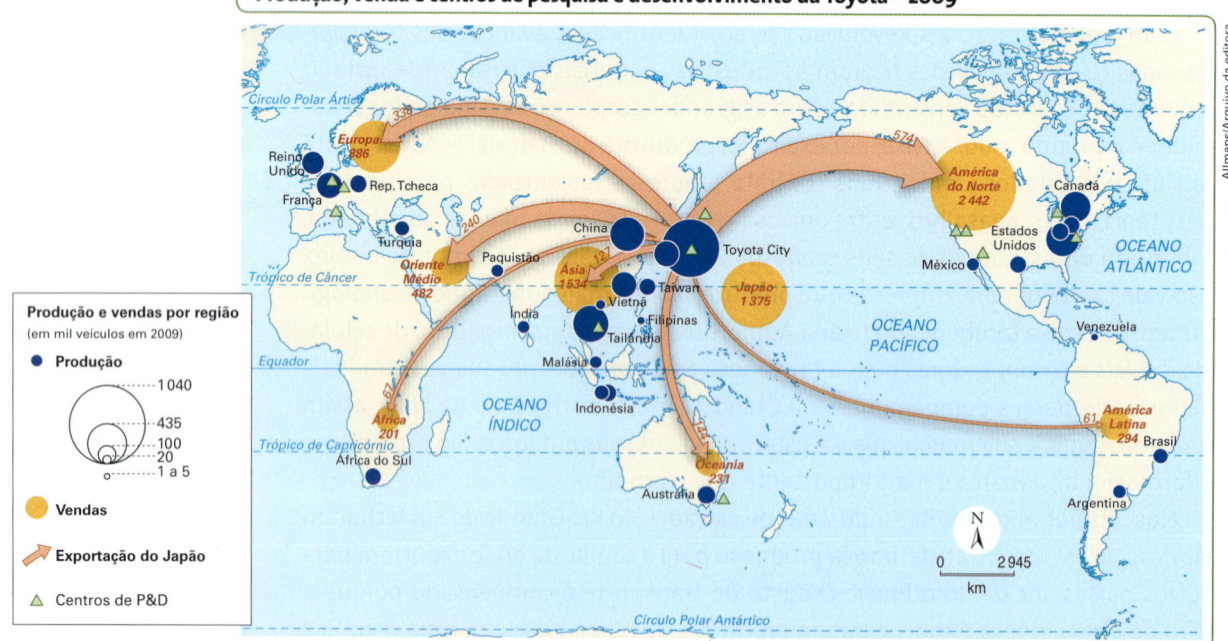

Adaptado de: DURAND, Marie-Françoise et al. *Atlas de la mondialisation*: comprendre l'espace mondial contemporain. 6. ed. Paris: Sciences Po, 2012. p. 52.

Apesar da desconcentração em curso, o fenômeno industrial ainda está distribuído de maneira bastante desigual, predominando em algumas poucas regiões do espaço geográfico mundial: em 2011, 80% do valor da produção industrial do mundo concentrava-se em apenas 17 países. Como mostram o mapa que observamos na introdução deste capítulo e o gráfico abaixo, as maiores aglomerações industriais ocorrem principalmente nos países desenvolvidos (que têm perdido participação) e nas principais economias emergentes (que têm ganhado participação, com destaque para a China).

A desconcentração continua ocorrendo, mas em um mapa-múndi de escala muito pequena, como o que vimos (e como geralmente aparecem nos atlas geográficos), não aparecem as concentrações industriais menores. Por exemplo, em diversos países da África, há investimentos estrangeiros em indústrias extrativas minerais (sobretudo petrolífera), em agroindústrias, entre outros setores. Entretanto, só estão cartografadas as principais regiões industriais localizadas na África do Sul, no Egito, na Tunísia e no Marrocos, e não aparecem as pequenas concentrações fabris existentes em Angola, Botsuana, Nigéria, entre outras. O mesmo ocorre na América do Sul, onde só foram representadas as principais regiões industriais do Brasil e da Argentina, e não aparecem as concentrações menores na Venezuela, na Colômbia, no Peru, entre outros, e mesmo em nosso país. Observe que naquele mapa (página 418) não aparece, por exemplo, o polo industrial da Zona Franca de Manaus (AM).

Os países mais industrializados do mundo*

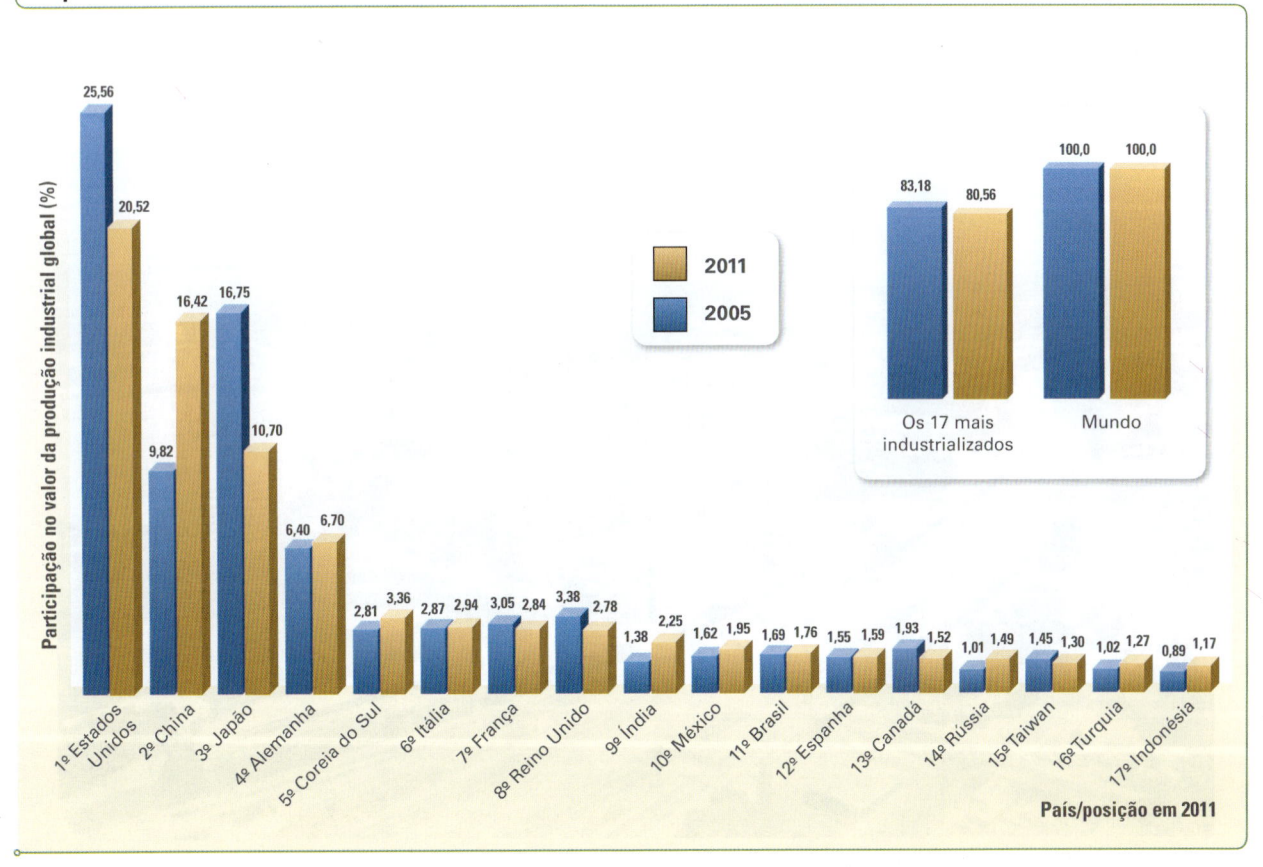

UNITED Nations Industrial Development Organization. *Industrial Development Report 2011*. Vienna: UNIDO, 2011. p. 192-198.; UNITED Nations Industrial Development Organization. *Industrial Development Report 2013*. Vienna: UNIDO, 2013. p. 196-202.

* Foram listados os países com participação superior a 1%.

Os parques tecnológicos

Atualmente, um fator fundamental para a escolha da localização industrial é a existência de mão de obra com alto nível de qualificação, principalmente para as indústrias de alta tecnologia. Não por acaso, as empresas de semicondutores (*microchips*), informática (equipamentos, programas e sistemas), telecomunicações, novos materiais, biotecnologia, entre outras, se concentram nos **parques tecnológicos ou parques científicos**, também chamados de **tecnopolos**. Utilizaremos esses termos indistintamente ao longo dos próximos capítulos, embora no Brasil a expressão parque tecnológico seja mais utilizada. Leia a definição a seguir.

Outras leituras

O que é um parque científico ou tecnológico?

De acordo com a Associação de Parques Científicos do Reino Unido (UKSPA), um parque científico é um apoio a empresas e uma iniciativa de transferência de tecnologia que:

- Incentiva e apoia a criação e a incubação de empresas inovadoras, de alto crescimento e de base tecnológica.
- Oferece um ambiente em que grandes empresas transnacionais podem desenvolver interações estreitas e específicas com um centro local de produção de conhecimentos, trazendo benefícios mútuos.

- Possui ligações formais e operacionais com centros de produção de conhecimentos, tais como universidades, institutos de ensino superior e centros de pesquisa.

UNESCO – United Nations Educational, Scientific and Cultural Organization. Science Policy and Capacity-Building. Concept and Definition. Disponível em: <www.unesco.org/new/en/natural-sciences/science-technology/university-industry-partnerships/science-and-technology-park-governance/concept-and-definition>. Acesso em: 15 abr. 2014. (Traduzido pelos autores.)

Consulte o *site* da **Associação Internacional de Parques Científicos** (IASP). Veja orientações na seção **Sugestões de leitura, filmes e *sites***.

Proehl Studios/Corbis/Latinstock

Vista do Vale do Silício em San Jose, na Califórnia (Estados Unidos), em 2013. Este foi o primeiro parque tecnológico criado no mundo e atualmente é o maior, o mais inovador e serve de modelo para muitos outros (vamos estudá-lo no capítulo 19).

Os parques tecnológicos são o exemplo mais acabado da geografia industrial do capitalismo informacional. Esses novos centros industriais e de serviços se relacionam à Terceira Revolução Industrial, assim como as bacias carboníferas estavam ligadas à Primeira ou as jazidas petrolíferas à Segunda. Os tecnopolos constituem os pontos de interconexão da rede mundial de produção de conhecimentos e os principais centros irradiadores das inovações que caracterizam a revolução tecnológica iniciada nas últimas décadas do século XX. Muitas das empresas inovadoras existentes atualmente se desenvolveram em uma **incubadora**, no interior de um parque tecnológico. Observe no mapa a seguir os principais parques existentes no mundo.

Os tecnopolos concentram-se principalmente nos Estados Unidos, em países da União Europeia e no Japão, embora haja alguns em outros países desenvolvidos e também em certos países emergentes: no Brics (com destaque para a China), na Coreia do Sul, em Taiwan, no México, entre outros (os parques tecnológicos mais importantes serão analisados ao longo dos próximos capítulos).

No mapa abaixo, cada tecnopolo recebe pontos de 1 a 4 para estes itens listados, conforme sua disponibilidade quantitativa e qualitativa:

a) universidades e centros de pesquisa que formam trabalhadores qualificados e geram desenvolvimento tecnológico;

b) empresas que oferecem competência técnica e estabilidade econômica;

c) empresas empreendedoras;

d) capital de risco.

A pontuação máxima foi atingida pelo Vale do Silício (16 pontos, veja a foto na página anterior), e a mínima por Gauteng, África do Sul (4). Entre esses extremos, estão 44 tecnopolos, entre os quais: Boston, Estados Unidos (15); Bangalore, Índia (13); Cambridge, Reino Unido (12); Tóquio, Japão (11); São Paulo, Brasil (9); Inchon, Coreia do Sul (8).

Incubadora de empresas: estrutura destinada à criação e ao desenvolvimento, sobretudo de micro e pequenas empresas, principalmente de tecnologia avançada, na área industrial ou de serviços, com o objetivo de reduzir sua mortalidade e estimular a inovação. Em geral, a incubadora dispõe de instalações para abrigar temporariamente a empresa selecionada. A incubação também pode ser feita a distância; nesse caso, a empresa recebe todo o suporte (capacitação técnicogerencial, acesso a laboratórios e bibliotecas, etc.), mas não compartilha o espaço físico da incubadora. No Brasil, cerca de 90% das incubadoras estão vinculadas a uma universidade ou centro de pesquisa, muitas das quais funcionando no próprio *campus* universitário.

 Consulte o *site* do **Sebrae**. Veja orientações na seção **Sugestões de leitura, filmes e *sites***.

Principais parques tecnológicos

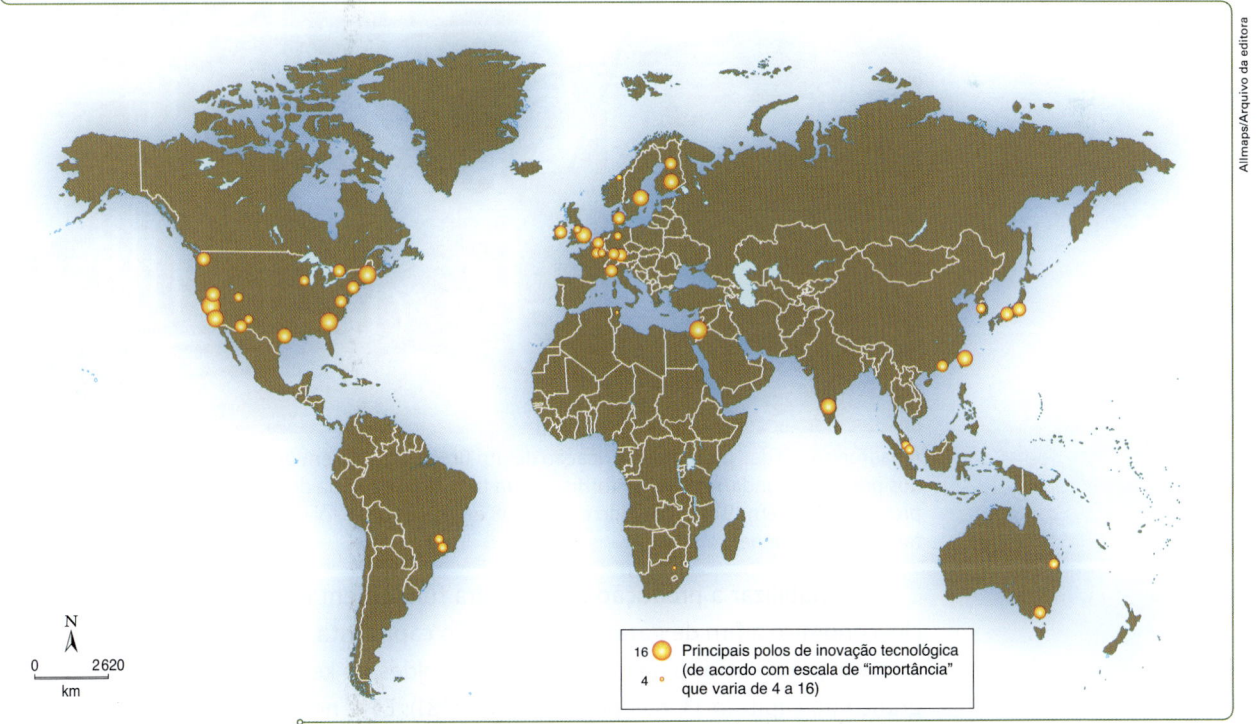

N

0 — 2620
km

16 ◯ 4 ○ Principais polos de inovação tecnológica (de acordo com escala de "importância" que varia de 4 a 16)

Adaptado de: CHARLIER, Jacques (Dir.). *Atlas du 21e siècle édition 2012*. Groningen: Wolters-Noordhoff; Paris: Éditions Nathan, 2011. p. 196.

3 Organização da produção industrial

A produção fordista

Em 1911, o engenheiro **Frederick W. Taylor** (1856-1915) publicou o livro *Os princípios da administração científica*, no qual defendia o estabelecimento de um sistema de organização científica do trabalho. Esse sistema consistia em controlar os tempos e os movimentos dos trabalhadores e fracionar as etapas do processo produtivo, de forma que cada operário desenvolvesse tarefas ultraespecializadas e repetitivas, com o objetivo de aumentar a produtividade no interior das fábricas. Esses novos procedimentos organizacionais aplicados à indústria ficaram conhecidos como **taylorismo**.

O industrial **Henry Ford** inovou os métodos de produção conhecidos em sua época ao pôr o taylorismo em prática em sua empresa, a Ford Motor Company, fundada em 1903, no estado de Michigan (Estados Unidos). Em 1913, desenvolveu seu próprio método de racionalização da produção ao introduzir esteiras rolantes nas **linhas de montagem** dos automóveis: as peças chegavam até os operários, que executavam sempre as mesmas tarefas referentes à produção de cada parte do carro.

O **fordismo** distingue-se do taylorismo por apresentar uma visão abrangente da economia, não ficando restrito a mudanças organizacionais no interior das fábricas. Ford percebeu que a produção em grande escala exigia consumo em massa, o que pressupunha a fabricação de produtos mais baratos, porém de boa qualidade, e salários mais elevados aos trabalhadores (leia a frase em que ele defende isso). O fordismo/taylorismo provocou uma revolução nos métodos de produção que levaram ao desenvolvimento da sociedade de consumo.

A padronização das peças e a fabricação de um único produto em grande quantidade são alguns dos princípios fundamentais do fordismo. Na foto, final da linha de produção do Ford T, provavelmente em 1914. Produzido entre 1908 e 1926, o Ford T foi um dos primeiros carros fabricados em série.

Para viabilizar a produção fordista, era fundamental criar um novo arranjo socioeconômico a fim de garantir a expansão capitalista. A solução encontrada foi a intervenção do Estado na economia, nos moldes do keynesianismo (reveja o infográfico do capítulo 13, nas páginas 280 e 281). Esse novo arranjo assentava-se no combate ao desemprego e no constante aumento dos salários.

Ganhando salários melhores, os trabalhadores podiam consumir cada vez mais. Dessa forma, os empresários obtinham maiores lucros, pois os aumentos salariais eram compensados pelos crescentes aumentos da produtividade e do consumo. O Estado, por sua vez, arrecadava mais impostos com a expansão econômica. Estavam criadas as condições para a melhoria do padrão de vida dos trabalhadores e para o desenvolvimento da sociedade de consumo.

A elevação das receitas do Estado permitiu que os governos, sobretudo nos países europeus ocidentais, instituíssem uma ampla rede de proteção social. A partir dos anos 1950, com a chegada ao poder de partidos social-democratas, socialistas e trabalhistas, consolidou-se em vários países da Europa ocidental, mas também nos Estados Unidos, no Canadá, no Japão e na Austrália, em maior ou menor grau, o **Estado de bem-estar**.

Assim, o **modelo fordista-keynesiano** criou as condições para o crescimento contínuo das economias capitalistas no pós-Segunda Guerra, principalmente nos países desenvolvidos.

O crescimento econômico nos países desenvolvidos foi interrompido em meados dos anos 1970. A produtividade já não crescia em ritmo suficiente para atender à pressão dos sindicatos por aumentos salariais e à elevação dos custos sociais do Estado de bem-estar. Os Estados passaram a emitir moeda para financiar a elevação de seus gastos, e as empresas, a repassar aos preços o aumento dos custos de produção. O resultado foi a elevação da inflação: em 1975, chegou perto de 10% ao ano nos Estados Unidos e a cerca de 13% na Europa ocidental.

Essa crise se agravou com a brusca elevação dos preços do barril do petróleo em 1973 e em 1979. A partir do fim daquela década, os governos dos países industrializados passaram a adotar políticas de contenção da inflação. Elevaram as taxas de juros, levando muitas pessoas e empresas a deixar seu capital aplicado nos bancos, em vez de investir na produção. Em consequência disso, os índices de crescimento econômico baixaram.

Com as crises da década de 1970, houve uma tendência de redução dos lucros das empresas, e o modelo fordista-keynesiano foi questionado. Para superar essa situação, os governos começaram a introduzir novas políticas macroeconômicas, e as empresas a promover transformações tecnológicas e organizacionais, as quais ficaram conhecidas como produção flexível, que veremos a seguir.

Veja a indicação dos filmes **Tempos modernos** e **No Amor**, na seção **Sugestões de leitura, filmes e** *sites*.

Sede da central sindical britânica Trades Union Congress, em Londres (Reino Unido). Fundada em 1868, contava em 2010 com 58 sindicatos filiados e representava cerca de 7 milhões de trabalhadores. A escultura de bronze na entrada do edifício é do escultor inglês Bernard Meadows (1915-2005) e representa o espírito do sindicalismo, no qual o mais forte ajuda o mais fraco.

David Pearson/Alamy/Other Images

Estado de bem-estar (do inglês, *Welfare state*): arranjo político-econômico baseado na empresa privada e na livre iniciativa, mas com forte participação do Estado na concessão de benefícios sociais. Instituído sobretudo na Europa ocidental após a Segunda Guerra por governos de partidos social-democratas, socialistas e trabalhistas, visava garantir um padrão de vida adequado – saúde, educação, moradia, previdência social, etc. – ao conjunto da sociedade, evitando conflitos sociais.

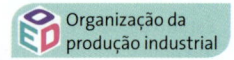

Economia de escala: típica da época fordista; mercadorias sem grande variedade de modelos ou cores eram feitas em grande quantidade com o objetivo de baixar custos de produção. Os automóveis, por exemplo, eram quase sempre pretos. Os ganhos de produtividade vinham da grande escala de produção e da fragmentação do trabalho.

Economia de escopo: típica da época toyotista; as mercadorias apresentam grande variedade de modelos e cores e são feitas no sistema de produção flexível, como o *just-in-time*. Os ganhos de produtividade decorrem dessa flexibilidade. Como os mercados se expandiram e as grandes corporações, quase sempre organizadas de forma flexível, abastecem o mundo inteiro, a economia de escopo não substitui a economia de escala, mas a complementa e a aperfeiçoa.

A produção flexível

Como resposta à crise do modelo de produção fordista, as empresas passaram a introduzir máquinas e equipamentos tecnologicamente mais avançados, como os robôs, e novos métodos de organização da produção. Essas inovações, particularmente nos países desenvolvidos, ficaram conhecidas como produção flexível, em contraposição à rigidez do fordismo. Muitos também chamam essas inovações de **toyotismo**, porque começaram a ser desenvolvidas após a Segunda Guerra na fábrica da Toyota Motor, em Toyota City, Japão. Entretanto, enquanto o toyotismo esteve mais associado aos métodos organizacionais no interior das fábricas, a produção flexível corresponde ao contexto mais amplo no qual se inserem as relações de trabalho e as políticas econômicas. Ela está associada ao neoliberalismo, enquanto a produção fordista, como vimos, estava associada ao keynesianismo.

O desenvolvimento dessa nova organização da produção tem gerado novas relações de trabalho, novos processos de fabricação e novos produtos. A palavra de ordem passa a ser competitividade e, para aumentá-la, as indústrias buscam racionalizar a produção, cortando custos e introduzindo processos produtivos tecnologicamente mais avançados. A mesma busca de elevação da produtividade se verifica nos serviços e na agricultura. Tudo isso visando aumentar os lucros das empresas.

A **economia de escala**, desenvolvida no interior de grandes fábricas com sistemas de produção rígidos, é gradativamente substituída ou complementada pela **economia de escopo**, desenvolvida em fábricas menores e mais flexíveis. Nesta, a produção pode se descentralizar mais facilmente em escala nacional e mundial. Ao mesmo tempo, dissemina-se a prática da **terceirização**, que consiste em repassar para outras empresas atividades de suporte e serviços, como limpeza, manutenção, alimentação, assistência técnica e, muitas vezes, a própria produção, como no caso da Nike e da Apple.

Nos anos 1950, Taiichi Ohno começou a introduzir diversas inovações na Toyota (a foto mostra a linha de produção da empresa em 1952), e muitos dos métodos desenvolvidos por ele foram copiados pelos concorrentes. A linha de produção, típica da fábrica fordista, foi substituída por equipes de trabalho ou células de produção, nas quais cada equipe fica encarregada de todas as etapas do processo fabril.

Margaret Bourke-White/Time & Life Pictures/Getty Images

O responsável pelo desenvolvimento do toyotismo ou produção enxuta foi o engenheiro mecânico **Taiichi Ohno**. Em 1943 ele entrou na Toyota determinado a introduzir mudanças no interior da fábrica, com o objetivo de reduzir desperdícios (aposentou-se como vice-presidente da empresa).

Essas inovações reduziram significativamente os defeitos de fabricação, pois o controle passou a ser feito pela própria equipe ao longo do processo, e não apenas no fim, como na produção fordista. Além disso, foram introduzidas máquinas cada vez mais sofisticadas e, finalmente, os robôs. No início, eles desempenhavam apenas as tarefas repetitivas ou mais perigosas e insalubres, mas, com o passar do tempo, foram substituindo mais e mais operários.

Com a crescente automação das fábricas, muitos operários passaram a trabalhar em outros setores, particularmente nos serviços; outros perderam seus postos de trabalho, que desapareceram definitivamente, caracterizando o desemprego estrutural. Com essas mudanças, o mercado de trabalho tem exigido trabalhadores mais qualificados, mais versáteis e com capacidade de aprendizagem permanente.

Outros métodos de organização da produção desenvolvidos por Taiichi Ohno têm-se disseminado na indústria, como o *just-in-time* (do inglês, significa 'no momento certo'), que busca estabelecer uma sintonia fina entre a fábrica, os fornecedores e os consumidores. A organização da produção pressupõe um abastecimento contínuo dos insumos (peças e matérias-primas) necessários para a fabricação de determinado produto. Dessa forma, eliminam-se ou reduzem-se drasticamente os estoques (leia a frase de Ohno). O escoamento da produção para o mercado também é planejado, pelo mesmo motivo, para ocorrer "no momento certo".

> **"Quanto mais estoques uma empresa tem, é menos provável que tenha o que necessita."**
>
> *Taiichi Ohno (1912–1990), engenheiro responsável pelo desenvolvimento do toyotismo.*

Kim Kyung-Hoon/Reuters/Latinstock

Linha de produção do carro híbrido Toyota Prius (possui um motor elétrico e outro a gasolina) na fábrica situada em Toyota City, Japão, em 2011.

Modelo 1

Fornecedor • Estoque • Produção • Estoque • Cliente

Modelo 2

Cliente • Requisição • Entrega • Produção • Requisição • Entrega • Fornecedor

Disponível em: <http://ensino.univales.br>. Acesso em: 11 maio 2013 (adaptado).

1. Na imagem, estão representados dois modelos de produção. A possibilidade de uma crise de superprodução é distinta entre eles em função do seguinte fator:

a) Origem da matéria-prima.
b) Qualificação da mão de obra.
c) Velocidade de processamento.
d) Necessidade de armazenamento.
e) Amplitude do mercado consumidor.

Resolução

O modelo 1 representa a produção fordista e o modelo 2, a produção flexível. O que caracteriza esse modelo de produção, orientado pelo *just-in-time*, é a inexistência de estoques, tanto de matérias-primas e peças, como de produtos acabados a serem vendidos no mercado consumidor. Por isso, esse modelo é menos suscetível a uma crise de superprodução. Portanto, a resposta correta é a alternativa **D**.

A questão contempla a **Competência de área 4 – Entender as transformações técnicas e tecnológicas e seu impacto nos processos de produção, no desenvolvimento do conhecimento e na vida social e suas habilidades correspondentes** – com destaque para **H16 – Identificar registros sobre o papel das técnicas e tecnologias na organização do trabalho e/ou da vida social**.

Exploração do trabalho e da natureza

Paralelamente ao toyotismo, típico dos países desenvolvidos e das indústrias mais modernas dos emergentes, estão se difundindo novas relações de trabalho, caracterizadas pelos salários mais baixos e direitos trabalhistas mais restritos ou inexistentes. A maior parte desses empregos tem sido criada nos países em desenvolvimento, onde ainda em grande parte se mantém o método de produção fordista, baseado na superexploração dos trabalhadores.

Também em diversos países desenvolvidos a flexibilização da legislação trabalhista, com a redução dos salários e dos benefícios sociais e previdenciários, tem levado ao enfraquecimento do movimento sindical. Vários fatores contribuem para tal situação: a competição das novas tecnologias e dos novos processos produtivos, a desconcentração da produção industrial e a concorrência dos trabalhadores mal remunerados, comuns nos países em desenvolvimento.

Entretanto, para milhões de trabalhadores da periferia do sistema capitalista, que estavam de fora do processo de produção, as condições de vida melhoraram. Mesmo vivendo em meio ambiente bastante poluído e ganhando menos, trabalhando em piores condições e sem as mesmas garantias que seus pares dos países centrais, a vida urbana em geral é melhor do que a que tinham na zona rural. Isso é particularmente verdadeiro na China, cuja economia — a que mais cresce no mundo desde o início dos anos 1980 — atraiu grande volume de investimentos estrangeiros por causa dos baixos custos de sua mão de obra (veja o gráfico ao lado). Entre 1981 e 2008, segundo o Banco Mundial, 660 milhões de chineses saíram da pobreza extrema. Em menor escala, isso também ocorreu no Brasil, no México, nas Filipinas, entre outros países.

Durante muito tempo, a maioria das legislações ambientais dos países em desenvolvimento era frágil, o que permitia a produção a custos menores e contribuía para atrair indústrias poluidoras. Embora isso ainda aconteça na atualidade, a crescente preocupação mundial com o desenvolvimento sustentável e a preservação do meio ambiente têm pressionado os dirigentes das fábricas a desenvolver métodos de produção que causem menos impactos ambientais. Como mostra o texto a seguir, vem se firmando a ideia de que o desenvolvimento sustentável e o respeito às leis ambientais podem contribuir para aumentar a produtividade das empresas e, consequentemente, a competitividade e os lucros, além de reforçar a imagem positiva de "empresa verde".

Bobby Yip/Reuters/Latinstock

Alguns princípios do fordismo, como a ultraespecialização do trabalhador, ainda são mantidos em países da periferia do capitalismo. No entanto, os salários são baixos e os direitos trabalhistas não são plenamente respeitados. Algumas empresas que necessitam de muita mão de obra, como indústrias de vestuário, calçado e brinquedos, vêm se instalando em países em desenvolvimento. Na foto, operárias em fábrica de calçado em Dongguan, província de Guangdong (China), em 2009.

Custos* dos trabalhadores industriais em países selecionados — 2012

País	Em dólares por hora
Noruega	63,36
Suíça	57,79
Austrália	47,68
Alemanha	45,79
Estados Unidos	35,67
Japão	35,34
Reino Unido	31,23
Espanha	26,83
Cingapura	24,16
Coreia do Sul	20,72
Grécia	19,41
Argentina	18,87
Brasil	11,20
Taiwan	9,46
Polônia	8,25
México	6,36
Filipinas	2,10
China**	1,74

U. S. BUREAU OF LABOR STATISTICS. *International Labor Comparisons*, 9 ago. 2013. Disponível em: <www.bls.gov/fls/ichcc.pdf>. Acesso em: 15 abr. 2014.

* Inclui o salário recebido pelo trabalhador, benefícios sociais — como previdência social, assistência médica, auxílio refeição, etc. – e impostos. ** Dado de 2009.

Produção industrial, meio ambiente e competitividade

As questões relacionadas à competitividade e ao meio ambiente ganharam importância crescente no final dos anos 1980. Com a intensificação do processo de globalização financeira e produtiva da economia mundial, e o consequente aumento dos fluxos de comércio internacional, as barreiras tarifárias [impostos de importação] foram paulatinamente substituídas por barreiras não tarifárias. Os países desenvolvidos passam a impor barreiras não tarifárias ambientais – "barreiras verdes" –, alegando que os países em desenvolvimento possuem leis ambientais menos rigorosas que as suas, o que resultaria em custos mais baixos – também chamados de *dumping* ecológico – e, consequentemente, menores preços praticados no mercado internacional.

[...]

A maneira pela qual a imposição de normas ambientais afeta a competitividade das empresas e setores industriais é percebida de forma distinta. Por um lado, a imposição de normas ambientais restritivas pelos países desenvolvidos pode ser uma forma camuflada de protecionismo de determinados setores industriais nacionais, que concorrem diretamente com as exportações dos países em desenvolvimento. Por outro lado, essas mesmas normas estariam prejudicando a competitividade das empresas nacionais, pois implicariam custos adicionais ao processo produtivo, elevando os preços dos produtos e resultando na possível perda de competitividade no mercado internacional.

A relação entre competitividade e preservação do meio ambiente passou a ser objeto de intenso debate, que se polarizou em duas vertentes de análise: a primeira acredita na existência de um *trade-off*, no qual estariam, de um lado, os benefícios sociais relativos a uma maior preservação ambiental, resultante de padrões e regulamentações mais rígidos; de outro lado, tais regulamentações levariam a um aumento dos custos privados do setor industrial, elevando preços e reduzindo a competitividade das empresas. As regulamentações são necessárias para melhorar a qualidade ambiental, mas são igualmente responsáveis pela elevação de custos e perda de competitividade da indústria.

Opondo-se a essa visão, a segunda vertente de análise vislumbra sinergias entre competitividade e preservação do meio ambiente. Chamada pela literatura de hipótese de Porter – baseada nos artigos de Michael Porter e Class van der Linde –, o argumento é que a imposição de padrões ambientais adequados pode estimular as empresas a adotarem inovações que reduzem os custos totais de um produto ou aumentam seu valor, melhorando a competitividade das empresas e, consequentemente, do país. Assim, quando as empresas são capazes de ver as regulamentações ambientais como um desafio, passam a desenvolver soluções inovadoras e, portanto, melhoram a sua competitividade. Ou seja, além das melhorias ambientais, as regulamentações ambientais também reforçariam as condições de competitividade iniciais das empresas ou setores industriais.

Exemplos de organizações não governamentais que emitem selos verdes: o FSC – Forest Stewardship Council (Conselho de Manejo Florestal), sediado em Bonn (Alemanha), certifica madeira produzida com método de manejo sustentável; o Green Seal (Selo Verde), sediado em Washington D.C. (Estados Unidos), concede certificação a produtos e serviços ecologicamente sustentáveis; o Instituto Chico Mendes, sediado em Quatro Barras (PR), fornece selo verde para produtos social e ambientalmente responsáveis; o IBD Certificações, sediado em Botucatu (SP), certifica alimentos orgânicos.

☞ Veja a indicação do vídeo **A história das coisas**, na seção **Sugestões de leitura, filmes e** *sites*.

YOUNG, Carlos E. F.; LUSTOSA, Maria C. J. *Meio ambiente e competitividade na indústria brasileira*. Grupo de Pesquisa em Economia do Meio Ambiente e Desenvolvimento Sustentável, Instituto de Economia, UFRJ. Disponível em: <ww2.ie.ufrj.br/images/pesquisa/publicacoes/rec/REC%205/REC_5.Esp_10_Meio_ambiente_e_competitividade_na_industria_brasileira.pdf>. Acesso em: 15 abr. 2014.

Atividades

Compreendendo conteúdos

1. O que é indústria? Como as indústrias são mais comumente classificadas?

2. O que são fatores locacionais? Eles têm a mesma importância para todo tipo de indústria? Justifique.

3. Explique como acontece atualmente o processo de desconcentração industrial no espaço geográfico nacional e no mundial.

4. Defina parque tecnológico e apresente os fatores locacionais mais importantes que explicam seu desenvolvimento em determinado lugar do território.

5. Explique as diferenças mais importantes entre a produção fordista e a toyotista.

Desenvolvendo habilidades

6. Para uma reflexão sobre a relação entre produção e consumo, meio ambiente e sociedade, observe as sugestões propostas:

   a) Leia o texto a seguir para saber o que é rótulo ecológico e releia o artigo "Produção industrial, meio ambiente e competitividade", na página anterior.
   b) Pesquise esses assuntos na internet, em *sites* oficiais ou de ONGs.
   c) Escreva um texto explicando o significado do "selo verde" e a importância da rotulagem ecológica para os consumidores, as empresas e o meio ambiente. Relacione isso com a possível imposição de "barreiras verdes" no comércio internacional.
   d) Pesquise outros selos verdes e explique a diferença entre o selo da Associação Brasileira de Normas Técnicas (ABNT) e a maioria dos existentes no mercado.

> ☞ Você pode consultar os *sites* da **ABNT**, do **IBD**, do **FSC Brasil** e do **Instituto Chico Mendes**. Veja orientações na seção **Sugestões de leitura, filmes e *sites***.

O que é Rótulo Ecológico?

O Rótulo Ecológico ABNT é um programa de rotulagem ambiental (*Ecolabelling*), que é uma metodologia voluntária de certificação e rotulagem de desempenho ambiental de produtos ou serviços que vem sendo praticada no mundo.

É um importante mecanismo de implementação de políticas ambientais dirigido aos consumidores, auxiliando-os na escolha de produtos menos agressivos ao meio ambiente. É também um instrumento de *marketing* para as organizações que investem nesta área e querem oferecer produtos diferenciados no mercado.

A atribuição do Rótulo Ecológico (Selo Verde) é similar a uma premiação, uma vez que os critérios são elaborados visando à excelência ambiental para a promoção e melhoria dos produtos e processos de forma a atender às preferências dos consumidores.

Em contraste com outros símbolos "verdes" ou declarações feitas por fabricantes ou fornecedores de serviços, um rótulo ambiental é concedido por uma entidade de terceira parte, de forma imparcial, para determinados produtos ou serviços que são avaliados com base em critérios múltiplos previamente definidos.

ABNT. *Rótulo Ecológico ABNT*. Disponível em: <http://rotulo.abnt.org.br>. Acesso em: 15 abr. 2014.

1. **CO** (UFMS) A partir do estabelecimento da indústria como novo ramo de atividade econômica, níveis diferenciados de tecnologia foram empregados no processo fabril. De acordo com o nível tecnológico e a função que cada segmento fabril desempenha na economia das atuais sociedades capitalistas, a indústria pode assumir diferentes classificações.

Em relação à classificação das indústrias, é correto afirmar:

01) Indústrias de tecnologia de ponta são aquelas que produzem recursos tecnológicos altamente sofisticados, resultantes da aplicação imediata das descobertas científicas no processo de produção. São exemplos de indústrias de tecnologia de ponta: as de informática, de produtos eletrônicos, a aeroespacial e as de biotecnologia.

02) Indústrias tradicionais são aquelas que primeiro se instalaram em uma região. Servem de base para outras indústrias, fornecendo-lhes matérias-primas já processadas. Utilizam equipamentos pesados e pouca mão de obra, considerando o elevado grau de automação dos equipamentos. São exemplos de indústrias tradicionais: as siderúrgicas, as cimenteiras, as metalúrgicas e as cerâmicas.

04) Indústrias de bens de produção são aquelas que produzem mercadorias para o consumo da população. Empregam muita mão de obra e pouca tecnologia e atuam em mercados altamente competitivos em nível regional. São exemplos de indústrias de bens de produção: indústrias alimentícias, indústrias moveleiras e indústrias farmacêuticas.

08) Indústrias de bens intermediários são aquelas que produzem máquinas e equipamentos que serão utilizados em outros segmentos da indústria e em diversos setores da economia. São exemplos de indústrias de bens intermediários: indústria mecânica e indústria de autopeças.

16) Indústrias de bens de consumo são aquelas que fabricam bens que são consumidos pela população em geral. Estão divididas em bens de consumo duráveis e bens de consumo não duráveis. Entre as indústrias de bens de consumo duráveis, estão: as indústrias de produção de eletrodomésticos e a indústria automobilística. Entre as indústrias de bens de consumo não duráveis, estão: as tecelagens, as de confecções, as de produtos alimentares, as de perfumaria e medicamentos.

2. **NE** (UEPB)

Empresa Global e o fim do *made in*

"Apesar de ter sua sede empresarial em Portland, nos Estados Unidos, a Nike não produz tênis no país. [...] A Nike vende tênis no mundo todo, mas não tem uma só fábrica nem emprega um só operário. Ela compra os calçados de indústrias instaladas principalmente no leste asiático. Essa é uma característica essencial de uma empresa global: a facilidade de identificar locais onde existam as condições mais atraentes para suas operações. [...] a tendência atual das empresas transnacionais é produzir seguindo um padrão comum nos diversos países. Essa prática tende a colocar um fim à identidade nacional dos produtos, o chamado *made in*".

Fonte: *Folha de S.Paulo* (2 Fev. 1997) *apud* COELHO, Marcos Amorim e TERRA, Lígia. Geografia o espaço natural e socioeconômico. 5 ed. reform. e atual. São Paulo: Moderna, 2005.

Assinale com V ou com F as proposições conforme estejam respectivamente Verdadeiras ou Falsas em relação às ideias apresentadas pelo texto.

( ) Uma das características da globalização é a universalização das técnicas.

( ) A tendência do capitalismo é a desconcentração espacial da produção e do consumo, mas a concentração do comando.

( ) Com o advento do modelo flexível de produção, desaparece a divisão internacional do trabalho.

( ) A terceirização na produção surge como uma alternativa de flexibilização das empresas que aumentam a extração da mais-valia, desobrigando-se dos custos sociais com operários.

Assinale a sequência correta das assertivas:

a) V – V – V – V
b) F – F – V – F
c) F – F – F – F
d) V – V – F – V
e) V – F – V – F

3. **SE** (Fuvest-SP) As novas formas de organização da produção industrial foram chamadas por alguns autores de pós-fordismo, para diferenciá-las da produção fordista.

a) Apresente dois aspectos do processo industrial fordista e dois do pós-fordista.

b) Caracterize o espaço industrial no fordismo e no pós-fordismo.

19 Países pioneiros no processo de industrialização

Vista panorâmica de Detroit (Estados Unidos), em 2013. Os edifícios escuros à beira do rio abrigam a sede mundial da *General Motors*.

Paul Sancya/AP/Glow Images

Alguns dos países pioneiros no processo de industrialização são o Reino Unido, a França, a Bélgica e os Estados Unidos. Neste capítulo, estudaremos o Reino Unido, o precursor de todos, e os Estados Unidos, a maior potência da atualidade.

O Reino Unido foi o primeiro país do mundo a se industrializar; entretanto, com o passar do tempo, seu PIB foi ultrapassado por países que iniciaram o processo de industrialização posteriormente. Por que o Reino Unido não conseguiu acompanhar o ritmo de crescimento econômico de seus concorrentes?

Os Estados Unidos iniciaram seu processo de industrialização um pouco depois de sua ex-metrópole. Atualmente, o país é a maior potência mundial, não só do ponto de vista econômico como também científico-tecnológico e geopolítico-militar. Entretanto, como vimos no capítulo 4, vem perdendo poder relativo no mundo, que se consolida como multipolar. Como começou a supremacia norte-americana, que ainda se mantém neste século XXI?

Para responder a essas perguntas, é necessário analisar o processo de industrialização desses países. É o que faremos neste capítulo.

Ainda há muitas termelétricas a carvão no Reino Unido, mas, devido à escassez desse combustível em território britânico e à preocupação com o aquecimento global, é crescente o uso de fontes alternativas. Na foto de 2013, usina a carvão e a biomassa perto de Warrington (Inglaterra).

1 Reino Unido

O processo de industrialização

O Reino Unido, muitas vezes chamado de Grã-Bretanha (leia o texto a seguir para entender a diferença entre essas expressões), foi o primeiro país a reunir as condições necessárias para o início do processo de industrialização. Trata-se de um dos países que mais acumulou capitais durante o período do capitalismo comercial. Mas, além das condições econômicas, é preciso considerar também os fatores políticos, sociais, tecnológicos e naturais, que serão analisados a seguir.

Foi na Inglaterra que ocorreu a primeira revolução burguesa da História, chamada **Revolução Gloriosa** (1688). A assinatura da Declaração dos Direitos (1689) limitava o poder político da monarquia, transferindo-o para o **Parlamento** – no qual a burguesia estava representada e podia participar das decisões políticas do país. A Inglaterra tornou-se a primeira monarquia parlamentar do mundo, fator político que foi essencial para a eclosão da Revolução Industrial, quase um século mais tarde.

> **Parlamento:** nos países regidos por uma Constituição é o conjunto das assembleias ou câmaras legislativas (no caso do Brasil, o parlamento é composto de Senado Federal e Câmara dos Deputados), nas quais se reúnem os representantes eleitos pelo povo para criar leis em âmbito nacional e fiscalizar o Poder Executivo federal ou local.

Para saber mais

As origens do Reino Unido da Grã-Bretanha e Irlanda do Norte

Das quatro unidades políticas que compõem o Reino Unido da Grã-Bretanha e Irlanda do Norte, a maior, mais populosa e mais industrializada é a Inglaterra; por isso, muitas vezes esse território é confundido com a Grã-Bretanha e até mesmo com o Reino Unido (observe o mapa). Veja, a seguir, uma sucinta cronologia de formação desse Estado:

- **1707** – Com a unificação dos parlamentos da Inglaterra e da Escócia, foi criado o Reino Unido da Grã-Bretanha.

- **1801** – Após uma rebelião nacionalista na Irlanda, em 1798, os ingleses dissolveram o Parlamento irlandês e criaram o Reino Unido da Grã-Bretanha e Irlanda.

- **1921** – O Reino Unido concedeu independência à Irlanda, com exceção de seis condados de maioria protestante, localizados no nordeste dessa ilha; assim, foi criado o Reino Unido da Grã-Bretanha e Irlanda do Norte.

Adaptado de: OXFORD. *Essential World Atlas*. 6th ed. New York: Oxford University Press, 2011. p. 14.

Antes da Revolução Gloriosa, o Estado britânico já vinha adotando uma série de medidas, como os Atos de Navegação, que impunham a exclusividade do comércio externo do país a navios britânicos. Ancorado em medidas protecionistas e em sua poderosa frota naval, o Reino Unido se tornou a maior potência mercantil do mundo na fase final do capitalismo comercial. Os capitais acumulados nesse período foram gradativamente investidos na ampliação da rede de ferrovias e hidrovias, na extração de carvão e na instalação de indústrias, fatores que permitiram obter grandes avanços técnicos nas indústrias têxteis, siderúrgicas e navais, ramos mais tradicionais e importantes da Primeira Revolução Industrial.

Os industriais do Reino Unido ainda tinham a vantagem de dispor de grandes reservas de **carvão mineral** (observe o mapa abaixo), fonte de energia que possibilitou a disseminação do uso das máquinas a vapor.

As principais condições econômicas e políticas favoráveis à Revolução Industrial no Reino Unido foram sendo criadas ao longo da História: acúmulo de capitais, disponibilidade de matérias-primas e de energia, avanços técnicos e o controle do Estado pela burguesia. Faltava, porém, a força de trabalho.

Com as Leis dos Cercamentos (fim do século XVII), as terras foram cercadas e as atividades agrícolas, muitas delas de subsistência, foram em grande parte substituídas por atividades pecuárias, particularmente a criação de carneiros, realizada por grandes proprietários, para fornecer lã à indústria têxtil. Os camponeses, que foram gradualmente expulsos das terras, se deslocaram para as cidades à procura de trabalho.

Esses migrantes converteram-se em mão de obra barata e superexplorada da nascente indústria britânica. A partir de então, começou de fato a se estabelecer uma relação capitalista de produção baseada no **trabalho assalariado**, o que proporcionou aos industriais a obtenção de lucros crescentes.

> Consulte o *site* do **Programa Internacional para a Eliminação do Trabalho Infantil** (IPEC) da OIT. Veja orientações na seção **Sugestões de leitura, filmes e *sites***.

Reino Unido: carvão

No mapa estão representadas as reservas originais de carvão mineral (ou hulha). Atualmente esse combustível fóssil está praticamente esgotado no Reino Unido.

Adaptado de: CHARLIER, Jacques (Dir.). *Atlas du 21e siècle édition 2012*. Groningen: Wolters-Noordhoff; Paris: Éditions Nathan, 2011. p. 67.

Trabalho de crianças e adolescentes

Nos primórdios da Revolução Industrial, o capital reproduzia-se à custa da superexploração dos trabalhadores e não havia leis que os protegessem, principalmente os menores de idade, os mais vulneráveis. Nessa época, era comum encontrar crianças e adolescentes trabalhando em fábricas insalubres, de modo a comprometer seu desenvolvimento físico e intelectual. Desde 1973, a Convenção 138 da Organização Internacional do Trabalho (OIT) definiu uma idade mínima de admissão ao emprego, a fim de combater o trabalho infantil. A maioria dos governos dos países criou legislações específicas para regular esse tema (no Brasil: Decreto 4.134 de 15/2/2002). Assim, menores de 16 anos não podem trabalhar e, a partir dessa idade, o trabalho não pode trazer riscos à saúde, à segurança e à moralidade dos adolescentes. Além disso, eles devem ter formação adequada e específica no ramo em que vão ser empregados.

The Bridgeman Art Library/Keystone

Na foto, crianças e adolescentes em uma fábrica de chapéus em Bedworth (Inglaterra), em 1900.

1.

> A Inglaterra pedia lucros e recebia lucros. Tudo se transformava em lucro. As cidades tinham sua sujeira lucrativa, suas favelas lucrativas, sua fumaça lucrativa, seu desespero lucrativo. As novas fábricas e os novos altos-fornos eram como as Pirâmides, mostrando mais a escravização do homem que seu poder.
>
> DEANE, P. A *Revolução Industrial*. Rio de Janeiro: Zahar, 1979 (adaptado).

Qual relação é estabelecida no texto entre os avanços tecnológicos ocorridos no contexto da Revolução Industrial Inglesa e as características das cidades industriais no início do século XIX?

a) A facilidade em se estabelecer relações lucrativas transformava as cidades em espaços privilegiados para a livre iniciativa, característica da nova sociedade capitalista.

b) O desenvolvimento de métodos de planejamento urbano aumentava a eficiência do trabalho industrial.

c) A construção de núcleos urbanos integrados por meios de transporte facilitava o deslocamento dos trabalhadores das periferias até as fábricas.

d) A grandiosidade dos prédios onde se localizavam as fábricas revelava os avanços da engenharia e da arquitetura do período, transformando as cidades em locais de experimentação estética e artística.

e) O alto nível de exploração dos trabalhadores industriais ocasionava o surgimento de aglomerados urbanos marcados por péssimas condições de moradia, saúde e higiene.

Resolução

❯ No início da industrialização britânica (a questão do Enem se refere à Inglaterra, mas esse processo ocorreu também na Escócia e em Gales, embora em menor escala), muitos camponeses migraram para as cidades, onde se converteram em mão de obra assalariada superexplorada. A combinação de baixos salários com o crescimento desordenado das cidades explica as péssimas condições de moradia, saúde e higiene, mencionadas na alternativa **E**.

❯ A questão contempla a **Competência de área 4 – Entender as transformações técnicas e tecnológicas e seu impacto nos processos de produção, no desenvolvimento do conhecimento e na vida social** – e suas habilidades correspondentes, com destaque para **H18 – Analisar diferentes processos de produção ou circulação de riquezas e suas implicações socioespaciais**.

Filhos de famílias de trabalhadores que viviam em cortiços em Londres (Reino Unido), no século XIX.

Recursos naturais e localização industrial

A localização das primeiras indústrias ocorreu próximo aos portos e às jazidas de carvão, principalmente no centro da Grã-Bretanha, onde se situavam as maiores reservas desse combustível fóssil. Por esse motivo, as proximidades das bacias carboníferas se destacaram industrialmente, provocando drásticas transformações nas paisagens, que passaram a ser conhecidas como "regiões negras".

No centro da ilha, foram construídas usinas siderúrgicas, o que viabilizou a produção de locomotivas e navios a vapor. As indústrias de material ferroviário e naval localizavam-se em torno das siderúrgicas, que, por sua vez, estavam perto do carvão, o qual também atraiu a indústria têxtil. Isso explica o grande dinamismo das regiões carboníferas britânicas durante a Primeira Revolução Industrial. Porém, as mudanças futuras no padrão tecnológico e energético levaram as "regiões negras" e suas indústrias pioneiras à decadência.

Outro fator essencial de atração das indústrias foi a existência de portos marítimos e fluviais. Muitas cidades portuárias desenvolveram um importante parque industrial, como Liverpool e principalmente Londres. A capital foi um dos maiores centros industriais do Reino Unido em razão de seu poder de polarização sobre o território britânico (nacional e colonial). Abrigou indústrias menos dependentes de matérias-primas e apresentava a seu favor a disponibilidade de mão de obra, de mercado consumidor e de rede de transportes. Durante a Primeira Revolução Industrial, a cidade tornou-se também o maior entroncamento ferroviário, aumentando sua capacidade de polarização. Posteriormente, na Segunda Revolução, muitas indústrias que não dependiam do carvão – automobilísticas, aeronáuticas, químico-farmacêuticas, etc. – foram se instalando em torno da metrópole. A partir daí, essa região metropolitana se converteu no maior entroncamento rodoviário do país e em uma das maiores confluências de rotas aéreas do mundo.

Hanley, cidade industrial situada no centro da Grã-Bretanha, sem data. Essa foto evidencia nitidamente o motivo da origem da expressão "regiões negras", para se referir às áreas industriais britânicas dos séculos XVIII e XIX. A paisagem era escurecida pela fumaça das chaminés.

Sean Sexton Collection/Corbis/Latinstock

Paul Street/Alamy/Other Images

Na capital britânica, Londres, convivem o moderno e o antigo, o local e o global. Na foto de 2012, em primeiro plano, conjunto de prédios residenciais antigos, situados às margens do rio Tâmisa, e, ao fundo, o moderno centro financeiro de Canary Wharf (sede de importantes bancos britânicos com atuação global), construído a partir da década de 1980 no local onde funcionava o porto.

Como aconteceu em outras grandes cidades, muitos industriais transferiram seus estabelecimentos da região metropolitana de Londres. No entanto, ela manteve sua condição de principal centro comercial e financeiro do Reino Unido e um dos mais importantes do planeta, reforçando seu papel de comando na economia nacional e mundial. Com isso, a capital britânica se transformou em uma das mais importantes cidades globais da atualidade.

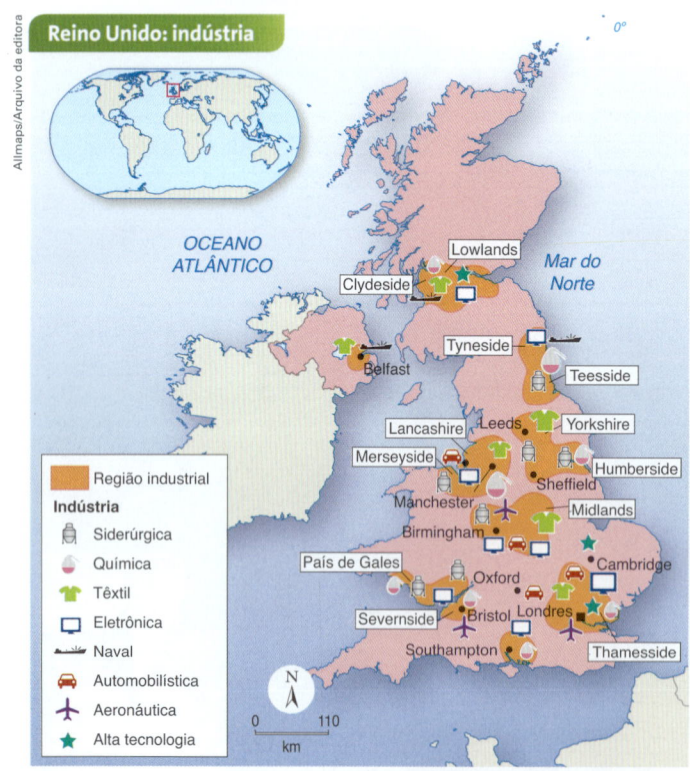

AllMaps/Arquivo da editora

Adaptado de: CHARLIER, Jacques (Dir.). *Atlas du 21e siècle édition 2012*. Groningen: Wolters-Noordhoff; Paris: Éditions Nathan, 2011. p. 67.

No contexto da atual revolução tecnológica, a reorganização das indústrias britânicas atinge o país de forma bastante desigual: setorial e regionalmente. Há setores que entraram em decadência, como a indústria têxtil, a siderúrgica e a naval. Mas há outros bastante dinâmicos, como o aeronáutico, o automobilístico, o químico-farmacêutico e o de biotecnologia. Essas novas e modernas indústrias em geral se situam nas pequenas cidades do centro-sul da Inglaterra, onde se destaca o importante parque tecnológico de Cambridge, com suas empresas de alta tecnologia.

Cambridge é uma antiga cidade universitária, localizada a cerca de 80 quilômetros ao norte de Londres. Em torno da Universidade de Cambridge começou a ser instalado, na década de 1970, um parque tecnológico concentrando empresas de setores típicos da Terceira Revolução Industrial.

A cidade de Cambridge contou com fatores muito semelhantes aos do Vale do Silício (Estados Unidos): centros de pesquisa de renome, mão de obra com alto nível de qualificação, disponibilidade de capitais de risco e desenvolvimento de empresas inovadoras. Há outros polos de alta tecnologia no Reino Unido, como na região oeste de Londres, conhecida como Corredor Oeste ou Corredor M4. Observe no mapa da página anterior a distribuição das principais indústrias no Reino Unido.

A produção de carvão no Reino Unido declinou sensivelmente (a maioria das minas se esgotou) e seu consumo foi substituído por gás natural, petróleo e eletricidade. Embora seja produtor de petróleo, sua produção (1 milhão de barris/dia em 2012, vigésimo produtor mundial) é insuficiente para abastecer o consumo interno, havendo necessidade de importação, sobretudo da Noruega. O Reino Unido também é importador de gás natural, combustível cujo consumo foi o que mais aumentou, principalmente para a produção de eletricidade em termelétricas. Aumentou também a produção de energia em usinas termonucleares. Observe a tabela no boxe da página seguinte.

Nas regiões carboníferas, são visíveis a desindustrialização, o desemprego e o empobrecimento, principalmente no centro da Grã-Bretanha, em cidades como Liverpool, Manchester e Sheffield. Desde a década de 1970, com o fechamento de diversas fábricas, essa região converteu-se em zona de repulsão populacional. Essa situação é consequência da perda de competitividade da economia britânica diante do aumento da concorrência em um mundo globalizado. O Reino Unido enfrentava, de um lado, a concorrência de economias mais competitivas, ancoradas em sistemas de produção flexível, como a japonesa e a coreana, e, de outro, economias emergentes, ancoradas em mão de obra barata, como a China e a Índia.

As duas crises do petróleo (1973 e 1979) e a consequente alta dos preços do barril viabilizaram a exploração petrolífera em águas profundas, além do desenvolvimento de fontes alternativas e maior economia de energia com o uso de equipamentos mais eficientes. Na foto de 2009, plataforma de extração de petróleo no mar do Norte, perto de Invergordon (Escócia).

Gordon/Alamy/Other Images

Veja indicação do filme **Ou tudo ou nada**, que trata da questão da desindustrialização do centro da Grã-Bretanha, na seção **Sugestões de leitura, filmes e *sites***.

A gestão da primeira-ministra Margaret Thatcher (1979-1990), do Partido Conservador, foi marcada por **políticas neoliberais** que visavam reduzir o papel do Estado na economia e aumentar a competitividade das empresas britânicas. Nesse processo, muitas empresas estatais foram privatizadas, entre as quais a BP – British Petroleum (petrolífera). Essas privatizações reduziram a contribuição das estatais para o PIB britânico de 9%, em 1979, para 3,5%, em 1990. A BP é a maior corporação do Reino Unido e a sexta do mundo, de acordo com a *Fortune Global 500 2013*. Entre as grandes corporações britânicas, ainda se destacam a Vodafone (telecomunicações), Rio Tinto (mineração), a GlaxoSmithKline (farmacêutica) e a BAE Systems (aeroespacial e material bélico), todas entre as quinhentas maiores empresas do mundo.

A introdução de políticas neoliberais teve como efeitos colaterais o enfraquecimento do Estado de bem-estar e, durante o governo Thatcher, o aumento da concentração de renda. No fim dos anos 1990, como mostra a tabela, apesar de ter havido um pequeno aumento da participação dos estratos mais pobres, a participação dos mais ricos continuou se intensificando, em detrimento da classe média.

Distribuição da renda familiar no Reino Unido (percentual sobre o total da renda nacional)				
Ano	Entre os 20% mais pobres	Entre os 60% intermediários	Entre os 20% mais ricos	Entre os 10% mais ricos
1979	5,8%	54,7%	39,5%	23,3%
1999	6,1%	50,7%	44,0%	28,5%

BANCO MUNDIAL. *Relatório sobre o desenvolvimento mundial 1993*. Rio de Janeiro: Fundação Getúlio Vargas, 1993. p. 311; THE WORLD BANK. *World Development Indicators 2013*. Washington, D.C., 2013. Disponível em: <http://wdi.worldbank.org/tables>. Acesso em: 15 abr. 2014.

Jeff Gilbert/Alamy/Other Images

Na foto, sem-teto (*homeless*, em inglês) abrigado em frente à porta de uma loja vazia no centro de Londres, em 2012. A pobreza não é um fenômeno exclusivo dos países em desenvolvimento; também os desenvolvidos convivem cada vez mais com o problema, até mesmo em cidades muito ricas, como a capital britânica. Segundo a publicação *Street to Home Annual Report*, em 2008/2009 havia 3 472 moradores de rua na cidade, mas esse número aumentou com o agravamento da crise. No período 2012/2013, o número de sem-tetos vivendo nas ruas de Londres quase dobrou, atingindo 6 437 pessoas.

A potência pioneira perde poder

Embora o Reino Unido tenha crescido economicamente após a Segunda Guerra Mundial, não acompanhou o ritmo de desenvolvimento de outras potências econômicas como Estados Unidos, Japão e Alemanha, se considerados os avanços tecnológicos e os ganhos de produtividade. Consequentemente, foi perdendo posições no cenário internacional.

Observe na tabela ao lado o crescimento do PIB do Reino Unido no pós-Segunda Guerra e compare-o com o dos concorrentes. Perceba que até 1980 ele cresceu bem menos que os de seus competidores. No período 1981-2010, o crescimento do PIB britânico acumulou uma taxa média de 2,7% ao ano, superando dois de seus principais concorrentes (o Japão cresceu 2,0% e a Alemanha, 1,6%); ficou atrás apenas dos Estados Unidos, que cresceram 2,8% (no mesmo período, a China cresceu a taxas superiores a 10% ao ano).

Taxa média de crescimento anual do PIB (em porcentagem)				
Período	Reino Unido	Estados Unidos	Japão	Alemanha
1951-1960	3,0	3,6	10,5	9,4
1961-1970	3,0	4,1	13,0	4,9
1971-1980	2,1	3,0	5,1	4,4
1981-1990	3,2	3,0	4,1	2,2
1991-2000	3,4	3,6	1,0	1,6
2001-2012	1,5	1,7	0,7	1,1

THE ECONOMIST: One Hundred Years of Economic Statistics. In: FRIEDMAN, George; LEBARD, Meredith. *EUA x Japão: guerra à vista.* Rio de Janeiro: Nova Fronteira, 1993. p. 130; BANCO MUNDIAL. *Relatório sobre o desenvolvimento mundial 1996.* Washington, D.C., 1996. p. 227; THE WORLD BANK. *World Development Indicators 2013.* Washington, D.C., 2013. Disponível em: <http://wdi.worldbank.org/tables>. Acesso em: 15 abr. 2014.

Assim, o Reino Unido, que já foi a maior potência industrial do planeta, foi perdendo posições e, em 2012, era o sexto PIB mundial, bem atrás das três maiores potências econômicas, principalmente da maior delas, sua ex-colônia. Veja indicadores comparativos dos dois países.

Indicadores socioeconômicos – 2012		
Indicadores	Estados Unidos	Reino Unido
População, em milhões de habitantes	314	63
PIB, em bilhões de dólares:	16 245 (1º do mundo)	2 472 (6º do mundo)
• Agricultura (%)	1	1
• Indústria (%)	20	21
• Serviços (%)	79	78
Crescimento do PIB, média anual em % (2000-2012)	1,7	1,5
Renda *per capita*, em dólares	52 340	38 670
Empresas na *Fortune Global 500 2013*	132	26

THE WORLD BANK. *World Development Indicators 2013.* Washington, D.C., 2013. Disponível em: <http://wdi.worldbank.org/tables>. Acesso em: 15 abr. 2014. FORTUNE Global 500 2013. Disponível em: <http://money.cnn.com/magazines/fortune/global500/2013/full_list/?iid=G500_sp_full>. Acesso em: 15 abr. 2014.

O Reino Unido não mais lidera o *ranking* dos principais avanços tecnológicos e não tem mais poder econômico e militar para exercer influência planetária de forma isolada, como fez desde o fim do século XVIII até o começo do século XX. No entanto, o país ainda mantém certo *status* de potência mundial, porque o governo britânico tem atrelado sua política externa à dos Estados Unidos. Isso ficou evidente na guerra contra Saddam Hussein em 2003, na qual o então primeiro-ministro Tony Blair, contrariando a maioria da população britânica, apoiou política e militarmente a invasão do Iraque pelas forças armadas dos Estados Unidos, enviando tropas.

2 Estados Unidos

O território que pertence atualmente aos Estados Unidos da América foi colonizado por britânicos, franceses e espanhóis (observe o mapa a seguir); no entanto, foram os britânicos que se tornaram hegemônicos e mais influenciaram a formação da sociedade norte-americana. A primeira colônia inglesa foi fundada em 1607 na Virgínia, na costa do oceano Atlântico, e ao longo do século XVII várias outras foram instituídas, totalizando treze colônias, que constituíram o núcleo inicial do atual território.

Em 4 de julho de 1776, representantes de todas as colônias originais promulgaram a **Declaração de Independência dos Estados Unidos da América**, documento fundador dessa nação (veja trecho abaixo). Após a independência, teve início um processo de expansão para o oeste, marcado por guerras contra os mexicanos e os povos indígenas, e o território estadunidense passou a ter sua configuração atual.

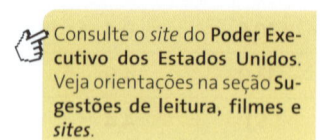
Consulte o *site* do **Poder Executivo dos Estados Unidos**. Veja orientações na seção **Sugestões de leitura, filmes e *sites***.

Outras leituras

[...] Nós, Representantes dos Estados Unidos da América, reunidos em Congresso Geral, apelando ao Juiz Supremo do mundo pela retidão de nossas intenções, em nome e por autoridade do povo destas colônias, publicamos e declaramos solenemente: que estas Colônias Unidas são e por direito devem ser Estados livres e independentes, que estão desoneradas de qualquer fidelidade à Coroa Britânica, e que qualquer vínculo político entre elas e a Grã-Bretanha está e deve ficar totalmente dissolvido [...]

Trecho da Declaração de Independência dos Estados Unidos, cuja primeira versão foi redigida por Thomas Jefferson (1743-1826), assinada no Congresso de 4 de julho de 1776, na Filadélfia.

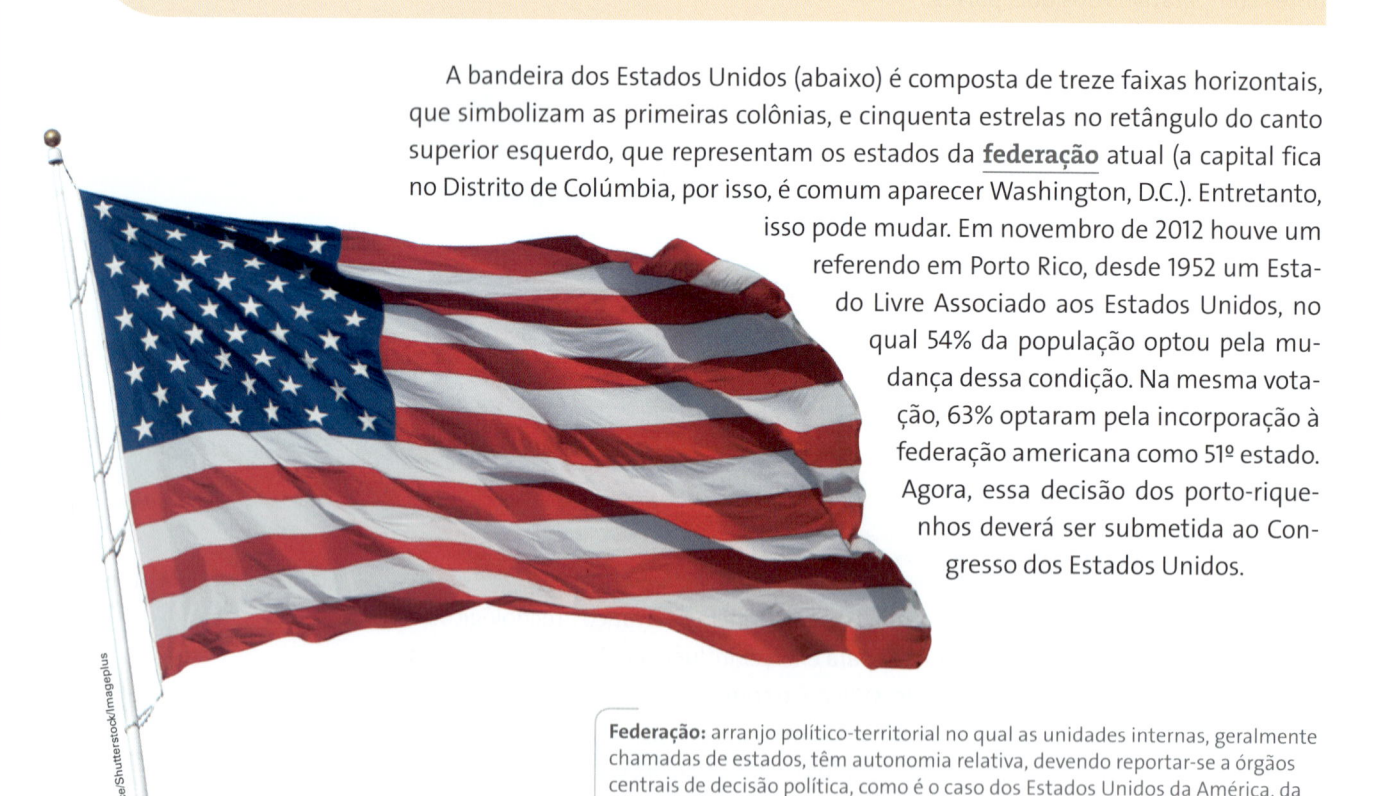

A bandeira dos Estados Unidos (abaixo) é composta de treze faixas horizontais, que simbolizam as primeiras colônias, e cinquenta estrelas no retângulo do canto superior esquerdo, que representam os estados da <u>federação</u> atual (a capital fica no Distrito de Colúmbia, por isso, é comum aparecer Washington, D.C.). Entretanto, isso pode mudar. Em novembro de 2012 houve um referendo em Porto Rico, desde 1952 um Estado Livre Associado aos Estados Unidos, no qual 54% da população optou pela mudança dessa condição. Na mesma votação, 63% optaram pela incorporação à federação americana como 51º estado. Agora, essa decisão dos porto-riquenhos deverá ser submetida ao Congresso dos Estados Unidos.

Lee Prince/Shutterstock/Imageplus

> **Federação:** arranjo político-territorial no qual as unidades internas, geralmente chamadas de estados, têm autonomia relativa, devendo reportar-se a órgãos centrais de decisão política, como é o caso dos Estados Unidos da América, da República Federativa do Brasil (aqui os estados se reportam ao governo federal ou União), da República Federal da Alemanha, da Federação Russa, dos Estados Unidos do México, entre outros.

Estados Unidos: expansão territorial

CANADÁ

OREGON

CALIFÓRNIA

LOUISIANA

Rio Missouri

Rio Colorado

Rio Mississipi

Rio São Lourenço

MASSACHUSETTS
NEW HAMPSHIRE
MASSACHUSETTS
RHODE ISLAND
CONNECTICUT

NOVA
YORK

PENSILVÂNIA   NOVA JERSEY

MARYLAND   DELAWARE

VIRGÍNIA

CAROLINA
DO NORTE

CAROLINA
DO SUL

GEÓRGIA

TEXAS

OCEANO
ATLÂNTICO

OCEANO
PACÍFICO

MÉXICO

FLÓRIDA

Golfo do México

RÚSSIA

Círculo Polar Ártico

Estreito de Bering

ALASCA   CANADÁ

*Golfo do
Alasca*

*Mar de
Bering*

OCEANO
PACÍFICO   HAVAÍ

N

0   450
km

	Território original das treze colônias (1776)
	Conquistado do Reino Unido após vitória na guerra de Independência (1783)
	Comprado da França por 15 milhões de dólares (1803)
	Obtido por tratado com o Reino Unido (1818)
	Comprado da Espanha por 5 milhões de dólares (1819)
	Obtido por tratado com o Reino Unido (1842)
	Tomado do México, dando início à guerra entre esse país e os Estados Unidos (1845)
	Obtido por tratado com o Reino Unido (1846)
	Terras obtidas como resultado da vitória na guerra contra o México (1848)
	Comprado do México por 10 milhões de dólares (1853)
	Comprado da Rússia por 7 milhões de dólares (1867)
	Anexado após disputa com o Japão (1898)

Adaptado de: CHALIAND, Gerard; RAGEAU, Jean-Pierre. *Atlas du millénaire*: la mort des empires 1900-2015. Paris: Hachette Littératures, 1998. p. 85; ENCICLOPÉDIA do estudante: história geral. São Paulo: Moderna, 2008. v. 4. p. 202.

Allmaps/Arquivo da editora

O Alasca fica no extremo norte da América; entre esse estado e o território principal dos Estados Unidos, localiza-se o Canadá. O estado do Havaí fica em um arquipélago no oceano Pacífico.

Os fatores da industrialização

Quando o território que daria origem aos Estados Unidos ainda pertencia ao Reino Unido, recebeu um grande fluxo de imigrantes britânicos, principalmente nas colônias do Norte. Esses imigrantes foram se fixando na faixa litorânea, em trecho conhecido como Nova Inglaterra. Nesse local desenvolviam uma agricultura diversificada (policultura) em pequenas propriedades, nas quais predominava o trabalho familiar.

Bettmann/Corbis/Latinstock

A independência dos Estados Unidos, pioneira no Novo Mundo, favoreceu a industrialização e o desenvolvimento capitalista, sob o comando da burguesia nortista. Este quadro do pintor John Trumbull, exposto na Rotunda do Capitólio (área central do prédio onde funciona o Poder Legislativo dos Estados Unidos), retrata a assinatura da Declaração de Independência.

Cidades como Nova York, Boston e Filadélfia começavam a crescer em ritmo acelerado e teve início uma atividade manufatureira, pois vários imigrantes que eram artesãos na Grã-Bretanha trouxeram consigo suas habilidades e ferramentas. Gradativamente, foi se estruturando um mercado interno, com o predomínio do trabalho familiar no campo e do trabalho assalariado nas cidades. Esse aspecto criou condições para a crescente expansão das **manufaturas**, das casas de comércio e dos bancos.

Nas colônias do Norte, organizou-se uma colonização de povoamento, enquanto nas do Sul imperava a colonização de exploração, estruturada sobre uma sociedade estratificada e sobre a exploração do trabalho escravo. A economia sulista baseava-se em *plantations*: grandes propriedades monocultoras nas quais se cultivava principalmente o algodão e se utilizava trabalho escravo de povos negros trazidos à força da África. Praticamente toda a produção era exportada para o Reino Unido. A riqueza estava muito concentrada nas mãos dos fazendeiros escravagistas e dos comerciantes britânicos, de forma que o mercado interno prosperava muito lentamente.

Já nas colônias do Norte, os negócios se expandiam com rapidez e os capitais se concentravam nas mãos da burguesia nascente. Com o tempo, os capitalistas e outros setores da sociedade nortista desenvolveram interesses próprios. O resultado desse conflito de interesses, como vimos, levou a uma guerra entre a colônia e a metrópole e à independência política.

Por que o Reino Unido não manteve um controle mais rígido sobre as treze colônias, região onde surgiram o separatismo e a industrialização? O separatismo significava a perda de colônias, além de criar um perigoso precedente, e a industrialização, uma concorrência, portanto, ambos contrariavam os interesses britânicos. O jornalista e escritor uruguaio Eduardo Galeano deu uma boa resposta a essa questão. Leia o texto a seguir.

Outras leituras

A importância de não nascer importante

As treze colônias do Norte tiveram, pode-se bem dizer, a dita da desgraça. Sua experiência histórica mostrou a tremenda importância de não nascer importante. Porque no norte da América não tinha ouro, nem prata, nem civilizações indígenas com densas concentrações de população já organizada para o trabalho, nem solos tropicais de fertilidade fabulosa na faixa costeira que os peregrinos ingleses colonizaram. A natureza tinha-se mostrado avara, e também a História: faltavam metais e mão de obra escrava para arrancá-los do ventre da terra. Foi uma sorte. No resto, desde Maryland até Nova Escócia, passando pela Nova Inglaterra, as colônias do Norte produziam, em virtude do clima e pelas características dos solos, exatamente o mesmo que a agricultura britânica, ou seja, não ofereciam à metrópole uma produção complementar. Muito diferente era a situação das Antilhas e das colônias ibéricas de terra firme. Das terras tropicais brotavam o açúcar, o algodão, o anil, a terebintina; uma pequena ilha do Caribe era mais importante para a Inglaterra, do ponto de vista econômico, do que as 13 colônias matrizes dos Estados Unidos.

Essas circunstâncias explicam a ascensão e a consolidação dos Estados Unidos como um sistema economicamente autônomo, que não drenava para fora a riqueza gerada em seu seio. Eram muito frouxos os laços que atavam a colônia à metrópole; em Barbados ou Jamaica, em compensação, só se reinvestiam os capitais indispensáveis para repor os escravos na medida em que se iam gastando. Não foram fatores raciais, como se vê, os que decidiram o desenvolvimento de uns e o subdesenvolvimento de outros; as ilhas britânicas das Antilhas não tinham nada de espanholas nem portuguesas. A verdade é que a insignificância econômica das 13 colônias permitiu a precoce diversificação de suas manufaturas. A industrialização norte-americana contou, desde antes da independência, com estímulos e proteções oficiais. A Inglaterra mostrava-se tolerante, ao mesmo tempo em que proibia estritamente que suas ilhas antilhanas fabricassem até mesmo um alfinete.

GALEANO, Eduardo. *As veias abertas da América Latina.* Rio de Janeiro: Paz e Terra, 1986. p. 146.

A maioria dos primeiros imigrantes era de origem britânica, seguidores de religiões cristãs protestantes, principalmente puritanos (como eram chamados os calvinistas, os seguidores de João Calvino, na Grã-Bretanha), que haviam rompido com a Igreja católica a partir da Reforma Protestante (século XVI). As religiões protestantes favoreciam o desenvolvimento capitalista, uma vez que não condenavam moralmente a riqueza. Ao contrário, pregavam que a riqueza era bem-vinda porque era fruto do trabalho, de uma vida austera, que afastava o fiel do pecado e o aproximava da salvação divina.

Embora o aspecto cultural não seja determinante, o protestantismo criou condições culturais extremamente favoráveis ao desenvolvimento de um espírito empreendedor e de uma ética do trabalho, importantes para a acumulação de capitais (na seção *Desenvolvendo habilidades* há uma atividade que explora esse aspecto cultural).

Fatores de ordem natural também foram fundamentais no processo de industrialização dos Estados Unidos. O nordeste do território contém grandes reservas de carvão nas bacias sedimentares próximas aos Apalaches, nos estados da Pensilvânia e de Ohio, e importantes jazidas de minério de ferro nos escudos próximos ao lago Superior, nos estados de Minnesota e de Wisconsin. Além disso, o país apresenta grandes e diversificadas reservas minerais e energéticas. Veja no mapa abaixo a distribuição das principais ocorrências minerais e a localização das principais refinarias de petróleo e usinas geradoras de energia nos Estados Unidos (veja ao lado a tabela sobre a produção energética).

Estados Unidos: produção energética – 2012		
Energia (ano)	Produção	Posição no mundo
Gás natural	681,4 bilhões de m³	1ª
Petróleo	11,1 milhões de barris/dia	2ª
Carvão mineral	935 milhões de toneladas	2ª
Eletricidade	4,1 trilhões kW/h*	2ª

CENTRAL INTELLIGENCE AGENCY. *The World Factbook 2013-14*. Disponível em: <www.cia.gov/library/publications/the-world-factbook>. Acesso em: 15 abr. 2014.; INTERNATIONAL ENERGY AGENCY. *Key World Energy Statistics 2013*. Disponível em: <www.iea.org/publications/freepublications/publication/KeyWorld2013_FINAL_WEB.pdf>. Acesso em: 15 abr. 2014. * Dados de 2011.

Estados Unidos: recursos minerais e energéticos

Allmaps/Arquivo da editora

Adaptado de: CHARLIER, Jacques (Dir.). *Atlas du 21e siècle édition 2012*. Groningen: Wolters-Noordhoff; Paris: Éditions Nathan, 2011. p. 140.

A farta e bem distribuída rede hidrográfica foi outro fator natural que favoreceu o desenvolvimento dos Estados Unidos. A existência, no nordeste do país, de extensos lagos com desníveis consideráveis possibilitou construir grandes barragens e usinas hidrelétricas para gerar energia. Ao lado das turbinas hidráulicas, construíram-se eclusas, que permitem às embarcações transpor os desníveis e ampliar significativamente a rede de hidrovias, garantindo a disponibilidade de infraestrutura de energia elétrica e de transportes para o desenvolvimento industrial. Os Grandes Lagos favoreceram imensamente o transporte: pouco a pouco, foram interligados por canais artificiais e eclusas que possibilitaram a ligação do interior do continente com o oceano Atlântico pelo rio São Lourenço, no Canadá, e pelo Hudson, nos Estados Unidos. Esse rio alcança o lago Erie, por meio de um canal artificial, e desemboca no Atlântico, onde fica o porto de Nova York. Observe abaixo o mapa da hidrovia dos Grandes Lagos.

Hidrovia Grandes Lagos-São Lourenço

Adaptado de: CHARLIER, Jacques (Dir.). *Atlas du 21e siècle édition 2012*. Groningen: Wolters-Noordhoff; Paris: Éditions Nathan, 2011. p. 143.

A arrancada industrial

Após a independência, as diferenças econômicas, sociais e culturais entre a sociedade nortista, das colônias de povoamento, e a sociedade sulista, das colônias de exploração, vieram à tona de forma mais evidente e acabaram desencadeando um conflito armado, na segunda metade do século XIX. As elites aristocráticas que comandavam os estados escravagistas do Sul, na tentativa de manter o poder e a escravidão, declararam sua separação (secessão) da federação americana e criaram os Estados Confederados da América. Essa atitude provocou a Guerra de Secessão, ou Guerra Civil Americana.

A vitória da burguesia nortista teve como resultado geopolítico a manutenção da unidade territorial do país, que já se estendia do Atlântico ao Pacífico. Interessada em garantir a ocupação dos territórios tomados dos povos nativos (à custa de um grande genocídio) e aumentar o mercado consumidor para os bens produzidos por suas indústrias, a elite do Norte passou a estimular a imigração. Em 1862, foi elaborada a Lei Lincoln (*Homestead Act*), segundo a qual as famílias que migrassem para o oeste do país receberiam 65 hectares de terra para se fixar e, caso permanecessem cultivando-os por pelo menos cinco anos, ganhariam sua posse definitiva. Embora essa lei tenha garantido a ocupação das terras do oeste, principalmente os solos férteis das planícies centrais, o que mais contribuiu para atrair imigrantes e ampliar o mercado interno do país foi a aceleração de seu processo de industrialização: entre 1890 e 1929, mais de 22 milhões de imigrantes, especialmente europeus, se fixaram no país.

Bridgeman/Keystone

A Guerra de Secessão (1861-1865) foi um marco importante, uma ruptura na história dos Estados Unidos. Definiu, com a vitória nortista, a hegemonia de seus capitalistas industriais e financeiros e de seu modelo político e econômico.

Estados Unidos: imigração

Veja indicação do filme **Um sonho distante**, que aborda a imigração, na seção **Sugestões de leitura, filmes e *sites***.

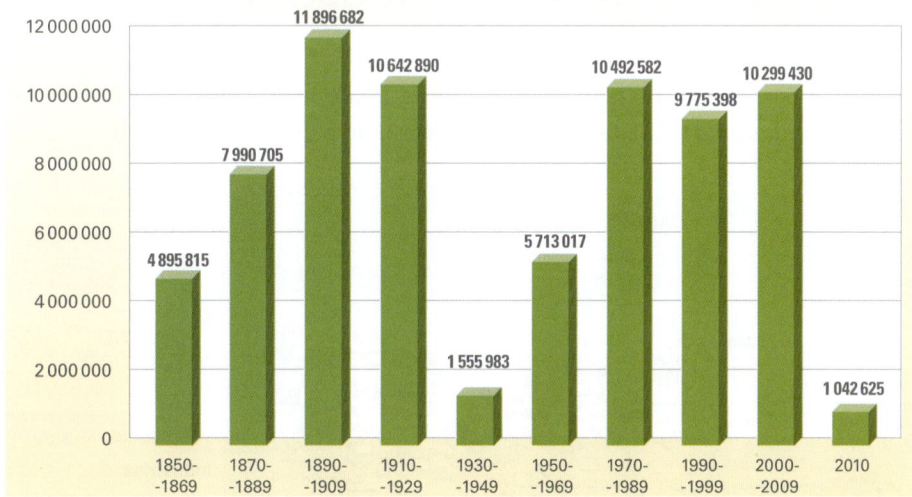

Número de pessoas que obtiveram a condição legal de residente permanente*

- 1850-1869: 4 895 815
- 1870-1889: 7 990 705
- 1890-1909: 11 896 682
- 1910-1929: 10 642 890
- 1930-1949: 1 555 983
- 1950-1969: 5 713 017
- 1970-1989: 10 492 582
- 1990-1999: 9 775 398
- 2000-2009: 10 299 430
- 2010: 1 042 625

U. S. Department of Homeland Security. *Yearbook of Immigration Statistics*: 2010. Disponível em:<www.dhs.gov/xlibrary/assets/statistics/yearbook/2010/ois_yb_2010.pdf>. Acesso em: 15 abr. 2014.

* No período 1850-1989 o intervalo é de vinte anos, a partir de 1990, é de dez.

A crise de 1929, a **depressão** que se sucedeu a esse evento ao longo dos anos 1930, e a Segunda Guerra Mundial reduziram drasticamente a entrada de pessoas no país, porém, o fluxo imigratório voltou a aumentar após a guerra e atingiu seu pico nos anos 2000 (observe o gráfico acima). Entre 1850 e 2010, os Estados Unidos foram o país que mais recebeu imigrantes no mundo, com a fixação de mais de 74 milhões de pessoas em seu território.

Depressão (econômica): em uma crise econômica os indicadores de atividade em diversos setores se reduzem e pioram: queda da produção industrial, agrícola e dos serviços, elevação do desemprego, diminuição dos lucros e aumento das falências. Quando a crise se arrasta por poucos meses, diz-se que a economia está em recessão, mas, quando se prolonga por alguns anos, caracteriza uma depressão.

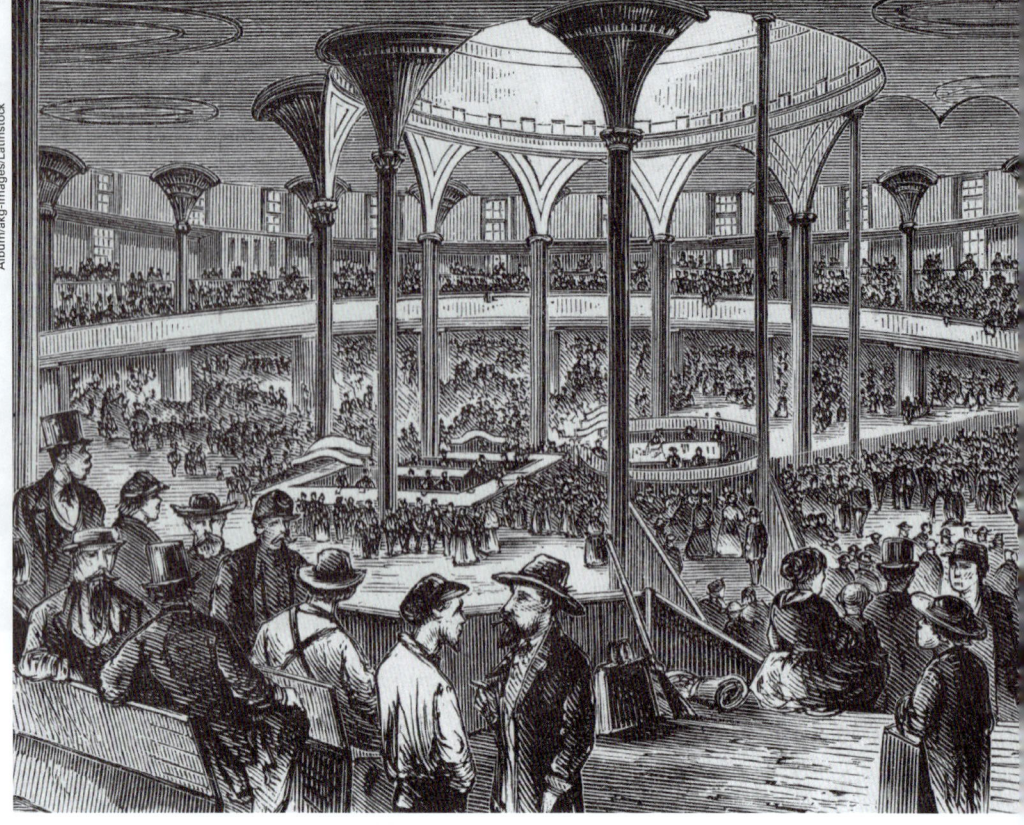

Xilogravura do alemão Ernst von Hesse-Wartegg (1851--1918) que retrata o interior de Castle Garden, em 1885. Localizado em Manhattan, Nova York, abrigou o primeiro centro oficial de imigração dos Estados Unidos. Entre 1855 e 1890 passaram por lá mais de 8 milhões de imigrantes europeus. Atualmente, o prédio é um monumento nacional e se chama Castle Clinton, em homenagem a Dewitt Clinton, governador do estado de Nova York (1817-1822).

Outra medida que ampliou o mercado consumidor interno foi a decretação, em 1863, do fim da escravidão. A partir de então, foi-se disseminando o trabalho assalariado e, pouco a pouco, foi-se estruturando, pela primeira vez na História, uma ampla sociedade de consumo, que se consolidou após a Primeira Guerra Mundial.

Nordeste: localização industrial e decadência recente

Apesar da desconcentração recente, que estudaremos a seguir, o Nordeste dos Estados Unidos ainda é a maior região industrial do país. Observe o mapa.

Adaptado de: CHARLIER, Jacques (Dir.). *Atlas du 21e siècle édition 2012*. Groningen: Wolters-Noordhoff; Paris: Éditions Nathan, 2011. p. 141.

Como vimos, a primeira região do país a se industrializar foi o Nordeste, onde, durante muito tempo, determinados setores se concentraram mais em algumas cidades que em outras, definindo as "capitais" do aço, do automóvel, etc.

As grandes siderúrgicas, como a United States Steel, a maior do país, localizada em Pittsburgh, concentraram-se no estado da Pensilvânia em razão da disponibilidade de carvão, da facilidade de recepção do minério que provém de Minnesota por meio dos Grandes Lagos e da proximidade dos centros consumidores. Apesar do fechamento de fábricas e da transferência de usinas para outros lugares, Pittsburgh ainda é conhecida como a "capital do aço" (localize-a no mapa da página ao lado).

Alamy/Other Images

Siderúrgica da United States Steel, em Pittsburgh, Pensilvânia (Estados Unidos), que vem perdendo mercado para concorrentes asiáticos. Em 2012, segundo a World Steel Association, a U. S. Steel produziu 21,4 milhões de toneladas de aço (13ª posição no mundo). Todas as doze primeiras eram empresas asiáticas, com destaque para a ArcelorMittal, com produção de 93,6 milhões de toneladas (embora a sede fique em Luxemburgo, produz em sessenta países e seu maior acionista é indiano), seguida do grupo japonês Nippon Steel (47,9 milhões de toneladas) e do chinês Hebei Group (42,8).

A região metropolitana de Detroit, no estado de Michigan, foi o grande centro da indústria automobilística. Sua localização em posição central facilitou a recepção de matérias-primas e de peças, além do posterior envio dos produtos acabados (localize-a no mapa). Abrigando fábricas das "três grandes" montadoras – General Motors (GM), Ford e Chrysler – e diversas fábricas de autopeças, a cidade tornou-se a "capital do automóvel", mas atualmente enfrenta a falência de algumas indústrias e a mudança de outras para outros locais, em busca de menores custos de produção. Em razão da elevação do custo da mão de obra, da má gestão praticada pelos seus administradores e da acirrada concorrência de carros de outras marcas, especialmente japonesas e coreanas, as grandes montadoras americanas perderam competitividade, situação agravada pela crise financeira de 2008/2009.

A GM, que por décadas foi a maior montadora do mundo, pediu **concordata** em junho de 2009 e, para não falir, foi estatizada pelo governo norte-americano, que injetou 50 bilhões de dólares na empresa e passou a controlar 61% de suas ações. Entretanto, no fim de 2012 o Tesouro dos Estados Unidos começou a vender suas ações para recuperar os investimentos feitos na GM (no fim de 2013 a participação do governo tinha diminuído para 7,3%). Ainda em 2009, a Chrysler vendeu 60% de suas ações ao Grupo Fiat para evitar a falência (no fim de 2013 a empresa italiana comprou o restante das ações e se tornou a única proprietária da Chrysler). A Ford, sediada em Dearborn (Michigan), não enfrentou os mesmos problemas de suas concorrentes nacionais.

Veja indicação dos filmes **Roger e eu** e **Tucker: um homem e seu sonho**, que abordam a indústria automobilística, na seção **Sugestões de leitura, filmes e** *sites*.

Concordata: acordo que uma empresa insolvente faz com seus credores para obter prazos maiores para o pagamento de dívidas, evitando assim sua falência.

Em decorrência de seu enorme efeito multiplicador, a crise no setor automobilístico afetou diversos setores imprescindíveis ao funcionamento das montadoras: autopeças, plásticos, borrachas, equipamentos eletrônicos, entre outros. Essas indústrias, por sua vez, necessitam de outros setores: siderúrgicas, metalúrgicas, petroquímicas, etc. Detroit já não é mais a "capital do automóvel" porque muitas de suas antigas fábricas de carros e autopeças faliram. A cidade e sua região metropolitana vêm enfrentando o desemprego crescente, o empobrecimento da população e a deterioração urbana.

Diversos outros ramos industriais estão espalhados por inúmeras cidades do Nordeste dos Estados Unidos, a região de maior concentração urbano-industrial do planeta. Ali, a História mostrou ser verdadeira a frase: "Indústria atrai indústria". Surgiu, assim, um grande cinturão industrial, o *manufacturing belt*, que se estende por várias cidades às margens dos Grandes Lagos, na região dos Apalaches e na costa leste (observe o mapa da distribuição das indústrias na página 460). Em virtude da crise de diversos setores presentes no *manufacturing belt* e da decadência industrial, muitos têm chamado essa região de *rust belt* ("cinturão da ferrugem", em inglês).

A GM, um dos maiores símbolos do capitalismo americano, tem sua sede neste conjunto de edifícios chamado Renaissance Center, localizado em Detroit, Michigan (foto de 2012). A maioria das fábricas no país-sede fica neste e em outros estados do meio-oeste, mas a GM produz automóveis em diversos países, entre os quais o Brasil. Fundada em 1908, cresceu incorporando empresas como a Cadillac, a Pontiac e a Chevrolet, até se transformar na maior montadora do mundo; em 2013 tinha sido superada pela Toyota (japonesa) e Volkswagen (alemã). Nos anos 1990 chegou a ser a maior corporação mundial e até 2000 figurou em 1º lugar na lista da revista *Fortune*; em 2013 tinha caído para a 22ª posição.

Raymond Boyd/Michael Ochs Archives/Getty Images

A desconcentração industrial

Como vimos no capítulo 18, está ocorrendo nos Estados Unidos, já há algumas décadas, um processo de **desconcentração industrial**. O *manufacturing belt* já chegou a concentrar, no início do século XX, mais de 75% da produção industrial do país. De lá para cá sua participação vem se reduzindo, e hoje ela é inferior a 50%. Como consequência do grande crescimento de cidades do Nordeste, que se agruparam em gigantescas **megalópoles** como a que se estende de Boston a Washington (conhecida como Boswash), passando por Nova York, os custos de produção têm se elevado na região. Novos centros industriais foram construídos no sul e no oeste do país, e centros mais antigos nessas mesmas regiões se expandiram, acarretando uma dispersão industrial. Algumas das cidades norte-americanas que mais têm crescido estão nessas regiões novas. Reveja no mapa das indústrias dos Estados Unidos (página 460) as regiões de expansão industrial ao sul e a oeste do território, detalhadas no texto a seguir.

Sul

A industrialização do Sul ganhou forte impulso no início do século XX, após a descoberta de enormes lençóis petrolíferos na região, principalmente no Texas. Após a Segunda Guerra, o processo se intensificou, pois as necessidades de defesa e de desenvolvimento do programa espacial estimularam a expansão industrial. Foi construída uma fábrica de aviões em Marietta (Geórgia), onde hoje se localiza uma das maiores unidades da Lockheed Martin, empresa do setor aeroespacial. Em Huntsville (Alabama), foi construído um dos centros da Nasa, a agência espacial dos Estados Unidos, e uma fábrica de aviões militares e mísseis da Boeing, a maior indústria aeronáutica do mundo.

No Texas, localiza-se o importante Centro Espacial de Houston, sede da Nasa. Na Flórida, em Cabo Canaveral, localiza-se o Centro Espacial John F. Kennedy, base de lançamento de foguetes. No Texas, há também importantes indústrias aeronáuticas, em Fort Worth e San Antonio, e grandes indústrias petrolíferas em Houston, onde se destaca a Exxon Mobil. Em 2013, essa empresa era a segunda dos Estados Unidos e a terceira do mundo na lista das quinhentas maiores da revista *Fortune*, com um faturamento de 450 bilhões de dólares, valor quase do tamanho do PIB da Argentina (a maior do mundo era a holandesa Royal Dutch Shell, com faturamento de 482 bilhões de dólares, equivalente ao PIB da Bélgica).

Astronauta em treinamento na piscina do Laboratório de Flutuação Neutra, localizado próximo ao Johnson Space Center da Nasa, em Houston, Texas (Estados Unidos), em 2010. Dentro da água é possível simular uma caminhada fora de uma nave espacial, como parte da preparação para realizar trabalhos de manutenção no exterior da Estação Espacial Internacional.

Bill Stafford/JSC/Nasa

Oeste

A última região dos Estados Unidos a se industrializar foi o Oeste. Conheça alguns dos fatores que contribuíram para a instalação de indústrias nessa região:

- disponibilidade de mão de obra, que foi se estabelecendo desde a época da Corrida do Ouro, em meados do século XIX, quando a exploração desse metal na Serra Nevada (Califórnia) atraiu muita gente;

- existência de outros minérios, como ferro e cobre, nas Montanhas Rochosas e na Serra Nevada, e de petróleo e gás natural na Bacia da Califórnia;

- disponibilidade de elevado potencial hidrelétrico, principalmente nos rios Columbia e Colorado.

Em Seattle (estado de Washington) há uma importante concentração da indústria aeronáutica (divisão de aviões comerciais da Boeing), e em Portland (Oregon) de indústrias siderúrgicas e metalúrgicas (alumínio), entre outras. Mas o estado mais importante do Oeste é a Califórnia, com um parque industrial bastante diversificado, localizado principalmente no eixo São Francisco-Los Angeles-San Diego, a segunda megalópole do país (conhecida como San-San), com indústrias petroquímicas, automobilísticas, aeronáuticas, navais, alimentícias e outras (observe o mapa ao lado e reveja o da página 460).

No Oeste há setores tradicionais, mas, pelo fato de ter ocorrido uma industrialização relativamente recente, ligada a importantes universidades e centros de pesquisas, estão as mais importantes concentrações de indústrias de alta tecnologia dos Estados Unidos, principalmente no tecnopolo do Vale do Silício.

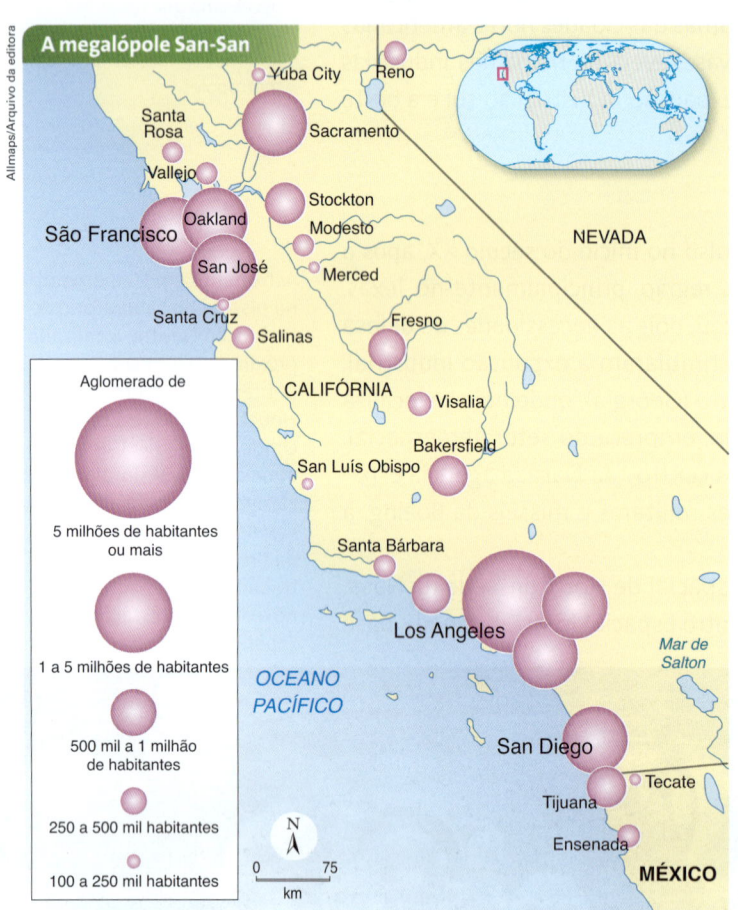

Adaptado de: CHARLIER, Jacques (Dir.). *Atlas du 21e siècle édition 2012*. Groningen: Wolters-Noordhoff; Paris: Éditions Nathan, 2011. p. 144.

Os principais parques tecnológicos

Vale do Silício

O **Vale do Silício** (*Silicon Valley*), no norte da **Califórnia**, foi o primeiro parque tecnológico implantado no mundo. Ainda é o mais importante e serve de modelo para muitos dos que surgiram posteriormente em diversos países. Abrange as cidades de Palo Alto, Santa Clara, San José e Cupertino, entre outras localizadas em torno da Baía de São Francisco. Essa região é chamada de Vale do Silício porque sua formação se baseou nas indústrias de semicondutores, que produzem *microchips* (ou microprocessadores), cuja matéria-prima mais importante é o silício, e na indústria de informática, tanto de computadores e periféricos (*hardware*) como de sistemas e programas (*software*).

Embora o início de sua industrialização remonte aos anos 1930, a expressão "Vale do Silício" surgiu em 1971, e o impulso para o desenvolvimento da região se deu sobretudo durante a Guerra Fria, em razão da corrida armamentista e aeroespacial. Foram as indústrias eletrônicas do Vale do Silício que, por exemplo, forneceram circuitos integrados para os computadores que guiaram as naves Apollo, cuja série 11 atingiu a Lua. Assim, o governo dos Estados Unidos, além de subsidiar as pesquisas nos laboratórios de universidades e empresas, garantia mercado para a produção regional, comprando parte do que era produzido.

A criação, em 1951, do Stanford Industrial Park, no *campus* da universidade do mesmo nome (observe a foto), também teve importante papel no desenvolvimento desse parque tecnológico, pois atraiu indústrias de alta tecnologia. Outras universidades da região tiveram papel crucial na formação de mão de obra qualificada e na produção de pesquisa avançada, entre as quais a Universidade da Califórnia (*campus* de Berkeley e de São Francisco).

Graças aos pesquisadores dessas universidades, o Vale do Silício tornou-se o principal centro de alta tecnologia do mundo. Também contribuiu para isso a existência de empreendedores, de capitais de risco para bancar projetos inovadores e de um ambiente favorável aos investimentos e à geração de novas empresas.

Muitas empresas dos setores de microeletrônica e informática, que atualmente estão entre as maiores do mundo, foram criadas na região. Por exemplo, em 1939, William Hewlett e David Packard, dois estudantes de Stanford, fundaram uma empresa produtora de calculadoras, computadores e impressoras, a Hewlett-Packard (mais conhecida como HP), entre as maiores do mundo no setor. Mas diversas outras foram criadas posteriormente no Vale, entre as quais se destacam: Intel e AMD (semicondutores); Apple (computadores); Oracle e Adobe (programas e sistemas), Cisco Systems (TI), entre outras menos conhecidas. Grandes empresas do setor de informática que têm sede em outros lugares dos Estados Unidos, como a Microsoft, em Redmond (estado de Washington), e a IBM, em Nova York (estado de Nova York), também têm filiais nessa região. Mesmo corporações asiáticas e europeias mantêm centros de pesquisa no local.

Chip é uma placa de silício de alta pureza (concentração acima de 99%), na qual são impressos microcircuitos; é o "cérebro" do computador, responsável pelo processamento de dados. É crescente também a incorporação de *chips* em diversos produtos: automóveis, geladeiras, telefones, etc. Na foto, microprocessador Intel Core i7, fabricado em 2012.

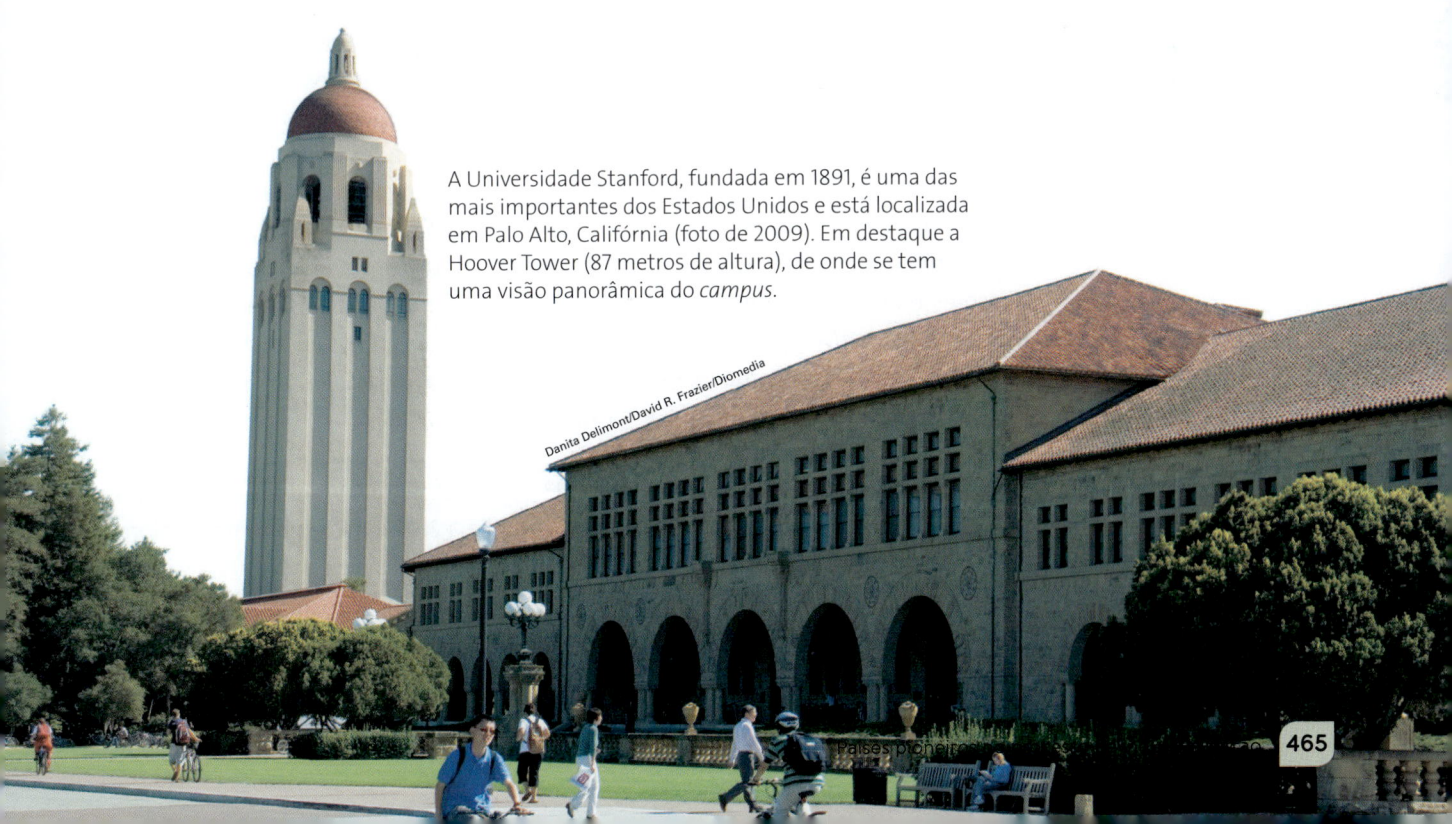

A Universidade Stanford, fundada em 1891, é uma das mais importantes dos Estados Unidos e está localizada em Palo Alto, Califórnia (foto de 2009). Em destaque a Hoover Tower (87 metros de altura), de onde se tem uma visão panorâmica do *campus*.

Nesta imagem aparecem diversas empresas de semicondutores e de informática do Vale do Silício. Entretanto, só constam as empresas que pagaram para veicular seu logotipo no calendário 2014 da Silicon Valley Map.

SILICON VALLEY MAP. Silicon Valley 2014. Disponível em: <www.siliconvalleymap.com/maps.htm>. Acesso em: 6 jan. 2014.

Apesar da diversificação posterior, sobretudo com a biotecnologia, ainda predomina a participação desses setores pioneiros. Importantes empresas que se desenvolveram recentemente em razão da expansão da internet, como Google (fundada em 1998) e Facebook (2004), também têm sede no Vale do Silício. Observe o mapa pictórico ao lado que mostra algumas das empresas mencionadas.

Boston

No leste do país, destaca-se outro importante tecnopolo, localizado na região metropolitana de **Boston** (Massachusetts) e que se desenvolveu a partir dos anos 1960 ao longo da **Rota 128**. Essa é uma autoestrada que contorna a metrópole. Esse tecnopolo também está vinculado à indústria bélica e ao setor de informática e abriga empresas como a Raytheon (material bélico) e a Lionbridge Tecnologies (TI). Mais recentemente, têm se desenvolvido novos setores de alta tecnologia na região, especialmente em **Cambridge** e arredores, com destaque para os de biotecnologia (novos remédios e terapias) e de equipamentos médicos, com empresas como a Biogen Idec e a Genzyme.

A região de Boston passou por um processo de reconversão industrial: os prédios inteligentes dos setores ligados à nova economia informacional, muitas vezes, foram erguidos no lugar de antigas fábricas da era industrial. Diferentemente de outras cidades do Nordeste que passaram a fazer parte do *Rust Belt*, a região de Boston transformou-se em tecnopolo porque dispõe do ativo mais importante da Revolução Informacional: conhecimento científico-tecnológico avançado. Isso porque conta com a participação de professores e pesquisadores da Universidade Harvard e do Instituto Tecnológico de Massachusetts (MIT), duas das instituições de ensino e pesquisa mais conceituadas do mundo. Como mostra o mapa "Principais parques tecnológicos" (página 433), além do Vale do Silício e da Rota 128, há diversos outros tecnopolos no território dos Estados Unidos.

Para concluir, vale destacar que em 2013 os Estados Unidos tinham 132 corporações na lista da revista *Fortune*, o que correspondia a 26,4% das quinhentas maiores do mundo. Entretanto, em 2001 chegou a ter 197 empresas nessa lista, 39,4% do total, um recorde. De lá para cá, empresas de países emergentes, sobretudo da China, têm ocupado esse espaço. Isso é mais uma evidência do enfraquecimento relativo dos Estados Unidos e do crescente fortalecimento das economias emergentes.

Atividades

Compreendendo conteúdos

1. Que fatores determinaram o pioneirismo do Reino Unido no processo de industrialização mundial? Ele mantém essa posição de destaque atualmente?

2. Quais são as principais regiões industriais do Reino Unido atualmente? As regiões carboníferas continuam importantes?

3. Enumere os principais fatores que colaboraram para a industrialização dos Estados Unidos.

4. Onde se localizam as maiores concentrações industriais dos Estados Unidos? Por que, após a Segunda Guerra Mundial, ocorreu uma desconcentração do parque industrial?

5. Qual é o parque tecnológico mais importante dos Estados Unidos? Que fatores contribuíram para seu desenvolvimento?

Desenvolvendo habilidades

6. Releia, na página 456, o texto "A importância de não nascer importante", de Eduardo Galeano. Relacione os argumentos do texto do jornalista uruguaio com o trecho do livro *A ética protestante e o espírito do capitalismo*, do sociólogo alemão Max Weber (1864-1920):

> É verdade que a utilidade de uma vocação, e sua consequente aprovação por Deus, é orientada primeiramente por critérios morais e depois pela escala de importância dos bens produzidos para a coletividade, colocando-se, porém, logo em seguida, um outro, e, do ponto de vista prático, mais importante critério: a "lucratividade" individual. Com efeito, quando Deus, em cujas disposições o puritano via todos os acontecimentos da vida, aponta, para um de Seus eleitos, uma oportunidade de lucro, este deve aproveitá-la com um propósito, e, consequentemente, o cristão autêntico deve atender a esse chamado, aproveitando a oportunidade que lhe é apresentada. [...]
>
> Deveis trabalhar para serdes ricos para Deus, e, evidentemente, não para a carne ou para o pecado.
>
> WEBER, M. *A ética protestante e o espírito do capitalismo*. 2. ed. São Paulo: Pioneira Thomson Learning, 2001. p. 89.

- Explique a importância desses fatores histórico-culturais para o desenvolvimento capitalista dos Estados Unidos.

Collection GFC/Alamy/Other Images

Estátua de John Harvard (1607-1638), primeiro benfeitor da Universidade Harvard, em Cambridge, Massachusetts. Fundada em 1636, é a mais antiga dos Estados Unidos. Formou oito presidentes, entre os quais Barack Obama, e até 2013 seus professores-pesquisadores ganharam 48 prêmios Nobel. Na foto, de 2009, estudante passa a mão no pé de John Harvard para trazer boa sorte nas provas.

1. **CO** (UFG-GO) Leia as informações a seguir.

> Em meados do século XVIII, James Watt patenteou na Inglaterra seu invento, sobre o qual escreveu a seu pai: "O negócio a que me dedico agora se tornou um grande sucesso. A máquina de fogo que eu inventei está funcionando e obtendo uma resposta muito melhor do que qualquer outra que tenha sido inventada até agora".
>
> Disponível em: <http://www.ampltd.co.uk/digital_guides/ind-rev-series-3-parts-1-to-3/detailed-listing-part-1.aspx>. Acesso em: 29 out. 2012. (Adaptado.)

A revolução histórica relacionada ao texto, a fonte primária de energia utilizada em tal máquina e a consequência ambiental de seu uso são, respectivamente,

a) puritana, gás natural e aumento na ocorrência de inversão térmica.
b) gloriosa, petróleo e destruição da camada de ozônio.
c) gloriosa, carvão mineral e aumento do processo de desgelo das calotas polares.
d) industrial, gás natural e redução da umidade atmosférica.
e) industrial, carvão mineral e aumento da poluição atmosférica.

2. **SE** (Mackenzie-SP)

Sociedade na Revolução Industrial

Reprodução/Prova da FUVEST

Tendo como base de análise a figura e os aspectos que definiram a Primeira Revolução Industrial, considere as afirmativas a seguir:

I. Inicia-se nas últimas décadas do século XVIII e estende-se até meados do século XIX. A invenção da máquina a vapor e o uso do carvão como fonte de energia primária marcam o início das mudanças nos processos produtivos.

II. O Reino Unido foi o primeiro país a reunir condições básicas para o início da industrialização devido à intensa acumulação de capitais no decorrer do Capitalismo Comercial.

III. Os mais destacados segmentos fabris desta fase foram o têxtil, o metalúrgico e o de mineração.

IV. As transformações produtivas desta fase atingiram rapidamente outros países como a Alemanha, França e Estados Unidos ainda no Século XVIII recrutando operários com salários atrativos e promovendo, assim, um intenso êxodo rural.

Estão corretas,

a) apenas I, II e III.
b) apenas I, II e IV.
c) apenas II, III e IV.
d) apenas I, III e IV.
e) I, II, III e IV.

3. **NE** (IFCE) São as principais características do Vale do Silício, nos Estados Unidos:

a) localizado no oeste dos Estados Unidos, próximo a importantes centros de pesquisa, forma um complexo industrial com destaque para os ramos típicos da Terceira Revolução Industrial.
b) também conhecido por cinturão (belt), constitui-se na principal área produtora de cereais dos Estados Unidos, sobretudo de milho e trigo, além de pecuária intensiva.
c) formado por erosão glacial, constitui-se numa área de preservação permanente, onde se destacam as faias, as sequoias e as bétulas, espécies típicas da floresta boreal.
d) localizado no nordeste dos Estados Unidos, constitui-se numa área de antiga concentração industrial, destacando-se as indústrias de bens de produção pela abundância de matérias-primas, energia e mão de obra e pela facilidade de transporte.
e) é uma das principais áreas de extração mineral, sobretudo de silício, cobre e ferro, altamente prejudicada pela degradação do meio ambiente.

4. **SE** (UFSCar-SP) A industrialização norte-americana começou no nordeste do país e se espalhou pela região dos Grandes Lagos, com setores como o siderúrgico, o naval e o automobilístico. Esse foi, durante muito tempo, o padrão espacial predominante nos Estados Unidos. Contudo, com a Revolução Técnico-científica e Informacional, novos padrões de distribuição industrial foram produzidos, gerando um processo de descentralização e de reorganização territorial da atividade produtiva. Considerando o processo descrito, responda:

a) Quais tipos de indústrias caracterizam o novo padrão industrial americano?
b) Onde se localizam essas indústrias e quais fatores justificam tal localização?

20 Países de industrialização tardia

Ropits (*Robot for personal intelligent transport system*) desenvolvido pela Hitachi é testado na Cidade da Ciência de Tsukuba (Japão), em 2014. Esse meio de transporte individual pode ser controlado por *joystick*.

Yoshikazu Tsuno/AFP

A Alemanha, o Japão, a Itália e o Canadá industrializaram-se na segunda metade do século XIX. São considerados países de industrialização tardia, em comparação com os pioneiros, que estudamos no capítulo anterior. Neste capítulo, vamos analisar os dois primeiros, os mais importantes desse grupo.

Por que a Alemanha se industrializou tardiamente em relação aos países pioneiros? Sua história é marcada pelo envolvimento em guerras, por destruições e reconstruções. Derrotada na Primeira e na Segunda Guerra, foi arrasada e dividida, mas nas últimas décadas recuperou-se e em pouco tempo emergiu novamente como potência econômica, dotada de uma indústria moderna e competitiva. O que explica essa rápida recuperação econômica? Que fatores contribuíram para isso? É o que veremos a seguir.

O Japão foi a primeira potência industrial a se desenvolver na Ásia. A industrialização tardia o levou, assim como a Alemanha, à expansão imperialista retardatária e a conflitos com as potências já consolidadas. Durante a Segunda Guerra, o país foi arrasado do mesmo modo que a Alemanha, com a qual se aliou. Em menos de três décadas, emergiu dos destroços da guerra para o segundo posto na economia mundial. Entretanto, desde os anos 1990 reduziu drasticamente seu ritmo de crescimento econômico e acabou superado recentemente pela China. O que mudou para interromper o ciclo de crescimento anterior? Para entender seu vertiginoso avanço econômico, e depois a crise pela qual o país passou, é fundamental estudar seu processo de industrialização.

Sede mundial da BMW, onde funciona a maior fábrica da empresa e o Museu BMW, em Munique (Alemanha), em 2013.

1 Alemanha

Unificação territorial e industrialização

De 1815 a 1871 a Alemanha foi uma **confederação** composta de 39 unidades políticas independentes. Em 1861, sob o comando da Prússia, o Estado mais poderoso da confederação, iniciou-se o processo de unificação político-territorial marcado por diversas guerras contra seus vizinhos: Dinamarca, Áustria e França (observe o mapa). Venceu todas, até mesmo a que travou contra seu vizinho mais poderoso: Guerra Franco-Prussiana (1870-1871). O surgimento da Alemanha como Estado unificado marcou o início do 2º **Reich.**

Confederação: arranjo político-territorial, como a Confederação Germânica, no século XIX, ou a Suíça atual, segundo o qual os Estados-membros, ou Cantões, como no caso da República Confederativa Suíça, mantêm sua independência política e econômica, mas estabelecem um órgão político de caráter diplomático, ou seja, uma assembleia composta de representantes de cada unidade confederada, com o intuito de tomar decisões de interesse comum.

Reich: 'Império', em alemão; o Primeiro *Reich*, o Sacro Império Romano-Germânico, existiu da Idade Média até a era moderna, de 962 a 1806; o Segundo *Reich*, da unificação política ao fim da Primeira Guerra, de 1871 a 1918; e o Terceiro *Reich*, da ascensão de Hitler ao fim da Segunda Guerra, de 1933 a 1945.

A unificação da Alemanha: 1861-1871

Allmaps/Arquivo da editora

Legenda:
- Prússia em 1861
- Estados integrados à Alemanha do Norte em 1867
- Estados integrados ao Império Alemão em 1871
- Alsácia e Lorena: territórios franceses integrados ao Império em 1871
- Limites do Império Alemão proclamado em 1871 ao final da Guerra Franco-Prussiana

Adaptado de: DUBY, Georges. *Atlas histórico mundial*. Barcelona: Larousse, 2007. p. 237.; LEBRUN, François. *Atlas historique*. Paris: Hachette, 2000. p. 42.

A partir da unificação político-territorial o processo de industrialização se acelerou e, em fins do século XIX, a Alemanha já tinha uma economia mais forte que a do Reino Unido e a da França e liderava, com os Estados Unidos, os avanços tecnológicos da Segunda Revolução Industrial.

A unificação política, em 1871, tornou a Alemanha não só um único Estado, mas também um único mercado. Com isso, consolidou-se a integração econômica: instituição de uma moeda única, padronização das leis e constituição de um amplo mercado interno, que ampliou as possibilidades de acumulação de capitais. A Alemanha tornou-se uma potência econômica e militar, mas, como não tinha colônias, envolveu-se em outras guerras com o objetivo de conquistar novos territórios.

Dave Porter/Alamy/Other Images

O rio Reno é uma importante via de transporte para vários países europeus, ligando grandes regiões industriais, sobretudo alemãs, ao porto de Roterdã (Países Baixos), situado em sua foz no mar do Norte. Na foto de 2011, barca carregada de contêineres navega no Reno ao lado da cidade de Colônia, no estado da Renânia do Norte-Vestfália.

Ao longo dos séculos XIX e XX, a disponibilidade de grandes jazidas de carvão mineral (a hulha da bacia do Ruhr) e a facilidade de transporte hidroviário (observe a foto acima) possibilitaram que muitas indústrias se concentrassem na confluência dos rios Ruhr e Reno. Desde o fim da Idade Média, o vale do Reno, que liga o norte da Itália aos Países Baixos, já era uma das principais rotas do comércio, o que explica a significativa concentração de capitais na região e os investimentos cada vez maiores, por parte de grandes proprietários de terras e banqueiros, na indústria que ali se instalava.

Gradativamente, a população que vivia no campo migrou para as cidades, empregou-se como mão de obra assalariada e contribuiu para a ampliação do mercado consumidor. Além desses fatores, a França, derrotada na Guerra Franco-Prussiana, foi obrigada a ceder à Alemanha as províncias da Alsácia e Lorena (localize-as no mapa da página anterior), ricas em carvão e minério de ferro, e a pagar pesada indenização aos alemães. A soma desses fatores explica a intensa industrialização da Alemanha a partir de então, embora o país tenha enfrentado problemas para sustentar seu crescimento econômico.

Guerras: destruição e reconstrução

Pelo fato de ter-se unificado tardiamente, a Alemanha perdeu a corrida da conquista colonial. Embora tenha se apropriado de algumas colônias na partilha da África durante o Congresso de Berlim (1884-1885), não obteve muitas vantagens econômicas. Esses territórios eram limitados em recursos naturais e o país foi privado do acesso aos mercados consumidores, às reservas de matérias-primas e às fontes de energia. Esse conjunto de fatores levou a Alemanha a um enfrentamento bélico com o Reino Unido e a França, as duas principais potências coloniais da época, que depois envolveu outros países e resultou na Primeira Guerra.

A Alemanha foi derrotada na Primeira Guerra e os vitoriosos lhe impuseram uma série de sanções por meio do Tratado de Versalhes: indenizações financeiras, restrições militares e perdas territoriais. Além de perder as poucas colônias ultramarinas que possuía, foi obrigada a devolver as províncias da Alsácia e Lorena à França e perdeu territórios para a Polônia. Observe, nos mapas da página ao lado, a Europa antes e depois da Primeira Guerra.

As sanções impostas pelo Tratado de Versalhes e a crise de 1929 conduziram a Alemanha a uma profunda crise social e econômica, o que criou as condições políticas para a ascensão de Adolf Hitler ao poder. Assim que assumiu o posto de chanceler, em 1933, dissolveu o parlamento e convocou novas eleições, vencidas pelo Partido **Nazista**. Com os nazistas no poder, o país transformou-se em uma ditadura na qual Hitler era o *Führer* ('líder', em alemão), e iniciou-se o Terceiro *Reich*, que se estendeu até 1945.

O Terceiro *Reich* lançou-se à conquista dos territórios considerados vitais para sua expansão econômica: inspirou-se nas ideias do geógrafo Friedrich Ratzel (1844-1904) para justificar o novo expansionismo. Ratzel, cujas ideias já tinham servido para justificar o expansionismo alemão que resultou na Primeira Guerra, formalizou o conceito que chamou de **espaço vital**. Leia, na página seguinte, o trecho retirado de sua obra principal, *Antropogeografia*, lançada em 1882, no qual essas ideias ficam evidentes.

Adaptado de: CHARLIER, Jacques (Dir.). *Atlas du 21ᵉ siècle édition 2012*. Groningen: Wolters-Noordhoff; Paris: Éditions Nathan, 2011. p. 49.

Nazista: seguidor do Nazismo ou membro do Partido Nazista. O Nazismo foi um movimento político nacionalista, antidemocrático, antioperário, antiliberal, anticomunista, totalitário, militarista, expansionista e racista. Transformou-se em programa do governo alemão em 1933, quando Adolf Hitler assumiu o poder. Deriva de *nazi* (contração do alemão *nationalsozialist*, "nacional socialista"), que era a denominação dada aos adeptos do Partido Nacional-Socialista dos Trabalhadores Alemães, mais conhecido como Partido Nazista.

Espaço vital: conceito geopolítico desenvolvido no século XIX pelo geógrafo alemão Friedrich Ratzel, segundo o qual uma sociedade, para garantir o equilíbrio entre sua população e os recursos naturais, precisa controlar um território de determinado tamanho. Essa necessidade é mediada pela tecnologia disponível nessa sociedade. O espaço vital seria, portanto, a garantia da reprodução de um povo em consequência do controle de seu território.

Observe nos mapas que a França avançou sobre a fronteira alemã após a Primeira Guerra — esse território é a Alsácia e Lorena; perceba também que a Alemanha ficou dividida pelo "corredor polonês".

Depois de terem anexado a Áustria e a Tchecoslováquia, em setembro de 1939, tropas alemãs invadiram a Polônia. Nesse momento a Grã-Bretanha e a França declararam guerra à Alemanha, dando início à Segunda Guerra Mundial. Em 1941, as forças armadas dos Estados Unidos e da União Soviética também entraram na guerra, mundializando de vez o conflito. Em 1945, ao final da guerra, o país estava mais uma vez derrotado: além das perdas humanas e da destruição material, sofreu novas perdas territoriais e fragmentação política.

Ao terminar a Segunda Guerra, a Alemanha teve seu território partilhado pelos países vitoriosos em quatro zonas de ocupação, segundo tratado firmado na cidade de Potsdam, em 1945, e ainda perdeu territórios para a Polônia e a União Soviética (observe o mapa na página seguinte).

Outras leituras

O povo e o seu território

Que território seja necessário à existência do Estado é coisa óbvia. Exatamente porque não é possível conceber um Estado sem território e sem fronteiras é que vem se desenvolvendo rapidamente a **geografia política** [...]

Quando se examina o homem, seja individualmente, seja associado na família, na tribo, no Estado, é sempre necessário considerar, junto com o indivíduo ou com o grupo em questão, também uma porção de território. No que se refere ao Estado, a geografia política já há muito tempo criou o hábito de mencionar ao lado da cifra da população também a superfície. Mas também os organismos que fazem parte da tribo, da comuna, da família, só podem ser concebidos junto com seu território. Sem isto não é possível compreender o incremento da potência e da solidez do Estado. Em todos esses casos nos encontramos diante de organismos que estabelecem com o solo uma ligação mais ou menos durável, em consequência da qual o solo exerce uma influência sobre os organismos e aqueles sobre este. Quando se trata de um povo em via de incremento, a importância do solo pode talvez parecer menos evidente; mas pensemos, ao contrário, em um povo em processo de decadência e verificar-se-á que esta não poderá absolutamente ser compreendida, nem mesmo no seu início, se não se levar em conta o território. Um povo decai quando sofre perdas territoriais. Ele pode decrescer em número, mas ainda assim manter o território no qual se concentram seus recursos; mas se começa a perder uma parte do território, esse é sem dúvida o princípio de sua decadência futura.

Esta foto, feita em 1º de julho de 1945, mostra a cidade de Berlim destruída pela guerra e sob a ocupação soviética. Civis carregando seus pertences passam em frente a prédio em ruínas e placas de ruas escritas em russo. A Alemanha não apenas foi ocupada militarmente como perdeu territórios nos tratados do pós-guerra.

RATZEL, Friedrich. Geografia do homem (Antropogeografia). In: MORAES, Antonio Carlos Robert (Org.). *Ratzel*. São Paulo: Ática, 1990. p. 73-74.

Alemanha após a Segunda Guerra Mundial

BERLIM

Setor francês
Muro de Berlim (1961)
Tegel
Setor britânico
Berlim Oriental
Berlim Ocidental
Gatow
Tempelhof
Setor soviético
Setor americano

Zonas de ocupação (1945-1954)
- Britânica
- Americana
- Francesa
- Soviética
- ✈ Aeroportos de Berlim Ocidental

SUÉCIA — URSS
DINAMARCA
Mar Báltico
Mar do Norte
Kiel
Lübeck ● ● Rostock
Hamburgo ●
Bremen ●
Kaliningrado (Königsberg)
Gdansk (Dantzig)
REPÚBLICA DEMOCRÁTICA ALEMÃ
Szczecin (Stetin)
PAÍSES BAIXOS
Hannover ●
Potsdam ● Berlim
Magdeburgo ●
POLÔNIA
REPÚBLICA
Düsseldorf
Colônia ●
Bonn ■
FEDERAL DA
Dresden ●
Wroclaw (Breslau)
BÉLGICA
ALEMANHA
Frankfurt ●
LUXEMBURGO
Saarbrücken ●
Nurembergue ●
TCHECOSLOVÁQUIA
FRANÇA
Stuttgart ●
N
0 — 115 km
Munique ●
ÁUSTRIA
SUÍÇA LIECHTENSTEIN

— Limites da Alemanha em 1937
— Limite entre as duas Alemanhas
---- Corredores aéreos
Territórios sob administração polonesa a partir de 1945
Território sob administração soviética a partir de 1945
Território do Ruhr sob controle internacional (1949-1952)

Allmaps/Arquivo da editora

Adaptado de: DUBY, Georges. *Atlas histórico mundial*. Barcelona: Larousse, 2007. p. 299.

Posteriormente, em 1949, o país foi dividido em dois: as zonas de administração americana, britânica e francesa foram unificadas e constituíram a República Federal da Alemanha (RFA), com capital em Bonn (Berlim Ocidental também ficou sob controle daqueles três países); e, como resposta, os soviéticos criaram, em sua zona de ocupação, a República Democrática Alemã (RDA), com capital em Berlim Oriental. Observe o mapa acima.

Com a divisão, dois modelos sociais, políticos e econômicos foram introduzidos, um em cada lado da fronteira.

Na Alemanha Ocidental, influenciada pelos Estados Unidos, passou a vigorar uma economia de mercado, assentada na propriedade privada, na livre iniciativa e na concorrência. Politicamente, o país se organizou como uma democracia pluri-partidária na forma republicana de governo e, gradativamente, estruturou o Estado de bem-estar. Aliada a uma elevação significativa da produtividade e, por-tanto, dos salários, melhoraram consideravelmente a capacidade de consumo e as condições de vida da população.

Na Alemanha Oriental, sob a influência da União Soviética, passou a vigorar uma economia planificada, na qual os meios de produção eram quase integral-mente controlados pelo Estado. Estruturou-se uma ditadura de partido único, o Partido Socialista Unificado, criado em 1946, nos moldes do Partido Comunista da União Soviética. Era exercido, portanto, um monopólio político e econômico por parte do Estado. A produtividade crescia lentamente e o parque industrial aos pou-cos foi se defasando tecnologicamente. O padrão de vida e de consumo não acom-panhou os níveis ocidentais.

A Alemanha Ocidental, capitalista, organizou-se sob um sistema econômico es-truturalmente mais competitivo e dinâmico e beneficiou-se muito da Guerra Fria: recebeu 1,4 bilhão de dólares do Plano Marshall. Esse fato, aliado à sua entrada em organizações **supranacionais**, como a Comunidade Econômica Europeia (atual União Europeia), foi decisivo para sua rápida reconstrução econômica no pós-guer-ra, o que aprofundou as diferenças entre as duas Alemanhas.

Observe os corredores aéreos entre Berlim Ocidental e a República Federal da Alemanha: foram criados para abastecer a cidade, ultrapassando o bloqueio terrestre imposto pelos soviéticos. O Ruhr, região industrial mais importante da Alemanha (em amarelo no mapa), ficou sob o controle da Autoridade Internacional do Ruhr, formada por representantes de Estados Unidos, Grã-Bretanha, França, Bélgica, Holanda e Luxemburgo, e também por alemães.

Supranacional: organização que estende sua área de influência e atuação em escala mundial ou regional. Os organismos supranacionais (ONU, Otan, OMC, Banco Mundial, UE, Nafta, Mercosul, Unasul, etc.) criam acordos e regras que devem ser respeitados pelos países signatários. Assim, ao ingressar em um desses órgãos, os Estados se sujeitam a respeitar as decisões de um grupo, perdendo parte de sua soberania.

John Kellerman/Alamy/Other Images

A capital da Alemanha reunificada voltou a ser Berlim, e o parlamento do novo país retornou à sua antiga sede. Isso marcou a retomada da soberania plena, comprometida por anos em razão de sua derrota na Segunda Guerra. Na foto de 2012, o Reichstag ('parlamento', em alemão) com bandeiras do país. Na fachada está escrito *Dem Deustchen Volke* ('para o povo alemão').

Ao ocorrer a reunificação política, em 1990, as diferenças sociais, econômicas e políticas entre os dois sistemas vieram à tona no novo país. Havia um contraste de padrão de vida, comportamentos, ideias e costumes entre alemães do oeste e do leste. Entretanto, passados mais de vinte anos da reunificação, apesar de algumas diferenças socioeconômicas que ainda persistem – por exemplo, o desemprego e a pobreza no leste são maiores – a Alemanha voltou a ser um único Estado-nação.

A trajetória político-econômica da Alemanha após a Segunda Guerra nega as afirmações de Ratzel no fim de seu texto (página 474). Apesar de suas perdas territoriais (mesmo com a reunificação não possui a mesma extensão que tinha antes da guerra), o país não entrou em decadência; ao contrário, tornou-se uma das maiores potências econômicas do mundo, com um parque industrial moderno e competitivo.

Indicadores socioeconômicos da Alemanha – 2012	
População, em milhões de habitantes	82
PIB, em bilhões de dólares	3 428 (4º do mundo)
• Agricultura (%)	1
• Indústria (%)	28
• Serviços (%)	71
Crescimento do PIB, média anual em % (2000-2012)	1,1
Renda *per capita*, em dólares	44 260
Empresas na Fortune Global 500 2013	29

THE WORLD BANK. *World Development Indicators 2014*. Washington, D.C., 2014. Disponível em: <http://wdi.worldbank.org/tables>. Acesso em: 23 abr. 2014. FORTUNE Global 500 2013. Disponível em: <http://money.cnn.com/magazines/fortune/global500/2013/full_list/?iid=G500_sp_full>. Acesso em: 23 abr. 2014.

Veja indicação do filme **Adeus, Lenin!**, que trata das mudanças provocadas na Alemanha Oriental após a queda do Muro de Berlim, na seção **Sugestões de leitura, filmes e *sites***.

Distribuição das indústrias

As indústrias alemãs foram reconstruídas, em sua maioria, nos mesmos lugares que ocupavam antes da Segunda Guerra. A região de maior concentração continuou sendo a confluência dos rios Ruhr e Reno, pelas mesmas razões do passado: reservas de carvão, facilidade de transporte, disponibilidade de mão de obra e amplo mercado consumidor. Porém, após a guerra, o parque industrial se modernizou rapidamente e houve ganhos significativos de produtividade em relação ao parque industrial britânico e francês. Além disso, antes da guerra, a Alemanha já dispunha de mão de obra qualificada, e maiores investimentos em educação contribuíram para elevar ainda mais a produtividade dos trabalhadores.

Como vimos no capítulo 18, segundo o *Índice de desempenho em logística 2012*, do Banco Mundial, a logística alemã é uma das melhores do mundo. Uma densa e moderna rede de transportes (hidroviários, ferroviários e rodoviários), armazéns e centros de distribuição interliga os principais polos industriais aos maiores portos do país – Hamburgo e Bremen – e ao porto de Roterdã, nos Países Baixos (outro país bem posicionado nesse índice; reveja o gráfico na página 427).

A produção industrial alemã, apesar de ter havido certa dispersão, ainda está fortemente concentrada no estado da **Renânia do Norte-Vestfália** (observe os mapas a seguir). Conforme se pode observar, cidades renanas como Colônia, Essen, Düsseldorf e Dortmund, entre outras, formam uma das maiores concentrações urbano-industriais do mundo.

> Consulte o *site* da **República Federal da Alemanha**. Veja orientações na seção **Sugestões de leitura, filmes e *sites***.

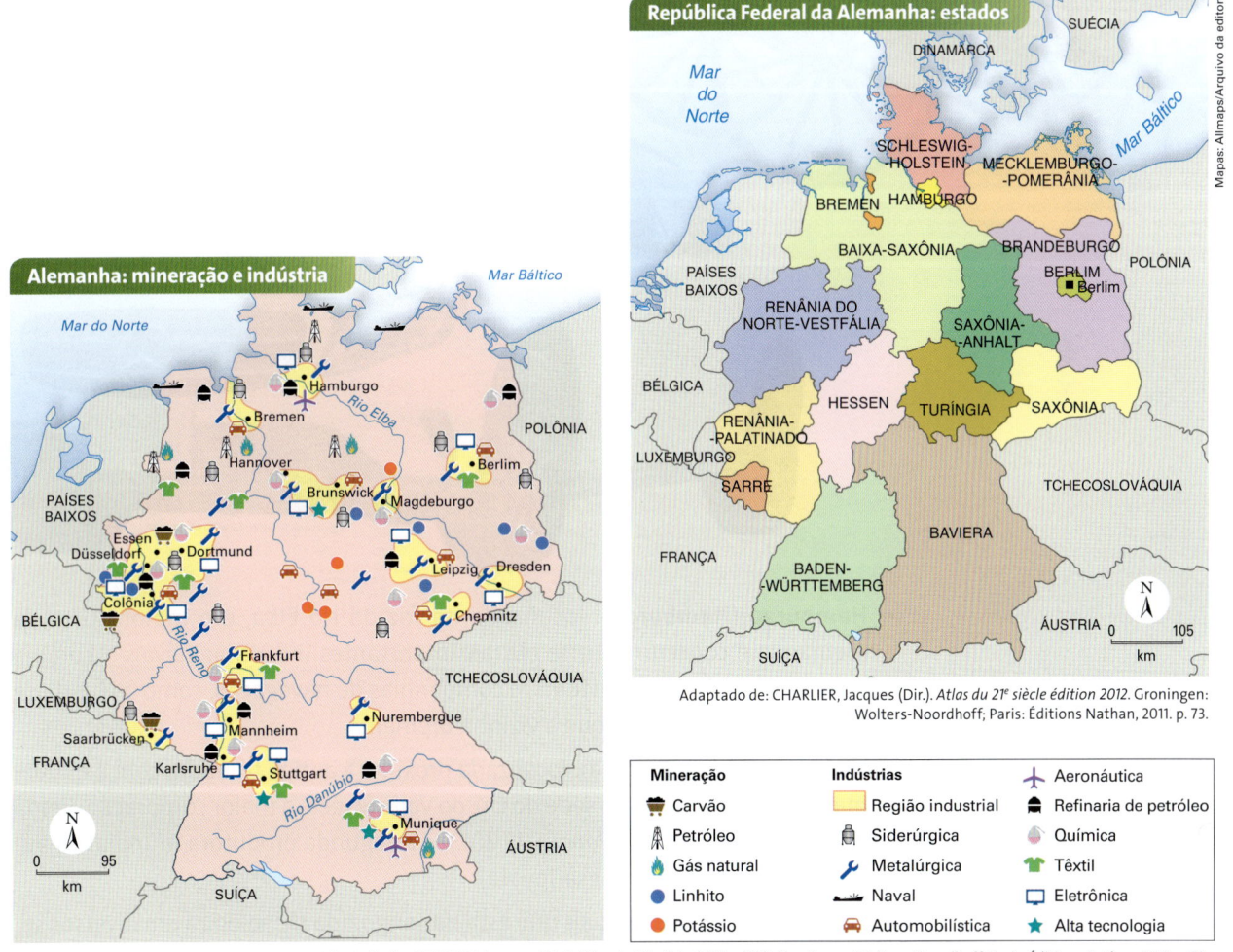

Adaptado de: CHARLIER, Jacques (Dir.). *Atlas du 21e siècle édition 2012*. Groningen: Wolters-Noordhoff; Paris: Éditions Nathan, 2011. p. 73.

Adaptado de: CHARLIER, Jacques (Dir.). *Atlas du 21e siècle édition 2012*. Groningen: Wolters-Noordhoff; Paris: Éditions Nathan, 2011. p. 73.

Mapas: Allmaps/Arquivo da editora

Também é possível perceber que existem praticamente todos os ramos industriais na região do Ruhr, mas alguns merecem destaque, como o siderúrgico, o químico e o eletroeletrônico. A reconstrução e a diversificação dos *konzern* (trustes), constituídos desde o fim do século XIX, possibilitaram a formação dos grandes conglomerados que atuam em vários setores. Por exemplo, o grupo ThyssenKrupp, com sede em Düsseldorf, atua nos setores siderúrgico, metalúrgico, mecânico, naval, de construção civil, entre outros, produzindo aço, máquinas industriais, elevadores, autopeças, submarinos, etc.

Embora haja maior concentração nas cidades do estado da Renânia do Norte-Vestfália, o parque industrial alemão está espalhado pelo território, e algumas cidades de outros estados merecem atenção especial. Observe os mapas da página anterior e leia, a seguir, a descrição dos principais polos industriais.

- **Stuttgart (Baden-Württemberg):** apresenta importante concentração de indústrias mecânicas, principalmente automobilística; nessa cidade está sediado o Grupo Daimler, terceira maior corporação da Alemanha;

Em 1886, Gottlieb Daimler (1834-1900), fundador do grupo que leva seu sobrenome, e Wilhelm Maybach (1846-1929) construíram o primeiro automóvel do mundo ao adaptarem um motor de combustão interna, movido a gasolina, a uma carruagem. Na foto de 1887, Daimler, com seu filho ao volante, passeia pelas ruas de Stuttgart nesse carro pioneiro. Compare-o com um modelo Mercedes-Benz lançado em 2014 e perceba a evolução da indústria automobilística.

Akg-images/Latinstock

sippakorn/Shutterstock/Glow Images

- **Hamburgo (Hamburgo):** localizada na foz do rio Elba, é o maior porto da Alemanha e concentra, entre outras, importantes indústrias navais – como a ThyssenKrupp Marine Systems, e companhias de navegação, como a Hamburg Süd –, da mesma forma que a vizinha Bremen;

- **Wolfsburg (Baixa Saxônia):** localizada próxima à antiga fronteira com a ex-Alemanha Oriental, abriga a sede do Grupo Volkswagen, a maior corporação alemã (9ª da lista da *Fortune Global 500* 2013) e a segunda produtora mundial de automóveis (atrás da japonesa Toyota).

Como a Alemanha é um país que está na vanguarda tecnológica em diversos setores, há muitos tecnopolos em seu território. A seguir veremos os mais importantes.

Divulgação/K.H. Halberstadt/Chempark

Vista panorâmica do Chempark de Leverkusen, às margens do rio Reno, a cerca de 20 quilômetros de Colônia (foto de 2012).

Parques tecnológicos alemães

Munique (Baviera) é um centro industrial antigo que, com o tempo, se transformou no mais importante parque tecnológico da Alemanha, onde se concentram empresas dos setores eletrônico, de tecnologia de informação (TI), automobilístico, biotecnologia e aeroespacial. Implantado a partir dos anos 1970, abriga doze importantes universidades, como a Universidade Técnica de Munique, e renomados centros de pesquisa, entre os quais treze institutos dos oitenta controlados pela Sociedade Max Planck, principal instituição de investigação científica da Alemanha. Aí também se localizam as principais indústrias alemãs do setor eletrônico, como a Siemens e a Robert Bosch, além de filiais de grandes empresas de outros países.

Outro importante tecnopolo alemão é o Chempark (parque químico) de Leverkusen, no estado da Renânia do Norte-Vestfália (observe a foto). Nele se concentram mais de setenta empresas do setor químico--farmacêutico que empregam cerca de 30 mil trabalhadores e fabricam mais de 5 mil diferentes produtos. Elas atuam em pesquisa e desenvolvimento, produção industrial e prestação de serviços, entre as quais se destaca a Bayer, um dos maiores conglomerados mundiais desse ramo. Em território alemão, ainda há outros dois parques tecnológicos especializados no setor químico: o Chempark de Krefeld-Uerdigen (reveja a foto da página 417) e o de Dormagen, ambos também localizados na Renânia do Norte-Vestfália.

D. Aussenhofer/2013 Instituto Max Planck de Física, Munique

O Instituto Max Planck de Física, sediado em Munique, dedica-se principalmente ao estudo dos constituintes fundamentais da matéria, suas interações e o papel que desempenham na astrofísica. Na foto, pesquisadores trabalhando em um de seus laboratórios, em 2012.

Indústrias do leste após a reunificação

As indústrias da antiga Alemanha Oriental estão localizadas principalmente em torno das cidades de Leipzig, Dresden e da antiga Berlim Oriental. Elas passaram por uma profunda crise após a reunificação política e muitas faliram porque não conseguiram concorrer com as indústrias ocidentais, que estão entre as mais modernas e produtivas do mundo.

O símbolo mais emblemático da defasagem tecnológica e da baixa competitividade das indústrias do leste pode ser resumido em uma palavra: Trabant. Mais conhecido como Trabi, esse carro era fabricado na antiga RDA. Após a abertura da fronteira, muitos alemães orientais viajaram com seus Trabis à RFA, território dos Mercedes-Benz, BMW, Audi e Porsche, entre os mais conceituados carros do mundo. Resultado: muitos Trabants eram abandonados por seus proprietários, que já não queriam os produtos tecnologicamente defasados que eles mesmos fabricavam.

Na economia planificada da Alemanha Oriental havia pleno emprego, porque o Estado era o único empregador e as empresas, estatais, não se baseavam na concorrência. Após a reunificação, muitas delas foram compradas por empresas do oeste. Seus novos administradores, para enxugar o quadro de funcionários, demitiram trabalhadores, o que elevou os índices de desemprego e agravou os problemas sociais.

Após a reunificação, para impedir que se agravassem as desigualdades socioeconômicas, o governo despendeu vultosos recursos para modernizar a infraestrutura da ex-RDA, o que elevou o *deficit* **público** e a inflação. Com isso, o Bundesbank (banco central alemão) manteve uma política de altas taxas de juros, medida que causou desaceleração do crescimento econômico e levou o país à recessão, em 1993, com o consequente aumento do desemprego.

> *Deficit* **público:** ocorre quando as despesas e os pagamentos do governo (de qualquer esfera de poder) são maiores que sua receita, isto é, o volume de dinheiro arrecadado na forma de tributos, taxas, impostos e contribuições.

Peter Turnley/Corbis/Latinstock

Na foto, um Trabant circulando por Berlim Oriental pouco antes da queda do Muro, em 1989. Na atualidade esses carros são cultuados como símbolo da era comunista. Em 2009, a Herpa, uma empresa de miniaturas de automóveis, obteve autorização para produzir o Trabant nT, ou New Trabi, e apresentou um protótipo na feira de Frankfurt. Se vier a ser produzido em série (em 2014 ainda não havia começado), o carro terá a marca que ficou famosa por simbolizar uma era, mas será muito mais avançado tecnologicamente.

Na segunda metade da década de 1990, a gradativa redução da inflação e do *deficit* público permitiu que a economia retomasse o crescimento, mas o país, um dos mais atingidos pela crise financeira de 2008/2009, enfrentou forte recessão em 2009. Apesar de a crise não ter sido superada em alguns países da União Europeia, a economia alemã vem se recuperando desde 2010 e a taxa de desemprego reduziu-se significativamente. Observe na tabela abaixo a evolução de alguns indicadores econômicos.

☞ Consulte o *site* da **Câmara de Comércio e Indústria Brasil-Alemanha**. Veja orientações na seção **Sugestões de leitura, filmes e *sites***.

Alemanha: indicadores econômicos

Indicadores	1991	1992	1993	2000	2007	2008	2009	2010	2012
Crescimento do PIB (%)	5,0	1,5	−1,0	3,3	3,4	0,8	−5,1	4,0	0,9
Deficit/superavit público (% PIB)	−2,9	−2,5	−3,0	1,3	0,2	−0,1	−3,1	−4,2	0,2
Taxa de inflação (%)	3,5	5,0	4,5	1,3	2,3	2,8	0,2	1,2	2,1
Desemprego (% da PEA)	5,5	6,6	7,8	8,0	8,8	7,6	7,7	7,1	5,5

FMI. *World Economic Outlook Database*, abr. 2013. Disponível em: <www.imf.org/external/pubs/ft/weo/2013/01/weodata/index.aspx>. Acesso em: 23 abr. 2014.

Segundo a Organização Mundial do Comércio (OMC), em 2008 a Alemanha exportou 1,462 trilhão de dólares, mas em 2010 o volume das exportações caiu para 1,269 trilhão de dólares (o principal mercado dos produtos alemães são os países da União Europeia, onde então a crise era mais grave). Naquele ano, o país perdeu para a China, cujas vendas externas somaram 1,578 trilhão, a posição de maior exportador do mundo. Em 2012, com a permanência da crise em alguns países europeus, a Alemanha recuperou um pouco suas exportações, que atingiram 1,409 trilhão de dólares, mas perdeu a segunda posição mundial para os Estados Unidos (a China permaneceu na primeira posição com exportações de 2,049 trilhões de dólares). Na pauta de exportações alemãs, predominam produtos industriais de alto valor agregado, portanto, muito valorizados. De acordo com o *Relatório de desenvolvimento industrial 2013*, da UNIDO, em 2011, 88% das exportações do país eram de bens industrializados, dos quais 72%, produtos de média e alta tecnologia. Quando o crescimento econômico for retomado na União Europeia, a Alemanha deverá ampliar suas exportações.

Peter Ginter/Bilderberg/Agência France-Presse

Entre os setores de alta tecnologia nos quais a Alemanha se destaca está a indústria químico-farmacêutica. Na foto, produção de medicamento em laboratório da Bayer, no Chempark Leverkusen, Renânia do Norte-Vestfália, em 2011.

2 Japão

Xogunato: regime militar que vigorou no Japão a partir de 1192 no qual o poder estava nas mãos dos *xoguns* ('comandantes militares', em japonês). Essa forma de organização do poder durou até 1867, quando entrou em colapso e deu lugar ao império, restaurado no ano seguinte. O Japão é um país parlamentarista e o imperador é o chefe de Estado e símbolo da unidade nacional.

O primeiro contato entre japoneses e europeus ocorreu no início do século XVI, com a chegada dos comerciantes e evangelizadores portugueses. Entretanto, com a ascensão do **xogunato** Tokugawa, em 1603, os estrangeiros foram proibidos de entrar no país (até mesmo os portugueses), e os japoneses, de sair. Havia apenas uma exceção: as trocas comerciais feitas com os holandeses, que mantinham um entreposto comercial em Nagasaki. Por isso, quando uma esquadra da marinha americana aportou no Japão em 1853, fato que marcou o fim desse período de isolamento, encontrou um país ainda feudal e defasado econômica e tecnologicamente em relação ao mundo ocidental.

Tentando realizar seu projeto geopolítico de controle dos oceanos, os americanos forçaram a abertura do Japão, o que acelerou a desintegração do sistema feudal: em 1868, encerrou-se o domínio do clã Tokugawa e do próprio regime do xogunato. Por que o Japão permaneceu isolado durante tanto tempo? Por que os europeus e, particularmente, os britânicos, que estenderam seu império à Índia e à China, não forçaram a entrada no país?

O Japão é um país insular muito pequeno (sua área corresponde aos estados do Rio Grande do Sul e de Santa Catarina), formado por montanhas e estreitas planícies, portanto, com poucas terras agricultáveis, a maioria situada na zona temperada do planeta, a qual não oferecia condições para o cultivo dos produtos tropicais, como a cana e o algodão, entre outros.

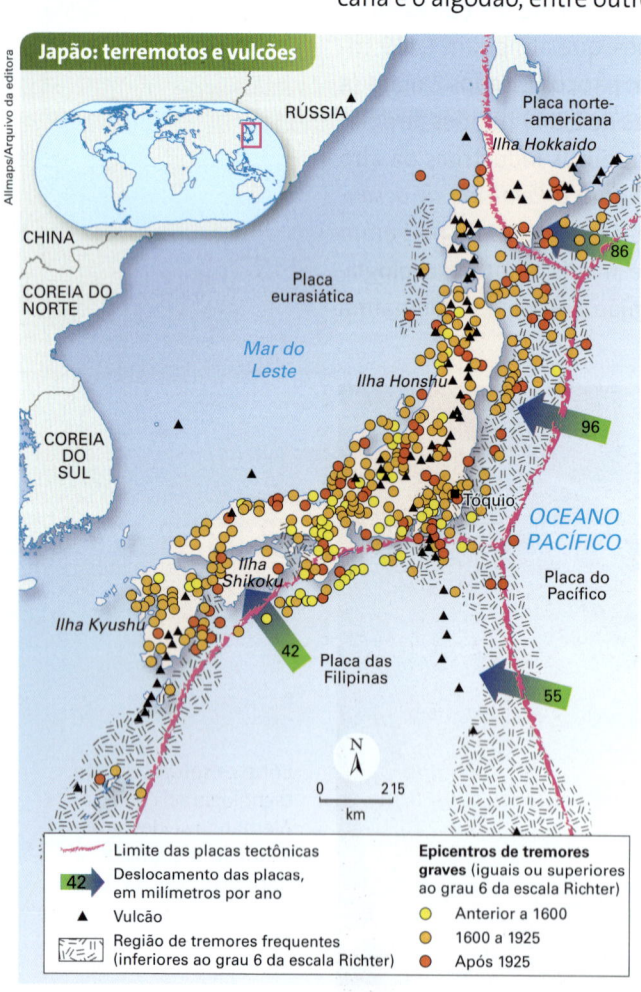

Japão: terremotos e vulcões

Limite das placas tectônicas

42 Deslocamento das placas, em milímetros por ano

▲ Vulcão

Região de tremores frequentes (inferiores ao grau 6 da escala Richter)

Epicentros de tremores graves (iguais ou superiores ao grau 6 da escala Richter)

○ Anterior a 1600
○ 1600 a 1925
● Após 1925

Adaptado de: CHARLIER, Jacques (Dir.). *Atlas du 21ᵉ siècle édition 2012*. Groningen: Wolters-Noordhoff; Paris: Éditions Nathan, 2011. p. 119.

Geologicamente, o Japão é formado por uma combinação de dobramentos e vulcanismo. Localiza-se no Círculo de Fogo do Pacífico, uma zona de contato de três placas tectônicas, o que explica sua grande instabilidade geológica (veja o mapa ao lado), além de um subsolo muito pobre em minérios e combustíveis fósseis.

Assim, o que o Japão poderia oferecer às potências imperialistas? Como se vê, muito pouco, por isso não despertou o interesse dos europeus.

Entretanto, no fim do século XIX, quando os Estados Unidos emergiram como potência e se lançaram em busca de pontos estratégicos nos oceanos Pacífico e Atlântico, o Japão se tornou um país interessante, porque situa-se em uma posição estratégica no Pacífico. A partir de então, para não ficarem dependentes dos Estados Unidos, os japoneses empenharam-se em viabilizar seu processo de industrialização, por meio da intervenção do Estado na economia e do militarismo. Assim como a Alemanha e a Itália, o Japão é um país de capitalismo tardio, de imperialismo tardio, e uma aliança entre esses três países foi uma questão de tempo. Isso aconteceu no contexto da Segunda Guerra, quando formaram o eixo Berlim-Roma-Tóquio. Para os japoneses, era muito interessante dominar territórios na Ásia que pudessem viabilizar sua expansão econômica. Eles também buscavam seu "espaço vital".

Prisma Bildagentur AG/Alamy/Other Images

Industrialização e imperialismo

O processo de industrialização e de modernização do Japão teve início a partir de 1868, ano que marcou o fim do xogunato Tokugawa e a restauração do império, com a ascensão do imperador Mitsuhito. Esse novo reinado, conhecido como **Era Meiji** (do japonês, significa "governo ilustrado"), estendeu-se até 1912 e se caracterizou por políticas modernizantes: construção de infraestrutura (ferrovias, portos, etc.); investimentos em educação, que foi universalizada e voltada à qualificação de mão de obra; abertura à tecnologia e aos produtos estrangeiros. A Constituição de 1889 estabeleceu o imperador como chefe "sagrado e inviolável" do Estado e também a Dieta Nacional (Parlamento). O xintoísmo (do japonês *shinto*, "caminho dos deuses") foi declarado religião oficial do Estado e teve um papel cultural fundamental na vida dos japoneses.

O governo também estimulou o desenvolvimento de grandes conglomerados, que no Japão ficaram conhecidos como *zaibatsus* (em japonês: *zai*, "riqueza"; *batsu*, "grupo"). Esses grupos econômicos surgiram de tradicionais e poderosos clãs de comerciantes e proprietários de terras, como Mitsubishi, Mitsui, Sumitomo e Yasuda, entre outros menores. Com o tempo, esses grupos passaram a atuar em praticamente todos os ramos industriais, além do comércio e das finanças. Foram incorporando empresas menores e dominando cada vez mais a economia do país (os "quatro grandes" *zaibatsus* chegaram a controlar metade de alguns setores industriais).

Como consequência dessa política modernizante, o Japão passou por um acelerado processo de industrialização. No entanto, o país enfrentava problemas estruturais graves: escassez crônica de matérias-primas e de energia e limitação do mercado interno, o que levou o império japonês a se militarizar e aventurar em busca de territórios na Ásia e no Pacífico.

As montanhas são uma constante na paisagem japonesa, limitando as possibilidades de ocupação econômica de seu território. Na foto de 2012, vista da cidade de Fujiyoshida, na planície, e ao fundo o monte Fuji, ponto culminante do país, com 3 776 metros de altitude. Considerado um monte sagrado, é o símbolo mais conhecido do Japão.

Consulte o **Atlas do Japão** (eletrônico) e o **Portal Japão**, mantido pela Associação Brasil-Japão de Pesquisadores. Veja orientações na seção **Sugestões de leitura, filmes e *sites*.**

Noriko Hayashi/Bloomberg/Getty Images

Na foto, cerimônia xintoísta no templo Kanda Myojin, em Tóquio (Japão), em 4 de janeiro de 2013. Os empresários japoneses costumam orar nos primeiros dias do ano novo para os negócios irem bem ao longo do ano. Como o xintoísmo não exige exclusividade, muitos japoneses também são budistas, e há um forte sincretismo entre as duas religiões.

A expansão territorial iniciou-se com a vitória na Guerra Sino-Japonesa (1894-1895), que garantiu a ocupação de Taiwan, e em 1910 o Japão anexou a Coreia. Posteriormente, com a vitória na guerra contra a Rússia (1904-1905), os japoneses tomaram as ilhas Sacalinas e, em 1931, ocuparam a Manchúria, parte do território chinês, onde instituíram Manchukuo, um Estado fantoche sob o governo do último imperador chinês, Pu Yi.

Com o objetivo de conquistar novos territórios, em 1937 o Japão iniciou um conflito com a China, que se estendeu até a Segunda Guerra. Como mostra o mapa a seguir, essa conflagração mundial marcou a fase de maior expansão territorial nipônica, quando ocupou parte do Sudeste Asiático e diversas ilhas do Pacífico. Tal política expansionista, porém, levou o país a ser derrotado na guerra e à sua quase total destruição.

Em 1941, os japoneses realizaram um ataque-surpresa à base naval de Pearl Harbor, Havaí (Estados Unidos). Esse ato precipitou a entrada dos americanos na guerra, o que acabou levando os japoneses à derrota. Após os Estados Unidos lançarem bombas atômicas sobre Hiroxima e Nagasaki, em 6 e 9 de agosto de 1945, respectivamente, o Japão foi forçado a se render. A rendição — assinada em setembro de 1945 no porta-aviões Missouri, atracado na baía de Tóquio — foi o principal símbolo da superioridade tecnológica e militar dos Estados Unidos e, ao mesmo tempo, o prenúncio do papel reservado ao Japão na relação com esse país durante a Guerra Fria: aliado político e adversário econômico.

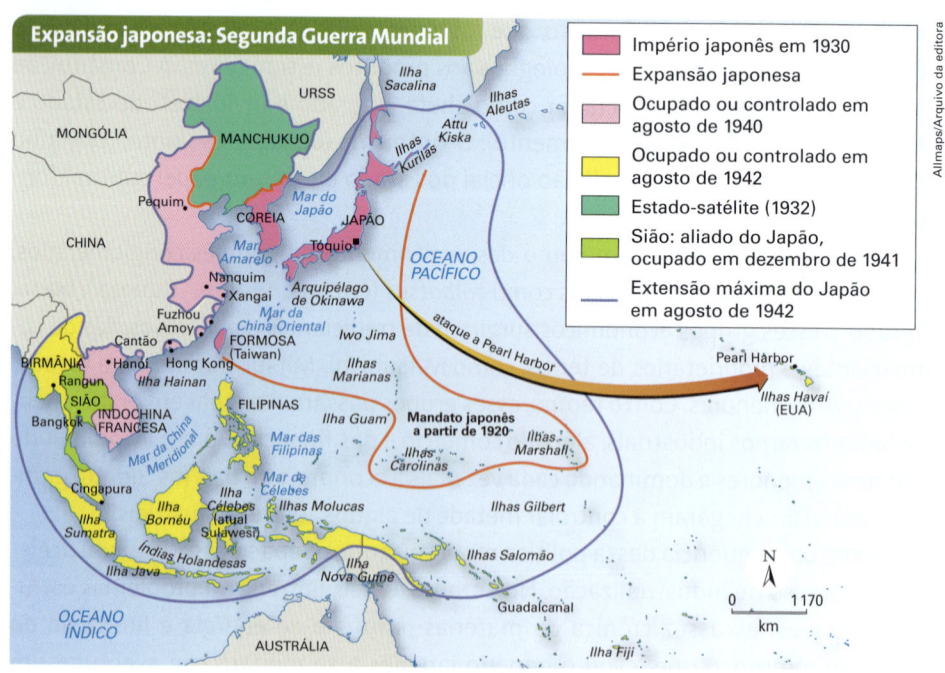
Allmaps/Arquivo da editora

Adaptado de: CHALIAND, Gerard; RAGEU, Jean-Pierre. *Atlas du millénaire: la mort des empires 1900-2015*. Paris: Hachette, 1998. p. 149.

Reconstrução após a Segunda Guerra

Durante a ocupação (1945-1952) foram impostas reformas ao país com o objetivo de modernizá-lo do ponto de vista político e econômico.

Em 1947, foi aprovada uma lei antitruste, o que levou à dissolução dos *zaibatsus*. Com isso, os americanos pretendiam enfraquecer o poder dos grandes grupos e estimular a concorrência na economia japonesa. No entanto, com o tempo, os *zaibatsus* se rearticularam, como veremos a seguir.

A Constituição, redigida e imposta pelos ocupantes em 1947, encerrou sua fase militarista ao proibir a intervenção externa do exército japonês, que foi transformado em força de autodefesa. A proteção do território nipônico, até mesmo de ataques nucleares, ficou a cargo das forças armadas dos Estados Unidos, com o qual o Japão assinou um tratado de defesa mútua. A Constituição também garantiu a liberdade de culto e estabeleceu a separação entre Estado e religião: o xintoísmo deixou de ser a religião oficial e o ensino público passou a ser laico. A independência política e a soberania foram restabelecidas em 1952, mas o imperador deixou de ser considerado divindade e passou a colaborar com as reformas. O imperador Hiroito permaneceu no poder de 1926 até sua morte, em 1989 – período denominado **Era Showa** (do japonês, significa "paz brilhante") –, quando foi substituído por seu filho Akihito, atual imperador do Japão (em 2014).

Vista aérea de uma área industrial de Tóquio em 13 de setembro de 1945. Essa imagem da capital japonesa, destruída na Segunda Guerra, dá a exata medida da impressionante recuperação do país. O Japão moderno e competitivo emergiu literalmente dos escombros da guerra.

Veja indicação do filme **Bem-vindo, Mr. MacDonald**, que critica a influência cultural norte-americana no Japão, na seção **Sugestões de leitura, filmes e** *sites*.

A recuperação econômica japonesa após a Segunda Guerra foi rápida, como mostra a tabela abaixo. Na década de 1960, o país já tinha conquistado o terceiro lugar na economia mundial e atingiu o segundo na década de 1980 (posição que só perdeu para a China em 2010). Como se pode observar, até o fim dos anos 1980 o Japão foi uma das economias que mais cresceu no mundo; entretanto, desde a década de 1990 vem apresentando um crescimento muito baixo. Que fatores explicam as altas taxas de crescimento iniciais e, mais recentemente, as baixas?

Taxa média de crescimento anual do PIB (em porcentagem)				
Período	Japão	Estados Unidos	Reino Unido	Alemanha
1951-1960	10,5	3,6	3,0	9,4
1961-1970	13,0	4,1	3,0	4,9
1971-1980	5,1	3,0	2,1	4,4
1981-1990	4,1	3,0	3,2	2,2
1991-2000	1,0	3,6	3,2	1,6
2001-2012	0,7	1,7	1,5	1,1

THE ECONOMIST: One Hundred Years of Economic Statistics. In: FRIEDMAN, George; LEBARD, Meredith. *EUA x Japão: guerra à vista*. Rio de Janeiro: Nova Fronteira, 1993. p. 130; BANCO MUNDIAL. Relatório sobre o desenvolvimento mundial 1996. Washington, D.C., 1996. p. 227; THE WORLD BANK. *World Development Indicators 2014*. Washington, D.C., 2014. Disponível em: <http://wdi.worldbank.org/tables>. Acesso em: 23 abr. 2014.

Além das intervenções modernizadoras, os Estados Unidos elegeram o Japão como o principal ponto de apoio asiático na luta contra o comunismo sino-soviético, estratégia que se fortaleceu, sobretudo, após a Revolução Chinesa de 1949. Assim, o Japão passou a se beneficiar da ajuda financeira dos Estados Unidos, fundamental para a recuperação de sua economia.

Diversos outros fatores foram importantes para a rápida recuperação econômica do país e seus crescentes ganhos de produtividade. Veja o esquema a seguir.

Fatores que possibilitaram a recuperação do Japão e retomada da produtividade

1 Disponibilidade de mão de obra relativamente barata, disciplinada e qualificada.

2 Elevados investimentos estatais em educação, que melhoraram a qualificação da mão de obra e, junto à iniciativa privada, em pesquisa e desenvolvimento tecnológico.

3 Aumento da competitividade das empresas como resultado da reconstrução da infraestrutura e dos conglomerados em bases mais modernas e da introdução de novos métodos organizacionais, como o toyotismo, orientado pelo lema *kaizen*.

Preceito *kaizen* (em japonês: *kai*, "mudar"; *zen*, "para melhor"): orienta a busca permanente de melhoria na vida em geral; aplicado ao sistema produtivo persegue o aperfeiçoamento contínuo.

Distrito de Ginza, em Tóquio (Japão), atravessado por linha do trem bala, em 2012.

4 "Hoje melhor do que ontem, amanhã melhor do que hoje."

5 Desmilitarização do país e de seu parque industrial, que permitiu investimentos nas indústrias civis de bens intermediários e de capital.

Calle Montes/Photononstop/AFP

Após a Segunda Guerra, em substituição aos *zaibatsus*, que tinham uma *holding* que controlava todas as empresas do grupo (ou seja, possuíam uma "cabeça"), as companhias japonesas reorganizaram-se formando os *keiretsus* (do japonês, que significa "união sem cabeça"). Essa palavra define bem as redes de empresas integradas que dominam a economia japonesa. As empresas que as formam são independentes, embora muitas vezes uma possua parte minoritária das ações da outra e vice-versa. Um *keiretsu* geralmente se articula em torno de algum grande banco que dá suporte financeiro às empresas da rede, as quais atuam de forma integrada para atingir seus objetivos. Atualmente os grandes grupos japoneses – muitos deles antigos *zaibatsus*, como Mitsubishi, Mitsui, Sumitomo – se organizam como *keiretsu*.

É importante destacar que até os anos 1970 a principal vantagem apresentada pelo Japão sobre os concorrentes da Europa ocidental e da América do Norte foi a mão de obra barata (observe a tabela abaixo). A competitividade até então esteve assentada em grande medida na superexploração da força de trabalho. Porém, com o passar do tempo, os salários foram aumentando em decorrência da elevação da produtividade resultante dos avanços tecnológicos (robotização) e organizacionais (toyotismo) incorporados ao processo de produção. Na década de 1990, os trabalhadores japoneses alcançaram salários entre os mais altos do mundo, o que sustentou um gigantesco mercado interno e lhes assegurou um dos mais altos padrões de vida.

O "milagre japonês" estendeu-se do fim da Segunda Guerra até os anos 1980, quando o país atingiu a segunda posição entre as maiores economias do mundo. Um dos fatores que mais contribuiu para isso foi a importância dada pelos japoneses à educação de suas crianças e adolescentes. Na foto, estudantes caminham em rua de Tóquio em 1988.

Salário médio pago diretamente aos trabalhadores industriais em países selecionados (em dólares por hora)			
País	1975	1996	2012
Alemanha	4,16	25,37	36,07
Japão	2,66	20,08	28,94
França	3,50	19,41	27,89
Estados Unidos	5,18	17,73	27,15
Reino Unido	2,88	14,54	26,37

U. S. Bureau of Labor Statistics. *International Labor Comparisons*, ago. 2013. Hourly direct pay in manufacturing, U.S. dollars, 1975-2009. Hourly direct pay in manufacturing, U.S. dollars, 1996-2012. Disponível em: <www.bls.gov/fls/#compensation>. Acesso em: 23 abr. 2014.

Carência de recursos naturais

Apesar da escassez de matérias-primas e de fontes de energia, o Japão se transformou em grande potência industrial. Seu território contém pouquíssimas jazidas de minérios e as reservas de combustíveis fósseis são irrelevantes. Mesmo o potencial hidráulico, relativamente elevado por causa do relevo montanhoso e do clima úmido, já há muito tempo é insuficiente para garantir as necessidades de consumo de energia. Com isso, o país se tornou um dos maiores importadores de recursos naturais do mundo, especialmente de combustíveis fósseis e minérios metálicos. Observe o gráfico a seguir.

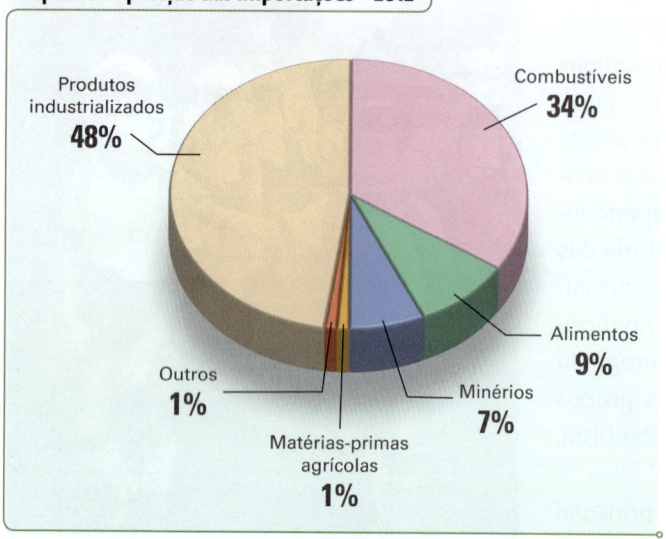

Japão: composição das importações – 2012

- Produtos industrializados **48%**
- Combustíveis **34%**
- Alimentos **9%**
- Minérios **7%**
- Outros **1%**
- Matérias-primas agrícolas **1%**

THE WORLD BANK. *World Development Indicators 2014*. Washington, D.C., 2014.
Disponível em: <http://wdi.worldbank.org/tables>. Acesso em: 23 abr. 2014.

De acordo com o *BP Statistical Review of World Energy 2013*, as reservas de carvão do país são de 350 milhões de toneladas (menos de 0,05% do total mundial), o que daria somente para dois anos de consumo, e sua produção anual é de apenas 1,3 milhões de toneladas. Com isso, o Japão importa praticamente 100% do carvão que consome. O território japonês abriga poucas reservas de petróleo: em 2012 o país produziu 135 mil barris de petróleo diários (45º produtor mundial) para um consumo de 4,7 milhões de barris/dia (3º consumidor mundial). Sua produção equivale a apenas 2,9% do consumo interno, o que torna o país o terceiro maior importador mundial de petróleo.

O Japão importa 100% do minério de ferro que consome e o mesmo ocorre com diversos outros minérios. No entanto, destaca-se como produtor de aço, com excedentes exportáveis. De acordo com a World Steel Association, em 2012, o Japão produziu 107 milhões de toneladas de aço (foi o segundo produtor mundial, o primeiro, a China, produziu 717 milhões de toneladas). No mesmo ano, somente as usinas da Nippon Steel & Sumitomo Metal (resultante da fusão das duas empresas em 2012, é a maior indústria siderúrgica do país e a segunda do mundo) produziram 48 milhões de toneladas de aço (a primeira do mundo era a indo-luxemburguesa ArcelorMittal, com 94 milhões de toneladas). Observe no mapa a origem de seus fornecedores.

Observe a espessura das flechas que chegam ao Japão. Apesar de não expressarem valores, representam proporcionalmente o volume de importações. Observe a situação do Brasil nesta representação.

Fluxo mundial de petróleo, carvão e ferro

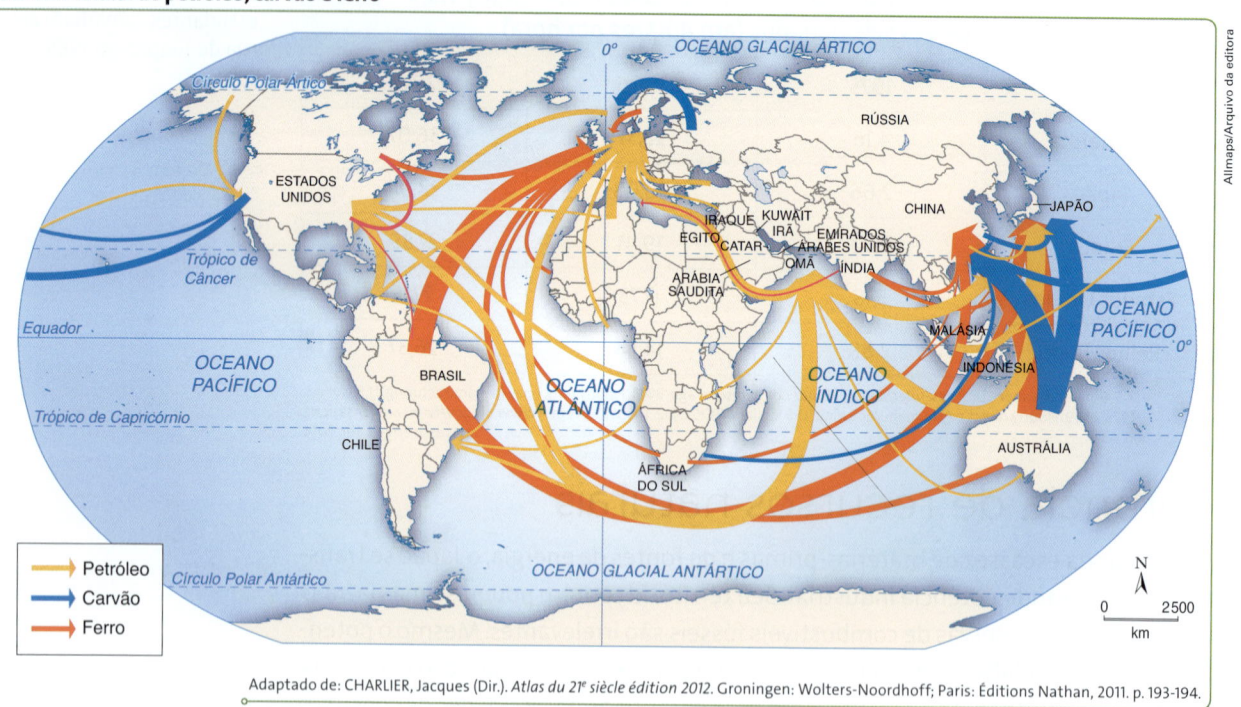

Adaptado de: CHARLIER, Jacques (Dir.). *Atlas du 21ᵉ siècle édition 2012*. Groningen: Wolters-Noordhoff; Paris: Éditions Nathan, 2011. p. 193-194.

Assim, a economia japonesa foi gradativamente se convertendo em grande importadora de produtos primários e exportadora de bens industrializados, como veremos a seguir.

Principais setores industriais e sua distribuição

O Japão é um país muito industrializado e produtor de uma enorme variedade de bens. Os bens intermediários, de capital e especialmente os de consumo de maior valor agregado, como os que aparecem nas fotos a seguir, são predominantes em suas vendas ao exterior. De acordo com o *Relatório de desenvolvimento industrial 2013*, em 2011, 91,7% de sua pauta de exportações era composta de bens industrializados, dos quais 78,9% eram produtos de média e alta tecnologia. Especialmente a partir dos anos 1980, os produtos "made in Japan" ganharam credibilidade em razão do preço competitivo e da qualidade.

A distribuição das indústrias no território japonês foi condicionada, entre outros fatores, pela dependência em relação ao exterior, tanto para exportar como para importar, somada ao fato de o país ser insular e montanhoso.

A insularidade e a dependência de produtos primários importados favoreceram especialmente o desenvolvimento da indústria naval, uma das mais importantes do país. A frota naval japonesa foi quase toda destruída durante a Segunda Guerra, mas, para um país com as condições geográficas do Japão, era estratégico possuir uma marinha mercante bem equipada. Por isso o governo incentivou o desenvolvimento dessa indústria: protegeu o mercado interno e assegurou encomendas para mantê-la funcionando. Com o tempo, os investimentos em tecnologia transformaram a indústria naval do país na maior e mais competitiva do mundo: em meados dos anos 1980, chegou a responder por quase 60% das encomendas mundiais. Com o crescimento da concorrência de países com custos de produção menores, o Japão foi perdendo terreno para seus vizinhos. Segundo a Associação Japonesa de Construtores Navais, em 2012 a China foi responsável por 40,9% da produção mundial de novos navios, a Coréia do Sul, por 32,9%, e o Japão, por 18,3%.

Tablet: Divulgação/Arquivo da editora
Filmadora: Hugh Threlfall/Alamy/Glow Images
Carro: Barone Firenze/Shutterstock/Glow Images
Câmera digital: Neelsky/Shutterstock/Glow Images
Videogame: Divulgação/Arquivo da editora
Moto: The New York Times/Latinstock

Produtos de alto valor agregado dessas marcas japonesas estão espalhados por todos os cantos do mundo: filmadora que grava em *blu-ray* e 3-D da Sony (2012), *tablet* da Fujitsu (2013), *videogame* da Sony (2011), câmera digital da Panasonic (2009), automóvel da Toyota (2013) e motocicleta da Honda (2012).

Assim, a maior parte do parque industrial japonês situa-se próximo aos grandes portos, nas estreitas planícies litorâneas, onde, além da facilidade de transporte, historicamente a população se concentrou em razão da possibilidade de praticar a agricultura. Com a industrialização, a população foi se instalando em torno dessas cidades portuárias, principalmente na costa do Pacífico, onde hoje se localizam as maiores concentrações urbano-industriais do país, como mostra o mapa ao lado.

No sudeste da ilha de Honshu, se situa a segunda aglomeração urbano-industrial do mundo e, no eixo Tóquio-Osaka, localiza-se o trecho mais importante da megalópole japonesa (observe o mapa). Extremamente diversificado, esse cinturão industrial concentra cerca de 80% da produção do país, e as regiões de Tóquio e Osaka, sozinhas, são responsáveis por cerca da metade desse total. Nessas duas cidades estão 85% das sedes administrativas das maiores corporações japonesas da lista da revista *Fortune Global 500 2013* (73% em Tóquio). As sedes administrativas das grandes corporações, assim como suas respectivas fábricas, são muito mais concentradas espacialmente no Japão (principalmente na área metropolitana de sua capital) do que nos Estados Unidos e na Alemanha. Observe o mapa da página seguinte.

Japão: indústria

RÚSSIA

CHINA

Ilha Hokkaido

Sapporo

Muroran

COREIA DO NORTE

Mar do Leste

Niigata — Sendai

COREIA DO SUL

Ilha Honshu

Toyama — Hitachi

Fukui

Tóquio — Cidade da Ciência de Tsukuba

Kyoto — Nagoya — Yokohama

Okayama

Hiroxima — Kobe — Osaka

Kitakyushu — Cidade da Ciência de Kansai

Omuta — Oita — Ilha Shikoku

Ilha Kyushu

OCEANO PACÍFICO

N

0 — 215 km

■ Região industrial
★ Indústrias de alta tecnologia

Allmaps/Arquivo da editora

Adaptado de: CHARLIER, Jacques (Dir.). *Atlas du 21ᵉ siècle édition 2012*. Groningen: Wolters-Noordhoff; Paris: Éditions Nathan, 2011. p. 120.

A capital japonesa é a maior aglomeração urbana do mundo e cidade global por excelência, estando no mesmo patamar de Nova York, Londres e Paris como principais centros de comando da economia globalizada. Na foto de 2012, bairro de Shinjuku, Tóquio (Japão). Compare esta foto com a da página 485.

Prisma Bildagentur AG/Alamy/Other Images

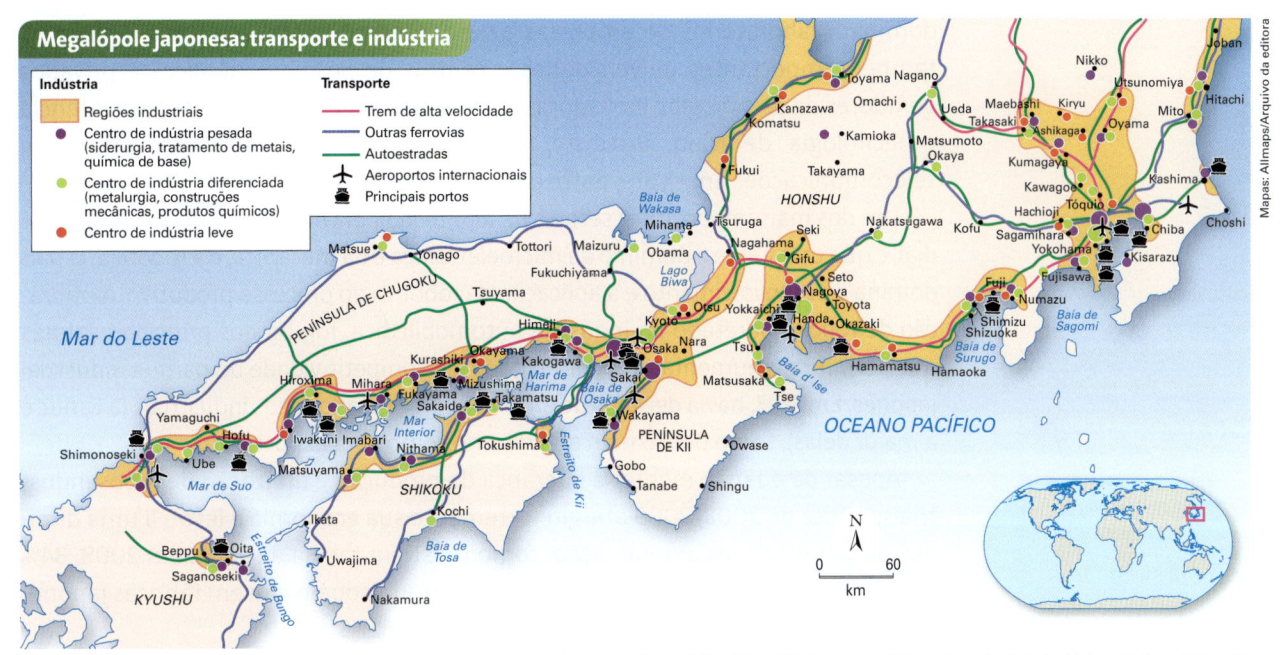

Megalópole japonesa: transporte e indústria

Indústria
- Regiões industriais
- Centro de indústria pesada (siderurgia, tratamento de metais, química de base)
- Centro de indústria diferenciada (metalurgia, construções mecânicas, produtos químicos)
- Centro de indústria leve

Transporte
- Trem de alta velocidade
- Outras ferrovias
- Autoestradas
- Aeroportos internacionais
- Principais portos

Adaptado de: CHARLIER, Jacques (Dir.). *Atlas du 21ᵉ siècle édition 2012*. Groningen: Wolters-Noordhoff; Paris: Éditions Nathan, 2011. p. 121.

Principais parques tecnológicos

O Japão, ao lado dos Estados Unidos e da União Europeia, é o líder em novas tecnologias na atual Revolução Informacional. O país abriga diversos centros de pesquisa e inúmeras indústrias de alta tecnologia, concentrados principalmente em suas duas mais importantes cidades da ciência, como os japoneses denominam seus parques tecnológicos: Tsukuba e Kansai.

A **Cidade da Ciência de Tsukuba**, no município de Ibaraki, a 50 quilômetros a nordeste de Tóquio, é o principal tecnopolo do país e um dos mais importantes do mundo (localize-a no mapa da página 490). Sua implantação começou em 1963, cinco anos depois foi concluído o primeiro instituto de pesquisa, em 1973 foi criada a Universidade de Tsukuba e ao longo dos anos recebeu diversos centros de pesquisas. Em 2013 funcionavam nesse parque tecnológico mais de 300 instituições de pesquisa, entre institutos públicos e privados, universidades e laboratórios de empresas, nos quais trabalhavam cerca de 22 mil pesquisadores. Entre essas instituições se destacam a Universidade de Tsukuba, a Agência de Exploração Aeroespacial do Japão e o Instituto Nacional de Ciência e Tecnologia Industrial Avançada (observe o mapa ao lado).

A **Cidade da Ciência de Kansai** abrange os municípios de Kyoto, Osaka e Nara (localize-os no mapa anterior); por isso esse tecnopolo também é conhecido pelo acrônimo Keihanna (Kei = Kyoto, Han = Osaka, Na = Nara). Trata-se da segunda região mais industrializada do Japão, e sua implantação teve início nos anos 1980. Porém, diferentemente de Tsukuba, que desde o início foi um empreendimento predominantemente estatal, em Kansai pre-

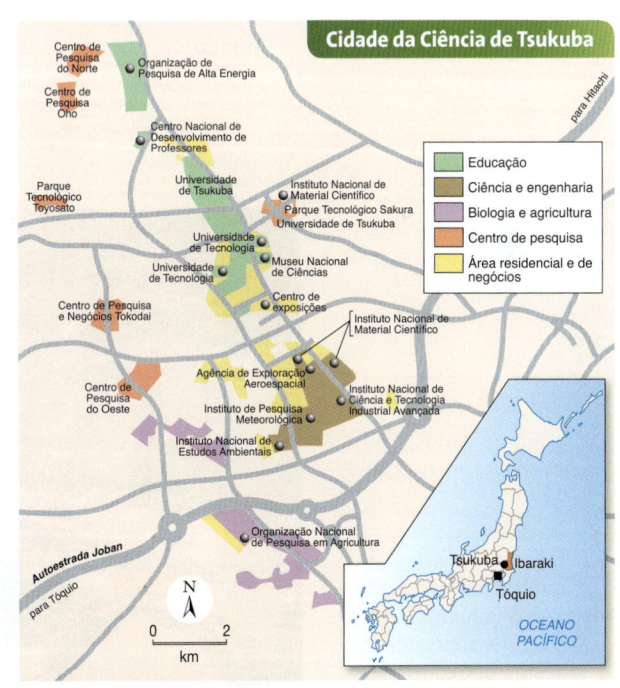

Cidade da Ciência de Tsukuba

- Educação
- Ciência e engenharia
- Biologia e agricultura
- Centro de pesquisa
- Área residencial e de negócios

Adaptado de: TSUKUBA Science City Map. University of Tsukuba. Disponível em: <www.tsukuba.ac.jp/english/public/pdf_outline/p31.pdf>. Acesso em: 12 mar. 2010.

dominam laboratórios de empresas privadas, como a Panasonic e a Canon. Há também importantes universidades e centros de pesquisa públicos e privados geradores de tecnologias inovadoras: Universidade de Osaka, Instituto de Ciência e Tecnologia de Nara, Instituto Internacional de Pesquisas Avançadas em Telecomunicações em Kyoto, entre outros.

Um dos mais importantes setores de alta tecnologia em que o Japão é líder mundial, e que pressupõe o domínio da microeletrônica e da mecânica, é a robótica. O país domina o desenvolvimento e a aplicação da robótica ao processo produtivo. A utilização de robôs, sobretudo na indústria automobilística, foi um dos principais fatores que permitiram aumentar a produtividade e a competitividade do parque industrial japonês. Em 2013, havia dezenas de empresas produzindo robôs industriais (a Fanuc é a maior delas), tanto para o mercado interno como para exportação.

Apesar de o Japão manter a liderança da produção e utilização de robôs industriais, a crise de 2008/2009 atingiu fortemente sua economia e levou a uma diminuição dos estoques em operação, como mostra a tabela a seguir. Em 2008, 34% dos robôs industriais em funcionamento no mundo operavam em fábricas japonesas, mas em 2013 esse percentual se reduziu para 22,5%.

Maiores estoques de robôs industriais em operação no mundo (em mil unidades)						
País	2008	2009	2010	2011	2012	2013
Japão	355,6	339,8	307,7	307,2	310,5	309,4
América do Norte*	168,5	166,8	173,2	184,7	197,0	215,7
Alemanha	144,8	145,8	148,3	157,2	162,0	165,8
Coreia do Sul	76,9	79,3	101,1	124,2	138,9	155,3
China	31,8	36,8	52,3	74,3	96,9	121,2
Mundo	1 035,7	1 031,0	1 059,2	1 153,1	1 235,4	1 373,0

IFR Statistical Department. *World Robotics 2009*. Disponível em: <www.worldrobotics.org/downloads/2009_executive_summary.pdf>. Acesso em: 12 mar. 2010; IFR Statistical Department. World Robotics 2012. Disponível em: <www.worldrobotics.org/uploads/media/Executive_Summary_WR_2012.pdf>. Acesso em: 28 out. 2012; IFR Statistical Department. World Robotics 2013. Disponível em: <www.worldrobotics.org/uploads/media/Executive_Summary_WR_2013.pdf>. Acesso em: 23 abr. 2014.

* Estados Unidos, Canadá e México.

Os robôs não são usados apenas na indústria e estão cada vez mais versáteis. Na foto, um robô com cabeça de gato chamado "Mecha-Najavu" (Mecha, do inglês *mechanical*; Najavu é uma raça japonesa de felino) prepara sorvete no parque de diversão Namco Namja Town, em Tóquio, em 2011.

Yoshikazu Tsuno/Agência France-Presse

Crises econômicas

O grande sucesso econômico do Japão resultou de uma eficiente combinação de livre mercado com planejamento estatal. O influente Ministério da Indústria e do Comércio Internacional, criado em 1951, teve papel decisivo na elaboração de diretrizes macroeconômicas de longo prazo. Em 2001, após passar por um processo de reorganização, teve seu nome mudado para Ministério da Economia, Comércio e Indústria. Funcionando em sintonia com os grandes grupos econômicos, o Estado japonês deu sustentação e apoio à competição para a conquista de mercados no exterior.

☞ Consulte o *site* do **Ministério da Economia, Comércio e Indústria**. Veja orientações na seção **Sugestões de leitura, filmes e *sites***.

Entretanto, no início dos anos 1990, a economia japonesa desacelerou e entrou em um período de estagnação que de certa forma é consequência do sucesso dos anos anteriores. O grande acúmulo de riquezas no país levou os agentes econômicos a uma crescente especulação com ações, o que provocou uma enorme alta na Bolsa de Valores de Tóquio, e com imóveis, que atingiram valores estratosféricos. Os bancos japoneses, que na época chegaram a ocupar oito das dez primeiras posições entre os maiores grupos financeiros do mundo, em 2012 emplacaram apenas um entre os dez maiores: o *Mitsubishi UFJ Financial Group* (segundo o relatório *World Investiment Report 2013*, da Unctad). A concessão de grandes empréstimos sem critério, principalmente para o mercado imobiliário, gerou grande especulação nesse setor. Essa bolha especulativa – financeira e imobiliária – estourou no início dos anos 1990. Os valores das ações e dos imóveis despencaram, fazendo a crise se propagar pela economia real e provocar o fechamento de empresas e o aumento do desemprego. Os bancos, não tendo como receber dos devedores, deixaram de fazer novos empréstimos. Muitas empresas (industriais e comerciais) e instituições financeiras (bancos, seguradoras, etc.) foram à falência, levando o país à estagnação econômica, como pode ser constatado pelo gráfico a seguir.

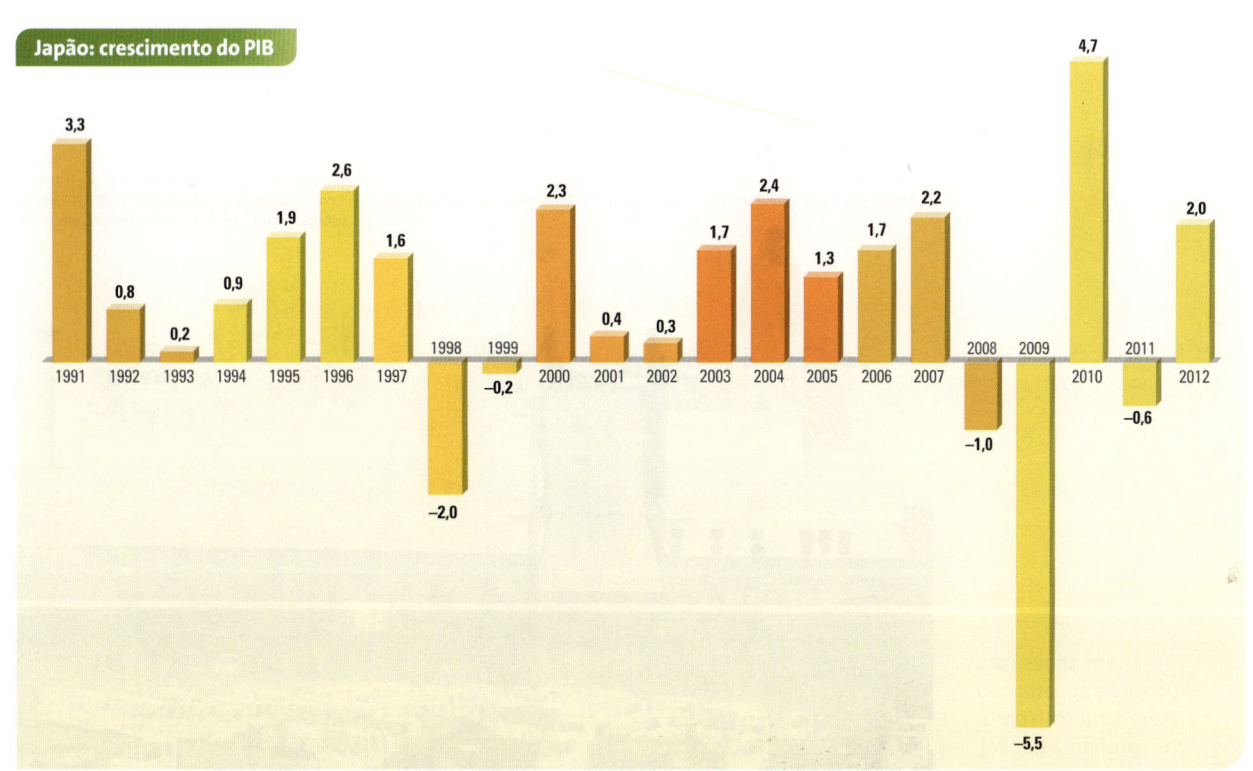

Japão: crescimento do PIB

FMI. *World Economic Outlook Database*, abr. 2013. Disponível em: <www.imf.org/external/pubs/ft/weo/2013/01/weodata/index.aspx>. Acesso em: 23 abr. 2014.

Para agravar esse quadro, a população, receosa com a crise, passou a poupar mais, o que reduziu ainda mais os níveis de consumo. Esse fato aumentou a histórica alta taxa de poupança interna e dificultou a retomada do crescimento econômico. Com isso, a economia japonesa cresceu nos anos 1990 apenas 1% na média anual, e nos anos 2000 foi ainda pior: 0,9%.

Como mostram os dados do gráfico da página anterior, a economia japonesa estava esboçando uma reação em meados dos anos 2000, mas com a crise mundial de 2008/2009 o país entrou novamente em recessão.

Apesar do baixo crescimento dos anos 1990 e 2000 e de ter sido um dos países mais atingidos pela crise de 2008/2009, o Japão permanece com o terceiro PIB do mundo. É uma potência industrial de primeira linha, moderna e competitiva, e sedia algumas das maiores corporações transnacionais do planeta, com destaque para as empresas a seguir, todas na lista das 500 maiores da revista *Fortune*:

- Toyota, Honda e Nissan (automóveis);
- Hitachi, Panasonic e Sony (produtos eletrônicos de consumo);
- Mitsubishi, Mitsui e Sumitomo (navios, automóveis, bancos, etc.);
- Toshiba, Fujitsu e NEC (computadores, *softwares* e equipamentos eletrônicos);
- Canon (equipamentos fotográficos);
- Nippon Steel & Sumitomo Metal (aço).

Indicadores socioeconômicos do Japão – 2012	
População, em milhões de habitantes	128
PIB, em bilhões de dólares:	5 960 (3º do mundo)
• Agricultura (%)	1
• Indústria (%)	26
• Serviços (%)	73
Crescimento do PIB, média anual em % (2000-2012)	0,7
Renda *per capita*, em dólares	47 880
Empresas na Fortune Global 500 2013	62

THE WORLD BANK. *World Development Indicators 2013*. Washington, D.C., 2013. Disponível em: <http://wdi.worldbank.org/tables>. Acesso em: 7 jan. 2014. FORTUNE Global 500 2013. Disponível em: <http://money.cnn.com/magazines/fortune/global500/2013/full_list/?iid=G500_sp_full>. Acesso em: 16 abr. 2014.

Caminhões para exportação aguardando o embarque no porto de Yokohama (Japão), em 2012.

Atividades

Compreendendo conteúdos

1. Por que a grande arrancada industrial da Alemanha aconteceu a partir da unificação político-territorial de 1871?

2. Explique a razão de a Alemanha ter sido o pivô da Primeira e da Segunda Guerras. Que mudanças o território alemão sofreu após esses dois conflitos mundiais?

3. Onde está concentrado o principal parque industrial alemão? Quais fatores explicam essa localização?

4. Quais as principais causas da rápida recuperação econômica japonesa após a Segunda Guerra?

5. Como se explica a crise econômica japonesa a partir do início dos anos 1990? O país também foi atingido pela crise de 2008/2009?

Desenvolvendo habilidades

6. Releia a afirmação a seguir, retirada do ensaio *Antropogeografia*, do geógrafo alemão Friedrich Ratzel, publicado originalmente em 1882:

> Um povo decai quando sofre perdas territoriais. Ele pode decrescer em número, mas ainda assim manter o território no qual se concentram seus recursos; mas se começa a perder uma parte do território, esse é sem dúvida o princípio de sua decadência futura.
>
> RATZEL, F. Geografia do homem (Antropogeografia). In: MORAES, Antonio Carlos Robert (Org.). *Ratzel*. São Paulo: Ática, 1990. p. 74.

Com base na análise da geografia política e econômica do mundo contemporâneo e considerando o desenvolvimento da própria Alemanha e do Japão após a Segunda Guerra, elabore argumentos para confirmar ou refutar a afirmação de Ratzel.

7. Observe na página 488 o gráfico que mostra a estrutura das importações do Japão. Correlacione essas informações com as que constam do parágrafo a seguir, considerando os aspectos naturais, econômicos e tecnológicos envolvidos.

> De acordo com o Relatório de desenvolvimento industrial 2013, da UNIDO, em 2011, 91,7% da pauta de exportações do Japão era composta de bens industrializados, dos quais 78,9% de produtos de média e alta tecnologia.

• Que conclusões podem ser extraídas da correlação dessas informações?

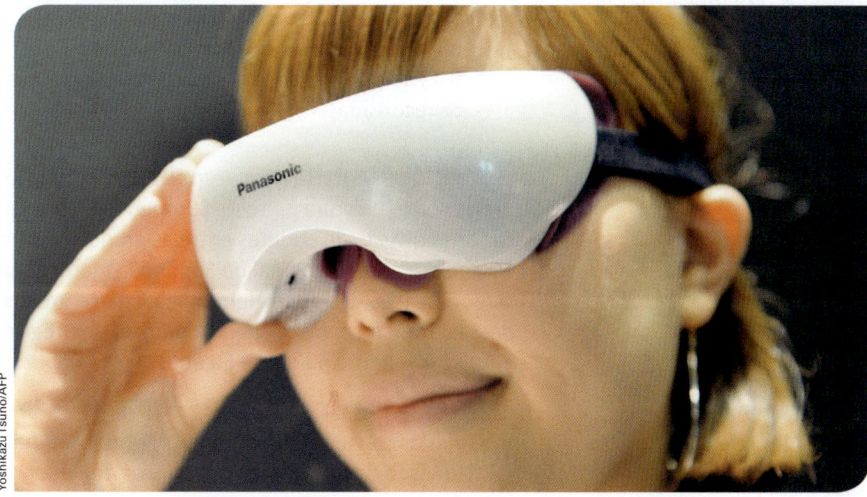

Máscara que libera vapor para relaxar os olhos cansados lançada no Japão em 2014 pela Panasonic.

Yoshikazu Tsuno/AFP

1. NE (UFBA)

Japão

Por sua localização no extremo leste da Ásia, o Japão é conhecido como "terra do sol nascente". Formado por quatro ilhas principais (Hokkaido, Honshu, Shikoku e Kyushu), é bastante montanhoso, o que dificulta a agricultura. A pequena quantidade de terra arável e a extensa zona costeira levam ao desenvolvimento da maior frota de pesca do mundo em tonelagem. Em função de sua posição geográfica, aliada às características geológicas, o país é afetado por inúmeros desastres naturais.

Após a derrota da nação na II Guerra Mundial, as instituições foram reconstruídas em moldes ocidentais. Muito da tradição milenar, no entanto, se mantém. O país é um dos mais competitivos exportadores de produtos eletrônicos e de automóveis, o que o transformou em uma das grandes potências econômicas globais. Contudo, a nação vive longo período de instabilidade econômica, agravado com a eclosão da crise financeira mundial.

(JAPÃO, 2011, p. 511).

Considerando-se o mapa ao lado, as informações do texto e os conhecimentos sobre a situação geográfica e geológica, características físicas, humanas e econômicas e problemas atômicos que deixaram marcas no espaço territorial japonês, é correto afirmar:

(01) A "terra do sol nascente" situa-se geologicamente na zona de contato de placas tectônicas – destacando-se por intensa atividade vulcânica e sísmica – e tem sua tipologia climática ligada à localização geográfica na Zona Temperada do Norte, à extensão latitudinal e à ação das correntes marítimas.

(02) Os primeiros contatos do Japão com os países ocidentais só ocorreram no período entre a Primeira e a Segunda Guerra Mundial, ocasião em que missionários católicos jesuítas desenvolveram trabalhos educativos com crianças e jovens japoneses pobres.

(04) As cidades de Hiroshima e Nagasaki foram destruídas pela bomba atômica, marcando o fim da Segunda Guerra Mundial, enquanto o terremoto que atingiu o país em março de 2011 foi provocado pelo movimento de placas tectônicas na região conhecida como Falha do Japão.

(08) Os abalos sísmicos e as consequentes ondas gigantes ocorridos em 2011 causaram danos à Usina Nuclear de Fukushima, localizada, aproximadamente, a mais de duzentos quilômetros ao norte de Tóquio.

(16) Os principais parques industriais que transformaram o Japão em grande potência econômica situam-se próximo ao litoral do Pacífico, na costa leste, em razão da grande dependência externa de matéria-prima – uma vez que seu espaço territorial é muito pobre em recursos minerais e energéticos – e para minimizar os custos dos transportes.

(32) A diversificada atividade agrícola japonesa ocupa amplas planícies costeiras e está voltada para o mercado interno e externo, enquanto a pesca é restrita ao mar territorial, que acompanha costas pouco recortadas.

2. SE (PUC-SP) A partir da *perestroika*, presenciamos um processo de abertura no Leste Europeu que vem modificar uma divisão de poderes entre as grandes potências, estabelecida desde o final da Segunda Guerra Mundial. A reunificação das duas Alemanhas é parte importante dessas transformações, pois modifica um regime de equilíbrio vigente há quase 50 anos.

a) Em que condições históricas a Alemanha foi dividida?

b) Quais as consequências, para a política mundial, dessa divisão do mundo em dois blocos de poder?

21 Países de industrialização planificada

Usina de Três Gargantas, no Rio Yangtsé, na China (foto de 2012).

ChinaFotoPress/Getty Images

Embora as primeiras fábricas da Rússia tenham sido construídas no século XIX, ainda na época do Império Czarista, seu processo de industrialização só se acelerou após a Revolução de 1917, que deu origem à União Soviética. Na China, a industrialização ocorreu somente depois da Revolução de 1949, inicialmente com apoio soviético. Nos dois países, após as mencionadas revoluções socialistas, foram instauradas economias planificadas, baseadas na propriedade estatal dos meios de produção e no planejamento centralizado.

Com o colapso do socialismo, em 1991, a União Soviética fragmentou-se, dando origem a 15 países independentes, e a Rússia é o maior e mais importante deles. Depois de passar por profunda crise nos anos 1990, o país gradativamente ressurgiu como potência, porém, agora na condição de economia emergente, ao lado de China, Índia, Brasil, África do Sul (com os quais compõe o grupo Brics), entre outros. O que levou a União Soviética à decadência e ao colapso econômico e político-territorial? Que fatores explicam a retomada do crescimento econômico da Rússia e seu gradativo retorno à condição de potência?

A China foi a economia que mais cresceu desde os anos 1980 (a taxas médias de 10% ao ano) e na atualidade é a segunda economia do mundo. Como explicar as aceleradas transformações pelas quais a China vem passando? Como compreender seu rápido salto à condição de potência mundial? Essas e outras questões sobre a Rússia e a China serão tratadas neste capítulo.

Arranha-céus no centro financeiro de Pudong, em Xangai, um dos símbolos da pujança econômica da China (foto de 2013).

Imaginechina/AP/Glow Images

1 Rússia

O fim da União Soviética e o ressurgimento da Rússia

Após chegar ao poder, em 1985, Mikhail Gorbachev procurou negociar com os separatistas. Veja o infográfico nas próximas páginas. Buscando manter a coesão territorial do país, tentou firmar um novo Tratado da União, estabelecendo um acordo com as repúblicas e concedendo-lhes maior autonomia no âmbito de uma federação renovada. Isso, porém, era inaceitável para os comunistas ortodoxos russos e, ao mesmo tempo, não contentava os separatistas mais radicais.

Um dia antes de entrar em vigor o acordo firmado entre Gorbachev e os representantes das repúblicas, os comunistas ortodoxos e setores conservadores das forças armadas deram um **golpe de Estado** e mantiveram Gorbachev em prisão domiciliar. A tentativa golpista, que durou de 18 a 20 de agosto de 1991, fracassou por falta de apoio popular, por divisões no Partido Comunista da União Soviética (PCUS) e nas Forças Armadas e por causa da resistência liderada pelo reformista Boris Ieltsin (1931--2007), eleito presidente da Rússia um mês antes. Após a fracassada tentativa golpista, Mikhail Gorbachev foi reconduzido a seu cargo. No entanto, o poder soviético se enfraquecera, porque as repúblicas, uma a uma, proclamaram a independência política. Fortalecido com a crise, Ieltsin iniciou o gradativo desmonte das instituições da União Soviética, como a proibição de funcionamento do PCUS na Rússia e o confisco de seus bens, contribuindo para o esvaziamento do poder de Gorbachev. No início de dezembro de 1991, a própria Rússia, principal sustentáculo da União Soviética, proclamou sua independência política, em golpe velado de Ieltsin contra Gorbachev.

Manifestação popular ocorrida em 1989 na cidade de Kaunas, Lituânia, pela independência do país em relação à União Soviética. Os comunistas ortodoxos sabiam que, no momento em que alguma república conseguisse sua independência, seria o início do fim da União Soviética.

PeterTurnley/Corbis/Latinstock

União Soviética: Origem e colapso da economia planificada

União das Repúblicas Socialistas Soviéticas (URSS)
- Origem: formada em 1922 após a Revolução Russa de 1917, liderada por Vladimir Lenin (1870-1924).
- Consolidação: sob o governo de Josef Stalin (1924-1953), que sucedeu Lenin.
- Ditadura de partido único: Partido Comunista da União Soviética (PCUS).
- Poder: o cargo máximo era o de secretário-geral do PCUS.
- Sede do governo: Kremlin, Moscou (Rússia).

Economia – passou por um processo forçado de estatização e planificação
- Os meios de produção – fábricas, fazendas, etc., além do comércio e dos serviços – foram estatizados e passaram a ser controlados pelo governo.
- As metas de produção industrial, mineral e agrícola passaram a ser definidas por planos quinquenais, elaborados pelo Comitê Estatal de Planejamento.
- No início, a produção industrial teve grande avanço (veja a tabela), mas as metas de produtividade não consideravam a qualidade dos produtos.
- A economia planificada foi bem-sucedida enquanto o mundo funcionou segundo os padrões tecnológicos da Segunda Revolução Industrial.

Índices anuais de produção manufatureira – 1913-1938					
Ano	URSS	Estados Unidos	Japão	Alemanha	Reino Unido
1913	100,0	100,0	100,0	100,0	100,0
1920	12,8	122,2	176,0	59,0	92,6
1925	70,2	148,0	221,8	94,9	86,3
1929	181,4	180,8	324,0	117,3	100,3
1932	326,1	93,7	309,1	70,2	82,5
1938	857,3	143,0	552,0	149,3	117,6

KENNEDY, Paul. *Ascensão e queda das grandes potências*: transformação econômica e conflito militar de 1500 a 2000. 2. ed. Rio de Janeiro: Campus, 1989. p. 290.

Prioridade à indústria de base e infraestrutura
- Desde o primeiro plano quinquenal, priorizou-se a infraestrutura e as indústrias intermediárias e de bens de capital, com o objetivo de garantir autonomia ao país.
- Indústrias como a siderúrgica, a petrolífera, a bélica e a de máquinas e equipamentos tiveram enorme crescimento.
- Foram construídos barragens e hidrelétricas, ferrovias, redes de energia, portos, entre outros equipamentos.

O Kremlin ("cidadela" ou "castelo", em russo) é um conjunto de edificações no centro de Moscou (Rússia). Foi sede do governo czarista, após a Revolução de 1917 tornou-se o centro do poder soviético e, com o fim da URSS, passou a sediar o governo russo. Na foto, o palácio do Kremlin, com suas cúpulas douradas, e a muralha vermelha que o cerca, vistos do rio Moscou, no inverno de 2012.

Volkova Natalia/Shutterstock/Glow Images

Planos quinquenais

- Primeiro (1928-1932): priorizou a indústria pesada, a expansão da infraestrutura e a criação de fazendas coletivas.
- Segundo (1933-1937): continuou a priorizar a indústria pesada.
- Terceiro (1938-1942): interrompido pelo início da Segunda Guerra Mundial.
- Quarto (1946-1950): voltado à recuperação da economia e à reconstrução das fábricas e das obras de infraestrutura.
- Planos seguintes: continuaram enfatizando a indústria de base e a bélica no contexto da corrida armamentista.

Terceira Revolução Industrial: no início a URSS chegou a liderar alguns setores

- 1957: lançou ao espaço o primeiro satélite artificial (Sputnik).
- 1961: colocou o primeiro astronauta (Yuri Gagarin) em órbita da Terra.

Defasagem tecnológica

- Quando a Revolução Técnico-Científica se acelerou nos Estados Unidos e em outros países capitalistas desenvolvidos, a União Soviética não conseguiu acompanhá-los.
- Uma fatia crescente do orçamento era comprometida com a indústria bélica e aeroespacial, setores em que o país se mantinha competitivo por causa da corrida armamentista.
- Ao contrário do que acontecia nos Estados Unidos e na Europa ocidental, na União Soviética as inovações tecnológicas desses setores não migravam para as indústrias civis.
- As indústrias em geral e as de bens de consumo em particular apresentavam baixa produtividade e não foram capazes de produzir bens em quantidade e qualidade suficientes para abastecer a população.
- Ronald Reagan: em 1981, ao ser eleito presidente dos Estados Unidos, triplicou o orçamento para a defesa, levando a União Soviética a frear a corrida armamentista e a propor acordos de paz.
- Mikhail Gorbachev: em 1985, ao ascender ao cargo de secretário-geral do PCUS, tinha como desafio recolocar o país no mesmo patamar tecnológico do mundo ocidental e aumentar a oferta de bens de consumo para a população.

Gorbachev propôs um conjunto de reformas voltadas para a modernização da economia e a abertura política

- A *perestroika* ("reestruturação", em russo) tinha como objetivos:
  - atrair investimentos estrangeiros e facilitar a formação de empresas mistas;
  - assegurar o acesso a novas tecnologias da Terceira Revolução Industrial;
  - introduzir processos produtivos e métodos de controle de qualidade inovadores nas empresas estatais;
  - aumentar a produtividade da economia e a oferta de bens de consumo.
- A *glasnost* ("transparência política", em russo) tinha como objetivos:
  - iniciar a abertura política na União Soviética;
  - desmontar o aparelho repressor herdado da era Stalin;
  - assegurar a liberdade de imprensa e direitos democráticos mínimos;
  - fazer concessões aos separatistas com o intuito de manter a federação.

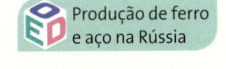

Produção de ferro e aço na Rússia

Movimentos nacionalistas

- A incipiente desmontagem do aparelho repressor liberou forças nacionalistas de várias repúblicas da União, que passaram a reivindicar autonomia.
- Durante a existência da URSS, muitas minorias étnicas foram oprimidas pelos russos, a etnia majoritária e que detinha o poder.
- As repúblicas bálticas (Estônia, Letônia e Lituânia), anexadas após a Segunda Guerra, foram pioneiras na declaração de independência.
- O separatismo ganhou força nas demais regiões do país, levando à completa fragmentação política da URSS.

As filas nas lojas do Estado eram o retrato mais emblemático da falência da economia burocratizada da União Soviética. Na foto, tirada em 1991, pessoas esperam para comprar peixe (que não era vendido havia duas semanas), em um mercado estatal em São Petersburgo, Rússia.

O sucateamento das indústrias na União Soviética era cada vez mais acentuado, aumentando sua defasagem em tecnologia em relação às potências capitalistas. As fábricas eram muito poluentes, seus produtos eram de pior qualidade e sua produtividade, menor. Na foto, de 1991, indústria metalúrgica em Chelyabinsk, nas proximidades dos Montes Urais, Rússia.

OCEANO GLACIAL ÁRTICO

100° L

Mar de Barents

Mar de Okhotsk

LITUÂNIA — Riga — Tallin
Vilnius — ESTÔNIA
LETÔNIA
Minsk
BELARUS
MOLDÁVIA — Kiev — Moscou
Chisinau
UCRÂNIA

Mar Negro

RÚSSIA

GEÓRGIA — Tbilisi
Ierevan — AZERBAIJÃO
ARMÊNIA — Baku
Mar Cáspio

Astana
CASAQUISTÃO
Mar de Aral

USBEQUISTÃO

Ashgabat — Taskent — Bishkek
TURCOMENISTÃO — QUIRGUISTÃO
Dusanbe
TAJIQUISTÃO

Círculo Polar Ártico

N

0 — 720
km

Comunidade de Estados Independentes
Estados que não aderiram à CEI
Antigo limite da URSS

Allmaps/Arquivo da editora

Adaptado de: SOLONEL, M. (Dir.). *Grand atlas d'aujourd'hui*. Paris: Hachette, 2000. p. 56.

A antiga URSS era composta de 15 repúblicas e se estendia por uma área de cerca de 22 milhões de quilômetros quadrados. A sua fragmentação deu origem a 15 novos Estados independentes, e o maior deles, a Federação Russa, continua sendo o país mais extenso do mundo, com 17 milhões de quilômetros quadrados (25% desse território fica na Europa e 75%, na Ásia).

☞ Veja a indicação dos filmes **Cidade zero**, que retrata o período do governo Gorbachev, e **Salada russa em Paris**, que retrata o período do governo Ieltsin, na seção **Sugestões de leitura, filmes e *sites***.

Com o fim da União Soviética, foi criada a **Comunidade de Estados Independentes (CEI)**, em 21 de dezembro de 1991. A CEI foi criada como tentativa de gerir a interdependência econômica existente entre as repúblicas da União Soviética e continuou mesmo após se tornarem países politicamente independentes (observe o mapa acima). Em 25 de dezembro, com seu poder completamente esvaziado, Gorbachev renunciou ao cargo de presidente da União Soviética. No dia seguinte, a bandeira vermelha com a foice e o martelo, da União Soviética, foi arriada do Kremlin e em seu lugar foi hasteada a bandeira branca, azul e vermelha, da Federação Russa. Esse fato simbolizou o fim da URSS e a passagem do poder para a Rússia.

A Rússia ocupou o espaço da antiga União Soviética no cenário internacional, como o assento permanente no Conselho de Segurança da ONU. No entanto, perdeu poder no mundo, mesmo na região em que influenciava diretamente, o Leste Europeu. Nessa região, vários de seus antigos satélites ingressaram na Otan e na União Europeia. O fracasso da *perestroika* e a conturbada transição para a economia de mercado lançaram o país em profunda recessão. Segundo o Banco Mundial e o FMI, nos anos 1990, o PIB russo encolheu 4,7% na média anual (o recorde foi em 1994, quando caiu 12,7%). Nos anos 2000, a economia russa ingressou em período de crescimento elevado (média de 5,4% ao ano), só interrompido em 2009 pela crise financeira mundial. Passada a crise, a economia voltou a crescer, mas com taxas menores do que anteriormente. Observe os dados da tabela.

Indicadores econômicos da Rússia							
Indicadores	1993	1994	1998	2000	2008	2009	2012
PIB (bilhões de dólares)	184	277	271	260	1 661	1 223	2 030
Crescimento anual do PIB (%)	−8,7	−12,7	−5,3	10,0	5,2	−7,8	3,4
PIB *per capita* (em dólares)	1 239	1 865	1 837	1 775	11 631	8 568	14 302
Taxa de inflação (%)	874,6	307,6	27,7	20,8	14,1	11,7	5,1
Desemprego (%)	5,3	7,2	11,9	10,6	6,3	8,4	6,0

FMI. *World Economic Outlook Database*, out. 2013. Disponível em: <www.imf.org/external/pubs/ft/weo/2013/02/weodata/index.aspx>. Acesso em: 27 abr. 2014.

A indústria russa

Os imensos recursos naturais

A Rússia, em razão de sua enorme extensão territorial e da diversidade de sua estrutura geológica, é um dos países mais ricos em recursos minerais. Em seu território, há extensas áreas de bacias sedimentares, ricas em combustíveis fósseis, e de escudos cristalinos, ricos em minerais metálicos, além do enorme potencial hidráulico de seus extensos rios, que possibilitou a construção de grandes usinas hidrelétricas nos trechos planálticos.

Como mostra o mapa a seguir, a Rússia dispõe de importantes reservas de fontes de energia, com destaque para o petróleo e o gás natural.

Segundo a publicação *Key World Energy Statistics 2013*, o país é o segundo produtor mundial de petróleo (o primeiro é a Arábia Saudita). Em 2012, foram extraídos 520 milhões de toneladas de petróleo e exportados 48% desse total (segundo exportador mundial, atrás somente da Arábia Saudita). A maior produção se localiza na bacia do Volga-Ural e na Sibéria ocidental e oriental. Contém as maiores reservas e é o maior exportador mundial de gás natural. Em 2012, foram extraídos 656 bilhões de metros cúbicos e exportados 28% desse total, sendo o principal fornecedor de vários países da Europa ocidental. As principais regiões produtoras são Pechora (extremo norte da Rússia europeia) e Sibéria ocidental, mas há importantes reservas também na Sibéria oriental.

A Rússia é também um importante produtor de carvão mineral: em 2012, foram extraídos 354 milhões de toneladas (sexto produtor mundial). A extração se concentra nas bacias de Pechora e Donets (fronteira com a Ucrânia), na porção europeia, e nas bacias da Sibéria ocidental (principalmente na região do Kuzbass). Na parte asiática, estão mais de 80% das reservas e, portanto, as maiores possibilidades de ampliação da produção. O país é um grande produtor de eletricidade (terceiro do mundo).

Refinaria de Moscou, pertencente à Gazprom Neft, em 2012. Essa refinaria produz gasolina, *diesel* e outros derivados de petróleo para abastecer a capital da Rússia e seu entorno.

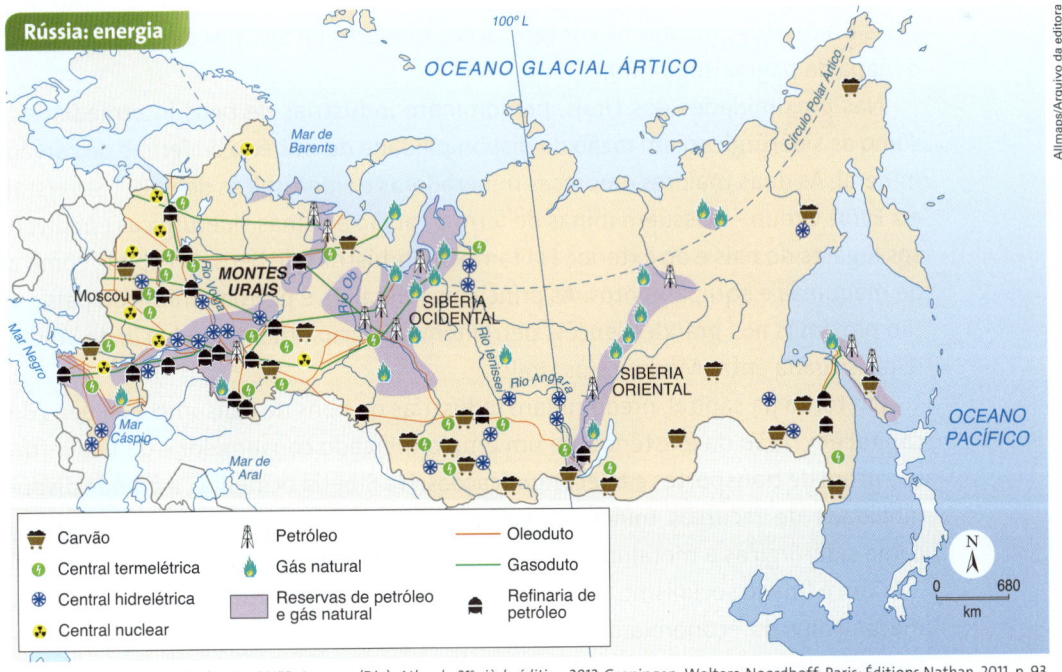

Rússia: energia

Legenda:
- Carvão
- Central termelétrica
- Central hidrelétrica
- Central nuclear
- Petróleo
- Gás natural
- Reservas de petróleo e gás natural
- Oleoduto
- Gasoduto
- Refinaria de petróleo

0 — 680 km

Alimaps/Arquivo da editora

Adaptado de: CHARLIER, Jacques (Dir.). *Atlas du 21e siècle édition 2012*. Groningen: Wolters-Noordhoff; Paris: Éditions Nathan, 2011. p. 93.

A Rússia dispõe de grandes reservas de minérios extraídos dos escudos cristalinos dos Montes Urais, onde se localizam as principais províncias minerais do país e outras no planalto central siberiano. Destaca-se como grande produtor de platina, diamante industrial, níquel, entre outros, como mostra a tabela. Também é importante produtor de urânio, extraído de jazidas da Sibéria ocidental.

Produção mineral na Rússia – 2013		
Minério	% da produção mundial	Posição no mundo
Platina	13,0	2º
Alumínio	8,4	2º
Magnésio	6,7	2º
Diamante industrial	21,3	3º
Níquel	10,0	3º
Cobalto	5,6	4º
Ouro	7,9	4º
Ferro	3,5	5º
Urânio	4,9	7º

U. S. Geological Survey. *Mineral commodity summaries 2014*. Disponível em: <http://minerals.usgs.gov/minerals/pubs/commodity>. Acesso em: 27 abr. 2014; WORLD Nuclear Association. *Uranium production figures 2002-2012*. Disponível em: <www.world-nuclear. org/info/uprod.html>. Acesso em: 26 abr. 2014. (O dado de urânio é de 2012.)

A riqueza do subsolo russo, especialmente o petróleo e o gás natural, tem sido fator fundamental para recuperar a produção industrial e o crescimento econômico, mas o grande mercado interno de consumo também é muito importante. Com a recuperação econômica, após anos de recessão, surgiu uma significativa classe média, ávida por novos produtos, o que estimulou o crescimento das indústrias de bens de consumo: automóveis, eletroeletrônicos, vestuário, entre outros, setores que não foram priorizados durante a vigência do controle estatal da economia.

O parque industrial

As duas principais concentrações industriais na Rússia são a região dos Montes Urais e a de Moscou, mas há concentrações menores na Sibéria ocidental (observe o mapa da página seguinte).

Nas proximidades dos Urais, predominam indústrias de bens intermediários, como as siderúrgicas, em razão da disponibilidade do minério de ferro e de carvão mineral. As duas maiores empresas mineradoras e siderúrgicas do país – Severstal e a Evraz Group – possuem minas de ferro e carvão e usinas siderúrgicas em diversos lugares do país e do exterior. Há também indústrias de bens de capital, como a de máquinas e equipamentos. As principais refinarias e petroquímicas do país estão próximas aos grandes lençóis petrolíferos, principalmente na bacia do Volga--Ural, situada entre Moscou e os Urais.

Em torno da capital, predominam indústrias de bens de consumo e de bens de capital em razão da existência de um amplo mercado consumidor e da boa infraestrutura de transportes e telecomunicações. Na Sibéria ocidental, a grande disponibilidade de recursos minerais explica a concentração de indústrias pesadas, como siderúrgicas e metalúrgicas, principalmente na região do Kuzbass.

Com o fim do socialismo, iniciou-se um processo de privatização e de adoção de mecanismos da economia de mercado nas ex-repúblicas soviéticas, além da instauração de um processo de modernização da economia.

Na Rússia, durante o governo de Boris Ieltsin (1991-1999), uma parte das antigas empresas estatais foi privatizada. Dessas, algumas foram compradas por corporações estrangeiras ou por fundos de investimento, outras tiveram suas ações distribuídas entre os empregados, mas muitas delas acabaram caindo nas mãos de políticos e empresários influentes. Entretanto, como veremos, ainda há muitas empresas sob o controle total ou parcial do Estado russo.

Campo de exploração de petróleo e gás na Sibéria ocidental, em 2012. A exploração desses combustíveis fósseis deve estimular o desenvolvimento da indústria petroquímica na região. Ao fundo, a taiga siberiana.

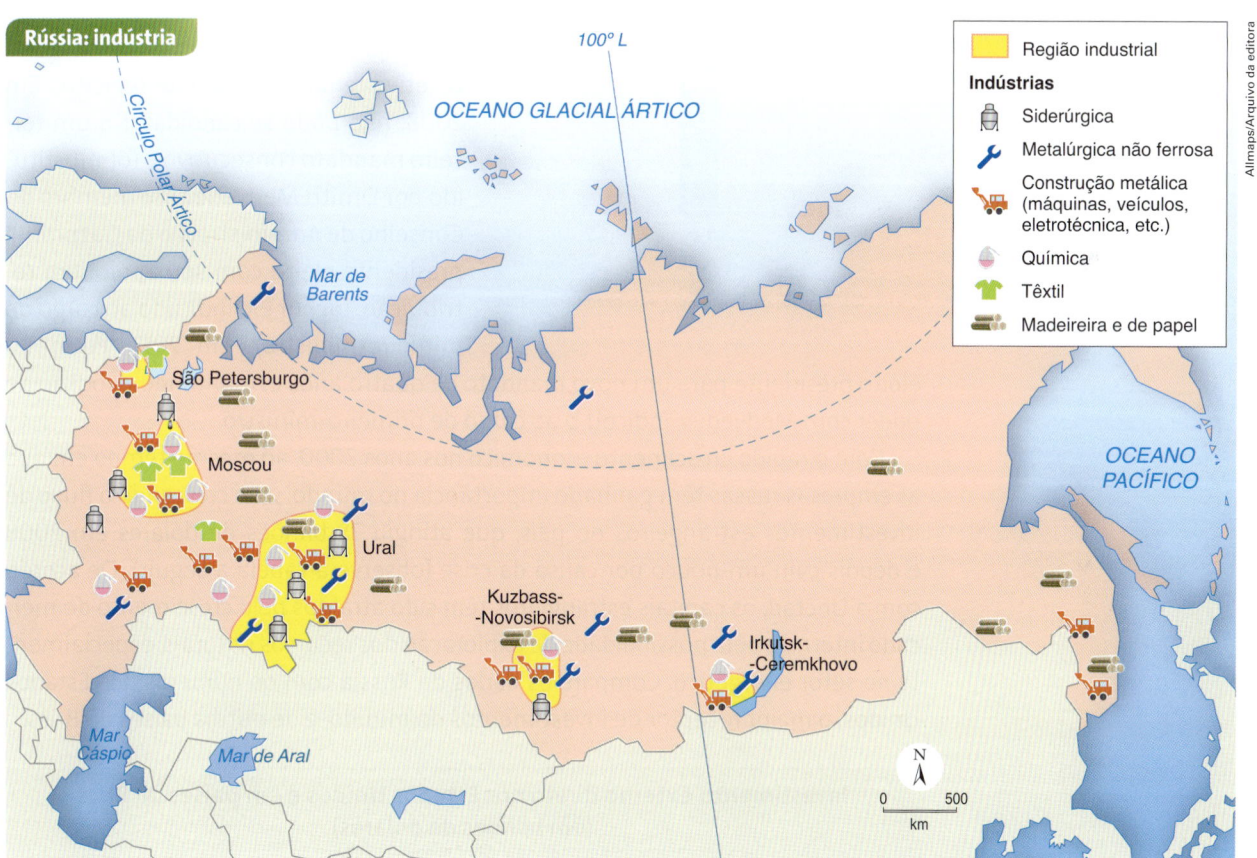

Adaptado de: CHARLIER, Jacques (Dir.). *Atlas du 21e siècle édition 2012*. Groningen: Wolters-Noordhoff; Paris: Éditions Nathan, 2011. p. 93.

Depois de um período de profunda crise, com a retomada do crescimento econômico surgiram grandes corporações de capital aberto, isto é, com ações cotadas na Bolsa de Valores de Moscou. É o caso da Gazprom (principal produtora de gás natural do planeta, maior empresa russa e 21ª na lista da *Fortune Global 500 – 2013*), da Lukoil e da Rosneft Oil, ambas também listadas na mesma pesquisa. Essas três empresas são responsáveis por extrair petróleo e gás natural em diversos pontos do território russo e também no exterior. Não é por acaso que as maiores empresas russas sejam do setor energético: o petróleo e o gás são duas das maiores riquezas naturais do país.

Apesar do avanço do processo de privatização, diversas empresas, principalmente desses setores estratégicos, continuam pertencendo, em parte, ao Estado. Em 2013, a Gazprom ainda tinha 50% de suas ações nas mãos do governo russo, seu maior acionista. Do capital da Rosneft Oil, 69,5% das ações pertenciam ao Estado russo. A Lukoil foi privatizada.

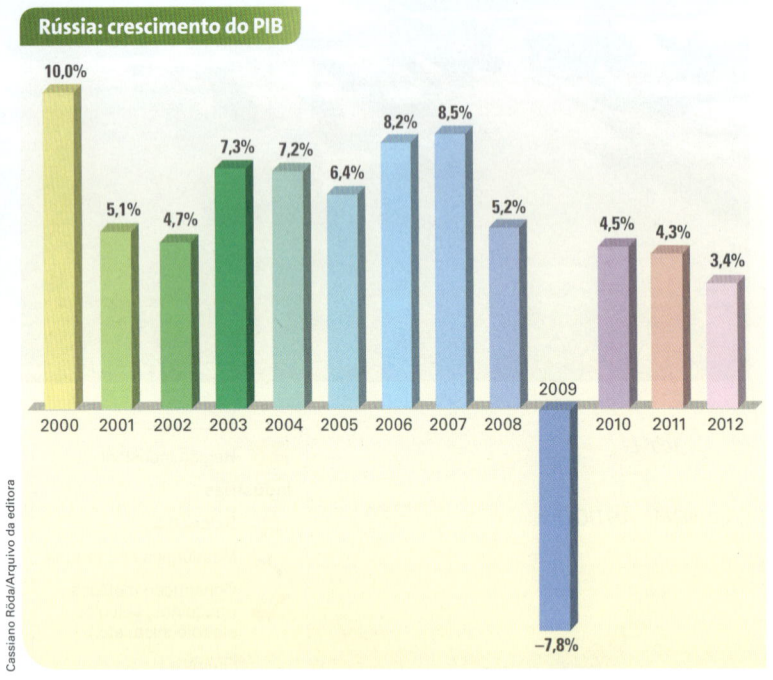

Rússia: crescimento do PIB

Cassiano Rôda/Arquivo da editora

FMI. *World Economic Outlook Database*. Out. 2013. Disponível em: <www.imf.org/external/pubs/ft/weo/2013/02/weodata/index.aspx>. Acesso em: 27 abr. 2014.

O presidente Vladimir Putin, ao assumir seu primeiro mandato em 2000, projetava um crescimento de 7% ao ano, e com isso dobrar o PIB do país até o fim daquela década. Como mostra o gráfico ao lado, a economia russa vinha crescendo com taxas elevadas, até que a crise financeira a atingiu, provocando profunda recessão em 2009. Em 2010, porém, o crescimento foi retomado e, apesar desse percalço, o valor do PIB do país duplicou desde 2004 e mais que quadruplicou ao longo daquela década. Putin atingiu seu objetivo e acabou sendo reeleito. Em 2008, não pôde se candidatar a um terceiro mandato consecutivo e foi substituído por Dmitri Medvedev (ex-membro do Conselho de Administração da Gazprom), presidente eleito com seu apoio (em retribuição, foi por ele indicado ao cargo de primeiro-ministro). Em 2012, Putin foi eleito presidente para um novo mandato de quatro anos e, mantendo o rodízio de poder com Medvedev, indicou-o ao cargo de primeiro-ministro.

Com o rápido crescimento econômico nos anos 2000, ao mesmo tempo em que as empresas russas têm ganhado importância no mundo, vem crescendo o fluxo de investimentos estrangeiros no país, que atingiu 75 bilhões de dólares em 2008 e depois caiu um pouco por causa da crise (observe a tabela a seguir). De acordo com a Unctad, os capitais estrangeiros têm sido atraídos pelo crescimento do mercado interno e pela possibilidade de exploração dos recursos naturais, especialmente no setor energético. Compare os dados da Rússia com os números dos Estados Unidos, o maior receptor de investimentos do mundo, e de outros países do Brics.

Investimento externo direto nos Estados Unidos e em países do Brics (em bilhões de dólares)					
País	1998	2001	2008	2009	2012
Estados Unidos	174,4	124,4	306,4	143,6	167,6
China	43,8	46,8	108,3	95,0	121,1
Brasil	28,9	22,5	45,1	25,9	65,3
Rússia	2,8	2,5	74,8	36,6	51,4
Índia	2,6	3,4	47,1	35,7	25,5

Para obter diversas informações sobre a Rússia, acesse os *sites* do **jornal Pravda** e do **governo Russo**. Veja orientações na seção **Sugestões de leitura, filmes e *sites***.

UNITED NATIONS CONFERENCE ON TRADE AND DEVELOPMENT. *World Investment Report 2002*. New York and Geneva, 2002. p. 303-305; UNITED NATIONS CONFERENCE ON TRADE AND DEVELOPMENT. *World Investment Report 2013*. New York and Geneva, 2013. p. 213-216.

2 China

A formação da China comunista

Ao longo de séculos de história, a China alternou períodos de maior ou menor produção econômica, tecnológica e cultural. Porém, no fim do século XIX, sob o governo da dinastia Manchu, o império estava decadente. A figura do imperador era apenas decorativa, e naquela época o país fora partilhado entre potências estrangeiras.

No início do século XX, sob a liderança do político Sun Yat-sen (1866-1925), foi organizado um movimento nacionalista hostil à dinastia Manchu e à dominação estrangeira. Esse movimento culminou em uma revolução que atingiu as principais cidades do país, pôs fim ao império e instaurou a república em 1912, dando origem à República da China. Sob a direção de Yat-sen foi organizado o Partido Nacionalista, o **Kuomintang**.

Apesar da proclamação da República, o país continuava enfrentando o caos político, econômico e social, e mantinham-se os laços de dependência com as potências estrangeiras.

Nessa época, começou a se desenvolver uma incipiente industrialização, com a chegada de investidores estrangeiros interessados em aproveitar a mão de obra numerosa e barata, e a grande disponibilidade de matérias-primas. Começaram a ser instaladas algumas fábricas nas principais cidades do país, sobretudo em Xangai. No conjunto, porém, a China continuava a ser um país camponês dominado por estrangeiros. A tímida industrialização foi interrompida pela invasão e ocupação japonesa, na década de 1930, e pela guerra civil, que se estendeu de 1927 até 1949.

Comício do Kuomintang realizado em 1927, em Pequim (China), durante a guerra civil que opunha nacionalistas e comunistas.

Nesse contexto, ideias revolucionárias ganharam força entre muitos intelectuais chineses. À influência da Revolução Russa juntou-se o sentimento nacionalista e anticolonial, dando origem ao Partido Comunista Chinês (PCCh), em 1921. Entre os fundadores desse partido, estava Mao Tsé-tung (1893-1976), seu futuro líder.

Com a morte de Sun Yat-sen, o Kuomintang passou a ser controlado pelo militar Chiang Kai-shek (1887-1975), que a partir de 1928 passou a liderar o Governo Nacional da China, embora não controlasse todo o território do país. Após curta convivência pacífica, o governo nacionalista colocou o PCCh na ilegalidade, iniciando uma guerra civil entre comunistas e nacionalistas que se estendeu até o fim da década de 1940. Em 1934, os japoneses instituíram na Manchúria um país formalmente independente chamado **Manchukuo** ("Estado da Manchúria", em japonês). Seu governante era Pu Yi, o último imperador chinês, na realidade, um governante fantoche. Quem de fato governava Manchukuo eram os japoneses, que tinham se apoderado de uma das regiões mais ricas em minérios e combustíveis fósseis de toda a China.

Veja a indicação do filme **O último imperador**, que retrata a história da China durante a vida de Pu Yi, na seção **Sugestões de leitura, filmes e *sites*.**

O Palácio Imperial da China, mais conhecido como Cidade Proibida (na foto, vista da praça da Paz Celestial, ou praça Tian'anmen, em chinês), é um conjunto de edifícios cercado por muros e situado no centro de Pequim (Beijing), capital do país. Do século XIII ao início do XX, foi a sede do poder da China Imperial. Na Cidade Proibida vivia o imperador, sua família e corte, e a entrada do povo não era permitida, daí seu nome. Atualmente, o Palácio Imperial é um museu aberto ao público.

Em 1937, os japoneses declararam guerra total contra a China e chegaram a ocupar, próximo do fim da Segunda Guerra Mundial, cerca de dois terços de seu território (observe novamente o mapa na página 484). Somente nesse breve período houve um apaziguamento entre comunistas e nacionalistas, empenhados em derrotar os invasores japoneses. Bastou o Japão assinar sua rendição para que o conflito interno na China reacendesse e se intensificasse.

Depois de 22 anos de guerra civil, com breves interrupções, os comunistas do Exército de Libertação Popular — formado por voluntários, em sua maioria camponeses, e liderado por Mao Tsé-tung — saíram vitoriosos. Em outubro de 1949, foi proclamada a **República Popular da China**, e o território continental do país foi unificado sob o controle dos comunistas, comandados por Mao, então secretário-geral do PCCh: surgia a **China comunista**. Os membros do Kuomintang, comandados por Chiang Kai-shek, se refugiaram na ilha de Formosa, onde fundaram a **República da China** ou **China nacionalista**, mais conhecida como **Taiwan**, que o governo de Pequim sempre considerou uma província rebelde.

Para saber mais

Relação China-Taiwan

A história de Taiwan ou China nacionalista, por causa da Guerra Fria, é marcada pelo conflito com Pequim e pela duplicidade da política norte-americana em relação aos dois países. Após a Revolução Comunista, a cadeira reservada à China na ONU foi oferecida à China nacionalista, que a ocupou até o início da década de 1970. A República Popular da China, com cerca de 1 bilhão de habitantes, simplesmente não era reconhecida.

Com o rompimento sino-soviético, em 1965, os Estados Unidos passaram a ter grandes interesses na aproximação com a China comunista. Em 1972, o então presidente norte-americano, Richard Nixon, fez uma viagem ao país, dando início ao reconhecimento do governo de Pequim. No ano anterior, o país havia sido reconhecido pela ONU e admitido como membro permanente do Conselho de Segurança, ao mesmo tempo em que Taiwan foi expulsa da organização por exigência chinesa. Em 1979, os Estados Unidos romperam relações com a China nacionalista e reconheceram oficialmente a China comunista.

Há setores da sociedade de Taiwan que defendem sua readmissão na ONU e o restabelecimento de relações diplomáticas com os Estados Unidos, que, apesar de não reconhecerem o país oficialmente, vendem armas a ele, criando atritos com Pequim. A concretização dessas metas é difícil, pois contraria os interesses chineses. A China sempre deixou claro que é contrária à independência da ilha e ameaça invadi-la caso isso venha a acontecer. Os governos dos dois países vêm adotando uma posição moderada em relação a essa questão e firmando acordos que visam a uma aproximação na área econômica, que pode levar no futuro a uma "reunificação pacífica", garantindo certa autonomia a Taiwan, como aconteceu com a reincorporação de Hong Kong, em 1997 (esse território, hoje uma Região Administrativa Especial da China, era administrado pela Grã-Bretanha desde 1842).

No início do período revolucionário, a China seguiu o modelo político-econômico vigente na antiga União Soviética, que enviou muitos técnicos e assessores para ajudar no desenvolvimento da economia chinesa. Com base na ideologia marxista-leninista, instituiu-se um regime político centralizado sob o controle do Partido Comunista Chinês, cujo líder máximo era o secretário-geral (cargo ocupado por Mao Tsé-tung até 1976). Economicamente, com a coletivização das terras, foram implantadas as **comunas populares**. O Estado passou a controlar também todas as fábricas e a exploração dos recursos naturais, mas seu processo de industrialização só se desenvolveu efetivamente após 1949. Vale lembrar que a Revolução Chinesa foi essencialmente camponesa: nessa época, havia no país em torno de 3,2 milhões de operários, o que equivalia a apenas 0,6% da população de cerca de 540 milhões de habitantes.

Comuna popular: unidade econômico-administrativa de caráter coletivista, típica da zona rural da China, criada no âmbito das mudanças impostas pela Revolução Socialista de 1949. Seguia, de modo geral, o modelo das fazendas coletivas da União Soviética. A comuna era proprietária dos meios de produção (terra, máquinas, instrumentos, etc.) e responsável pela organização da produção coletiva e pela venda dos produtos, além dos serviços de educação e saúde. Foi extinta a partir das reformas da era Deng Xiaoping (1978-1992).

Michael Kemp/Alamy/Other Images

Mesmo com todas as mudanças econômicas, culturais e administrativas instituídas sob a liderança de Deng Xiaoping, a figura de Mao Tsé-tung permanece central na história chinesa. Na foto de 2012, Memorial do Presidente Mao, mais conhecido como Mausoléu de Mao porque aí se encontra seu corpo embalsamado, na praça Tian'anmen, centro de Pequim.

Doug Kanter/Bloomberg/Getty Images

Apesar dos avanços da urbanização e da industrialização, a China ainda é um país fortemente rural e agrário. Somente em 2011 a população urbana superou a rural. Segundo a ONU, naquele ano 49,4% da população chinesa ainda vivia na zona rural, o que correspondia a 666 milhões de habitantes; 36,7% da população economicamente ativa estavam empregadas na agricultura, o que correspondia a 292 milhões de trabalhadores. Na foto, agricultores plantam arroz em Baishixi, província de Yunnan, em 2011.

O processo de industrialização

Burocracia: administração dos serviços públicos. A morosidade da administração pública e a existência de diversos níveis burocráticos complicam os processos em andamento e atrasam a tomada de decisões, a obtenção de informações, a regulamentação de pedidos e a tramitação de papéis.

Em 1957, Mao Tsé-tung lançou um ambicioso plano econômico, conhecido como o Grande Salto à Frente, que se estendeu até 1961. Esse plano pretendia acelerar a consolidação do socialismo mediante criação de um parque industrial amplo e diversificado. Para tanto, a China passou a priorizar investimentos na indústria de base e em obras de infraestrutura que sustentassem o processo de industrialização. Apesar de dispor de numerosa mão de obra e de abundantes recursos naturais, a industrialização chinesa teve idas e vindas. Em razão da **burocracia** e da má gestão, o Grande Salto à Frente desarticulou completamente a incipiente economia industrial do país. Além disso, a industrialização chinesa inicialmente padeceu dos mesmos males do modelo soviético no qual se inspirou: baixa produtividade, produção insuficiente, má qualidade dos produtos, concentração de capitais no setor armamentista e burocratização.

As divergências e as desconfianças entre os líderes dos dois principais países socialistas aumentavam cada vez mais, o que os levou a romper relações em 1965. Como consequência, o governo de Moscou retirou os assessores e os técnicos que mantinha em território chinês, agravando ainda mais seus problemas econômicos. O **rompimento sino-soviético** abriu caminho para a **aproximação sino-americana**. Foi nessa época que, como vimos, a República Popular da China recebeu a visita do presidente dos Estados Unidos e foi admitida na ONU, tornando-se membro permanente do Conselho de Segurança. Com a morte de Mao Tsé-tung (1976), após um período de disputa interna pelo poder, Deng Xiaoping foi indicado ao cargo de secretário-geral do PCCh, posição em que permaneceu por 14 anos. Nesse período, introduziu diversas medidas que caracterizam a reforma econômica, a "segunda revolução", como ele dizia, responsável pela completa transformação do país. Mao foi responsável pela primeira revolução chinesa, a socialista, Deng, pela segunda, a "socialista de mercado". Mas o que significa isso?

> **"A reforma é a segunda revolução da China."**
>
> *Deng Xiaoping (1904-1997), secretário do Partido Comunista Chinês de 1978 a 1992.*

A "economia socialista de mercado" e as reformas

A China, depois de viver décadas em estado de letargia, finalmente resolveu se modernizar. Sob o comando de Deng Xiaoping, iniciou-se, a partir de 1978, um processo de reforma econômica no campo e na cidade, paralelamente à abertura da economia chinesa ao exterior.

Com isso, buscou-se conciliar o processo de abertura econômica e a adoção de mecanismos característicos da economia de mercado (aceitação da propriedade privada e do trabalho assalariado, estímulo à iniciativa privada e ao capital estrangeiro) com a manutenção, no plano político, da ditadura de partido único. O objetivo era perpetuar a hegemonia do PCCh, apoiando-se, porém, em uma economia em crescimento e em moldes capitalistas, que seriam impensáveis na China de algumas décadas atrás. A evidência mais forte de que os dirigentes chineses não estavam (e até hoje não estão) planejando uma abertura também no plano político foi a dura repressão aos manifestantes na praça da Paz Celestial. Ocorrido em 1989, o movimento, liderado por estudantes, reivindicava a abertura política, além da econômica, que já estava em curso.

Bettmann/Corbis/Latinstock

Os estudantes reivindicavam democracia, por isso foram tachados de contrarrevolucionários, inimigos da pátria e subversivos, e seu movimento foi duramente reprimido pelo regime. A cena registrada na foto de 1989 ficou famosa: estudante solitário impede a passagem de uma coluna de tanques que, ironicamente, entrava pela rua da Paz Eterna para reprimir os manifestantes na praça da Paz Celestial.

Até hoje não há eleições diretas na China. Em 2012, Xi Jinping foi indicado pelo Comitê Central do PCCh para o cargo de secretário-geral (sucedeu a Hu Jintao, que ficara no poder de 2002 a 2012) e em 2013 assumiu o cargo de presidente da República (também em substituição a Hu). Xi demonstrou intenção de continuar com a reforma/abertura na economia e, embora tenha criticado a corrupção reinante no partido e seu divórcio do povo, a reforma/abertura política não está em sua agenda.

No fim dos anos 1970, em um país de quase 1 bilhão de habitantes, dos quais 75% camponeses, era compreensível que a reforma fosse iniciada pela agricultura. Foram extintas as comunas populares e, embora a terra continuasse pertencendo ao Estado, cada família poderia cultivá-la da forma como desejasse e comercializar livremente uma parte de sua produção. Mas a grande transformação aconteceria na indústria.

A partir de 1982, iniciou-se o processo de abertura no setor industrial. Empresas estatais tiveram de se enquadrar à realidade e foram incentivadas a se adequar aos novos tempos, melhorando a qualidade de seus produtos, baixando seus preços e ficando atentas às demandas do mercado. Além disso, o governo permitiu o surgimento de pequenas empresas e autorizou a criação de empresas mistas, visando atrair o capital estrangeiro.

A grande virada, porém, veio com a abertura das chamadas **zonas econômicas especiais**, já no início dos anos 1980 – as primeiras foram as de Zhuhai, Shenzhen, Shantou, Xiamen e Hainan. Com o tempo foram instituídos **portos abertos**, **cidades abertas**, entre outras modalidades de abertura ao exterior (observe o mapa a seguir). O objetivo dessas diversas áreas abertas, espécies de enclaves capitalistas dentro do território chinês, era atrair empresas estrangeiras, as quais levaram, além de capitais, tecnologia e experiência de gestão empresarial, aspectos que faltavam aos chineses. Em um esforço para ampliar as exportações, a China concedeu aos investidores estrangeiros liberdade de atuação nessas novas regiões industriais, especialmente nas zonas econômicas especiais (a maioria se concentra na província de Guangdong). Consequentemente, desde os anos 1990, o país tem ocupado quase sempre a posição de segundo maior receptor de investimentos produtivos do mundo, atrás apenas dos Estados Unidos. Quase todas as transnacionais com atuação global têm filiais na China, mas para se instalar em seu território precisam criar parcerias com empresas nacionais, o que implica transferência tecnológica.

Essas áreas abertas mudam apenas de tamanho, de extensão, mas todas foram planejadas para: atrair empresas estrangeiras, impulsionar o desenvolvimento industrial/tecnológico e expandir as exportações.

China: áreas abertas ao exterior

- Zona econômica especial
- Cidade litorânea aberta
- Delta aberto
- Cidade aberta do golfo de Bohai
- Cidade fronteiriça aberta
- Porto fluvial aberto
- Capital provincial aberta

Adaptado de: CHARLIER, Jacques (Dir.). *Atlas du 21ᵉ siècle édition 2012*. Groningen: Wolters-Noordhoff; Paris: Éditions Nathan, 2011. p. 117.

É importante destacar que as empresas estrangeiras são atraídas por um conjunto de fatores que tornam o território chinês muito favorável a uma produção voltada ao mercado externo e ao abastecimento do crescente mercado interno. Veja o esquema explicativo:

Baixos salários e mão de obra razoavelmente qualificada: a população é numerosa, escolarizada e os sindicatos são proibidos.

Disponibilidade de moderna infraestrutura nas zonas econômicas especiais: o governo tem investido alto em portos, ferrovias, rodovias, telecomunicações, etc.

Controle da taxa de câmbio: a cotação do yuan é mantida artificialmente baixa pelo governo, o que torna os produtos exportados baratos no mercado internacional.

Política tributária que favorece as exportações: redução ou isenção de impostos sobre produtos industrializados.

Trabalhadores montam computadores pessoais na fábrica da Lenovo em Chengdu, província de Sichuan (China), em 2012.

Imaginechina/AP/Glow Images

Disponibilidade de matérias-primas e fontes de energia, mas, apesar de seus imensos recursos naturais, o país é grande importador.

Permissividade com relação à poluição e à degradação ambiental, mas como veremos no texto da página 518, essa política está mudando.

Nos últimos anos, grande crescimento e fortalecimento do mercado interno: está havendo uma elevação da renda da população.

Matt Mawson/Corbis/Latinstock

Terminal de cargas do Aeroporto Internacional de Hong Kong (China), em 2012. Esse terminal de cargas aéreas é um dos maiores do mundo e conecta a China com diversos países.

A "fábrica do mundo" e suas contradições

Desde o início da década de 1980, a China tem sido a economia que mais cresce no mundo, a uma taxa média superior a 10% ao ano (observe a tabela abaixo). Entretanto, há regiões de seu território que crescem ainda mais. A província de Guangdong, a mais dinâmica do país e onde a internacionalização está mais avançada, apresentou uma taxa de crescimento de cerca de 12% ao ano, a mesma apresentada desde 1993 pela cidade de Xangai, escolhida pelo governo para ser o centro financeiro e de negócios da China.

China: indicadores econômicos					
Indicadores	1980	2000	2012	1980-2000	2000-2012
PIB (bilhões de dólares)	202	1 198	8 227	—	—
Crescimento do PIB (%)	7,9	8,4	7,8	10,4*	10,6*

THE WORLD BANK. *World Development Report 2002*. Washington, D.C.: The World Bank/Oxford University Press, 2002. p. 236-238; THE WORLD BANK. *World Development Indicators 2012*. Washington, D.C., 2012. p. 210-218; THE WORLD BANK. *World Development Indicators 2014*. Washington, D.C., 2014. Disponível em: <http://wdi.worldbank.org/tables>. Acesso em: 27 abr. 2014. * Média anual no período.

Além da liberalização econômica, dos impostos baixos e do yuan desvalorizado, outro fator fundamental, que vem atraindo vultosos capitais para a China, é o baixíssimo custo de uma mão de obra muito disciplinada e relativamente qualificada. Esse ainda é o principal fator de competitividade de sua indústria. Na China, paga-se menos de 2 dólares por hora trabalhada, muito menos do que ganham os trabalhadores industriais em países desenvolvidos, como o Japão e os Estados Unidos, e mesmo em países emergentes, como o Brasil e o México (observe o gráfico da página 439 e compare os valores).

O governo também tem procurado atrair de volta ao país parte dos chineses que vivem no exterior, sobretudo nos Estados Unidos. Quer de volta empresários, engenheiros e cientistas com experiência em empresas ocidentais. Vale lembrar também que as populações de Taiwan, Hong Kong e Cingapura são compostas predominantemente de chineses, o que favorece o fluxo de capitais, informações e pessoas, além da presença de uma "cultura capitalista" na região.

Outro fator que muito contribuiu para o desenvolvimento chinês foram as enormes reservas de minérios e de combustíveis fósseis em seu subsolo (observe a tabela a seguir e o mapa na página 519).

Produção mineral da China – 2013		
Minério/combustível fóssil	% da produção mundial	Posição no mundo
Magnésio	67,1	1º
Alumínio	51,8	1º
Carvão mineral	45,3	1º
Ferro	44,7	1º
Estanho	43,5	1º
Zinco	37,0	1º
Ouro	15,2	1º
Manganês	18,2	2º
Petróleo	5,0	4º

U. S. Geological Survey. *Mineral commodity summaries 2014*. Disponível em: <http://minerals.usgs.gov/minerals/pubs/commodity>. Acesso em: 27 abr. 2014; INTERNATIONAL Energy Agency. *Key World Energy Statistics 2013*. Disponível em: <www.iea.org/publications/freepublications/publication/KeyWorld2013.pdf>. Acesso em: 27 abr. 2014. (Os dados de petróleo e carvão são de 2012.)

Li Xiaolong/Imaginechina/AFP

Guindastes descarregam minério de ferro de navio ancorado no porto de Rizhao, na província de Shandong, em 2014.

Entretanto, o rápido crescimento econômico e a constante elevação do consumo interno têm levado a China a importar cada vez mais recursos minerais (e também agrícolas). Segundo o Banco Mundial, em 2012, do valor de 1,8 trilhão de dólares que o país importou, 40% eram matérias-primas agrícolas, minérios e combustíveis fósseis. Segundo a Agência Internacional de Energia, em 2012, a China foi o segundo maior comprador de petróleo do mundo, responsável por 12% das importações mundiais (o primeiro foram os Estados Unidos, com 24%). O país também tem investido na construção de enormes usinas hidrelétricas, como a de Três Gargantas, a maior do mundo, e em energias alternativas, como a eólica. Em 2013, a China era o maior produtor mundial de energia eólica, com 28,7% de toda a capacidade de aerogeradores instalada no planeta.

Para garantir acesso a esses recursos, o governo chinês e empresas do país têm feito altos investimentos em países em desenvolvimento, especialmente da África subsaariana. Isso fez com que alguns analistas estabelecessem uma correlação entre essa expansão econômica da China e o imperialismo europeu do século XIX a meados do XX. Porém, seus líderes sempre esclareceram que a expansão da China é marcada pelo que inicialmente chamaram de "ascensão pacífica" (depois o termo foi trocado por "desenvolvimento pacífico", para não gerar atrito com os Estados Unidos).

Diferentemente dos países imperialistas europeus, a China não pretende colonizar a África. Diversamente da ação dos Estados Unidos e da União Soviética durante a Guerra Fria, não busca impor sua ideologia política nem seu sistema econômico. Afirma querer apenas fazer negócios e garantir o acesso a recursos naturais, assegurando seu crescimento econômico e sustentando e contribuindo para o crescimento dos outros países.

A China tem investido em diversos países africanos e isso tem contribuído para o rápido crescimento econômico de alguns deles. Por exemplo, segundo o Banco Mundial, no período 2000-2012, Angola cresceu em média 11,8% ao ano e a Nigéria, 9%. No entanto, como muitos países africanos são politicamente instáveis e têm economias pequenas e monoexportadoras, o enorme peso político-econômico da China pode comprometer a soberania de alguns deles. Na foto, Xi Jinping, presidente chinês, aperta a mão de Hage Geingob, primeiro-ministro da Namíbia, antes de reunião em Pequim, em 2014.

Parker Song/POOL/AFP

Pensando no Enem

> Os chineses não atrelam nenhuma condição para efetuar investimentos nos países africanos. Outro ponto interessante é a venda e compra de grandes somas de áreas, posteriormente cercadas. Por se tratar de países instáveis e com governos ainda não consolidados, teme-se que algumas nações da África tornem-se literalmente protetorados.
>
> BRANCOLI, F. *China e os novos investimentos na África*: neocolonialismo ou mudanças na arquitetura global? Disponível em: <http://opiniaoenoticia.com.br>. Acesso em: 29 abr. 2010. (Adaptado.)

A presença econômica da China em vastas áreas do globo é uma realidade do século XXI. A partir do texto, como é possível caracterizar a relação econômica da China com o continente africano?

a) Pela presença de órgãos econômicos internacionais como o Fundo Monetário Internacional (FMI) e o Banco Mundial, que restringem os investimentos chineses, uma vez que estes não se preocupam com a preservação do meio ambiente.

b) Pela ação de ONGs (Organizações Não Governamentais), que limitam os investimentos estatais chineses, uma vez que estes se mostram desinteressados em relação aos problemas sociais africanos.

c) Pela aliança com os capitais e investimentos diretos realizados pelos países ocidentais, promovendo o crescimento econômico de algumas regiões desse continente.

d) Pela presença cada vez maior de investimentos diretos, o que pode representar uma ameaça à soberania dos países africanos ou manipulação das ações destes governos em favor dos grandes projetos.

e) Pela presença de um número cada vez maior de diplomatas, o que pode levar à formação de um Mercado Comum Sino-Africano, ameaçando os interesses ocidentais.

Resolução

❯ Embora a China esteja contribuindo para o crescimento econômico de diversos países africanos, como muitos deles são economias pequenas, ainda frágeis e com governos politicamente instáveis, alguns dos quais ditatoriais, a grande presença de capitais chineses, sobretudo na exploração de recursos naturais, pode ameaçar a soberania desses países, gerando uma interferência indevida em sua política interna, como indica a alternativa **D**.

Essa questão contempla a **Competência de área 2 – Compreender as transformações dos espaços geográficos como produto das relações socioeconômicas e culturais de poder** – e suas habilidades correspondentes, com destaque para **H7 – Identificar os significados histórico-geográficos das relações de poder entre as nações**.

Trabalhadores chineses e sudaneses da Sinopec, empresa petrolífera pertencente ao governo chinês, operam poço de perfuração de petróleo no sul do então Sudão, em 2010. No ano de 2011, esse território ficou independente e o novo país que surgiu desse movimento separatista passou a se chamar Sudão do Sul.

Chris Madden/<www.cartoonstock.com>

Disponível em: <www.cartoonstock.com/newscartoons/cartoonists/cma/lowres/cman56l.jpg>. Acesso em: 24 maio 2014.

Máquina exportadora

Os baixos custos de produção têm levado os produtos industrializados do país a conquistar cada vez mais mercados no mundo. De acordo com dados da OMC, em 1980, no início das reformas econômicas, as exportações chinesas somavam 18 bilhões de dólares (25º lugar na lista dos maiores exportadores do mundo). Trinta e dois anos depois, o país exportou mercadorias no valor de 2 trilhões de dólares, ocupando a posição de maior exportador do mundo (observe a tabela a seguir e compare os números da China com os dos outros países). Para ter uma ideia do explosivo crescimento das exportações chinesas, basta compará-lo com o de outro país do Brics, o Brasil. Em 1980, nosso país exportou mercadorias no valor de 20 bilhões de dólares (19º lugar na lista) e, em 2012, 243 bilhões de dólares (22º lugar). Enquanto as exportações brasileiras cresceram 1 215% no período, as chinesas cresceram 11 384%!

Os maiores exportadores mundiais de mercadorias e o crescimento no período 1980-2012			
Posição/país	Exportações (em bilhões de dólares) 1980	Exportações (em bilhões de dólares) 2012	Crescimento (em %) 1980-2012
1. China	18	2 049	11 384
2. Estados Unidos	226	1 546	684
3. Alemanha	193	1 407	729
4. Japão	130	799	615
5. Países Baixos	74	656	886

RELATÓRIO sobre o desenvolvimento mundial 1996. Washington, D.C.: Banco Mundial, 1996. p. 234; WORLD TRADE ORGANIZATION. *International Trade Statistics 2013.* Disponível em: <www.wto.org/english/res_e/statis_e/its_e.htm>. Acesso em: 27 abr. 2014.

Desde 1980, o governo chinês vem se esforçando para aumentar a quantidade de produtos industrializados na pauta de exportação do país. Naquele ano, 48% das exportações chinesas eram compostas de produtos industrializados; em 2011, esse índice subiu para 96%, de acordo com o *Relatório de desenvolvimento industrial 2013,* da UNIDO. O governo também tem procurado aumentar os produtos de maior valor agregado na pauta de exportações. Para isso, desde meados da década de 1980, vem criando tecnopolos, as chamadas **zonas de desenvolvimento econômico e tecnológico**, que buscam atrair indústrias de alta tecnologia. Como resultado, em 2011, do total das exportações de produtos industrializados, 59% eram bens de alto e médio valor agregado. Grande parte desses produtos é fabricada nas mais de cinquenta zonas de desenvolvimento econômico e tecnológico situadas predominantemente na costa leste, tais como Xangai, Cantão, Fuzhou, Xiamen e Hainan.

A entrada da China na OMC, em 2001, foi um dos principais acontecimentos da economia internacional no início deste século e reforça sua posição mundial como grande país comerciante. Ao se adequar às regras dessa organização, o país ampliou as possibilidades de negócios para suas empresas exportadoras e também para as empresas estrangeiras que exportam para seu mercado interno.

O rápido crescimento econômico concentrado principalmente nas cidades costeiras intensificou as migrações internas, apesar das restrições do governo central. Por exemplo, a população da cidade de Shenzen, localizada na província de Guangdong, próxima a Hong Kong, aumentou de menos de 100 mil habitantes, em 1975, para 10,6 milhões, em 2011. De acordo com a ONU, a cidade saltou da 453ª posição entre as maiores do mundo para a 22ª colocação — foi a cidade que mais cresceu no mundo nas últimas três décadas. O governo tem procurado interiorizar a economia, estimulando o desenvolvimento de novos centros industriais, mas é na fachada litorânea que ainda estão as maiores oportunidades de trabalho.

Outro aspecto desse crescimento acelerado foram os graves impactos ambientais provocados pelo rápido e insustentável crescimento econômico. Até os anos 1990, não havia nenhuma preocupação com a questão ecológica por parte do regime chinês, pois a ordem era crescer a qualquer custo e gerar urgentemente empregos, lucros, saldos comerciais e impostos. Como consequência dessa política, as agressões ambientais cresceram vertiginosamente: as cidades chinesas estão entre as mais poluídas do mundo, assim como seus cursos de água, o que tem causado diversas doenças à população, e muitos de seus recursos naturais estão à beira do esgotamento.

A Agência de Proteção Ambiental Nacional (Nepa, na sigla em inglês) foi criada em 1984, mas nessa época a prioridade era o crescimento econômico. Somente a partir do fim dos anos 1990 começou a se disseminar no país a consciência de que o crescimento precisa ser sustentável, não apenas do ponto de vista econômico e social, mas também do ponto de vista ambiental, e o próprio governo está preocupado com a questão, como se percebe no texto a seguir.

A China tem buscado aumentar os produtos de alto valor agregado, como automóveis, em suas exportações. Na foto de 2011, linha de montagem da FAW-Toyota, na cidade de Tianjin. Fundada em 1953, a First Automotive Works (FAW) é a mais antiga indústria automobilística da China. Produz carros de sua própria marca e em associação com Toyota, Volkswagen e Mazda.

Transformações socioespaciais na China

Muitas cidades chinesas tornaram-se grandes canteiros de obras: modernos arranha-céus, indústrias, bancos, grandes lojas, entre outros empreendimentos, surgem por toda parte. Na foto de 2012, o Distrito de Pudong, o centro financeiro da cidade de Xangai, onde foram erguidos alguns dos edifícios mais altos e modernos da China.

Políticas ambientais na China

[...]

Em 1998, o Nepa foi promovido de subministério a ministério: a Administração de Proteção Ambiental do Estado (Sepa). Em 2008, a Sepa foi rebatizada como Ministério da Proteção Ambiental (MEP) e elevada a ministério pleno sob o Conselho Estatal. Essa mudança foi considerada um sinal do desejo do governo chinês em realizar sérios esforços para melhorar o meio ambiente. O MEP é o principal órgão de formulação e execução de políticas ambientais. Ele abrange diversas diretorias de prevenção de poluição em níveis estaduais, municipais e distritais que pareceriam cumprir exigências normais para a execução de leis e o incentivo do bom comportamento ambiental. Essas diretorias podem realizar inspeções surpresa e os governos centrais e locais podem impor penalidades para as quebras dos regulamentos.

Além disso, a China tem as leis que tratam de questões específicas e setores específicos, tais como o ambiente marinho, o ar, a água, e assim por diante. Além das leis nacionais há muitas leis regionais e locais que abordam o meio ambiente. De acordo com os resultados publicados por Huang (2010), a política ambiental chinesa deu mais atenção às questões da água e da poluição atmosférica; a poluição radioativa também tem recebido grande interesse. Os instrumentos da política mudaram da ênfase em regulamentos de comando-e-controle para incentivos econômicos.

[...]

FERREIRA, L. C.; BARBI, F. Questões ambientais e prioridades políticas na China. *ComCiência – revista eletrônica de jornalismo científico*, n. 137, Campinas: Labjor-Unicamp/SBPC, 10 abr. 2012. Disponível em: <www.comciencia.br/comciencia/handler.php?>. Acesso em: 27 abr. 2014.

Cidade de Handan, província de Hebei, norte da China, uma das regiões mais poluídas do país. Mal dá para ver os carros circulando devido a forte poluição do ar no dia 24 de janeiro de 2013.

Imaginechina/AP/Glow Images

Estrutura industrial

A China apresenta atualmente um parque fabril muito diversificado, e já existem grandes corporações no país, entre as maiores do mundo. Em 2013, como mostra a tabela da próxima página, havia 89 empresas chinesas, a maioria estatal, na lista das quinhentas maiores do mundo. Entre elas, podem ser citadas: Sinopec Group (setor petrolífero e petroquímico; em 2013 era a maior empresa do país e a quarta na lista da revista *Fortune*), China Nacional Petroleum (setor petrolífero), State Grid (energia elétrica), China Railway Group (setor ferroviário), China FAW Group (automobilístico), Aviation Industry Corporation of China (aeronáutico) e Baosteel (siderúrgico).

China: indústria, mineração e energia

Indústria e energia
- ☢ Central nuclear
- ✺ Central hidrelétrica
- ⛽ Refinaria de petróleo
- ▭ Região industrial
- ★ Alta tecnologia
- ⚛ Urânio
- Campos petrolíferos
- Bacias de hulha

Mineração
- Minério de ferro
- Cobre
- Bauxita
- Níquel
- Carvão

Transportes
- Rodovias
- Ferrovias
- Oleodutos
- Gasodutos

N
0 — 320 km

Adaptado de: CHARLIER, Jacques (Dir.). Atlas du 21e siècle édition 2012. Groningen: Wolters-Noordhoff; Paris: Éditions Nathan, 2011. p. 117.

Allmaps/Arquivo da editora

Em 2011, a indústria chinesa empregava 28,7% da população ativa, o que correspondia a 228 milhões de trabalhadores. Como se vê, apesar de muito industrializada, a maioria dos trabalhadores da China ainda está empregada na agricultura (36,7%, como vimos), seguida pelos serviços (34,6%).

Os seis países com maior número de empresas na *Fortune Global 500* – 2013

Posição/país	Número de empresas		
	1993	2000	2013
1. Estados Unidos	159	185	132
2. China	0	12	89
3. Japão	135	104	62
4. Alemanha	32	34	29
5. França	26	37	31
6. Reino Unido	41	33	26

FORTUNE Global 500. v. 130, n. 2. New York: Time Inc. 25 jul. 1994. p. 84-88; FORTUNE Global 500. v. 144, n. 2. New York: Time Inc. 23 jul. 2001. p. 26–36; FORTUNE Global 500 – 2013. Disponível em: <http://money.cnn.com/magazines/fortune/global500/2013/full_list/?iid=G500_sp_full>. Acesso em: 27 abr. 2014.

CONGRATULATIONS ON THE LISTING OF VALE S.A.

恭賀VALE S.A.上市

833.699 (+1.988)

澳洲

Mike Clarke/AFP

A maioria das grandes empresas transnacionais e mesmo algumas de menor porte têm instalado filiais na China para aproveitar o gigantesco mercado interno e as vantagens competitivas que o país oferece para exportar. Quase todas as quinhentas da lista da revista *Fortune* possuem filiais no país, entre elas algumas multinacionais brasileiras como a Vale (mineração), Embraco (compressores), Embraer (aviões) e Marcopolo (ônibus). A foto registra o momento em que a Vale começa a negociar suas ações na Bolsa de Valores de Hong Kong, em 8 de dezembro de 2010.

Vinte anos antes, não havia nenhuma empresa chinesa na lista Global 500. Essa mudança reflete o explosivo crescimento econômico do país e evidencia a crescente importância de suas empresas no mundo. Acompanhe, na tabela, a evolução do número de corporações chinesas entre as maiores do mundo em comparação com outros países. Porém, nem só de grandes empresas vive a economia chinesa. A maioria dos empregados e grande parte da produção para a exportação, principalmente das mercadorias de baixo valor agregado, concentram-se em milhões de pequenos empreendimentos espalhados pelo país, incluindo a zona rural.

Em muitos setores industriais, principalmente nos estratégicos, as empresas chinesas são controladas predominantemente pelo Estado. Entretanto, o setor privado está em crescimento constante e, se considerarmos a economia como um todo, em número de empresas, em empregos oferecidos e em patrimônio, já superou o setor estatal, como mostram os gráficos ao lado. Contudo, em relação ao patrimônio, o Estado ainda tem uma participação importante, indicando que continua dono das maiores empresas do país. No setor privado, predominam empresas nacionais pequenas e médias, que são também as que mais empregam.

O acelerado crescimento econômico da China e sua transformação em "fábrica do mundo" modificou radicalmente as paisagens do país, especialmente as urbanas. As cidades cresceram exponencialmente, fábricas foram erguidas por todos os lados e a poluição atingiu índices alarmantes, mas ao mesmo tempo esse processo tirou milhões de pessoas da pobreza e gerou uma classe média numerosa.

Em 1981, segundo o Banco Mundial, 97,8% da população chinesa vivia na pobreza (com menos de 2 dólares/dia); em 2009, o percentual de pobres tinha caído para 27,2%. A expansão da classe média, com crescente poder de compra, ampliou significativamente o mercado consumidor interno, como se pode constatar pelos dados da tabela.

Consumo doméstico na China (número de aparelhos para cada 100 residências)			
Aparelho	Todas as residências (1985)	Residências rurais (2008)	Residências urbanas (2008)
TV em cores	4	99,2	132,9
Máquina de lavar	1	49,1	94,7
Geladeira	1	30,2	93,6
Ar-condicionado	0	9,8	100,3
Computador	0	5,4	59,3

OECD Economic Surveys China 2005. Paris: OECD, 2005. p. 28; *OECD Economic Surveys China 2010.* Paris: OECD, 2010. p. 21.

China: controle das empresas industriais (participação percentual, considerando o controle do capital)

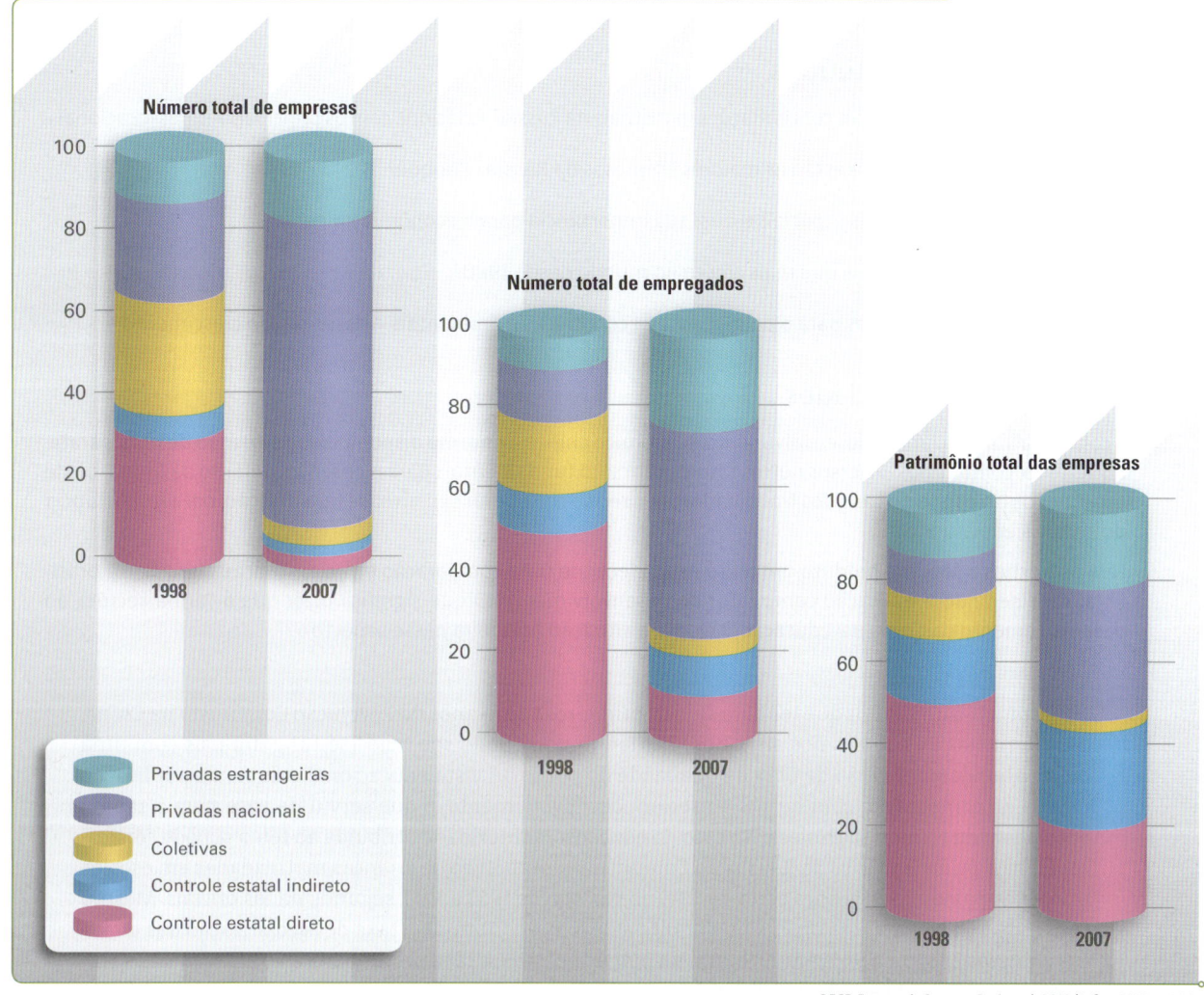

OECD Economic Surveys. Paris, vol. 2010/6, fev. 2010. p. 106.

Entretanto, ao mesmo tempo, esse crescimento acelerado vem concentrando renda nos estratos mais ricos da sociedade e contribuindo para ampliar as desigualdades sociais, como mostra a tabela abaixo.

De acordo com a publicação *Hurun Report*, em 2013 havia na China 315 pessoas/famílias com uma fortuna igual ou superior a 1 bilhão de dólares (só perdia para os Estados Unidos, com 1 342 bilionários). O vínculo com o Partido Comunista ajuda a estabelecer negócios e a enriquecer: segundo o mesmo relatório, um terço das mil pessoas mais ricas da China pertence ao PCCh.

Essas são algumas das contradições da "economia socialista de mercado", da "fábrica do mundo".

Distribuição de renda na China (percentual sobre o total da renda nacional)				
Ano	Aos 20% mais pobres	Aos 60% intermediários	Aos 20% mais ricos	Aos 10% mais ricos
1992	6,2	49,9	43,9	26,8
2009	5,0	48,0	47,0	30,0

BANCO MUNDIAL. *Relatório sobre o desenvolvimento mundial 1996*. Washington, D.C., 1996. p. 214; THE WORLD BANK. *World Development Indicators 2014*. Washington, D.C., 2014. Disponível em: <http://wdi.worldbank.org/tables>. Acesso em: 27 abr. 2014.

Para obter diversas informações sobre a China acesse os portais **Gov.cn** e **China.org**. Veja orientações na seção **Sugestões de leitura, filmes e** *sites*.

Atividades

Compreendendo conteúdos

1. Onde se localizam as principais concentrações industriais na Rússia? Relacione com os principais fatores locacionais.

2. Em que setores da economia estão as maiores empresas da Rússia? Por quê?

3. O que são zonas econômicas especiais e qual sua importância para a economia chinesa?

4. Por que a China é a economia que mais cresce no mundo desde 1980?

5. Liste algumas consequências para o país – sociais, econômicas e ambientais – desse rápido crescimento.

Desenvolvendo habilidades

6. É comum atribuir o rápido desenvolvimento econômico chinês à enorme disponibilidade de mão de obra barata. Entretanto, como vimos, diversos outros fatores têm sido fundamentais para o desenvolvimento da China, ou de qualquer outro país, e no caso dos trabalhadores é preciso considerar seu nível de qualificação, daí a importância do sistema educacional.

   Leia os trechos a seguir e produza um texto estabelecendo uma comparação entre a situação chinesa e a brasileira, considerando a educação como fator de desenvolvimento. O que significa dizer que a "arma secreta do desenvolvimento da China é a educação"? Qual é a situação brasileira nesse aspecto?

   > Por mais turbulentos que tenham sido os primeiros trinta anos da Revolução Comunista na China, os reformistas do começo dos anos 1980 herdaram do período sob Mao Tsé-tung um país com uma oferta abundante de mão de obra de qualidade do ponto de vista educacional e de saúde pública, ao menos na comparação com outros países em desenvolvimento, o que serviu de base para a rápida decolagem da economia chinesa. No caso da educação, a prioridade atribuída ao tema já pôde ser percebida nos primeiros anos da Revolução Comunista: a proporção de crianças matriculadas em escolas primárias passou de 25% para cerca de 50% no período de 1953 a 1957, segundo dados oficiais. Mesmo com toda a desvalorização do ensino durante a Revolução Cultural, a taxa de escolarização das crianças chinesas chegou a 96% em 1976, ano da morte de Mao[1]. A taxa de alfabetização entre adultos chineses havia chegado a 66% em 1977, quase o dobro dos 36% da Índia no mesmo ano.
   >
   > LYRIO, Mauricio Carvalho. *A ascensão da China como potência*: fundamentos políticos internos. Brasília: Fundação Alexandre Gusmão, 2010. p. 38-39.

   > Segundo estudos e projeções do FMI, a China será a maior economia mundial com 27,9% do PIB em 2050, acompanhada em 2º lugar da Índia com 12,9% do PIB mundial, os EUA serão a 3ª maior potência econômica com 10,4% do PIB, o Brasil em 4º lugar com 4,5% do PIB mundial e a Rússia, a 5ª economia com 2,9% do PIB mundial. Ou seja, quatro dos cinco primeiros serão do Brics. A arma secreta do desenvolvimento da China é a educação, do Brasil é o efeito China, atualmente o maior destino das exportações brasileiras (dados do IPEA). O crescimento da Rússia vinculado às *commodities* e o efeito China, mas sua população está envelhecendo e diminuindo, o que influenciará a velocidade do desenvolvimento econômico. A Índia aumentou em 45% suas exportações em 2011, começando a despertar para o novo cenário econômico mundial.
   >
   > SANTOS, Welinton dos. Domínio econômico dos Brics – China, Brasil, Rússia, Índia. *Pravda.ru*, 30 mar. 2012. Disponível em: <http://port.pravda.ru>. Acesso em: 27 abr. 2014.

---

1 Segundo o IBGE, no Brasil a taxa de escolarização de crianças era de 80% em 1980 e só em 1998 atingiu 95%, indicador próximo ao que a China atingira vinte anos antes. A taxa de alfabetização entre os adultos brasileiros (pessoas com mais de 15 anos) era de 75% em 1980 e atingiu 90% em 2009. Segundo o Banco Mundial, na mesma época, a taxa da China era de 94% e a da Índia, 63%.

Em alguns setores da indústria, o Brasil já vive "um apagão de mão de obra", com falta de profissionais qualificados capazes de executar tarefas essenciais ao crescimento do país. Segundo o mais recente levantamento feito pela consultoria Manpower com 41 países ao redor do mundo, o Brasil ocupa a 2ª posição entre as nações com maior dificuldade em encontrar profissionais qualificados, atrás apenas do Japão.

Entre os empresários brasileiros entrevistados para a pesquisa, 71% afirmaram não ter conseguido achar no mercado pessoas adequadas para o trabalho. Para efeitos de comparação, na Argentina o índice é de 45%, no México, de 43% e na China, de apenas 23%.

"Se no Japão o maior entrave é o envelhecimento da população, o problema no Brasil é a falta de qualificação profissional", afirmou à BBC Brasil Márcia Almström, diretora de Recursos Humanos da filial brasileira da Manpower.

BARRUCHO, Luís Guilherme. "Custo Brasil" impede crescimento robusto da economia. Direto da BBC Brasil. *Terra*, 22 ago. 2012. Disponível em: <http://economia.terra.com.br/noticias/noticia.aspx?idNoticia=201208220757_BBB_81515301>. Acesso em: 27 abr. 2014.

Michelle Obama, primeira-dama dos Estados Unidos, acompanhada por Peng Liyuan, esposa do presidente Xi Jiping, visita a Escola Normal de Pequim (China), em 2014. Essa escola prepara alunos chineses para ingressarem em universidades do exterior, a maioria delas nos Estados Unidos.

Vestibulares de Norte a Sul

1. **S** (UFRGS-RS) Em meados de 1980, as estratégias político-econômicas conduzidas pelo novo secretário-geral do Partido Comunista, Mikhail Gorbachev, acabaram contribuindo para o colapso da União Soviética e de seu regime socialista.

Sobre essas estratégias, considere as seguintes afirmações.

I. A "Glasnost" tinha por finalidade revitalizar o socialismo através, entre outras reformas, de uma relativa democratização do sistema.

II. A não concessão de maior independência política aos Estados-membros da União Soviética rendeu a Gorbachev o apoio da ala conservadora do partido.

III. A "Perestroika" buscou reestruturar a economia estatal planificada, com o objetivo de impedir a crescente privatização dos meios de produção e a concentração fundiária.

Quais estão corretas?

a) Apenas I.
b) Apenas II.
c) Apenas I e II.
d) Apenas II e III.
e) I, II e III.

2. **NE** (UPE) A China é um país comandado por um partido único, o Partido Comunista, porém vem assumindo um perfil de desenvolvimento típico de sistema capitalista e desempenhando um estratégico papel na economia mundial. Com relação a esse assunto, analise as proposições a seguir:

1. Nas últimas décadas, o conjunto de reformas desencadeadas na China transformou esse país numa das grandes potências mundiais com um modelo de crescimento que executa políticas estratégicas nacionais de industrialização ajustadas ao movimento de expansão da economia global.

2. As Zonas de Proteção às Exportações, áreas com economia mais voltada para o socialismo, ainda são áreas de pouco desenvolvimento na China. São regiões agrícolas localizadas na porção Nordeste e habitadas por população de maioria tibetana.

3. O estabelecimento de Zonas Econômicas Especiais na China, inicialmente nas zonas litorâneas, permitiu a abertura para os investimentos de capitais estrangeiros, elevando a produção global desse país mediante uma política efetiva de incentivos fiscais.

4. As migrações em massa de camponeses das zonas litorâneas, na porção leste, para os centros urbanos do interior da China, onde se concentram as indústrias têxtil, de calçados e de brinquedos, revelam as disparidades sociais e regionais ainda presentes nesse país.

Estão **CORRETAS**

a) 1 e 2.
b) 3 e 4.
c) 1 e 3.
d) 2 e 4.
e) 1, 2, 3 e 4.

3. **S** (UFRGS-RS) O colapso da União Soviética, reconhecido oficialmente em dezembro de 1991, foi o resultado da introdução de medidas reformistas que visavam modernizar o socialismo soviético.

A respeito dessas medidas reformistas, considere as afirmações abaixo.

I. Resultaram no surgimento de novas repúblicas, outrora submetidas a Moscou, que exigiam autonomia política e territorial.

II. Decorreram da ascensão de Mikhail Gorbachev, que instaurou as ações conhecidas como *perestroika* e *glasnost*.

III. Tinham um nítido caráter conservador, e foram gestadas por pressão de setores populares insatisfeitos com o rumo do país.

Quais estão corretas?

a) Apenas I.
b) Apenas II.
c) Apenas III.
d) Apenas I e II.
e) Apenas II e III.

4. **S** (PUC-RS) Analise as afirmativas que podem completar a frase abaixo:

A China se tornou uma potência industrial e exportadora nos últimos anos. Esse fenômeno deve-se _____.

I. às vantagens concedidas pelo governo chinês às companhias transnacionais

II. à mão de obra barata e abundante do país

III. à política de liberalização econômica, que abriu o país para investimentos estrangeiros

IV. à atuação da Comunidade Europeia do Carvão e do Aço (CECA), que unificou fretes e tarifas em toda a região

Estão corretas apenas as afirmativas

a) I e II.
b) II e III.
c) III e IV.
d) I, II e III.
e) II, III e IV.

5. **SE** (UFRJ) Nestes tempos de globalização econômica, a China chama a atenção do mundo em função do seu imenso mercado consumidor e de um sistema político-econômico peculiar, denominado por alguns estudiosos "socialismo de mercado".

Apresente duas razões que justifiquem a utilização do termo "socialismo de mercado" para definir a situação chinesa.

Países recentemente industrializados

Monotrilho atravessa uma zona industrial no subúrbio de Mumbai (Índia). Foto de 2014.

Danish Siddiqui/Reuters/Latinstock

Neste capítulo vamos analisar com mais detalhe algumas das economias emergentes mais industrializadas entre os países em desenvolvimento. Classificamos os países analisados em três grupos distintos: os latino-americanos, que introduziram o modelo de industrialização por substituição de importações; os Tigres Asiáticos, que desenvolveram plataformas de exportações; e os pertencentes ao Fórum de Diálogo Índia, Brasil e África do Sul (IBAS), que apresentam um modelo mais próximo do adotado na América Latina.

Vamos estudar mais detalhadamente os países com produção industrial mais relevante de cada um desses grupos, respectivamente: Brasil, México e Argentina; Coreia do Sul, Taiwan e Cingapura; Índia e África do Sul.

O que há em comum e o que há de diferente no processo de industrialização desses três grupos de países? Qual modelo foi o mais bem-sucedido?

Trabalhadores separam o agave, matéria-prima para a produção de tequila, em uma destilaria na cidade de Tequila (México), em 2014.

Joe Ferrer/Shutterstock

Tendo como referência a industrialização ao longo da História, os países emergentes são considerados recém-industrializados porque neles esse processo teve início cerca de um século e meio depois das nações pioneiras. No entanto, o crescimento industrial foi muito rápido em alguns deles.

Os gráficos a seguir mostram a evolução da participação das principais economias emergentes no valor da produção industrial dos países em desenvolvimento. Em 2010, apenas as cinco maiores concentravam 62% do valor da produção industrial desse grupo (em 1995 eram 55%), com grande destaque para a China.

China e Rússia, muitas vezes, são classificadas como países emergentes, mas, por suas peculiaridades demográfica, econômica e geopolítica e em razão da industrialização planificada, foram estudadas à parte, no capítulo anterior. A Coreia do Sul não aparece no gráfico de 2010 porque a ONU e suas agências passaram a classificá-la como país desenvolvido, mas, por causa de seu modelo de desenvolvimento, vamos analisá-la neste capítulo.

Participação dos principais países emergentes no valor da produção industrial dos países em desenvolvimento

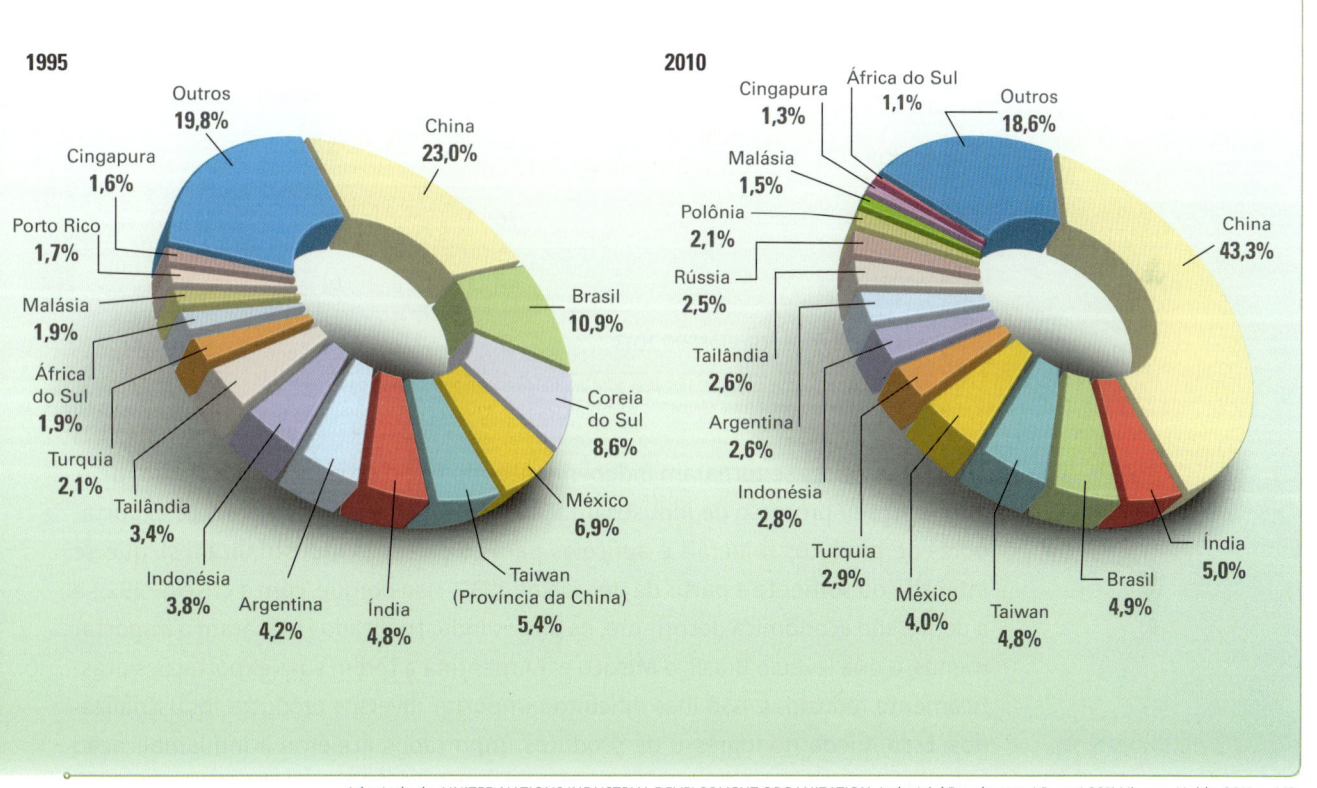

Adaptado de: UNITED NATIONS INDUSTRIAL DEVELOPMENT ORGANIZATION. *Industrial Development Report 2011*. Vienna: Unido, 2011. p. 143; UNITED NATIONS INDUSTRIAL DEVELOPMENT ORGANIZATION. *Industrial Development Report 2009*. Vienna: Unido, 2009. p. 101.

Entretanto, vale lembrar que atualmente o processo de industrialização se expandiu para outros países emergentes asiáticos (com destaque para os novos Tigres), latino-americanos e africanos, e tem atingido países de outras regiões do mundo, como o Leste Europeu (com destaque para a Polônia) e o Oriente Médio (com destaque para a Turquia). Esses dois países vêm recebendo muitos investimentos de empresas europeias, principalmente alemãs, que têm montado fábricas em seus territórios para se beneficiar dos custos mais baixos de produção e da proximidade do mercado da União Europeia.

Vamos começar analisando as economias emergentes pelo modelo que vigorou no Brasil e em outros países latino-americanos.

1 América Latina: substituição de importações

O processo de industrialização

Embora o processo de industrialização esteja atingindo outros países da América Latina (como Venezuela, Colômbia, Chile e Peru), Brasil, México e Argentina são as maiores, mais industrializadas e diversificadas economias da região; por isso vamos analisá-las com mais profundidade. Observe alguns indicadores desses países na tabela a seguir.

Indicadores socioeconômicos – 2012			
Indicadores	Brasil	México	Argentina
População, em milhões de habitantes	199	121	41
PIB, em bilhões de dólares	2 253 (7º do mundo)	1 178 (14º do mundo)	476 (26º do mundo)
• Agricultura (%)	5	4	9
• Indústria (%)	26	36	31
• Serviços (%)	68	61	60
Empresas na Fortune Global 500 2013	8	3	0

THE WORLD BANK. *World Development Indicators 2014*. Washington, D.C., 2014. Disponível em: <http://wdi.worldbank.org/tables>. Acesso em: 28 abr. 2014. FORTUNE Global 500 2013. Disponível em: <http://money.cnn.com/magazines/fortune/global500/2013/full_list/?iid=G500_sp_full>. Acesso em: 20 abr. 2014.

Os três países se tornaram independentes no início do século XIX e, no fim dele, iniciaram seu processo de industrialização (até então, eram basicamente exportadores de produtos minerais e agrícolas para os países já industrializados), que se intensificou somente a partir da década de 1930. Isso porque, com a crise de 1929 e a depressão econômica decorrente, os países industrializados passaram a importar menos, o que levou o Brasil, o México e a Argentina a terem suas exportações drasticamente reduzidas. Isso lhes dificultou importar diversos produtos industrializados. Essa queda no ingresso de produtos importados acelerou a industrialização voltada a substituir muitos bens de consumo, principalmente oriundos da Europa.

Algumas das primeiras fábricas pertenciam à aristocracia latifundiária, que havia acumulado capital com as exportações de produtos agropecuários e passou a investi-lo na indústria, no comércio e no sistema financeiro. Os *estancieros* argentinos (donos de *estancias*: grandes propriedades rurais) ganharam muito dinheiro exportando carne e trigo; no Brasil, destacavam-se, principalmente, os fazendeiros de café, conhecidos como barões do café; e, no México, os proprietários das *haciendas* (fazendas).

Com isso, parte da aristocracia latifundiária gradativamente se transformou em burguesia industrial e financeira e diversificou suas fontes de lucro. Além disso, parte do dinheiro dos fazendeiros ficava depositada em bancos e era emprestada para financiar a instalação de indústrias, muitas das quais fundadas por imigrantes europeus.

Outro agente importante no início da industrialização foi o Estado, que passou a investir em indústrias de bens intermediários – mineração e siderurgia, petrolífera e petroquímica, etc. – e em infraestrutura – transportes, telecomunicações, energia elétrica, etc. Na América Latina, os maiores símbolos desse modelo foram as estatais petrolíferas: Petrobras (fundada em 1954), Pemex (Petróleos Mexicanos, 1934), PDVSA (Petróleos de Venezuela S.A., 1975) e a argentina YPF (Yacimientos Petrolíferos Fiscales, 1922). Em 2012, todas continuavam sob o controle total ou parcial do Estado; eram tanto as maiores empresas nos respectivos países como, com exceção da YPF, as primeiras colocadas da América Latina na lista *Fortune Global 500*.

Após a Segunda Guerra, o modelo de industrialização por substituição de importações mostrou suas limitações: carência de maiores volumes de capitais que permitissem continuar o processo, inexistência de setores industriais importantes, como a indústria de bens de capital, e defasagem tecnológica. Foi nessa época que teve início a entrada de capitais estrangeiros. As filiais de empresas transnacionais promoveram expansão de muitos setores industriais nesses países: automobilístico, químico-farmacêutico, eletroeletrônico, de máquinas e equipamentos e outros, que até então tinham uma produção limitada ou inexistente. Nos setores tradicionais, também entraram grandes empresas alimentícias e têxteis, juntando-se às nacionais já existentes e, em muitos casos, incorporando-as. Assim, houve um grande avanço no processo de industrialização do Brasil, do México e da Argentina, o qual passou a se assentar no tripé formado pelo capital estatal, nacional e estrangeiro. A entrada das corporações transnacionais contribuiu para o surgimento de novas empresas nacionais em diversos setores, muitas delas complementares às estrangeiras: por exemplo, a entrada das empresas automobilísticas estimulou o desenvolvimento de muitas indústrias nacionais de autopeças.

A criação das empresas estatais de petróleo foi um marco da atuação do Estado na economia de vários países latino-americanos. Na foto, plataforma de extração de petróleo da gigante estatal Pemex no Golfo do México, perto do litoral do estado de Taumalipas, em 2012. Considerando o faturamento, em 2013 essa empresa era a maior do México, a 2ª da América Latina (a Petrobras era a 1ª) e a 36ª do mundo na lista da *Global 500*.

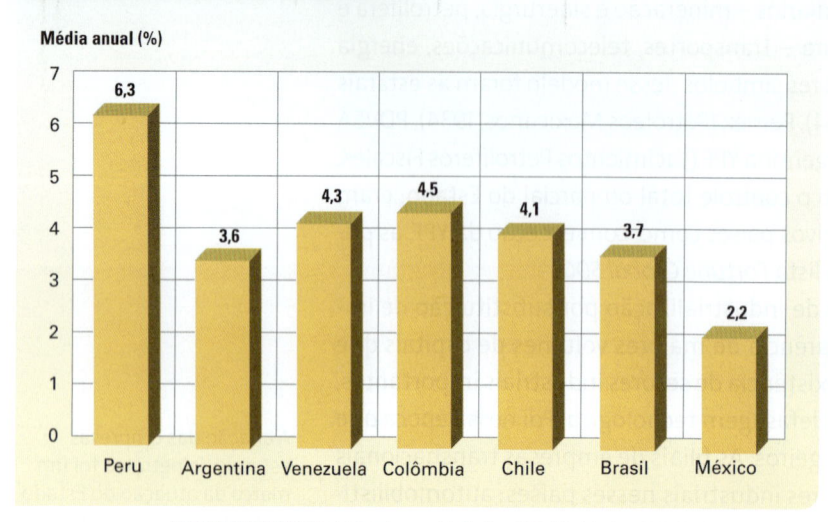

Taxa de crescimento do PIB — 2000-2012

Média anual (%)

Peru	6,3
Argentina	3,6
Venezuela	4,3
Colômbia	4,5
Chile	4,1
Brasil	3,7
México	2,2

THE WORLD BANK. *World Development Indicators 2014*. Washington, D.C., 2014. Disponível em: <http://wdi.worldbank.org/tables>. Acesso em: 28 abr. 2014.

Julian Stratenschulte/DPA/Zumapress/Keystone

Esse modelo vigorou também em outros países latino-americanos, como a Venezuela, a Colômbia, o Chile e o Peru, que, embora tenham menor grau de industrialização, vêm apresentando rápido crescimento econômico neste século, maior até do que as três maiores economias da região. Observe o gráfico ao lado.

Com o tempo, a indústria tornou-se um setor muito importante na economia do Brasil, do México e da Argentina, com uma significativa participação nos respectivos PIBs, como mostra a tabela da página 528. Os mais importantes complexos industriais estão concentrados nas maiores regiões metropolitanas: no triângulo São Paulo-Rio de Janeiro-Belo Horizonte, no Brasil; no eixo Buenos Aires-Rosário, na Argentina; e no eixo Cidade do México-Guadalajara e em Monterrey, no México. Mas há concentrações industriais também na região de Caracas (Venezuela), Bogotá (Colômbia), Lima (Peru) e Santiago (Chile), como mostra o mapa da próxima página. Esses países, embora menos importantes do ponto de vista industrial, também são classificados como emergentes.

A industrialização promoveu grandes transformações na economia e nas paisagens urbanas dos países emergentes. Um dos pilares desse processo foi o capital estrangeiro, com o ingresso de numerosas empresas transnacionais que, a partir da década de 1950, construíram filiais em diversos países da América Latina. Na foto, a placa indica o caminho para o centro industrial da Volkswagen em General Pacheco, na Grande Buenos Aires (Argentina), em 2011. Observe que a foto mostra também o logotipo de mais duas transnacionais: Ford e Shell.

O modelo de substituição de importações incentivou a produção interna de muitos bens de consumo, que deixaram de ser adquiridos no exterior, como roupas, calçados, eletrodomésticos, carros, entre outros. Ao mesmo tempo, requeria a importação de outros bens que não eram produzidos internamente, como máquinas e equipamentos, e exigia a implantação de uma infraestrutura de transportes, energia e telecomunicações, demandando cada vez mais investimentos. Como a poupança interna era limitada, esse modelo de industrialização dependeu excessivamente de capital estrangeiro, e os recursos externos entravam nesses países como investimento produtivo, por meio da instalação de filiais de transnacionais, ou por empréstimos contraídos pelos governos e por empresas privadas nacionais. A riqueza mineral também foi um fator importante para a industrialização de muitos países latino-americanos, com destaque para os combustíveis fósseis, como o petróleo, sobretudo no México e na Venezuela, e para os minérios metálicos, principalmente no Brasil e no Chile. Observe o mapa.

América Latina: mineração e indústria

Legenda:
- Região industrial
- **Indústria**
  - Carvão
  - Petróleo
  - Gás natural
  - Minério de ferro
  - Manganês
  - Cobre
  - Chumbo e zinco
  - Estanho
  - Prata
  - Ouro
  - Bauxita
  - Nitratos
  - Indústria de alta tecnologia

Observe que a escala do mapa não permite mostrar regiões industriais menores, como a serra Gaúcha (RS), Camaçari (BA), Zona Franca de Manaus (AM), Mendoza (Argentina), Lima (Peru), entre outras.

Adaptado de: CHARLIER, Jacques (Dir.). *Atlas du 21e siècle édition 2012*. Groningen: Wolters-Noordhoff; Paris: Éditions Nathan, 2011. p. 154.

Allmaps/Arquivo da editora

As crises financeiras dos anos 1980

No pós-Segunda Guerra, o crescimento econômico de Brasil, México e Argentina foi bastante elevado, estendendo-se até o início dos anos 1980. Como vimos, o desenvolvimento desses países esteve em grande medida baseado em empréstimos estrangeiros, que a partir dos anos 1970 ficaram mais disponíveis no mercado financeiro internacional. Nessa época, houve um aumento do crédito porque os bancos dos países desenvolvidos passaram a emprestar vultosos recursos depositados pelos países exportadores de petróleo, que ganharam muito dinheiro com a elevação do preço do barril a partir de 1973. Entre 1974 e 1981, os países da Organização dos Países Exportadores de Petróleo (Opep) acumularam em torno de 360 bilhões de dólares com exportações, e cerca de metade desses recursos foi depositada em bancos dos países desenvolvidos. A grande oferta de dinheiro no mercado financeiro fez as taxas de juros internacionais caírem após 1973, atingindo o ponto mais baixo entre 1975 e 1977. Observe o gráfico ao lado.

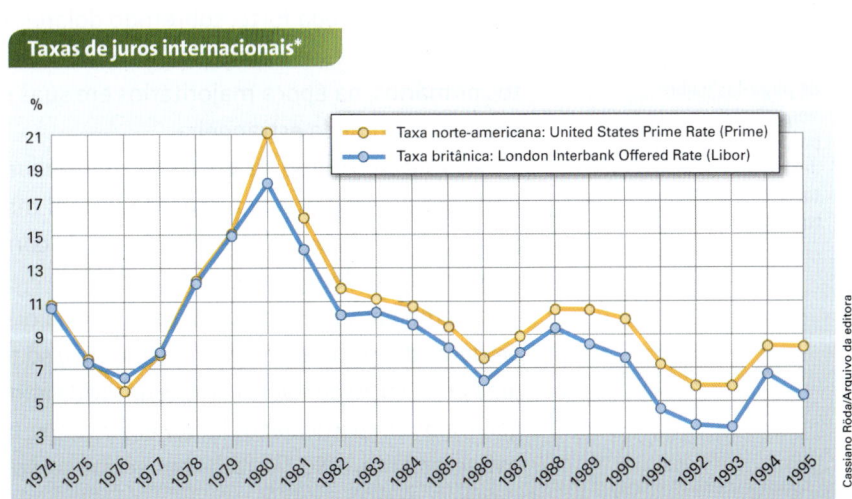

Taxas de juros internacionais*

- Taxa norte-americana: United States Prime Rate (Prime)
- Taxa britânica: London Interbank Offered Rate (Libor)

* Final do período.

LANZANA, A. E. T. O setor externo da economia brasileira. In: PINHO, D. B.; VASCONCELLOS, M. A. S. (Orgs.). *Manual de Economia*. 5. ed. São Paulo: Saraiva, 1999. p. 507.

Cassiano Röda/Arquivo da editora

A partir desse período, os países em desenvolvimento, sobretudo os latino-americanos, endividaram-se pesadamente. Por exemplo, segundo o Banco Central do Brasil, nosso país tinha uma dívida externa total de 8,2 bilhões de dólares em 1971, que saltou para 25,1 bilhões em 1975 (acompanhe os valores subsequentes no gráfico a seguir). O problema é que os juros não foram fixados nesse patamar e as taxas para a **amortização** futura da dívida eram flutuantes, isto é, oscilavam de acordo com o mercado internacional. Depois do primeiro aumento das taxas de juros, provocado pela crise do petróleo de 1973, houve uma segunda elevação bem mais forte, com a crise petrolífera de 1979 (reveja o gráfico anterior). No fim da década de 1970, em consequência da manutenção de altas taxas de juros para conter a inflação, atrair investimentos e financiar seu *deficit* orçamentário e comercial, os Estados Unidos converteram-se no principal receptor de dinheiro no mundo. Assim, além de sobrarem poucos recursos para os países em desenvolvimento, ainda houve uma elevação artificial de suas dívidas. Como consequência disso, houve uma explosão do endividamento dos países latino-americanos, como mostra o gráfico abaixo.

Dívida externa bruta

Bilhões de dólares (valores arredondados)

CEPAL. *División de Estadística y Proyecciones Económicas. Anuario Estadístico de América Latina y el Caribe 2011.* Disponível em: <http://websie.eclac.cl/anuario_estadistico/anuario_2011/esp/content_es.asp>. Acesso em: 19 nov. 2012; CEPAL.*División de Estadística y Proyecciones Económicas. Anuario Estadístico de América Latina y el Caribe 2013.* Disponível em: <www.cepal.org/publicaciones/xml/6/51946/AnuarioEstadistico2013.pdf>. Acesso em: 28 abr. 2014.

O primeiro sinal da crise de endividamento foi dado em 1982, quando o México decretou a **moratória** de sua dívida externa. Daquele momento em diante, aprofundou-se nesses três países a política do "exportar é o que importa", visando à obtenção de moeda forte, sobretudo dólares, para o pagamento dos juros da dívida. No entanto, esse esforço acabou contribuindo para baixar os preços dos produtos primários, na época majoritários em suas exportações, reduzindo a entrada de receitas em moeda estrangeira.

Ao mesmo tempo, os governos mantinham uma política de contenção de importação de produtos industrializados. Tal medida provocou o sucateamento dos parques produtivos, dada a dificuldade de comprar máquinas e equipamentos necessários à modernização.

A combinação de altas taxas de juros (maior endividamento) com baixos preços de produtos de exportação (menores receitas) só podia resultar, para muitos países, em uma grave crise econômica. A crise da dívida atingiu os países em desenvolvimento em geral, mas em particular os latino-americanos, os mais endividados. Assim, para esses países, os anos 1980 ficaram conhecidos como a "**década perdida**": suas economias sofreram com baixo crescimento e elevada inflação, como mostra a tabela a seguir.

Taxa média anual de crescimento do PIB e da inflação (em porcentagem)						
País	1980-1990		1990-2000		2000-2010	
	PIB	Inflação	PIB	Inflação	PIB	Inflação
Brasil	2,7	284,5	2,7	199,5*	3,7	6,6
México	1,0	70,4	3,1	19,5	2,1	4,5
Argentina	−0,3	389,1	4,3	8,9	5,6	9,8

BANCO MUNDIAL. *Relatório sobre o desenvolvimento mundial 1996*. Washington, D.C., 1996. p. 226-227; THE WORLD BANK. *World Development Indicators 2012*. Washington, D.C., 2012. p. 214-215.

* A média brasileira na década é elevada porque a inflação chegou a atingir a taxa anual de 2489% em 1993 (INPC – Índice Nacional de Preços ao Consumidor, IBGE). Em 1994, ano em que foi introduzido o Plano Real, ainda foi de 929%, mas em 1995 caiu para 22% e, em 1996, para 9%.

Esse modelo econômico provocou forte concentração de renda, sobretudo no Brasil (segundo o Banco Mundial, em 1989 os 10% mais ricos da população se apropriavam de 51,3% da renda nacional, enquanto os 10% mais pobres detinham apenas 0,7%), porque se baseava em baixos salários pagos aos trabalhadores, o que restringiu a expansão do mercado interno e, como consequência, o próprio processo de industrialização. Paradoxalmente, o modelo que visava substituir importações, isto é, ter autonomia para suprir o mercado interno, acabou limitando-o. Os bens de consumo produzidos, especialmente automóveis e produtos eletrônicos, eram adquiridos apenas por pequena parcela da população.

As crises financeiras dos anos 1990

A década de 1990 se caracterizou pela estabilização das economias dos países latino-americanos. A redução da inflação foi atingida após a introdução de medidas como o controle dos gastos públicos, a privatização de empresas estatais e a abertura econômica para produtos e capitais estrangeiros. Essas medidas mudaram a modalidade de endividamento externo e melhoraram o desempenho da economia, entretanto as crises continuaram ocorrendo, agora no contexto da globalização financeira.

Com os avanços tecnológicos na informática e nas telecomunicações, ampliaram-se as possibilidades de investimentos no mercado mundial. Como vimos no capítulo 14, há diversas modalidades de investimentos de capitais no sistema financeiro globalizado, destacando-se as ações, os **títulos da dívida pública** e as moedas estrangeiras.

Além do mercado acionário, que cresceu de forma significativa, uma das modalidades de investimento especulativo mais difundidas na atual globalização financeira é a compra e a venda de títulos da dívida pública. A emissão desses títulos pelos governos é uma forma de os países tomarem dinheiro emprestado. Ao comprá-los, os investidores – em geral, bancos ou corretoras que fazem a intermediação entre pessoas e empresas que aplicam no mercado financeiro – emprestam dinheiro ao Estado, que terá de pagar juros pelo empréstimo.

O problema do capital especulativo é sua volatilidade: transfere-se rapidamente de um setor, ou mesmo de um país, para outro, e por isso gera poucos empregos. Além disso, tende a fragilizar as economias dos países porque os operadores das empresas financeiras muitas vezes retiram o dinheiro no momento em que aqueles mais precisam de capital. Essa foi a origem das crises financeiras de diversos países emergentes ao longo da década de 1990, entre os quais o México.

Títulos da dívida pública: títulos emitidos e garantidos pelo governo de um país, estado ou município, para obter recursos no mercado. Em geral, têm como objetivo financiar o *deficit* orçamentário, mas também podem servir para o governo obter receita para investimentos, ampliando a dívida pública.

A crise mexicana de 1994-1995

O México havia sido o primeiro país a sofrer com a crise da dívida na década de 1980 e foi novamente o primeiro a sucumbir à globalização financeira da década seguinte. Essa nova crise deveu-se à saída de capitais especulativos, o que reduziu rapidamente as reservas de dólares do país. Um dos problemas mais graves da economia mexicana era o desequilíbrio crescente em sua balança comercial: em 1992, o *deficit* no comércio exterior foi de 20 bilhões de dólares (a tabela abaixo mostra os números de 1993 em diante). Para fechar seu balanço de pagamentos, o governo mexicano passou a recorrer a capitais especulativos por meio do aumento da taxa de juros de seus títulos públicos. Até 1993 entraram dólares no país, mas a partir daí começou a haver evasão de capitais, como mostra a tabela.

Indicadores econômicos do México			
Indicadores	1993	1994	1995
Crescimento do PIB (%)	1,9	4,6	−6,6
Inflação (%)	8,0	7,1	52,1
Dívida externa (bilhões de dólares)	130,5	139,8	165,8
Transferência de recursos (bilhões de dólares)*	18,4	−1,8	−2,1
Balança comercial (bilhões de dólares)	−19,5	−18,5	7,1

CEPAL. *Balance preliminar de las economias de América Latina y el Caribe 1997*. Disponível em: <www.cepal.org>. Acesso em: 21 abr. 2014.

* Os valores positivos indicam entrada de recursos estrangeiros no país; os negativos, transferências ao exterior.

A crise financeira de 2008/2009

Veja a indicação do filme **O filho da noiva**, na seção **Sugestões de leitura, filmes e *sites***.

Como vimos no capítulo 13, a crise financeira iniciada nos Estados Unidos em 2008 se espalhou pelo mundo em 2009. Atingiu mais fortemente os países desenvolvidos, mas também provocou consequências nos países emergentes. Observe os dados da tabela abaixo.

Crescimento do PIB de países desenvolvidos e emergentes selecionados (em porcentagem)					
Países (posição segundo o desempenho em 2009)	2008	2009	2010	2011	2012
China	9,6	9,2	10,4	9,3	7,7
Índia	3,9	8,5	10,5	6,3	3,2
Argentina	6,8	0,9	9,2	8,9	1,9
Brasil	5,2	−0,3	7,5	2,7	0,9
Estados Unidos	−0,3	−2,8	2,5	1,8	2,8
México	1,2	−4,5	5,1	4,0	3,6
Alemanha	0,8	−5,1	3,9	3,4	0,9
Japão	−1,0	−5,5	4,7	−0,6	2,0

FMI. *World Economic Outlook Database*. Out. 2013. Disponível em: <www.imf.org/external/pubs/ft/weo/2013/02/weodata/index.aspx>. Acesso em: 21 maio 2014.

Dos três principais países emergentes da América Latina, o México foi mais uma vez o mais atingido por essa nova crise financeira, em razão de sua forte dependência econômica dos Estados Unidos, o epicentro da crise. Desde a criação do Tratado Norte-Americano de Livre Comércio (Nafta, em inglês) em 1994, cresceu a participação do mercado americano nas exportações mexicanas, atingindo cerca de 80%. Com a crise, os *deficit* comerciais do México, que já vinham se acumulando, aumentaram significativamente (observe a tabela abaixo).

Saldo da balança comercial (em bilhões de dólares)				
País	2006	2007	2008	2012
Brasil	41,6	34,0	15,0	10,0
México	−17,8	−24,3	−31,0	−9,0
Argentina	12,4	11,1	14,0	12,0

OMC. International Trade Statistics 2007; OMC. International Trade Statistics 2008; OMC. World Trade Report 2009. Disponível em: <www.wto.org>. Acesso em: 18 mar. 2010; OMC. International Trade Statistics 2013. Disponível em: <www.wto.org>. Acesso em: 28 abr. 2014.

Como constatamos pelos dados das tabelas, na crise de 2008/2009, como já ocorrera na de 1994/1995, o México foi novamente um dos países latino-americanos mais atingidos. Uma das consequências mais graves da crise foi a elevação do desemprego: subiu de 3,7% da População Economicamente Ativa (PEA), em 2007, para 5,5% em 2009. Na foto, de 2009, dezenas de pessoas esperavam na fila para candidatar-se a uma das 80 vagas de trabalho temporário oferecidas na Subsecretaria de Obras Públicas do Estado de Coahuila.

O Brasil foi um dos países da América Latina menos atingidos pela crise de 2008/2009, em razão dos saldos comerciais favoráveis e do grande acúmulo de reservas internacionais ao longo dos anos 2000, como mostram as tabelas a seguir. Pela primeira vez em uma crise financeira mundial, não houve fuga maciça de capitais do Brasil. O Banco Central, em vez de subir a taxa de juros para tentar conter a evasão de capitais estrangeiros, baixou-a, seguindo a tendência internacional, para estimular a recuperação da economia. Quando a crise se agravou, em outubro de 2008, a taxa de juros era de 13,75% ao ano e, em julho de 2009, caiu para 8,75% (em julho de 2014 estava em 11%).

> ☞ Consulte o *site* da **Comissão Econômica para a América Latina e o Caribe** (Cepal). Veja orientações na seção **Sugestões de leitura, filmes e *sites***.

Reservas internacionais (em bilhões de dólares)				
País	2000	2008	2009	2012
Brasil	43,4	305,6	238,3	373,1
México	46,4	149,3	95,7	163,3
Argentina	32,9	72,1	47,8	43,2

CEPAL. *División de Estadística y Proyecciones Económicas. Anuario Estadístico de América Latina y el Caribe 2013.* Disponível em: <http://interwp.cepal.org/anuario_estadistico/anuario_2013>. Acesso em: 28 abr. 2014.

2 Tigres Asiáticos: plataforma de exportações

A origem dos Tigres

Coreia do Sul, Taiwan e Cingapura não eram muito diferentes da maioria de seus vizinhos asiáticos até a Segunda Guerra Mundial. Os dois primeiros, de maior extensão territorial, eram países predominantemente agrícolas, cuja população, em sua maioria, vivia no campo e praticava uma agricultura arcaica, principalmente de arroz. Todos tinham população pouco numerosa, em sua maioria analfabeta, território reduzido, sem nenhuma reserva importante de recursos minerais ou combustíveis fósseis. O futuro econômico não lhes parecia muito promissor, no entanto, atualmente, apresentam algumas das economias mais dinâmicas e modernas do mundo. Como isso aconteceu? Observe na tabela abaixo alguns indicadores desses países e localize-os no mapa a seguir.

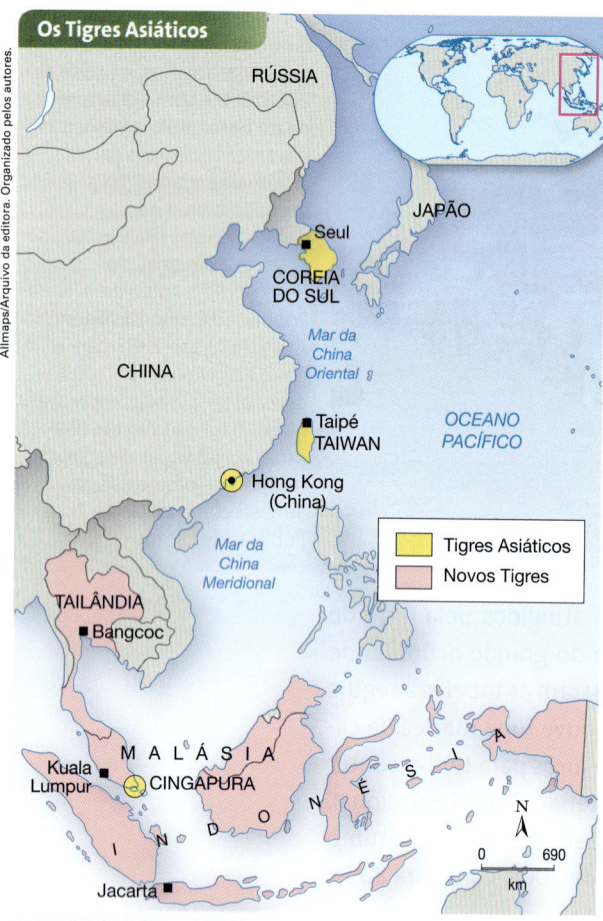

Allmaps/Arquivo da editora. Organizado pelos autores.

Indicadores socioeconômicos – 2012			
Indicadores	**Coreia do Sul**	**Taiwan***	**Cinga-pura**
População, em milhões de habitantes	50	23	5
PIB, em bilhões de dólares	1 130 (15º do mundo)	474	275 (35º)
• Agricultura (%)	3	-	0
• Indústria (%)	39	-	27
• Serviços (%)	58	-	73
Empresas na *Fortune Global 500* 2013	13	6	2

THE WORLD BANK. *World Development Indicators 2014*. Washington, D.C., 2014. Disponível em: <http://wdi.worldbank.org/tables>. Acesso em: 28 abr. 2014. FORTUNE Global 500 2013. Disponível em: <http://money.cnn.com/magazines/fortune/global500/2013/full_list/?iid=G500_sp_full>. Acesso em: 28 abr. 2014.

* Taiwan não é reconhecido pela ONU, por isso suas agências e o Banco Mundial não apresentam informações sobre o país; os dados de população e PIB são do Fundo Monetário Internacional.

O modelo econômico bem-sucedido dos quatro primeiros Tigres vem sendo adotado em outros países do Sudeste Asiático, que, por isso, são chamados de novos Tigres.

Distrito de Xinyi, o centro comercial e de negócios de Taipé (Taiwan), em 2013. Ao fundo, o edifício Taipé 101.

Sean Pavone/Shutterstock/Glow Images

ORIGEM DOS TIGRES ASIÁTICOS

Taiwan

Taiwan (ou República da China), com capital em Taipé, constituiu-se como Estado a partir da fuga dos membros do Partido Nacionalista (Kuomintang), após a Revolução de 1949. A ONU e boa parte dos países, para não criar atrito com a China, não reconhecem Taiwan do ponto de vista político-diplomático, embora mantenham relações econômicas com o país.

Taipé, Taiwan, em 2011, onde se destaca o edifício Taipé 101. Com 509 metros de altura e 101 andares, é o quarto mais alto do mundo.

Coreia do Sul

A península da Coreia foi ocupada pelo Japão desde o fim da Guerra Sino-Japonesa (1894-1895) até o fim da Segunda Guerra Mundial (1939-1945). Foi dividida após o conflito, dando origem a dois países: a Coreia do Norte, socialista, e a **Coreia do Sul**, capitalista. Ao fim da guerra entre elas (1950-1953), a península continuou dividida. Hoje, a Coreia do Norte é um dos países mais isolados do mundo e a Coreia do Sul é a maior economia dos Tigres e a quarta da Ásia.

Centro de Seul, Coreia do Sul, em 2013. A capital sul-coreana é uma das cidades mais modernas e dinâmicas do mundo.

Hong Kong

Hong Kong foi incorporado ao império britânico em 1842 e, em 1997, foi devolvido à China. Além de hoje ser território chinês, sua produção industrial é insignificante (0,05% do total mundial); por isso, não vamos analisá-la neste capítulo. Essa região especial chinesa se destaca pelos serviços financeiros (6ª maior bolsa de valores do mundo) e portuários (3º porto mais movimentado do planeta).

Bolsa de Valores de Hong Kong (China), em 2014. Na Ásia, ela só ficava atrás da Bolsa de Tóquio (Japão).

Cingapura

Cingapura era um entreposto comercial da Companhia Britânica das Índias Ocidentais desde 1824. Essa pequena ilha, depois de pertencer ao Império Britânico, passou a integrar a Federação da Malásia, e sua independência definitiva ocorreu apenas em 1965, quando foi constituída a República de Cingapura. Hoje, essa cidade-Estado é um importante centro industrial, financeiro e portuário.

Hotel Marina Bay Sands, em Cingapura, em 2012. Esse edifício transformou-se num ícone da modernidade desse pequeno país.

Durante a Segunda Guerra, todos esses territórios estiveram ocupados pelos japoneses. Após o conflito mundial, eles passaram por um acelerado processo de industrialização, favorecido pela lógica da Guerra Fria: fizeram parte de um arco de alianças liderado pelos Estados Unidos e receberam apoio financeiro desse país. Nas décadas de 1980 e 1990, apresentaram alguns dos maiores índices de crescimento econômico do mundo e, desde essa época, estão entre os que mais têm incorporado novas tecnologias ao processo produtivo.

Resultado do modelo de plataforma de exportações: em 1965, no início do processo de industrialização, os quatro Tigres detinham uma participação de 1,5% do comércio mundial; em 2012, segundo a OMC, essa participação atingiu 9,5% (ou 6,8%, se excluirmos Hong Kong).

Industrialização e crescimento acelerado

Nos Tigres Asiáticos foram instituídos regimes políticos centralizadores após a Segunda Guerra Mundial, e os dois países mais importantes eram governados por ditaduras militares. Nessa época, o Estado teve papel fundamental no planejamento estratégico para estimular a industrialização e as exportações. Entre outras medidas:

- concedeu incentivos às exportações, como redução de impostos;
- manteve uma política de desvalorização cambial;
- adotou medidas protecionistas (elevação de tarifas de importação) contra os concorrentes estrangeiros;
- investiu intensamente em educação e concedeu bolsas de estudos no exterior;
- impôs restrições ao funcionamento dos sindicatos;
- promoveu grandes investimentos em infraestrutura de transporte, energia, etc.;
- restringiu o consumo para elevar o nível de poupança interna via medidas fiscais (elevação de impostos) e controle das importações.

Poupança interna bruta* nos Tigres Asiáticos e em países da América Latina (em porcentagem do PIB)		
País	1980	1994
Cingapura	38	51
Coreia do Sul	25	39
Brasil	21	22
México	25	18
Argentina	24	18

RELATÓRIO sobre o desenvolvimento mundial 1996. Washington, D.C.: Banco Mundial, 1996. p. 230-231.

* Segundo o Banco Mundial: "A poupança interna bruta é calculada deduzindo-se do PIB o consumo total".

Rosian Rahman/AFP

O alto nível de poupança interna desses países (observe a tabela acima e compare com os países da América Latina), aliado à ajuda financeira recebida dos Estados Unidos no contexto da Guerra Fria, mais empréstimos contraídos em bancos no exterior (a taxas de juros fixas) possibilitaram a aceleração da industrialização.

Crianças em classe de pré-escola em Cingapura (foto de 2010). Embora não seja obrigatória, como é o início da educação escolar, a pré-escola vem sendo valorizada. Em 2013, uma em cada três crianças do país tinha acesso à pré-escola e o governo espera que em 2017 seja uma em cada duas.

No início desse processo, a mão de obra nesses países asiáticos era muito barata (observe na tabela a seguir a comparação com outros países) e relativamente qualificada e produtiva, por causa do bom nível educacional. Esse baixo custo, associado às medidas governamentais, como os subsídios às exportações e o controle da **política cambial**, tornava os produtos dos Tigres muito baratos. Isso lhes garantiu alta competitividade no mercado mundial e, portanto, elevados saldos comerciais.

Salário médio pago diretamente aos trabalhadores industriais em países selecionados (em dólares por hora)			
País	1975	1996	2012
Alemanha	4,16	25,37	36,07
Japão	2,66	20,08	28,94
Estados Unidos	5,18	17,73	27,15
Cingapura	0,73	9,28	20,13
Coreia do Sul	0,30	7,87	16,27
Argentina	*	5,95	15,58
Taiwan	0,36	6,12	8,08
Brasil	*	4,69	7,53
México	1,33	1,98	4,45

U. S. Bureau of Labor Statistics. International Labor Comparisons, Ago. 2013. Hourly direct pay in manufacturing, U.S. dollars, 1975-2009. Hourly direct pay in manufacturing, U.S. dollars, 1996-2012. Disponível em: <www.bls.gov/fls/#compensation>. Acesso em: 28 abr. 2014. * Não há dados disponíveis.

Desde os primórdios de seu processo de industrialização, as sociedades dos Tigres Asiáticos perceberam a importância de investir em educação, principalmente no nível básico, como condição fundamental para formar e capacitar trabalhadores e pesquisadores, gerar novas tecnologias e aumentar a produtividade. Principalmente a Coreia do Sul, a maior e mais moderna economia dos Tigres, desde o início deu muito valor à educação básica e a tomou como suporte para seu desenvolvimento socioeconômico. Observe no gráfico abaixo a evolução das taxas de analfabetismo da Coreia do Sul comparadas com as do Brasil e da Argentina.

Política cambial: instrumento utilizado pelos países para adaptar suas relações comerciais e financeiras no mercado externo às suas necessidades internas. Por exemplo, se o governo desvalorizar a sua moeda, favorecerá o setor de exportação e, ao mesmo tempo, tornará as importações mais caras.

O sistema de ensino básico da Coreia do Sul está entre os melhores do mundo, e o país foi o primeiro a prover todas suas escolas com internet rápida. Como vimos, recentemente, a ONU passou a considerá-la país desenvolvido e nessa enorme transformação socioeconômica os investimentos em educação, especialmente em formação e valorização dos professores, tiveram papel central. Estudantes leem livro digital em seus *notebooks* em escola pública de ensino fundamental em Seul, Coreia do Sul, em 2011.

Taxa de analfabetismo de adultos (pessoas com 15 anos de idade ou mais)

	Brasil	Coreia do Sul	Argentina
1970	31,8	13,2	7,0
1980	24,5	7,1	5,6
1990	19,1		4,3 / 4,1
1999	15,1	2,4	3,3
2007	10,0	1,0	2,4
2010	10,0	0	2,0

Cassiano Röda/Arquivo da editora

Yonhap/Newscom/Glow Images

PISA 2000. *Relatório Nacional*. Brasília: Inep, 2001. p. 27; RELATÓRIO de desenvolvimento humano 2009. Nova York: Pnud; Coimbra: Almedina, 2009. p. 171-172; THE WORLD BANK. *World Development Indicators 2012*. Washington, D.C., 2012. p. 94-96.

Durante muito tempo, esses países foram conhecidos como exportadores de produtos de baixa qualidade e de tecnologia simples, mas hoje estão vendendo produtos sofisticados de alto valor agregado, como navios, automóveis, semicondutores, computadores, *tablets*, *smartphones*, entre outros. Mais recentemente, o aumento da renda *per capita*, como mostra a tabela a seguir (compare com os países latino-americanos), e a elevação salarial, resultante do crescimento da produtividade, ocasionaram uma expansão quantitativa e qualitativa dos mercados internos, sobretudo na Coreia do Sul, o mais populoso deles.

Elevação da renda *per capita* dos Tigres Asiáticos (em dólares)					
País	1980	1990	2000	2010	2012
Cingapura	4 990	12 745	23 414	45 639	52 052
Coreia do Sul	1 689	6 308	11 347	20 540	22 589
Taiwan	2 363	8 086	14 641	18 488	20 336
Argentina	7 538	4 379	7 917	9 162	11 582
Brasil	1 233	3 113	3 696	10 992	11 359
México	3 477	3 586	7 064	9 158	10 059

FMI. *World Economic Outlook Database*, Out. 2013. Disponível em: <www.imf.org/external/pubs/ft/weo/2013/02/weodata/index.aspx>. Acesso em: 21 maio 2014.

Deve-se destacar que a elevação dos custos da mão de obra e a valorização de suas moedas têm levado esses países, novamente seguindo os passos do Japão, a aprimorar suas indústrias. Os Tigres têm investido em novos setores industriais, mais avançados tecnologicamente, transferindo indústrias tradicionais e intensivas em mão de obra para outros países da região, onde o custo da força de trabalho é menor. Assim como investidores japoneses, norte-americanos e europeus, os empresários dos Tigres também têm construído filiais na Tailândia, na Malásia e na Indonésia, que também cresceram aceleradamente, conforme se pode constatar pelos dados da tabela a seguir. Há ainda muitos investimentos sendo feitos na China, sobretudo por empresários de origem chinesa com empresas sediadas em Taiwan e Cingapura.

Taxa de crescimento do PIB dos Tigres Asiáticos e dos Novos Tigres (média anual em porcentagem)			
País	1980-1990	1990-2000	2000-2012
Cingapura	6,4	7,2	5,9
Indonésia	6,1	4,2	5,5
Malásia	5,2	7,0	4,9
Tailândia	7,6	4,2	4,1
Coreia do Sul	9,4	5,8	4,0

BANCO MUNDIAL. *Relatório sobre o desenvolvimento mundial 1996*. Washington, D.C., 1996. p. 226-227; THE WORLD BANK. *World Development Indicators 2014*. Washington, D.C., 2014. Disponível em: <http://wdi.worldbank.org/tables>. Acesso em: 28 abr. 2014.

Apesar de muitos pontos em comum, principalmente quanto ao processo de industrialização, há grandes diferenças entre esses países, em particular quanto à estrutura industrial.

A Coreia do Sul é o país mais industrializado dos Tigres Asiáticos, e sua economia é controlada por redes de grandes empresas, denominadas *chaebols*, a exemplo dos *keiretsus* japoneses. Fabricam uma enorme diversidade de produtos, desde aço e navios até artigos eletrônicos e automóveis, além de também atuarem no setor financeiro e no comércio. Os *chaebols* sul-coreanos cada vez mais vendem seus produtos mundo afora, figuram na lista das maiores empresas do mundo e já são responsáveis por algumas inovações tecnológicas. Entre eles se destacam: a Samsung Electronics (a maior empresa do país e 14ª do mundo, de acordo com a *Fortune Global 500* 2013), a Hyundai Motor, a LG Electronics e a Hyundai Heavy Industries (todas na lista da revista *Fortune*).

O anúncio, embora um pouco antigo, exemplifica claramente como funcionam os *chaebols* coreanos: eles produzem "desde chips [de computadores] a navios" (*from chips to ships*, em inglês), como é o caso do Grupo Hyundai, mais conhecido por seus automóveis.

A Samsung é o maior *chaebol* coreano, para quem também é válido o anúncio "*from chips to ships*". Em uma das fotos, pessoas experimentam *tablets* produzidos pela Samsung Electronics, expostos em loja na sede da empresa em Seul (capital da Coreia do Sul), em 2012; na outra, navios produzidos pela Samsung Heavy Industries, no estaleiro da ilha de Geoje (sul do país), em 2011.

Observe no mapa ao lado a distribuição das indústrias no território da Coreia do Sul. Perceba que há uma forte concentração no litoral, nas proximidades de portos, como Busan, o maior do país e um dos maiores do mundo (observe o gráfico na página seguinte). Essa localização favorece a chegada de matérias-primas agrícolas, minerais e fósseis, com forte presença na pauta de importações (segundo relatório do Banco Mundial, 51% em 2012), e a saída de produtos industrializados, majoritários na pauta de exportações (85% em 2012). O país tem aumentado a participação de produtos de alto valor agregado em sua pauta de exportação: segundo o mesmo relatório, 26% dos bens industriais exportados naquele ano eram de alta tecnologia.

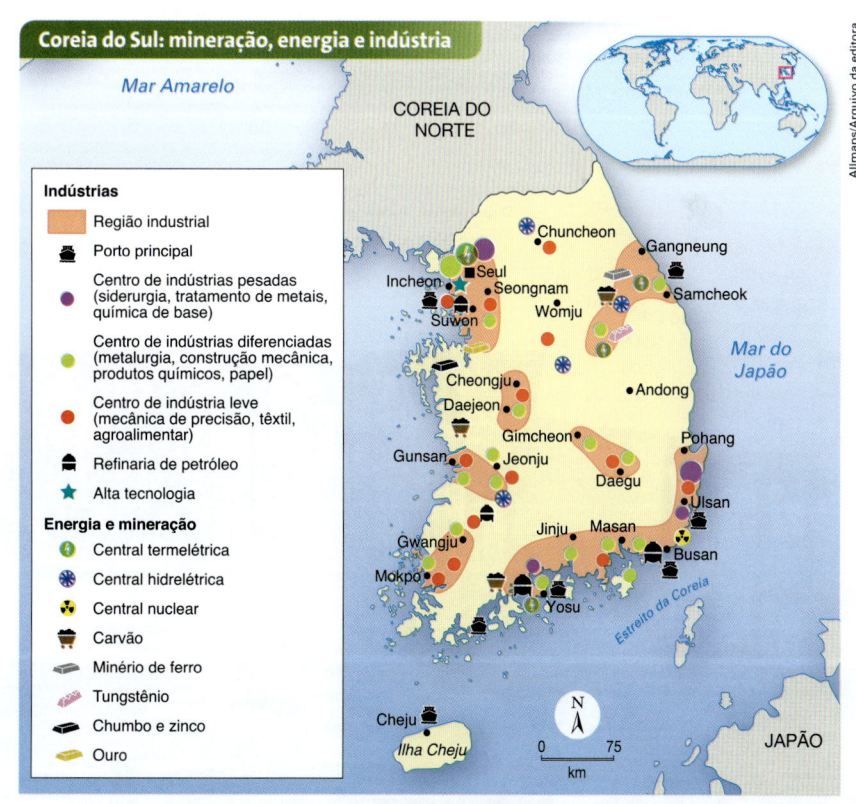

Coreia do Sul: mineração, energia e indústria

Mar Amarelo

COREIA DO NORTE

Indústrias
- Região industrial
- Porto principal
- Centro de indústrias pesadas (siderurgia, tratamento de metais, química de base)
- Centro de indústrias diferenciadas (metalurgia, construção mecânica, produtos químicos, papel)
- Centro de indústria leve (mecânica de precisão, têxtil, agroalimentar)
- Refinaria de petróleo
- Alta tecnologia

Energia e mineração
- Central termelétrica
- Central hidrelétrica
- Central nuclear
- Carvão
- Minério de ferro
- Tungstênio
- Chumbo e zinco
- Ouro

Chuncheon • Gangneung • Incheon • Seul • Seongnam • Samcheok • Suwon • Womju • Mar do Japão • Cheongju • Andong • Daejeon • Gimcheon • Pohang • Gunsan • Jeonju • Daegu • Ulsan • Jinju • Masan • Gwangju • Busan • Mokpo • Yosu • Cheju • Ilha Cheju • Estreito da Coreia • JAPÃO

N
0 — 75 km

Adaptado de: CHARLIER, Jacques (Dir.). *Atlas du 21e siècle édition 2012.* Groningen: Wolters-Noordhoff/Paris: Éditions Nathan, 2011. p. 118.

Taiwan sedia seis empresas da lista da *Fortune Global 500* 2013; a maior delas é a Hon Hai Precision Industry (a 30ª do mundo). Essa empresa é detentora da marca Foxconn, que produz *motherboards* (placas-mãe), *notebooks*, *tablets* e *smartphones* para diversas marcas ocidentais, entre as quais a Apple. Estão sediadas no país mais duas empresas do setor microeletrônico que estão entre as quinhentas maiores: Quanta Computer e Pegatron. A especialização das empresas taiwanesas lhes permite agilidade e flexibilidade para se adaptarem às inovações tecnológicas, assegurando-lhes maior competitividade no mercado global.

Cingapura transformou-se em um dos maiores entrepostos comerciais do mundo e importante centro financeiro asiático. Em 2012, o país apresentava o melhor índice de desempenho em logística do mundo, como vimos no capítulo 18, e possuía o segundo porto mais movimentado do planeta (observe o gráfico a seguir). Além disso, tem procurado investir em indústrias de alto valor agregado, como a naval e a eletrônica. Está sediada no país a Flextronics International, segunda fabricante mundial de componentes eletrônicos, atrás apenas da Foxconn.

Os doze portos mais movimentados do mundo – 2012

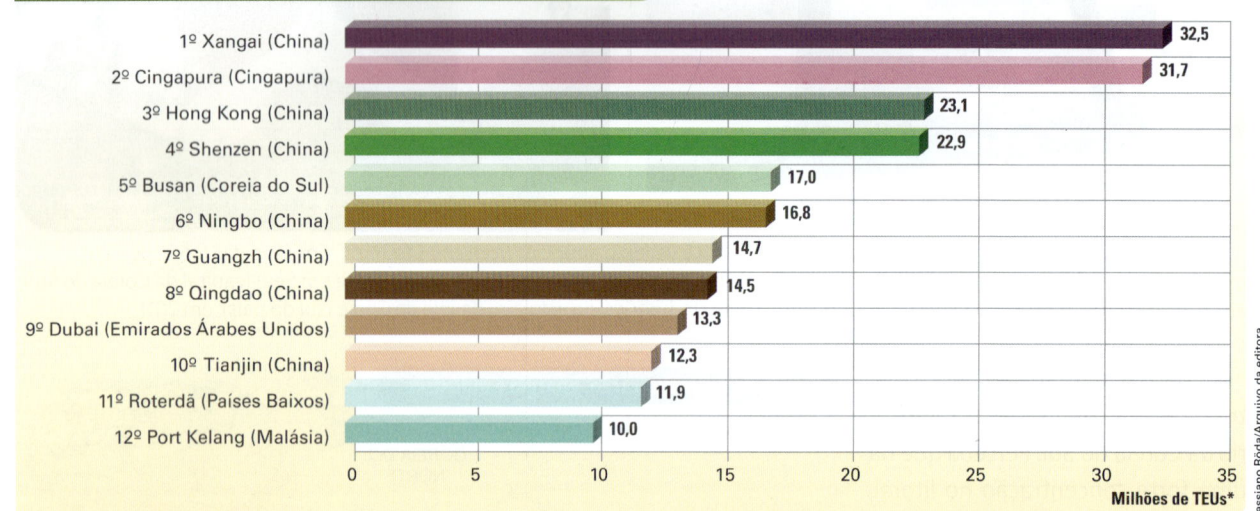

Porto	Milhões de TEUs*
1º Xangai (China)	32,5
2º Cingapura (Cingapura)	31,7
3º Hong Kong (China)	23,1
4º Shenzen (China)	22,9
5º Busan (Coreia do Sul)	17,0
6º Ningbo (China)	16,8
7º Guangzh (China)	14,7
8º Qingdao (China)	14,5
9º Dubai (Emirados Árabes Unidos)	13,3
10º Tianjin (China)	12,3
11º Roterdã (Países Baixos)	11,9
12º Port Kelang (Malásia)	10,0

Cassiano Róda/Arquivo da editora

WORLD Shipping Council. Top 50 world container ports.
Disponível em: <www.worldshipping.org/about-the-industry/global-trade/top-50-world-container-ports>. Acesso em: 28 abr. 2014.
*Sigla em inglês para *twenty-foot equivalent units* (unidades equivalentes a vinte pés), o tamanho padrão internacional dos contêineres (peso máximo de 24 mil quilos).

A foto de 2012 mostra Busan, segunda cidade e maior porto do país (5º do mundo, como se pode observar no gráfico anterior).

SeongJoon Cho/Bloomberg/Getty Images

O texto a seguir compara os dois modelos de industrialização estudados até aqui.

Diferenças entre o modelo asiático e o latino-americano

"A diferença entre o modelo asiático, se se pode chamar assim, e o modelo latino-americano, é que o modelo asiático é construído sobre poupança interna e mercado externo, enquanto o modelo latino-americano é construído sobre poupança externa e mercado interno."

Essa frase de Celso Amorim, ex-Ministro das Relações Exteriores do Brasil, sintetiza bem as diferenças estruturais entre o modelo econômico baseado em substituição de importações e o modelo que se apoiou em exportações. Entretanto, não revela que o modelo asiático, ao investir em educação e garantir melhor distribuição de renda, possibilitou, mais do que o latino-americano, criar um amplo mercado interno. A exclusão social foi uma das piores decorrências do modelo econômico instituído na América Latina.

Outra diferença marcante é que o modelo asiático, ao apoiar o desenvolvimento em poupança interna e construir um Estado eficiente, mantendo as contas públicas controladas, permitiu, bem antes dos países da América Latina, maior crescimento econômico com a inflação controlada. A inflação alta foi durante muito tempo um perverso mecanismo de concentração de renda nos países da América Latina, mesmo quando a economia cresceu.

Como vimos, o modelo asiático, em comparação com o latino-americano, propiciou maiores taxas de crescimento econômico e maior elevação da renda *per capita* (caso queira relembrar, reveja as tabelas na página 540). Esses indicadores, acompanhados de uma distribuição de renda mais equilibrada e de políticas públicas mais eficientes, especialmente em educação e saúde, asseguraram maior alta do índice de desenvolvimento humano. Observe as tabelas a seguir.

Distribuição de renda nos Tigres Asiáticos e em países da América Latina

| País (ano da pesquisa) | Percentual sobre o total do rendimento nacional | | Índice de Gini |
	10% mais pobres	10% mais ricos	
Coreia do Sul (1998)	3	22	32
Cingapura (1998)	2	33	42
Argentina (2010)	1	32	44
México (2010)	2	38	47
Brasil (2009)	1	43	55

THE WORLD BANK. *World Development Indicators 2014*. Washington, D.C., 2014. Disponível em: <http://wdi.worldbank.org/tables>. Acesso em: 28 abr. 2014.

* Como já foi observado, não há dados para Taiwan no Banco Mundial.

Índice de Desenvolvimento Humano dos Tigres Asiáticos e de países da América Latina – 2012

Posição/país*	IDH	Expectativa de vida ao nascer (em anos)	Escolaridade média/ escolaridade esperada (em anos)	Rendimento nacional bruto *per capita* (dólar PPC de 2005)
Desenvolvimento humano muito elevado				
12. Coreia do Sul	0,909	80,7	11,6 / 17,2	28 231
18. Cingapura	0,895	81,2	10,1 / 14,4	52 613
45. Argentina	0,811	76,1	9,3 /16,1	15 347
Desenvolvimento humano elevado				
61. México	0,775	77,1	8,5 / 13,7	12 947
85. Brasil	0,730	73,8	7,2 /14,2	10 152

PNUD. *Relatório de desenvolvimento humano* 2013. Nova York: Programa das Nações Unidas para o Desenvolvimento, 2013. p. 150-153.

* Como já foi observado, não há dados para Taiwan na ONU e suas agências.

3 Países do Fórum IBAS

O Fórum de Diálogo IBAS (ou IBSA, da sigla em inglês) é uma cooperação trilateral firmada em 2003 entre três importantes países emergentes: Índia, Brasil e África do Sul. Como vimos no capítulo 16, seu objetivo é aprofundar a cooperação Sul-Sul no âmbito econômico, científico e cultural e aumentar o poder de negociação com os países desenvolvidos nos organismos internacionais, como a ONU e a OMC.

Apesar de se localizarem em continentes diferentes, esses países apresentam muitas semelhanças e, por isso, buscam maior aproximação. Segundo o próprio Fórum: "Índia, Brasil e África do Sul procuram, principalmente a partir da década de 1990, elevar seu perfil internacional a partir de atributos cuja semelhança, por si só, justifica a maior aproximação entre os três países: são potências intermediárias, com forte influência em suas respectivas regiões, democracias consolidadas e economias em ascensão e que, dadas as evidentes desigualdades internas, confrontam desafios comuns de desenvolvimento". Observe abaixo alguns indicadores da Índia e da África do Sul (os indicadores do Brasil estão no início deste capítulo).

India-Brazil-South Africa Dialogue Forum. Disponível em: <www.ibsa-trilateral.org>. Acesso em: 29 maio 2014.

Indicadores socioeconômicos – 2012		
Indicadores	**Índia**	**África do Sul**
População, em milhões de habitantes	1 237	51
PIB, em bilhões de dólares	1 842 (10º do mundo)	408 (28º do mundo)
• Agricultura (%)	17	3
• Indústria (%)	26	28
• Serviços (%)	57	69
Empresas na *Fortune Global 500* 2013	8	0

THE WORLD BANK. *World Development Indicators 2014*. Washington, D. C., 2014. Disponível em: <http://wdi.worldbank.org/tables>. Acesso em: 28 abr. 2014. FORTUNE Global 500 2013. Disponível em: <http://money.cnn.com/magazines/fortune/global500/2013/full_list/?iid=G500_sp_full>. Acesso em: 28 abr. 2014.

Como já estudamos o Brasil no contexto do grupo dos países latino-americanos, vamos agora estudar o processo de industrialização dos outros dois membros do Fórum IBAS: Índia e África do Sul. O modelo de industrialização desses dois países emergentes se aproxima do vigente no Brasil, também visou à substituição de importações e teve (e ainda tem) forte presença do Estado na economia.

Consulte o *site* **Fórum de Diálogo IBAS**. Veja orientações na seção **Sugestões de leitura, filmes e *sites***.

Índia

A Índia, um dos mais importantes países emergentes, apresenta uma das economias que mais cresce no mundo, baseada em seu gigantesco mercado consumidor: é a segunda população do planeta (superada apenas pela chinesa). Segundo o Banco Mundial, o país cresceu em média 7,6% ao ano no período 2000-2012. Entretanto, iniciou seu processo de industrialização tardiamente, somente após a Segunda Guerra Mundial, quando se libertou do domínio do Reino Unido.

Em 1947, depois de longa campanha sob a liderança de Mohandas Gandhi (1869-1948), mais conhecido como Mahatma ("grande alma", em sânscrito), o país obteve sua independência política. O partido Congresso Nacional Indiano (Indian National Congress, INC), de maioria hindu, assumiu o poder, tendo como primeiro-ministro outro importante líder do movimento de independência, Jawarhalal Nehru (1889-1964), que governou até sua morte. Seu partido, porém, permaneceu no poder até 1996, quando o Partido do Povo Indiano (Bharatiya Janata Party, BJP) venceu as eleições. O país é uma república parlamentarista, e os indianos gabam-se de ser um grande regime democrático, como aparece no próprio *slogan* do INC: "O maior partido democrático do mundo".

Sob o governo de Nehru, houve na Índia uma forte participação do Estado no início do processo de industrialização, embora houvesse também capitais britânicos e americanos. Como se tratava de um governo do grupo dos países não alinhados, contou também com a assistência técnica soviética em diversos setores, como o petroquímico e o bélico. O Estado investiu principalmente na indústria de bens intermediários, na indústria bélica e em obras de infraestrutura. Contribuíram ainda para o processo de industrialização as grandes reservas de minérios: cromo (segundo produtor mundial), ferro (quarto) e manganês (quinto), e de combustíveis fósseis, principalmente o carvão mineral, sua principal fonte de energia. Em 2012, foram extraídos 595 milhões de toneladas de carvão mineral (7,6% de toda a produção do planeta). Em 2012, as reservas de petróleo eram de 5,5 bilhões de barris (23ª do planeta), e sua produção era de 990 mil barris diários (22º produtor mundial). A produção interna equivalia a cerca de um quarto do consumo/dia, tornando o país um grande importador desse combustível fóssil. O mapa ao lado mostra as reservas dos principais recursos minerais e energéticos da Índia.

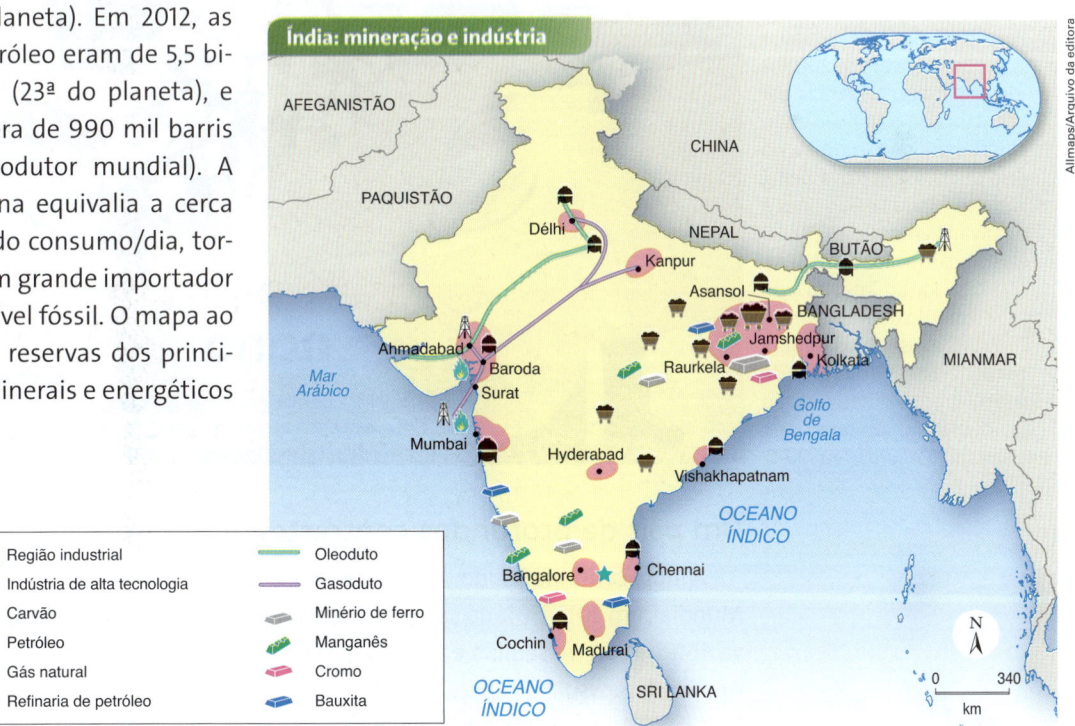

Índia: mineração e indústria

Legenda:
- Região industrial
- ★ Indústria de alta tecnologia
- Carvão
- Petróleo
- Gás natural
- Refinaria de petróleo
- Oleoduto
- Gasoduto
- Minério de ferro
- Manganês
- Cromo
- Bauxita

Adaptado de: CHARLIER, Jacques (Dir.). *Atlas du 21e siècle édition 2012*. Groningen: Wolters-Noordhoff; Paris: Éditions Nathan, 2011. p. 109.

Como se pode observar no mapa anterior, as maiores concentrações industriais do país estão no nordeste do território, em torno de cidades como Jamshedpur e Kolkata (Calcutá), com destaque para indústrias pesadas, como siderúrgicas, mecânicas, carbo e petroquímicas. Isso se deve à existência de reservas de carvão, petróleo e minérios. Mas há concentrações industriais em outras regiões, incluindo as de alta tecnologia, como em Bangalore, no sul do país.

A Índia possui um parque fabril diversificado, com praticamente todos os setores industriais, e também já abriga algumas empresas entre as maiores do mundo, com destaque para a Indian Oil (maior do país e 88ª do mundo na lista da *Fortune Global 500* 2013). A empresa atua em extração, transporte e refino de petróleo e também no setor petroquímico. A Indian Oil exemplifica a intervenção estatal no processo de industrialização da Índia (como a Petrobras, no Brasil) e até hoje é controlada pelo governo central, que em 2013 detinha 79% das ações da empresa.

Outras duas grandes empresas indianas são a Tata Motors, maior indústria automobilística do país, e a Tata Steel, ambas pertencentes ao Grupo Tata, cujo controle está nas mãos do bilionário Ratan Tata. Esse gigantesco conglomerado é composto de 94 empresas que atuam em mais de oitenta países nos mais diversos setores industriais: siderúrgico, químico, automobilístico, aeroespacial, informática, entre outros; assim como também nos serviços e nas finanças.

Amit Dave/Reuters/Latinstock

A Tata Motors (316ª posição na lista da *Global 500* 2013) comprou a coreana Daewoo em 2004 e a inglesa Jaguar Land Rover em 2008. A empresa ganhou evidência por ter lançado o Nano, o carro mais barato do mundo: no início de 2014, em Nova Délhi, capital da Índia, a versão básica custava 145 mil rúpias (5 600 reais ao câmbio de 4/2/2014). Na foto, Ratan Tata, do lado esquerdo do minicarro, e Narendra Modi (então ministro-chefe do Estado de Gujarat) durante a inauguração da nova fábrica do Tata Nano em Sanand (Gujarat), em 2010.

Um país de profundos contrastes

A Índia continua sendo um país essencialmente rural e agrícola: segundo o Banco Mundial, em 2012, 68% de sua população ainda vivia no campo e a agricultura ocupava 46% da PEA masculina e 65% da feminina, mas contribuía com apenas 17% do PIB. Apesar de possuir um parque industrial diversificado, em 2012 a indústria ocupava 24% da PEA masculina e 18% da feminina e produzia 26% do PIB. Os serviços, o setor da economia indiana que mais cresce e se moderniza, contribuíram com 57% do PIB.

Ultimamente, sob um processo de abertura ao capital estrangeiro aliado a uma política de desregulamentação e de privatização, a Índia tem atraído muitos investimentos externos, principalmente capitais norte-americanos. Um dos fatores que mais têm contribuído para isso, além da mão de obra barata e cada vez mais qualificada, é o mercado interno em crescimento. Um pequeno percentual da população indiana é de fato consumidora, já que a maior parte dela está abaixo da linha internacional de pobreza (em 2010, segundo o Banco Mundial, 68,7% dos indianos viviam na pobreza, com menos de 2 dólares por dia, e 32,7% na extrema pobreza, com menos de 1,25 dólar por dia). Porém, mesmo que somente um quarto dos indianos tenha efetivamente capacidade de consumo, isso corresponde a pouco mais de 300 milhões de pessoas, o que equivale a uma vez e meia a população brasileira. Com a modernização e o rápido crescimento econômico, a parcela da população pertencente à classe média vem se ampliando.

Na Índia, o moderno e o arcaico, a opulência e a miséria convivem lado a lado (observe as imagens na página seguinte). Enquanto é imensa a legião de pobres, sua economia é uma das que mais cresce no mundo desde a década de 1990 e abriga indústrias e serviços de alta tecnologia, como informática (*software* e *hardware*), tecnologias da informação (TI) e biotecnologia. O país é um dos maiores exportadores mundiais de *softwares* e de produtos da área de TI e possui algumas das mais importantes empresas mundiais que atuam nesses setores, concentradas sobretudo no parque tecnológico de Bangalore (localize-o no mapa da página 545). Além disso, muitas corporações dos Estados Unidos e do Reino Unido têm terceirizado seus serviços de atendimento telefônico ao consumidor e de *telemarketing*, deixando-os sob responsabilidade de empresas indianas. A mão de obra barata compensa o custo da ligação telefônica internacional, que tem caído com os avanços tecnológicos (leia o texto a seguir).

Veja a indicação do filme **Quem quer ser um milionário?** na seção **Sugestões de leitura, filmes e *sites***.

Outras leituras

A terceira Revolução Industrial

"Qualquer empresa que não exija presença física pode funcionar em co-sourcing [terceirização]." Isso me foi dito por Azim Premji, presidente da Wipro, na sede da empresa, em Bangalore. A Wipro é uma das maiores companhias indianas que trabalha com terceirização no exterior. A Índia tornou-se uma importante fonte de mão de obra qualificada de baixo custo, com um corpo de trabalhadores altamente habilitados e que falam inglês, capazes de competir com os melhores, especialmente em tecnologia e ciência, ganhando apenas uma fração do que um trabalhador semelhante ganha nos EUA e na Europa.

[...]

A Índia está se tornando um centro importante de pesquisa e desenvolvimento para um grande número de companhias multinacionais. A IBM investiu quase 2 bilhões de dólares no país nos últimos quatro anos e pretende triplicar essa soma, chegando a 6 bilhões nos próximos dois anos. Atualmente a IBM tem 43 mil empregados na Índia, de um total de 330 mil no mundo inteiro. A Intel vai investir 1 bilhão de dólares na Índia nos próximos cinco anos; a Cisco, outro 1,1 bilhão de dólares. A Microsoft investirá 1,7 bilhão de dólares e contratará mais 3 mil empregados.

[...]

Em 2003, o grupo The Indus Enterpreneur (TIE) calculou que 15 mil a 20 mil indianos deixaram o Vale do Silício e voltaram para sua terra. Amar Babu, da Intel Índia, disse-me que cerca de 15% dos empregados da Intel em Bangalore são indianos que voltaram dos EUA. Muitos do que retornam de lá estão imbuídos de boa dose de empreendedorismo. Eles usam sua capacidade empresarial e seu dinheiro para criar novas empresas na Índia. Alguns moram lá, outros estão começando novas companhias em solo indiano, embora continuem morando nos Estados Unidos. Outros, ainda, voam tanto que não sabem mais onde moram.

KAMDAR, Mira. *Planeta Índia*: a ascensão turbulenta de uma nova potência global. Rio de Janeiro: Agir, 2008. p. 27-29.

Bangalore é um dos mais importantes parques tecnológicos do mundo. A cidade abriga diversas universidades e centros de pesquisa, a maioria do governo indiano, entre os quais se destacam: Universidade de Bangalore, Instituto Indiano de Ciência e Instituto Internacional de Tecnologia da Informação. Em torno deles se desenvolveram diversas empresas nacionais (estatais e privadas) de alta tecnologia – Industan Aeronautics (aeronaves), Infosys (*softwares*), Tata Technologies (*softwares*), Wipro Technologies (TI), entre muitas outras – e ao mesmo tempo se instalaram na região filiais de praticamente todas as maiores e mais conhecidas corporações transnacionais desses setores. Somando as empresas nacionais e as estrangeiras, há mais de trezentas companhias dos setores de informática e de TI instaladas em Bangalore, que por isso ficou conhecida como o "Vale do Silício" da Índia.

Mesmo em Bangalore, seu principal parque tecnológico, os profundos contrastes da sociedade indiana aparecem. Nas fotos de 2011, o International Tech Park Bangalore, moderno polo de empresas de TI, e, na mesma cidade, habitações deterioradas e sem infraestrutura urbana.

África do Sul

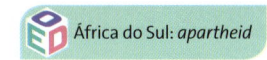

O processo de industrialização da África do Sul se intensificou a partir da independência política, em 1961 (assim como a Índia, também foi colônia do Reino Unido), e contou com uma forte participação de capitais estrangeiros, predominantemente britânicos e americanos. Os investimentos externos distribuíram-se por vários setores, com destaque para a indústria extrativa, enquanto os estatais concentraram-se na indústria de bens intermediários e em obras de infraestrutura. Na atualidade, o parque industrial sul-africano é diversificado, como mostra o mapa da página seguinte.

Embora a África do Sul seja a maior economia do continente africano e possua importantes empresas nacionais (estatais e privadas), nenhuma delas consta na lista das 500 maiores do mundo. Também não há nenhuma empresa de outro país da África na lista da revista *Fortune*. Isso é um dos indicadores da baixa concentração de capitais em suas empresas e da limitação do mercado interno dos países africanos. Em 2012, o PIB da África do Sul, apesar de corresponder a 30% do produto bruto de toda a África subsaariana (nessa região há 47 países), equivalia a 81% do PIB argentino ou a 17% do PIB brasileiro.

Entre os fatores que contribuíram para a industrialização da África do Sul destacam-se a disponibilidade de mão de obra barata – os trabalhadores negros eram superexplorados – e as enormes reservas minerais e energéticas. No início do processo, eles serviram para atrair investimentos estrangeiros, mas com o aumento da pressão internacional contra o *apartheid*, principalmente a partir dos anos 1980, muitas empresas transnacionais deixaram de investir no país.

Além das pressões externas, muitos líderes sul-africanos lutaram contra o regime segregacionista, entre os quais o mais conhecido é Nelson Mandela. Ele foi o maior líder do Congresso Nacional Africano (African National Congress, ANC), o mais antigo grupo *antiapartheid* (fundado em 1912) e o partido político atualmente no poder. Com a introdução do voto secreto e universal em 1994, Mandela, recém-saído da prisão, foi eleito o primeiro presidente negro do país.

Apesar da extinção do regime do *apartheid*, a desigualdade socioeconômica permanece. A África do Sul é um dos países com distribuição de renda mais desigual no mundo: segundo o relatório 2013 do Banco Mundial, os 10% mais ricos se apropriam de 52% da renda nacional, e os 10% mais pobres, de 1%. Segundo o mesmo relatório, 31% da população vive na pobreza (com menos de 2 dólares/dia) e 14%, na extrema pobreza (com menos de 1,25 dólar/dia). A maioria da população pobre é composta de negros; por isso, como vimos no capítulo 17, políticas de ação afirmativa têm sido instituídas por sucessivos governos desde o fim do *apartheid* para compensar essa desigualdade. E os investimentos em educação, como menciona o próprio Mandela, são fundamentais nesse processo.

A concentração da renda nacional e a população relativamente pequena (quatro vezes menor que a brasileira e 24 vezes menor que a indiana) restringem o mercado interno e inibem uma expansão mais acelerada do PIB sul-africano. Embora nos anos 2000 sua taxa de crescimento econômico tenha aumentado em relação à década anterior, na qual o país estava saindo do *apartheid*, não chegou a apresentar um desempenho tão elevado como o da Índia, embora tenha superado o do Brasil. Segundo o Banco Mundial, na década de 1990, o PIB da África do Sul cresceu em média 2,1% ao ano, e, no período 2000-2012, 3,6% (compare com as taxas apresentadas por Índia e Brasil).

África do Sul: indústria

ZIMBÁBUE
BOTSUANA
NAMÍBIA

Tshwane
Johannesburgo
SUAZILÂNDIA
Richard's Bay
LESOTO
Pietermaritzburgo
Durban
OCEANO ÍNDICO
Saldanha Bay
Cidade do Cabo
Porto Elizabeth
OCEANO ATLÂNTICO

N

0 — 230
km

	Região industrial
	Siderurgia
	Metalurgia
	Indústria automobilística
	Indústria de alumínio
	Indústria química
	Refinaria de petróleo
	Petróleo sintético
	Refinaria de ouro
	Indústria de alta tecnologia

Adaptado de: CHARLIER, Jacques. (Dir.). *Atlas du 21e siècle édition 2012.* Groningen: Wolters-Noordhoff; Paris: Éditions Nathan, 2011. p. 169.

África do Sul: minérios e energia

ZIMBÁBUE
BOTSUANA
NAMÍBIA

Tshwane
Johannesburgo
SUAZILÂNDIA
Bloemfontein
LESOTO
OCEANO ÍNDICO
OCEANO ATLÂNTICO
Cidade do Cabo

N

0 — 230
km

Minérios

	Ferro		Amianto
	Cromo		Diamante
	Manganês		Titânio
	Níquel		Zircônio
	Vanádio		Bacia de Witwatersrand (maior depósito de ouro do mundo)
	Cobre		
	Chumbo e zinco		
	Platina		Complexo vulcânico de Bushveld (depósito rico em platina)
	Ouro		
	Fosfatos		

Energia

	Urânio
	Carvão
	Gás natural
	Central termelétrica
	Central hidrelétrica
	Central nuclear

Adaptado de: CHARLIER, Jacques. (Dir.). *Atlas du 21e siècle édition 2012.* Groningen: Wolters-Noordhoff; Paris: Éditions Nathan, 2011. p. 169.

Mapas: Allmaps/Arquivo da editora

Rogan Ward/Reuters/Latinstock

☞ Consulte o *site* do **Banco Mundial** e do **FMI**. Veja orientações na seção **Sugestões de leitura, filmes e *sites*.**

Na África do Sul, desde a extinção do *apartheid*, todos os presidentes eleitos eram negros e filiados ao ANC: Nelson Mandela (1994-1999), Thabo Mbeki (1999-2008), Kgalema Motlanthe (2008-2009, assumiu após renúncia de Mbeki) e Jacob Zuma (2009-2014). Na foto, cartazes pregando o voto no presidente Jacob Zuma no pleito de 7 de maio de 2014, no qual foi reeleito para governar mais cinco anos.

Compreendendo conteúdos

1. Sobre os países emergentes recentemente industrializados:

   a) relacione as principais economias que fazem parte do grupo;

   b) classifique-as de acordo com o tamanho do PIB. Qual é a maior delas? Qual é a posição do Brasil?

2. Esclareça os principais fatores que favoreceram a industrialização:

   a) das três maiores economias da América Latina;

   b) dos três maiores Tigres Asiáticos.

3. Explique sinteticamente as bases do processo de industrialização:

   a) da Índia;

   b) da África do Sul.

4. Quais são os setores que mais vêm se destacando na economia indiana? Por quê?

Desenvolvendo habilidades

5. Leia o boxe "Diferenças entre o modelo asiático e o latino-americano" (na página 543), analise comparativamente os dados das tabelas apresentadas e elabore um texto identificando as diferenças econômicas e sociais entre os dois modelos de desenvolvimento. Ao final, discuta com seus colegas: qual modelo foi mais bem-sucedido? Por quê?

6. Analise os gráficos do início do capítulo – "Participação dos principais países emergentes no valor da produção industrial dos países em desenvolvimento" (na página 527). Identifique o que mudou nesse período na participação das principais economias emergentes no valor da produção industrial do mundo em desenvolvimento. Elabore um texto que contemple as seguintes questões:

   • Qual país ganhou participação e qual perdeu?

   • Qual país mais aumentou sua participação? Por quê?

   • Como foi o desempenho de representantes dos modelos latino-americano e asiático?

   • O que aconteceu com a participação da Índia no período?

Caixas eletrônicos do ABSA, o maior banco varejista da África do Sul, na Cidade do Cabo, em 2012. A maioria das ações dessa instituição financeira pertence ao banco inglês Barclays.

Complexo Bandra Kurla, em Mumbai (Índia), em 2012. Esse centro empresarial abriga escritórios de diversas empresas e bancos indianos.

1. **NE** (Uespi-PI) A partir da década de 1950, verificou-se uma intensificação no processo de industrialização em diversas regiões do planeta. No caso de países latino-americanos, como, por exemplo, o Brasil, a Argentina e o México, em que se baseou, fundamentalmente, a industrialização?

a) Nos recursos minerais e no crescimento populacional.

b) Na farta mão de obra barata e na baixa taxa de crescimento vegetativo.

c) Na internacionalização dos mercados, primeiramente, e nas elevadas taxas de reserva cambial.

d) Nas diversidades regionais e na renda *per capita* da população.

e) Na substituição das importações e, posteriormente, na internacionalização dos mercados.

2. **S** (UEM-PR) Sobre as crises econômicas internacionais e considerando a tabela abaixo, quando necessário, assinale a(s) alternativas(s) correta(s):

**Resultado da balança comercial
(em bilhões de dólares)**

PAÍS	2000	2006	2007	2008
Brasil	−3,4	41,6	34,0	15,0
México	−16,2	−17,8	−24,3	−31,0
Argentina	−1,2	12,4	11,1	14,0

(Fonte: INTERNATIONAL trade estatistic 2007. OMC; INTERNATIONAL trade estatistic 2008 OMC.; WORLD trade reprort 2009. OMC. Disponível em: <www.wto.org>. Acesso em: 18 mar. 2010.)

01) Na primeira década do século XXI, dos três principais emergentes da América Latina, o México foi o mais atingido pela crise financeira por causa de sua forte relação econômica com os Estados Unidos.

02) O Brasil foi um dos países menos atingidos pela crise da primeira década do século XXI, em grande parte graças aos saldos comerciais favoráveis e ao significativo acúmulo de reservas internacionais.

04) O protecionismo atual alavancou o setor industrial do Brasil, do México e da Argentina, e possibilitou que esses países enfrentassem a crise econômica gerada pelos Estados Unidos, não lhes ocorrendo qualquer impacto social.

08) Na crise econômica de 1973, denominada de "crise do petróleo", o México e o Brasil foram pouco afetados graças às suas extensas reservas petrolíferas e às suas energias alternativas, como o etanol, desenvolvido pelo Pró-Álcool.

16) A industrialização brasileira sofreu declínio com a crise da Bolsa de Valores de Nova York, em 1929. Esse fato justifica as atividades agrícolas terem maior participação no PIB brasileiro da época.

3. **SE** (Unifesp-SP) A industrialização do Sudeste Asiático ocorreu em duas etapas. Na primeira, surgiram os chamados Tigres de primeira geração, que receberam capital do Japão. Na segunda, eles investiram nos Tigres da segunda geração. Assinale a alternativa que lista corretamente os Tigres Asiáticos de primeira e de segunda geração.

a) Primeira geração: Coreia do Sul, Taiwan e Cingapura. Segunda geração: Indonésia, Malásia e Tailândia.

b) Primeira geração: Coreia do Sul, Malásia e Taiwan. Segunda geração: Cingapura, Indonésia e Tailândia.

c) Primeira geração: Taiwan, Tailândia e Malásia. Segunda geração: Coreia do Sul, Cingapura e Indonésia.

d) Primeira geração: Coreia do Sul, Cingapura e Indonésia. Segunda geração: Malásia, Tailândia e Taiwan.

e) Primeira geração: Cingapura, Indonésia e Tailândia. Segunda geração: Coreia do Sul, Malásia e Taiwan.

4. **CO** (UFG-GO) Leia o texto a seguir.

> A questão regional retoma hoje sua força, em primeiro lugar, pela proliferação efetiva de regionalismos, identidades regionais e de novas-velhas desigualdades regionais (que, de uma maneira ou de outra, devem ser atacadas por políticas de base regional), tanto no nível global, mais amplo, como no intranacional. Nesse sentido, apesar da propalada globalização homogeneizadora, o que vemos, concomitantemente, é uma permanente reconstrução da heterogeneidade e/ou da fragmentação via novas desigualdades e recriação da diferença nos diversos recantos do planeta.
>
> HAESBAERT, Rogério. *Regional e global* – Dilemas da região e da regionalização na Geografia contemporânea. Rio de Janeiro: Bertrand Brasil, 2010. p. 15. [Adaptado].

Considerando-se o texto, dentre as desigualdades regionais (novas e velhas) que se manifestam no mundo globalizado, evidencia-se

a) a existência de uma ordem mundial bipolar, nas relações entre os países, baseadas na hegemonia estadunidense e na liderança econômica chinesa.

b) a expansão da doutrina chamada de "coexistência pacífica", que se traduz no esforço das lideranças russas de se aproximarem dos países emergentes.

c) a superação, no contexto da União Europeia, dos conflitos seculares, como a questão irlandesa e a dos bascos.

d) a emergência de um grupo de países que possuem importantes recursos naturais, humanos e econômicos e são chamados de Brics.

e) o fortalecimento dos países da América do Sul, articulados no Mercosul, aumentando a capacidade de negociação junto ao mercado europeu.

23 O comércio internacional e os principais blocos regionais

Terminal de contêineres do porto de Roterdã (Holanda), em 2013.

Frans Lemmens/Corbis/Latinstock

Desde o fim da Segunda Guerra Mundial, com raras exceções em um ano ou outro, o comércio internacional de mercadorias cresceu mais que o produto mundial bruto. Logo após o conflito, com o objetivo de ampliar as trocas entre os países, foi constituído o Acordo Geral de Tarifas e Comércio (Gatt), atual OMC (Organização Mundial do Comércio), e muitos blocos comerciais também foram criados desde então (ao longo do capítulo estudaremos os mais importantes).

Apesar de o comércio de mercadorias ter mais peso nas trocas internacionais, é cada vez mais intenso o intercâmbio de serviços. Em 2012, o intercâmbio mundial de serviços atingiu 4,4 trilhões de dólares, com destaque para viagens (25,5%), transportes (20,5%), serviços financeiros (7,0%) e *royalties*/licenças (6,7%). Mas será que todos os países se beneficiam igualmente da ampliação do comércio internacional de bens e serviços? A criação de normas para aumentar o número de países e regiões beneficiadas pelos fluxos comerciais melhoraria as condições de vida de grande parte da população dos países em desenvolvimento? Essas questões têm sido muito presentes nos fóruns internacionais.

Automóveis são desembarcados de navio cargueiro japonês no porto de Vladivostok (Rússia), em 2011.

Vitaliy Ankov/RIA NOVOSTI/AFP

1 O comércio internacional

Os principais polos comerciais

Todos os anos, milhares de caminhões, trens, navios e aviões circulam entre países e continentes transportando toneladas de mercadorias – produtos industrializados, minerais e agrícolas.

Em 2012, as exportações de mercadorias de todos os países somaram cerca de 18 trilhões de dólares. O mapa a seguir mostra os principais polos comerciais e os principais fluxos de mercadorias no mundo. Perceba que há uma preponderância dos fluxos de comércio nos países da Europa Ocidental, sobretudo da União Europeia; no Leste Asiático, com destaque para a China e o Japão; e na América do Norte, com destaque para os Estados Unidos.

Na expansão do comércio internacional de bens e serviços tiveram papel muito importante o Gatt, atual OMC, e os acordos comerciais firmados entre os países, seja no âmbito dessas organizações, seja no âmbito bilateral.

Fotos: Shutterstock/Glow Images
Fotomontagem: Cesar Wolf e Fernanda Crevin

Comércio mundial de mercadorias – 2010

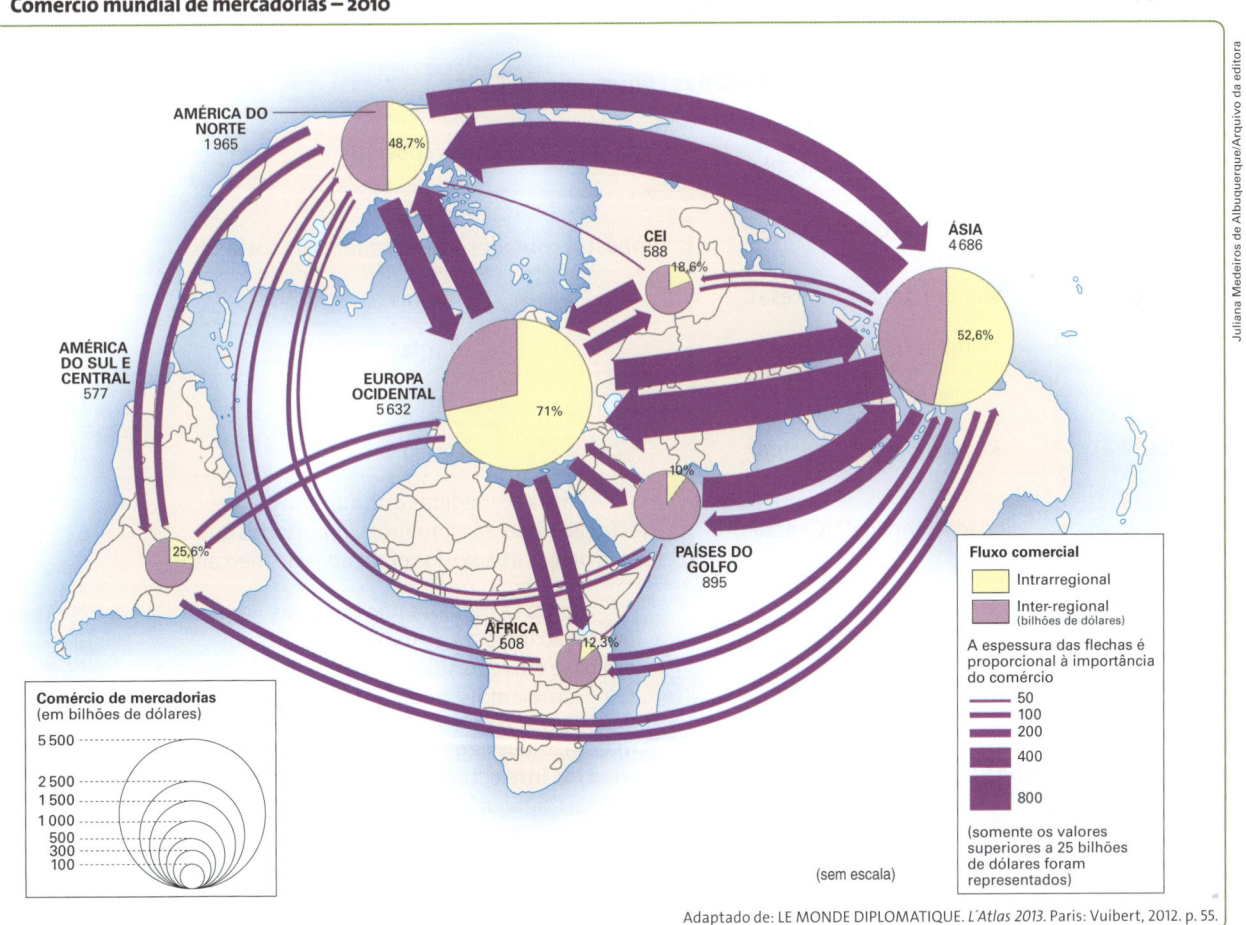

Juliana Medeiros de Albuquerque/Arquivo da editora

Adaptado de: LE MONDE DIPLOMATIQUE. *L'Atlas 2013*. Paris: Vuibert, 2012. p. 55.

A origem da OMC e os acordos comerciais

Nas relações internacionais, quando dois países estabelecem algum tipo de cooperação, considera-se que fizeram um acordo bilateral; quando três ou mais países procuram cooperar conjuntamente em algum tema, o acordo é multilateral. Isso pode ser feito em diversos setores, mas é mais comum no comércio de mercadorias e na prestação de serviços, e pode envolver desde poucos países até quase todas as nações do mundo. Assim, o **multilateralismo comercial** envolve negociações entre vários países sobre temas ligados ao comércio internacional de bens e serviços. Sua gênese está ligada à criação do Gatt em 1947, na Conferência de Havana (Cuba), e foi fundamental para a grande expansão do comércio após a Segunda Guerra Mundial. Esse acordo de tarifas começou a ser instituído em 1948 e seu princípio mais importante é o da **Nação Mais Favorecida**, conhecido como **Princípio de Não Discriminação entre as Nações**. Esse Princípio proíbe a discriminação entre países signatários: toda vantagem, favor ou privilégio envolvendo tarifas aduaneiras concedidos bilateralmente devem ser estendidos imediatamente ao comércio com os demais países.

Desde a criação do Gatt foram realizadas sete rodadas de negociações para estimular o comércio entre seus países-membros, e a Rodada Uruguai foi a mais abrangente (veja o quadro a seguir). Além de ter como meta diminuir as barreiras tarifárias e não tarifárias, pretendia incorporar às regras do Gatt setores como o agrícola, o têxtil e o de serviços, em que o protecionismo se mantinha preservado por regras especiais que dificultavam a expansão das trocas comerciais.

> **Antidumping**: *dumping* é o nome que se dá à prática de vender produtos a preços muito baixos, às vezes inferiores ao custo de produção, com o objetivo de eliminar concorrentes e/ou ampliar mercados. A OMC autoriza a adoção de tarifas especiais ou sobretaxas para coibir essa prática no comércio internacional.

Rodadas comerciais do Gatt			
Ano	**Nome da rodada/ cidade onde foi lançada**	**Temas cobertos**	**Quantidade de países**
1947	Genebra (cidade suíça)	Tarifas (impostos cobrados sobre produtos importados)	23
1949	Annecy (cidade francesa)	Tarifas	13
1951	Torquay (cidade inglesa)	Tarifas	38
1956	Genebra	Tarifas	26
1960-1961	Rodada Dillon* (Genebra)	Tarifas	26
1964-1967	Rodada Kennedy** (Genebra)	Tarifas e medidas *antidumping* (restrição imposta a produtos importados que tenham preços abaixo dos praticados no mercado)	62
1973-1979	Rodada Tóquio (capital japonesa)	Tarifas e medidas não tarifárias (restrição imposta a produtos importados com base em requisitos técnicos: sanitários, ambientais, trabalhistas, etc.)	102
1986-1994	Rodada Uruguai (Punta del Este)	Tarifas, medidas não tarifárias, regras, serviços, propriedade intelectual, solução de controvérsias, têxteis, agricultura, criação da OMC, etc.	123

Adaptado de: WORLD TRADE ORGANIZATION. *Understanding the WTO*: basics. The Gatt years: from Havana to Marrakesh. Disponível em: <www.wto.org/english/thewto_e/whatis_e/tif_e/fact4_e.htm>. Acesso em: 28 abr. 2014. (Trad. dos autores).

*Porque foi Clarence Douglas Dillon (Secretário de Estado norte-americano, 1959-1961) que propôs essa negociação.

**Em homenagem a John F. Kennedy (presidente dos Estados Unidos, 1961-1963), morto um ano antes do início das negociações.

Prevista para durar quatro anos, a Rodada Uruguai extrapolou esse prazo, em razão dos empecilhos impostos pelos países desenvolvidos, sobretudo da União Europeia, cujos representantes não queriam abrir mão dos subsídios concedidos a seus agricultores. Somente no interior desse bloco econômico, esses subsídios foram de 43 bilhões de euros (média anual no período 2007-2013), política que tem prejudicado as economias dos países em desenvolvimento, especialmente dos mais pobres. Essa ajuda econômica possibilitou que os produtos agrícolas das nações ricas ficassem mais baratos no mercado internacional, o que torna a concorrência predatória, porque restringe as exportações dos países em desenvolvimento e dificulta a superação da pobreza.

Estimativas do Programa das Nações Unidas para o Desenvolvimento (PNUD) indicam que em meados dos anos 2000 esses subsídios faziam com que os agricultores dos países em desenvolvimento deixassem de ganhar cerca de 24 bilhões de dólares de rendimento agrícola por ano. Considerando que cada 1 dólar ganho no comércio exterior gera em média outros 2 dólares de renda ao estimular o mercado de consumo das comunidades locais, o PNUD estima que a perda dos países pobres chegaria a cerca de 72 bilhões de dólares anuais.

As negociações da Rodada Uruguai foram conduzidas até abril de 1994, quando foi assinada no Marrocos a Declaração de Marrakesh, documento que a concluiu e criou a **Organização Mundial do Comércio** (**OMC**) em substituição ao Gatt, que era apenas um acordo. Com isso, a OMC passou a ter mais força para fiscalizar o comércio mundial e fortalecer o multilateralismo. Desde 1º de janeiro de 1995, representantes da organização vêm supervisionando os acordos comerciais e mediando disputas entre os países signatários.

Em 1996, a OMC realizou sua primeira Conferência Ministerial, na qual foram discutidos mecanismos para consolidar a organização e pôr em prática os acordos da Rodada Uruguai. Em 1999, foi realizada a terceira Conferência da OMC em Seattle (Estados Unidos), com o objetivo de iniciar a **Rodada do Milênio**, que deveria levar à total liberalização do comércio internacional. Entretanto, esse encontro fracassou por causa das divergências entre países desenvolvidos e em desenvolvimento. O tema da liberalização voltou a ser discutido na quarta Conferência realizada em Doha (Catar), em 2001. Após essa reunião, teve início uma nova rodada de negociações, a **Rodada Doha**. Naquela ocasião, mais uma vez, não houve acordo, em razão da intransigência dos países desenvolvidos. De qualquer forma, a entrada da China em 2001 aumentou a legitimidade e a força da organização.

Em 2003, a OMC realizou sua quinta Conferência, em Cancún (México), e os países desenvolvidos mantiveram o impasse nas negociações sobre o fim dos subsídios agrícolas. Porém, nesse encontro, sob a liderança dos países do IBAS (Índia, Brasil e África do Sul) foi organizado um bloco de vinte países em desenvolvimento, batizado de **G-20**. Seu objetivo é pressionar os países desenvolvidos a reverem suas medidas protecionistas no setor agrícola (não confundir com o G-20 financeiro, que vimos no capítulo 16, o qual as potências emergentes querem consolidar no lugar do G-8).

Sede da organização em Genebra (Suíça) em 2012. Em 2014, a OMC tinha 160 países-membros (o Iêmen entrou em junho daquele ano), que controlavam 95% do comércio mundial.

ImageBroker/Rex Features/Glow Images

A atuação do G-20 comercial concentra-se na agricultura, o tema central da Rodada Doha, e em 2009 aumentou de tamanho. Em 2014 era composto de 23 países em desenvolvimento (observe o mapa a seguir), entre eles, quatro países dos Brics (China, Brasil, Índia e África do Sul, sendo os três últimos também membros do IBAS), além de outros importantes países emergentes, como México, Argentina, Egito e Indonésia. O grupo, além de representar importantes países agrícolas, tem grande legitimidade por sua capacidade de traduzir os interesses dos países-membros em propostas concretas e consistentes.

A Rodada Doha estava prevista para ser concluída em 2005. Entretanto, apesar da articulação dos membros do G-20, a intransigência dos países desenvolvidos na questão dos subsídios agrícolas vem impedindo a efetivação de um acordo. As nações desenvolvidas exigem dos países em desenvolvimento uma abertura de seus mercados para bens não agrícolas – produtos industriais e serviços – desproporcional às concessões que se dispõem a fazer no setor agrícola, como evidencia um comunicado do G-20. Com isso, as negociações da Rodada Doha chegaram a um impasse, e a eclosão da crise econômica em 2008 só acarretou mais dificuldades aos possíveis acordos. A oitava Conferência Ministerial, realizada em 2011, em Genebra, além de aprovar a adesão da Rússia (que entrou em 2012), não apresentou nenhuma outra novidade: os países em desenvolvimento continuaram reivindicando mais abertura para produtos agrícolas e os países desenvolvidos pleiteando mais abertura para produtos industriais e serviços.

Os 23 países-membros do G-20 representam 21% da produção agrícola mundial, 26% das exportações e 18% das importações mundiais.

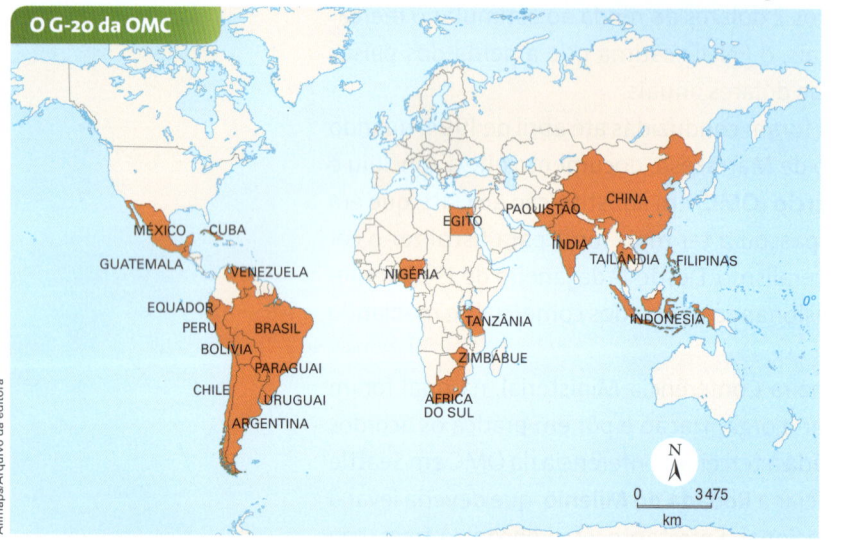

O G-20 da OMC

Adaptado de: MINISTÉRIO DAS RELAÇÕES EXTERIORES. *G-20 comercial*. Disponível em: <www.itamaraty.gov.br>. Acesso em: 28 abr. 2014.

Outras leituras

Declaração do G-20 sobre a Rodada Doha

[...]

A Agricultura é o motor dessa Rodada do Desenvolvimento. Consequentemente, o nível de ambição em agricultura determinará o nível de ambição em outras áreas, especialmente acesso a mercados para bens não agrícolas. A nova tentativa de alguns Membros Desenvolvidos de reverter essa lógica e tentar obter um preço desproporcional dos Países em Desenvolvimento em outras áreas é uma receita para o fracasso. Esta é uma Rodada para rever distorções fundamentais em regras internacionais de comércio e, assim, contribuir para o Desenvolvimento. Essas distorções residem principalmente em Agricultura e em níveis de subsídios associados a países desenvolvidos e faixas cumulativas de proteção a mercados.

G-20. Declaração do G-20 sobre a Rodada Doha. 20 jun. 2008. Disponível em: <www.itamaraty.gov.br/sala-de-imprensa/notas-a-imprensa/2008/06/20/declaracao-do-g-20-sobre-a-rodada-doha-20-de-junho>. Acesso em: 22 abr. 2014.

Manifestação contra a Rodada Doha e o protecionismo dos países ricos na frente da sede regional do Banco Asiático de Desenvolvimento, em Manila (Filipinas), em 2007. O primeiro cartaz diz "Pare a Rodada Doha", e o segundo, "Não à ajuda para o comércio desleal".

A expansão do comércio mundial

O impasse da Rodada Doha não anula o fato de que os acordos multilaterais do Gatt/OMC e os arranjos intrablocos ou interblocos têm contribuído para o comércio internacional crescer constantemente há décadas. Desde a criação do Gatt, esse crescimento tem sido mais rápido que o do produto mundial bruto (a soma do PIB de todos os países). Segundo a OMC, as trocas comerciais aumentaram em média 6,2% ao ano no período 1950-2007, ao passo que o PIB mundial cresceu no mesmo período 3,8% ao ano. Na tabela abaixo, pode-se observar que essa tendência só foi quebrada em momentos de crises econômicas, como as que ocorreram na virada do século. A partir de 2002, o comércio voltou a crescer com taxas elevadas, bem superiores ao PIB mundial, mas a crise financeira de 2008/2009 fez com que o PIB e o comércio mundial reduzissem o ritmo de crescimento.

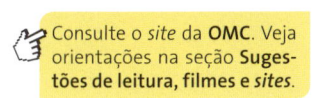

Consulte o *site* da **OMC**. Veja orientações na seção **Sugestões de leitura, filmes e *sites***.

Grande parte da expansão do comércio na segunda metade do século XX ocorreu graças aos avanços tecnológicos na área de logística, que permitiram melhorar a infraestrutura de transportes (portos, aeroportos, rodovias e ferrovias) e de armazenagem (silos, depósitos e armazéns), aumentar a capacidade de cargas dos meios de transporte e reduzir o tempo de deslocamento. Atualmente, há supernavios que transportam milhares de toneladas de mercadorias a granel ou em contêineres (veja a foto na página seguinte). Os transportes terrestres também cresceram e se modernizaram. Os aviões, o meio mais rápido, continuam sendo usados principalmente para transporte de passageiros, mas também transportam cargas leves e de alto valor unitário, como produtos eletrônicos, além de perecíveis, como flores e frutas. Não por acaso, como vimos no texto de abertura, os serviços mais importantes estão ligados aos transportes e às viagens internacionais.

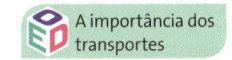

A importância dos transportes

Variação do valor das exportações e do produto mundial bruto – 1950/2010		
Ano	Exportações (%)	Produto mundial bruto (%)
1950-1963	7	5
1970	15	5
1980	22	3
1990	13	3
1998	−1	2
2000	13	4
2001	−4	2
2007	16	4
2008	15	1
2009	−23	−2
2010	22	4

WORLD Trade Organization. *International Trade Statistics 2012*. Disponível em: <www.wto.org/english/res_e/statis_e/its2012_e/its2012_e.pdf>. Acesso em: 28 abr. 2014.

O avanço tecnológico nas telecomunicações e na informática também contribuiu para a expansão do comércio de mercadorias no mundo e especialmente dos serviços, facilitando as trocas de informações, as viagens, os negócios e os serviços financeiros internacionais.

Assim como a produção e a tecnologia, o comércio e os serviços também estão muito concentrados nos países desenvolvidos e em alguns emergentes. Como mostram os dados da tabela abaixo, em 2012, os dez principais países exportadores de mercadorias foram responsáveis por metade do comércio internacional. Os 27 maiores exportadores (países que têm uma participação de ao menos 1% do comércio) foram responsáveis por 78% de todas as trocas comerciais mundiais.

Os dez principais exportadores do mundo e outros selecionados – 2012				
Posição/país	Exportações (em bilhões de dólares)	Exportações (% do total mundial)	Importações (em bilhões de dólares)	Importações (% do total mundial)
1. China	2 049	11,1	1 818	9,8
2. Estados Unidos	1 546	8,4	2 336	12,6
3. Alemanha	1 407	7,6	1 167	6,3
4. Japão	799	4,3	886	4,8
5. Países Baixos	656	3,6	591	3,2
6. França	569	3,1	674	3,6
7. Coreia do Sul	548	3,0	520	2,8
8. Rússia	529	2,9	335	1,8
9. Itália	501	2,7	487	2,6
10. Hong Kong (China)	493	2,7	553	3,0
16. México	371	2,0	380	2,0
19. Índia	294	1,6	490	2,6
22. Brasil	243	1,3	233	1,3
44. África do Sul	87	0,5	124	0,7
46. Argentina	81	0,4	69	0,4
Os 10 mais	9 097	49,4	9 367	50,4
Os 159 da OMC*	18 401	100,0	18 601	100,0

WORLD Trade Organization. *International Trade Statistics 2013*. Disponível em: <http://www.wto.org/english/res_e/publications_e/publications_e.htm>. Acesso em: 28 abr. 2014.
*Como vimos, em 2014, com a entrada do Iêmen, passou a 160 membros.

Portos

O uso de contêineres é crescente porque torna mais seguro, rápido e barato o embarque e desembarque de mercadorias. Na foto, o navio Emma Maersk chegando ao porto de Bremerhaven, Alemanha, em 2006. Ele tem capacidade de transportar 11 mil contêineres, o que faz dele o maior navio desse tipo no mundo (em 2014).

Bernd Otten/Agência France-Presse

Disneylândia

Multinacionais japonesas instalam empresas em Hong Kong

E produzem com matéria-prima brasileira

Para competir no mercado americano

[...]

Pilhas americanas alimentam eletrodomésticos ingleses na Nova Guiné

Gasolina árabe alimenta automóveis americanos na África do Sul

[...]

Crianças iraquianas fugidas da guerra

Não têm visto no consulado americano do Egito

Para entrarem na Disneylândia

ANTUNES, A. Disponível em: <www.radiouol.com.br>. Acesso em: 3 fev. 2013 (fragmento).

• Na canção, ressalta-se a coexistência, no contexto internacional atual, das seguintes situações:

a) Acirramento do controle alfandegário e estímulo ao capital especulativo.

b) Ampliação das trocas econômicas e seletiva dos fluxos populacionais.

c) Intensificação do controle informacional e adoção de barreiras fitossanitárias.

d) Aumento da circulação mercantil e desregulamentação do sistema financeiro.

e) Expansão do protecionismo comercial e descaracterização de identidades nacionais.

Resolução

⊙ Uma das características da globalização é a intensificação dos fluxos de mercadorias pelo espaço geográfico mundial. Como vimos, a expansão do comércio internacional decorre da expansão dos mercados e da modernização dos sistemas de transportes, além da adoção de acordos multilaterais e da constituição de blocos econômicos regionais. Entretanto, como vimos no capítulo 14, o fluxo de pessoas ainda sofre muitas restrições, como sugere a canção de Arnaldo Antunes, especialmente por parte dos países desenvolvidos. Assim, a resposta correta é a alternativa **B**.

⊙ Essa questão contempla a **Competência de área 2 – Compreender as transformações dos espaços geográficos como produto das relações socioeconômicas e culturais de poder** e a **Habilidade 8 – Analisar a ação dos estados nacionais no que se refere à dinâmica dos fluxos populacionais e no enfrentamento de problemas de ordem econômico-social.**

☞ Para conhecer a letra completa da canção de Arnaldo Antunes, e para ouvi-la, veja orientações na seção **Sugestões de leitura, filmes e *sites*.**

Carro da polícia estacionado em frente a hospital em Pretória (África do Sul), onde Nelson Mandela ficou três meses internado em 2013. Observe que, como diz a canção nesta página, a polícia sul-africana utiliza automóveis da marca Chevrolet, uma divisão da montadora norte-americana General Motors.

2 Os blocos regionais

Muitos países estão abdicando de parte de sua soberania para compor blocos econômicos regionais. Por que isso vem acontecendo? Como vimos, desde o fim da Segunda Guerra Mundial, muitos países têm procurado diminuir as barreiras impostas pelas fronteiras nacionais aos fluxos de mercadorias, capitais, serviços, e até mesmo de mão de obra, na tentativa de aumentar os lucros das empresas, os empregos dos trabalhadores e os respectivos PIBs.

Os países podem se organizar em diferentes tipos de **blocos regionais**: zonas de livre-comércio, uniões aduaneiras, mercados comuns e uniões econômicas e monetárias.

Em uma **zona de livre-comércio**, como o Acordo Norte-Americano de Livre Comércio (Nafta), que reúne os três países da América do Norte, o objetivo não é muito ambicioso. Busca-se apenas a gradativa liberalização do fluxo de mercadorias e de capitais dentro dos limites do bloco.

Na **união aduaneira**, eliminam-se as tarifas alfandegárias nas relações comerciais no interior do bloco e define-se uma Tarifa Externa Comum, que é aplicada aos países de fora da união. Assim, quando os integrantes do bloco negociam com outros países, embora haja exceções, utilizam uma tarifa de importação padronizada, igual para todos. O Mercosul é um exemplo de união aduaneira, ainda que imperfeita.

No **mercado comum**, como a União Europeia, a integração é mais ambiciosa. Busca-se padronizar a legislação econômica, fiscal, trabalhista, ambiental, etc., entre os 28 países que compõem o bloco regional. Os resultados são a eliminação das barreiras alfandegárias internas, a uniformização das tarifas de comércio exterior e a liberalização da circulação de capitais, mercadorias, serviços e pessoas no interior do bloco.

No caso da União Europeia, o auge da integração ocorreu com a instituição da moeda única, o que exigiu a criação do Banco Central Europeu e a convergência das políticas macroeconômicas. Assim, o bloco atingiu a condição de **união econômica e monetária**, único exemplo no mundo até o momento (2014), embora continue também funcionando como mercado comum e o estágio mais avançado não englobe todos os países-membros, como veremos a seguir.

Paralelamente à constituição de blocos econômicos, como os mencionados, têm sido estabelecidos acordos bilaterais de livre-comércio que integram países isoladamente ou que pertencem a algum bloco. Até 31 de julho de 2013, o Gatt/OMC recebeu a notificação de 575 acordos de livre circulação de mercadorias e serviços, incluindo a formação de blocos econômicos regionais e arranjos bilaterais, dos quais 379 permaneciam em vigor naquela data.

Acordo de Livre Comércio Estados Unidos-Colômbia é firmado no Salão Oval da Casa Branca, em Washington D.C., em 2011. O presidente Barack Obama assina o documento observado por representantes dos governos norte-americano e colombiano.

Joshua Roberts/Reuters/Latinstock

Após a Segunda Guerra Mundial, como vimos, o comércio internacional se expandiu; no entanto, os limites territoriais entre os países, com suas normas e impostos aduaneiros, ainda impõem muitas barreiras à circulação de mercadorias, principalmente produtos agrícolas e serviços. A busca por reduzi-las de forma multilateral vem desde a criação do Gatt, mas, como vimos, ainda esbarra em muitos conflitos de interesses. Os acordos regionais também não resolvem plenamente o problema, porque, embora reduzam as barreiras no interior de um bloco, ainda mantêm muitas delas para os países que são de fora. Apesar de suas limitações, após a Segunda Guerra Mundial, os blocos regionais de comércio se expandiram consideravelmente. Observe alguns deles no mapa e, em seguida, analisaremos os mais importantes em cada continente.

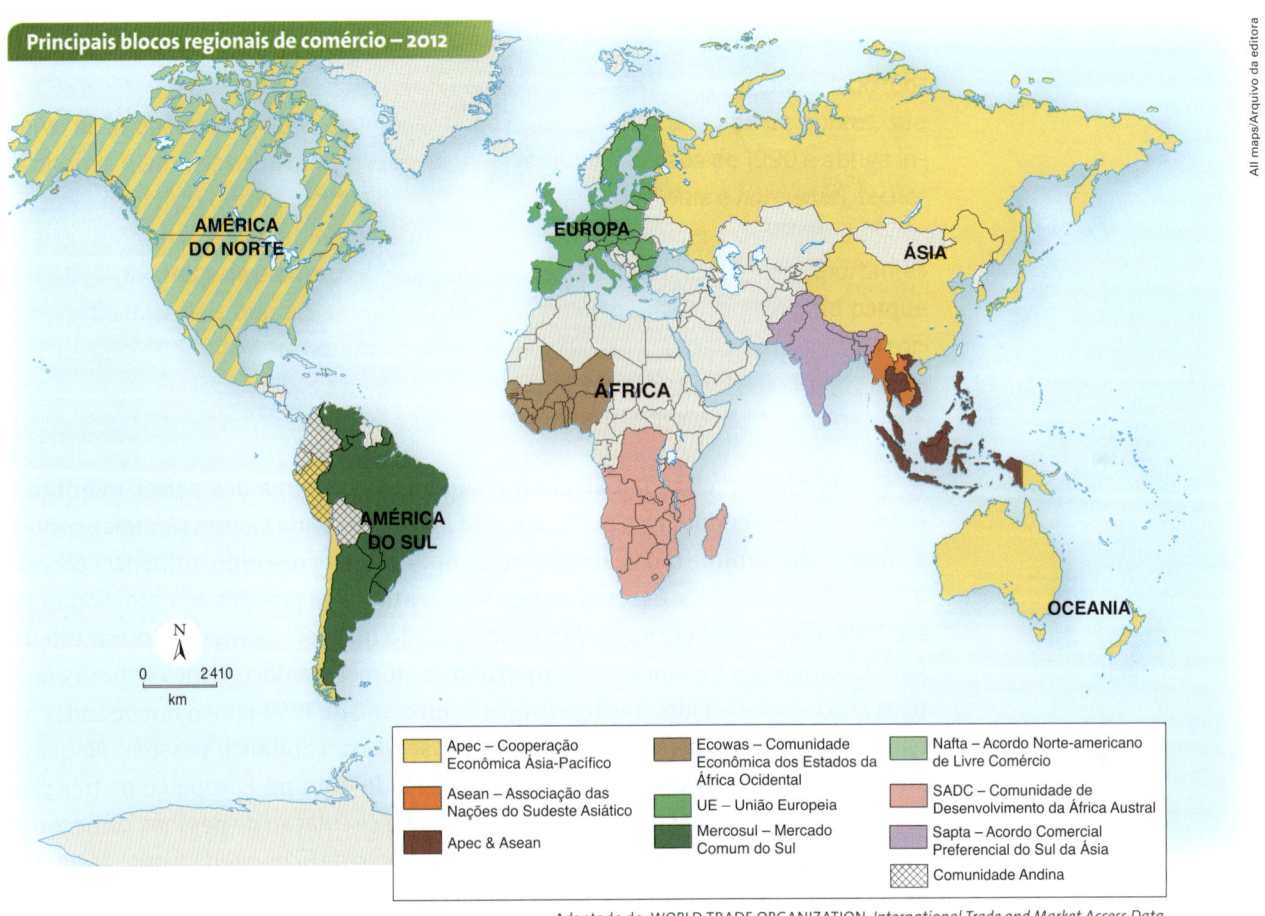

Principais blocos regionais de comércio – 2012

- Apec – Cooperação Econômica Ásia-Pacífico
- Asean – Associação das Nações do Sudeste Asiático
- Apec & Asean
- Ecowas – Comunidade Econômica dos Estados da África Ocidental
- UE – União Europeia
- Mercosul – Mercado Comum do Sul
- Nafta – Acordo Norte-americano de Livre Comércio
- SADC – Comunidade de Desenvolvimento da África Austral
- Sapta – Acordo Comercial Preferencial do Sul da Ásia
- Comunidade Andina

Adaptado de: WORLD TRADE ORGANIZATION. *International Trade and Market Access Data*. Disponível em: <www.wto.org/index.htm>. Acesso em: 28 abr. 2014.

União Europeia

A **União Europeia** (UE) foi criada pelo **Tratado de Roma**, assinado em 25 de março de 1957 (a integração entrou em vigor apenas em 1º de janeiro de 1958), com o nome de Comunidade Econômica Europeia (CEE). O nome atual só foi adotado no início da década de 1990. Os primeiros países integrantes foram França, Alemanha Ocidental, Itália, Bélgica, Países Baixos e Luxemburgo – grupo chamado "Europa dos Seis". Desde então, o bloco não parou de se expandir, como mostra o mapa a seguir, chegando aos 28 países em 2013. Em 2014, havia seis países candidatos: Antiga República Iugoslava da Macedônia, Islândia, Montenegro, Sérvia, Albânia e Turquia.

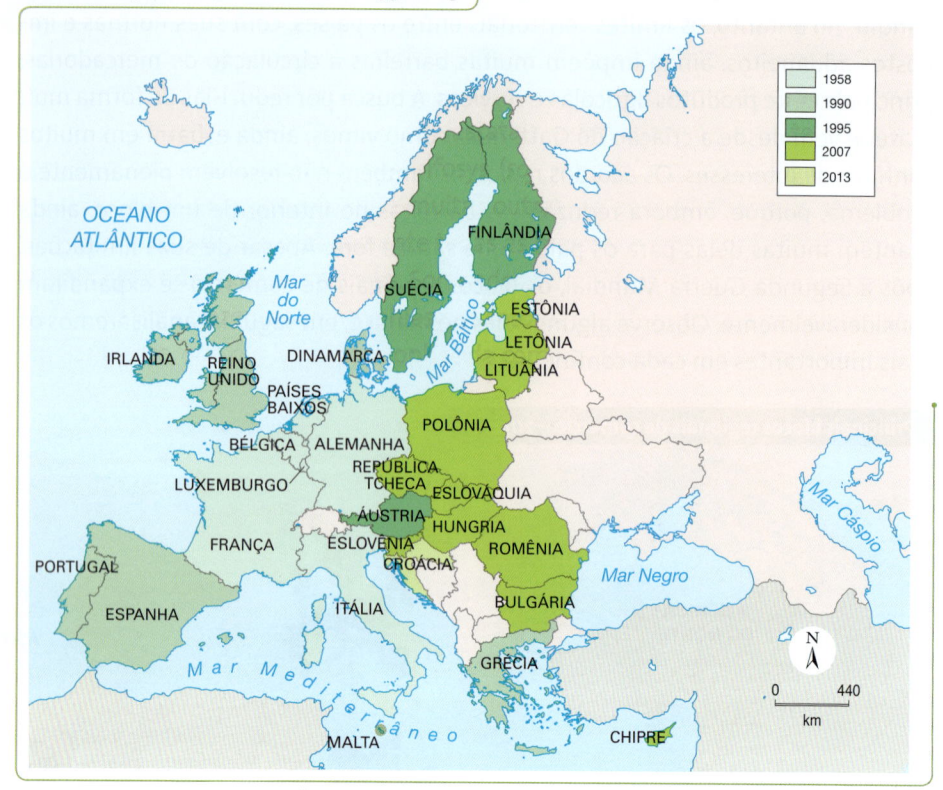

União Europeia: Estados-membros – 1958-2013

Legenda:
- 1958
- 1990
- 1995
- 2007
- 2013

Adaptado de: UNIÃO EUROPEIA. *Países*. Disponível em: <http://europa.eu/about-eu/countries/index_pt.htm>. Acesso em: 28 abr. 2014.

Os objetivos iniciais da CEE eram recuperar a economia dos países-membros, enfraquecidos econômica e politicamente após a Segunda Guerra Mundial, conter a ameaça do comunismo e, ao mesmo tempo, deter a crescente influência econômica norte-americana. Esses objetivos foram atingidos gradativamente. Somente em 1986, com a assinatura do Ato Único, acordo que complementou o Tratado de Roma, começou a instauração do mercado comum. Esse documento definiu objetivos precisos para a integração e estabeleceu o ano de 1993 para o fim de todas as barreiras à livre circulação de mercadorias, serviços, capitais e pessoas. Naquele ano, começou a funcionar plenamente o Mercado Comum Europeu e os três primeiros objetivos foram postos em prática. A livre circulação de pessoas começou a valer em 1995, quando entrou em vigor a Convenção de Schengen (acordo assinado nessa cidade luxemburguesa que prevê a supressão gradativa de controle fronteiriço entre os países signatários).

Em 1991, os países-membros do Mercado Comum Europeu assinaram o Tratado de Maastricht (cidade dos Países Baixos onde se realizou o encontro), por meio do qual definiram as etapas seguintes da integração e mudaram a denominação do bloco para União Europeia. Nesse mesmo tratado, os integrantes do bloco também decidiram utilizar uma moeda única, o euro, que começou a circular em 1º de janeiro de 2002. Assim, a UE tornou-se uma união econômica e monetária, cuja moeda passou a ser controlada pelo Banco Central Europeu, sediado em Frankfurt (Alemanha). Porém, não são todos os países-membros que fazem parte da chamada Zona do Euro. Em 2014, dezoito países da UE adotavam a moeda única; dos dez que não faziam parte da união monetária, dois – Reino Unido e Dinamarca – optaram por manter suas moedas nacionais e os oito restantes ainda não tinham preenchido as condições jurídicas e econômicas exigidas. Um país-membro da UE candidato a fazer parte da Zona do Euro precisa, entre outras medidas, harmonizar sua legislação com os tratados da União Europeia, principalmente no que se refere ao funcionamento do Banco Central, e ter contas públicas equilibradas, além de moeda estável perante o euro.

A União Europeia é o maior bloco comercial do planeta: em seus domínios estão quatro países da lista dos dez principais países exportadores — Alemanha, Países Baixos, França e Itália —, mas há também pequenas economias com um comércio externo reduzido, como Chipre e Malta. Em 2012, segundo a OMC, as exportações do conjunto dos países da UE atingiram 5,8 trilhões de dólares. Entretanto, 71% desse comércio é intrabloco.

Desde a assinatura do Tratado de Maastricht, o Parlamento europeu se fortaleceu gradativamente. Esse órgão, sediado em Estrasburgo (França), representa os cidadãos dos Estados-membros: seus parlamentares são eleitos diretamente e tomam decisões que afetam toda a UE. O número de representantes é proporcional à população de cada país, como mostra a tabela da próxima página.

A UE também dispõe de um poder executivo, a Comissão Europeia, que representa o interesse comum do bloco e tem como principal função pôr em prática as decisões do Conselho e do Parlamento, ou seja, é o órgão executivo por excelência. Sua sede fica em Bruxelas (Bélgica), considerada a capital da UE. O Conselho da União Europeia representa cada um dos Estados-membros e é o principal órgão de tomada de decisões no âmbito do bloco.

O euro é a moeda única criada para integrar monetária e economicamente os países-membros da União Europeia. Na foto, moeda de 1 euro.

A proposta de integração europeia foi apresentada pela primeira vez pelo ministro dos Negócios Estrangeiros da França, Robert Schuman (1886-1963), em discurso proferido em 9 de maio de 1950. Anualmente, em 9 de maio, celebra-se o Dia da Europa. Na foto de 2010, o edifício Berlaymont, sede da Comissão Europeia, o poder executivo da UE, em Bruxelas (Bélgica), com o memorial a Robert Schuman na entrada.

Analise os indicadores dos membros da União Europeia na tabela a seguir. Os países foram ordenados da maior população para a menor, coincidindo com a ordem de representantes no Parlamento europeu. Porém, observe que há grandes discrepâncias em relação ao PIB e, consequentemente, à renda *per capita*, e à capacidade exportadora.

União Europeia – 2012			
Membros	População (em milhões de habitantes)	PIB (em bilhões de dólares)	Exportações (em bilhões de dólares)	Representantes no Parlamento europeu – 2009-2014*
Alemanha	82	3 428	1 407	99
França	66	2 613	569	74
Reino Unido	63	2 472	468	73
Itália	61	2 015	501	73
Espanha	46	1 323	292	54
Polônia	39	490	153	51
Romênia	21	193	58	33
Países Baixos	17	771	656	26
Grécia	11	249	34	22
Portugal	11	212	58	22
Bélgica	11	483	446	22
República Tcheca	11	196	157	22
Hungria	10	125	104	22
Suécia	10	524	172	20
Áustria	8	395	166	19
Bulgária	7	51	27	18
Dinamarca	6	315	106	13
Finlândia	5	248	73	13
República Eslovaca	5	91	81	13
Irlanda	5	211	117	12
Croácia	4	59	12	12
Lituânia	3	42	30	12
Letônia	2	28	14	9
Eslovênia	2	45	32	8
Estônia	1	22	16	6
Chipre	1	23	2	6
Luxemburgo	0,5	55	19	6
Malta	0,5	9	4	6
Total	**509**	**16 688**	**5 774**	**766**

THE WORLD BANK. *World Development Indicators 2014*. Washington, D. C., 2014. Disponível em: <http://wdi.worldbank.org/tables>. Acesso em: 28 abr. 2014; PARLAMENTO EUROPEU. Deputados. 7ª Legislatura: 2009-2014. Disponível em: <www.europarl.europa.eu/meps/pt/map.html>. Acesso em: 28 abr. 2014. * As eleições para a 8ª Legislatura estavam marcadas para maio de 2014.

A crise econômica na UE

Como estudamos no capítulo 13, a crise financeira iniciada em 2008 nos Estados Unidos atingiu fortemente à União Europeia a partir de 2010, e no fim de 2013 os países dessa região, especialmente os do Mediterrâneo, ainda sofriam suas consequências.

A situação mais grave era a da Grécia, cuja dívida pública atingiu 170% do PIB em 2011. Com a ajuda recebida da União Europeia essa dívida reduziu um pouco em 2012, mas ainda assim manteve-se muito alta (veja a tabela abaixo). A dívida grega extrapolou quase três vezes o limite estabelecido em 1992 pelos Critérios de Maastricht, acordo de convergência dos indicadores econômicos para a futura adoção da moeda única, quando foi definido que o endividamento público dos países-membros não poderia ultrapassar 60% do PIB. A maioria dos países da UE ultrapassou esse limite e, como se observa pelos dados da tabela abaixo, justamente os mais endividados são os mais vulneráveis. A crise atingiu a Europa em 2010, quando na maioria dos países o *deficit* público se elevou (situação em que o governo gasta mais do que arrecada). Segundo os Critérios de Maastricht, o *deficit* público não poderia ultrapassar 3% do PIB, mas, como se pode observar na tabela abaixo, em 2010, na maioria dos países, os gastos governamentais excederam esse limite.

Para tentar solucionar o problema do *deficit* público e do excessivo endividamento, os governos têm cortado investimentos e despesas (corte de gastos com infraestrutura, redução de benefícios sociais e no valor de aposentadorias) e elevado impostos e tarifas públicas. Essas medidas acabam limitando o consumo de bens e serviços por parte da população, dificultando a retomada do crescimento econômico e a recuperação dos empregos, e fizeram com que, em 2012, a crise atingisse mais intensamente a economia real. Como se pode observar na tabela abaixo, quase todos os países do bloco entraram em recessão, o que levou a um forte aumento do desemprego, sobretudo nos países do Mediterrâneo, os mais atingidos pela crise na Europa.

Protesto ocorrido em Lisboa (Portugal), em março de 2013, contra as medidas de austeridade tomadas pelo governo para enfrentar a crise econômica.

Situação econômica de países selecionados da União Europeia – 2012				
País	Dívida pública bruta (% do PIB)	*Deficit* público (% do PIB) em 2010	Taxa de crescimento do PIB (%)	Taxa de desemprego (% da PEA)
Grécia	159	−10,7	−6,4	24,2
Itália	127	−4,3	−2,4	10,7
Portugal	123	−9,8	−3,2	15,7
Irlanda	117	−30,8	0,2	14,7
França	90	−7,1	0,0	10,3
Reino Unido	90	−10,1	0,2	8,0
Espanha	84	−9,7	−1,6	25,0
Alemanha	82	−4,3	0,9	5,5
Países Baixos	72	−5,1	−1,2	5,3
Finlândia	53	−2,8	−0,8	7,8

FMI. *World Economic Outlook Database*, Out. 2013. Disponível em: <www.imf.org/external/pubs/ft/weo/2013/02/weodata/index.aspx>. Acesso em: 28 abr. 2014.

Nafta

O **Acordo Norte-Americano de Livre Comércio** (Nafta, na sigla em inglês de *North American Free Trade Agreement*) foi assinado em 1992 por Estados Unidos, Canadá e México e entrou em vigor em 1º de janeiro de 1994 (observe o mapa). Historicamente, os Estados Unidos sempre estimularam o multilateralismo e viam com reserva a formação de blocos comerciais por considerá-los uma forma de limitar seus mercados no mundo. O país só concordou com a criação da Comunidade Econômica Europeia, em 1957, porque o acordo ajudaria a consolidar o capitalismo na Europa ocidental e a conter o avanço do comunismo soviético.

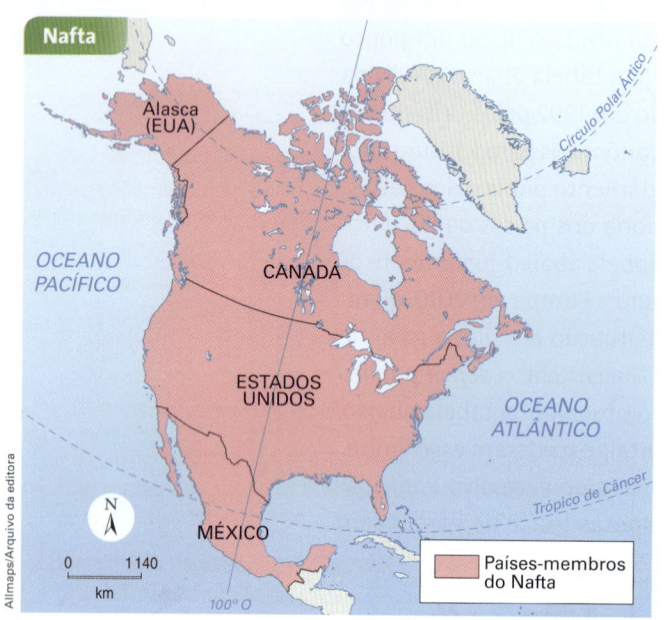

Organizado pelos autores.

No atual mundo globalizado, com o aumento da concorrência e a consolidação da tendência de formação de blocos, os Estados Unidos viram no regionalismo comercial um meio de expandir seus interesses econômicos em toda a América. Depois do Nafta, a Área de Livre Comércio das Américas (Alca), envolvendo todos os países americanos (com exceção de Cuba) foi o principal projeto integracionista defendido pelo governo do presidente Bill Clinton (1992-2000), porém, está paralisado desde o início do mandato de George W. Bush (2000-2008). A resistência do Brasil e de seus sócios no Mercosul ao modelo de integração proposto e o envolvimento do governo Bush nas guerras do Afeganistão (2001) e do Iraque (2003) puseram fim às negociações. A partir de então, os Estados Unidos passaram a firmar acordos bilaterais com diversos países da América, como o Chile, e de outros continentes, como a Austrália. Em 2009, com a eleição de Barack Obama, a situação não mudou.

O Nafta é um gigantesco mercado consumidor: em 2012 seu PIB era de 19 trilhões de dólares (perceba que é maior do que o da UE, que tem 28 países-membros). Segundo a OMC, em 2012, as exportações conjuntas dos três países do bloco somaram quase 2,4 trilhões de dólares e as importações, 3,2 trilhões. Esse enorme *deficit* comercial é quase todo responsabilidade dos Estados Unidos, que apresentaram naquele ano uma balança comercial desfavorável no valor de 790 bilhões de dólares.

Desde a criação do Nafta, o comércio intrabloco cresceu intensamente, o que desviou fluxos de mercadorias de outras regiões, sobretudo da União Europeia. Com a gradativa redução das barreiras alfandegárias entre os três países-membros, essa zona de livre-comércio ampliou significativamente suas trocas comerciais.

Nafta – 2012			
Membros	**População (em milhões de habitantes)**	**PIB (em bilhões de dólares)**	**Exportações (em bilhões de dólares)**
Estados Unidos	314	16 245	1 546
Canadá	35	1 821	455
México	121	1 178	371
Total	**470**	**19 244**	**2 371**

THE WORLD BANK. *World Development Indicators 2014.* Washington, D. C., 2014. Disponível em: <http://wdi.worldbank.org/tables>. Acesso em: 28 abr. 2014.

A criação do Nafta acentuou a dependência do Canadá e do México em relação aos Estados Unidos, cuja economia em 2012 correspondia a 84% do produto interno do bloco. Em 1986, alguns anos antes da criação da zona de livre-comércio, 78% das exportações do Canadá e 66% das do México se destinavam aos Estados Unidos; em 2005 esses números subiram para, respectivamente, 84% e 80%. Com a crise financeira originada nos Estados Unidos em 2008, essa dependência foi muito prejudicial aos outros dois países. Segundo o FMI, em 2009, o PIB mexicano encolheu 6,8% e o PIB canadense, 2,6%. Esse fato fez com que buscassem uma diver-

Mesmo nos Estados Unidos, muitos setores da sociedade eram contrários ao Nafta, como o sindicato dos trabalhadores da indústria automobilística (United Auto Workers – UAW). Na foto, manifestação em 1993, perto da fábrica da General Motors, em Linden, Nova Jersey. Os cartazes dizem "Não ao Nafta" e "Não mande meu emprego para o México".

sificação de seus mercados de exportação, o que reduziu um pouco o peso do mercado do grande vizinho no comércio exterior de ambos (veja na tabela a seguir os números do Canadá).

Principais destinos das exportações do Canadá (porcentagem do total exportado)			
Destinos	2005	2010	2012
América do Norte	84,6	75,7	75,5
Estados Unidos	83,9	74,4	74,3
Europa	6,5	9,9	9,4
União Europeia	5,7	8,5	8,5
Ásia	6,5	9,9	10,7
China	1,7	3,3	4,3
Outros continentes	5,5	4,0	4,2

WORLD TRADE ORGANIZATION. *International Trade Statistics 2012, International Trade Statistics 2013*. Disponível em: <http://www.wto.org/english/res_e/publications_e/publications_e.htm>. Acesso em: 28 abr. 2014.

Mercosul

O **Mercado Comum do Sul** (**Mercosul**) começou a se formar em 1985, nos governos de Raúl Alfonsín (Argentina) e José Sarney (Brasil). Para viabilizar o projeto de integração, Brasil e Argentina tiveram de deixar de lado sua tradicional rivalidade e seus projetos hegemônicos na América do Sul, vigentes na época em que eram governados por ditaduras militares. Várias reuniões foram realizadas entre representantes dos dois governos ao longo dos anos seguintes até que incorporassem o Paraguai e o Uruguai nas negociações e os quatro assinassem o **Tratado de Assunção** em 1991.

O objetivo inicial do Mercosul era estabelecer uma zona de livre-comércio entre os países-membros por meio da eliminação gradativa de tarifas alfandegárias e restrições não tarifárias, liberando a circulação da maioria das mercadorias. Alcançada

José Varell/Agência Estado

O Mercosul foi formado em 26 de março de 1991 com a assinatura do Tratado de Assunção, e seu secretariado está sediado em Montevidéu (Uruguai). Na foto, os presidentes Andrés Rodrigues (Paraguai), Carlos Menem (Argentina), Fernando Collor (Brasil) e Luis Alberto Lacalle (Uruguai) após reunião do Mercosul no Palácio da Alvorada, Brasília, em 17 de dezembro de 1991.

essa meta, em 1994 foi assinado o Protocolo de Ouro Preto e fixou-se uma política comercial conjunta dos países-membros em relação a nações não integrantes do bloco, medida que definiu a **Tarifa Externa Comum** (**TEC**) e transformou o Mercosul em união aduaneira. A TEC serve para que todos cobrem um imposto de importação comum, para evitar que algum membro dê tratamento diferenciado a determinado setor e se torne porta de entrada de produtos que depois possam circular livremente dentro do bloco. Entretanto, como há uma lista grande de exceções, isto é, de produtos que não se enquadram na TEC, considera-se que o Mercosul é uma união aduaneira imperfeita.

O Protocolo de Ouro Preto também permitiu criar uma estrutura institucional — composta do Conselho do Mercado Comum e da Comissão de Comércio do Mercosul, entre outros órgãos — para que a integração se aprofunde, chegando ao estágio de mercado comum, terceira e mais avançada etapa do processo de integração.

Em julho de 2006, foi assinado o protocolo de adesão da Venezuela como membro do Mercosul, mas para que isso ocorresse foi necessário que os Congressos de cada um dos países-membros aprovassem o ingresso. Os parlamentos da Argentina, do Uruguai e do Brasil aprovaram com certa rapidez, mas houve maior relutância por parte do Congresso paraguaio. Muitos congressistas brasileiros resistiram em aprovar a entrada da Venezuela com o argumento de que o governo de Hugo Chávez (1999-2013) era antidemocrático; o mesmo ocorreu entre seus pares paraguaios, com a diferença de que lá esse sentimento era majoritário e eles frearam o processo de adesão venezuelano. Nos acordos do Mercosul, há uma cláusula que afirma que se um país-candidato não respeitar as regras da democracia constitucional não pode ser aceito no bloco e se um país-membro desrespeitá-la é passível de suspensão e até de expulsão do bloco.

Em junho de 2012, o Congresso paraguaio votou o *impeachment* (impedimento) do presidente Fernando Lugo, que estava politicamente enfraquecido, em rito sumário consumado em menos de 24 horas, praticamente sem lhe garantir o direito de defesa. Como retaliação pelo que foi considerado uma ruptura da ordem democrática, em encontro de presidentes do Mercosul realizado no mesmo mês em Mendoza (Argentina), o Paraguai foi temporariamente suspenso do bloco até a realização de novas eleições (ocorridas em abril de 2013 e vencidas por Horacio Cartes). Aproveitando-se dessa suspensão, os outros três membros do Mercosul, em reunião extraordinária realizada em Brasília (DF), aprovaram a entrada da Venezuela no bloco, o que ocorreu em 31 de julho de 2012.

Apesar da expansão do Mercosul, conflitos comerciais entre o Brasil e a Argentina têm mostrado que deve ser longo o caminho para a instituição do mercado comum, caracterizado por retrocessos. A crise argentina de 2001/2002 causou acentuada queda do PIB do país e consequentemente um grande aumento do desemprego e da pobreza, além de redução da capacidade de consumo. Com isso, as exportações brasileiras para o vizinho argentino despencaram nesse período, como mostra a tabela da próxima página (coluna à direita).

A retomada do crescimento econômico nos dois principais países-membros, o aumento do fluxo de comércio entre eles, principalmente a partir de 2004, e a assinatura do protocolo de adesão da Venezuela são fatos que sinalizavam um fortalecimento do Mercosul após anos de instabilidade. A crise financeira que eclodiu em 2008 provocou uma queda acentuada do comércio intrarregional em 2009, mas a partir de 2010 as trocas comerciais foram retomadas entre os países do bloco. Sobretudo, aumentaram as exportações brasileiras para a Argentina, o que levou este país, que mais uma vez enfrentava dificuldades econômicas, a impor barreiras a muitos produtos brasileiros, criando atritos em suas relações comerciais. A Argentina representava cerca de 80% das exportações brasileiras para o Mercosul e, embora seja nosso terceiro maior comprador, absorveu somente 8% do total de nossas vendas ao exterior em 2013 (o maior parceiro comercial do Brasil é a China, que ficou com 19% de nossas exportações, seguida pelos Estados Unidos, com 10%).

Comércio exterior brasileiro com o Mercosul e a Argentina (em bilhões de dólares)				
Ano	Exportações para		Importações de	
	Mercosul	Argentina	Mercosul	Argentina
2000	7,7	6,2	7,8	6,8
2001	6,4	5,0	7,0	6,2
2002	3,3	2,3	5,6	4,7
2003	5,7	4,6	5,7	4,7
2004	8,9	7,4	6,4	5,6
2005	11,7	9,9	7,1	6,2
2006	14,0	11,7	9,0	8,1
2007	17,4	14,4	11,6	10,4
2008	21,7	17,6	14,9	13,3
2009	15,8	12,8	13,1	11,3
2010	22,6	18,5	16,6	14,4
2011	27,9	22,7	19,4	16,9
2012	22,8	18,0	19,3	16,4
2013	24,7	19,6	19,3	16,5

MINISTÉRIO DO DESENVOLVIMENTO, INDÚSTRIA E COMÉRCIO EXTERIOR. *Balança comercial – Mercosul*. Dez. 2013. Disponível em: <www.mdic.gov.br/sitio/interna/interna.php?area=5&menu=2081>. Acesso em: 28 abr. 2014.

Como mostra a tabela da próxima página, em 2012 o bloco tinha um PIB de 3,2 trilhões de dólares. Sua população era equivalente a pouco mais da metade da União Europeia e do Nafta, mas seu PIB era, respectivamente, seis e cinco vezes menor. Em relação ao comércio, o peso proporcional do Mercosul é ainda menor. De acordo com a OMC, em 2012 os cinco países do bloco exportaram mercadorias no valor de 437 bilhões de dólares (cinco vezes menos que o Nafta e treze vezes menos que a UE). Desse total, o Brasil foi responsável por exportações no valor de 243 bilhões de dólares. Como se pode perceber, nosso país é responsável por 56% do comércio exterior do Mercosul. Veja os indicadores desse bloco e compare-os com os da UE e do Nafta.

Caminhões trazendo mercadorias da Argentina aguardam inspeção alfandegária em Uruguaiana (RS), em 2012.

Anderson Petrocelli/Agência RBS/Folhapress

Mercosul – 2012			
Membro	População (em milhões de habitantes)	PIB (em bilhões de dólares)	Exportações (em bilhões de dólares)
Brasil	199	2 253	243
Argentina	41	476	81
Venezuela	30	381	97
Uruguai	3	50	9
Paraguai	7	26	7
Total	280	3 186	437

THE WORLD BANK. *World Development Indicators 2014*. Washington, D. C., 2014.
Disponível em: <http://wdi.worldbank.org/tables>. Acesso em: 28 abr. 2014.

☞ Para saber mais sobre o **Mercosul** e a **Unasul**, consulte o *site* do **Ministério das Relações Exteriores**. Veja orientações na seção **Sugestões de leitura, filmes e *sites***.

Mercosul, Comunidade Andina e Unasul

Países-membros do Mercosul
Países-membros da Comunidade Andina
Países-membros da Unasul
Países-membros da Aliança do Pacífico

Allmaps/Arquivo da editora

Organizado pelos autores.

Os países da Comunidade Andina e o Chile são Estados Associados ao Mercosul, ou seja, participam de algumas reuniões e têm acordos pontuais de livre-comércio, mas não são membros-plenos. Por meio da Declaração de Lima, assinada em 2011 na capital peruana, Chile, Colômbia, México e Peru criaram outro bloco econômico: a Aliança do Pacífico. Em 2014, Costa Rica e Panamá eram candidatos a membros. Foi criado como zona de livre-comércio (92% dos produtos já circulam com tarifa zero), mas com projeção de se tornar mercado comum. Busca ser uma alternativa de integração ao Nafta e ao Mercosul na América, e ponte para a Ásia-Pacífico.

Para saber mais

Unasul

A **União das Nações Sul-Americanas** (Unasul) foi criada em encontro entre chefes de Estado e de Governo dos doze países sul-americanos, realizado em Brasília (DF), em 2008. De acordo com o Tratado Constitutivo da Unasul, seu objetivo é "construir uma identidade e cidadania sul-americanas e desenvolver um espaço regional integrado no âmbito político, econômico, social, cultural, ambiental, energético e de infraestrutura". Esse Tratado entrou em vigor em 2011.

Para que esse espaço regional seja integrado na prática é necessário adotar diversas medidas conjuntas como, por exemplo, a integração das infraestruturas – transportes, energia, telecomunicações, etc. Além disso, foi proposta a criação de um Conselho de Defesa para resolver pendências e possíveis conflitos entre os países do subcontinente. A cláusula democrática também existe na Unasul, por isso o Paraguai também foi suspenso dessa organização na ocasião do *impeachment* do presidente Fernando Lugo.

Asean e Apec

Há mais de três décadas, a Ásia vem apresentando os maiores índices de crescimento econômico do mundo e seu comércio intrarregional tem aumentado mais do que as trocas com outras regiões. Apesar disso, é o continente em que menos avançou o processo de formação de blocos regionais de comércio. As rivalidades e desconfianças históricas entre os países asiáticos, sobretudo entre Japão, China, Índia e Coreia do Sul, as maiores economias, têm dificultado uma integração regional mais profunda. Assim, ao contrário das outras potências econômicas mundiais – Estados Unidos e Alemanha –, o Japão e a China não lideram nenhum bloco regional de comércio. Nenhum dos dois faz parte do mais importante bloco comercial da região, a **Associação das Nações do Sudeste Asiático** (**Asean**). Integram a **Cooperação Econômica Ásia-Pacífico** (**Apec**), mas esse fórum composto de diversos países dos três continentes banhados pelo oceano Pacífico – Ásia, América e Oceania – ainda não constitui uma zona de livre-comércio.

A **Asean** (do inglês *Association of South East Asian Nations*) foi criada com o objetivo de desenvolver o Sudeste Asiático e aumentar a estabilidade política e econômica da região. Foi estabelecida em 1967, em Bangcoc (Tailândia), pelos cinco membros fundadores: Indonésia, Malásia, Filipinas, Cingapura e Tailândia. Em 1997, no 30º aniversário da associação, foi lançada a Asean Visão 2020, plano ambicioso para criar a **Comunidade Asean**, cuja meta é aprofundar a integração econômica, política e cultural entre seus países-membros.

Em 2013, a Asean contava com dez países-membros. Além dos fundadores também compunham o bloco: Brunei, Vietnã, Laos, Camboja e Mianmar (excetuando os três últimos, os outros sete também são membros da Apec; observe seus indicadores em destaque na tabela da página seguinte). Os dez países da Asean dispõem de um amplo mercado consumidor. Em 2012, segundo dados do Banco Mundial, seu PIB conjunto era de 2,3 trilhões de dólares e, de acordo com a OMC, suas exportações totais eram de 1,3 trilhão de dólares.

Presidente da Indonésia (de terno) e de Myanmar e suas esposas posam para foto antes da cerimônia de abertura da 24ª Cúpula da Asean, em Nay Pyi Taw, capital de Myanmar, em maio de 2014.

A **Apec** (do inglês *Asia Pacific Economic Cooperation*) foi fundada em 1989. Com sede em Cingapura, é composta de vinte países da bacia do Pacífico e por Hong Kong (região administrativa especial chinesa). Atualmente é apenas um fórum, mas com o tempo pretende instituir uma zona de livre-comércio entre seus membros. Entretanto, para que isso aconteça, eles terão de superar divergências históricas e profundas disparidades econômicas, como se pode observar na tabela abaixo.

Apec – 2012			
Membro (os países destacados também são membros da Asean)	População (em milhões de habitantes)	PIB (em bilhões de dólares)	Exportações (em bilhões de dólares)
Estados Unidos	314	16 245	1 546
China	1 351	8 227	2 049
Japão	128	5 960	799
Rússia	144	2 015	529
Canadá	35	1 821	455
Austrália	23	1 532	257
México	121	1 178	371
Coreia do Sul	50	1 130	548
Indonésia	247	878	188
Taiwan	23	474	301
Tailândia	67	366	230
Malásia	29	305	227
Cingapura	5	275	408
Chile	17	270	79
Hong Kong (China)	7	263	493
Filipinas	97	250	52
Peru	30	204	46
Nova Zelândia	4	167	37
Vietnã	89	156	115
Brunei	0,5	17	14
Papua-Nova Guiné	7	16	7
Total	**2 788,5**	**41 749**	**8 751**

THE WORLD BANK. *World Development Indicators 2014*. Washington, D. C., 2014. Disponível em: <http://wdi.worldbank.org/tables>. Acesso em: 28 abr. 2014; WORLD Trade Organization. *International Trade Statistics 2013*. Disponível em: <http://www.wto.org/english/res_e/publications_e/publications_e.htm>. Acesso em: 28 abr. 2014. FMI. *World Economic Outlook Database*, Out. 2013. Disponível em: <www.imf.org/external/pubs/ft/weo/2013/02/weodata/index.aspx>. Acesso em: 28 abr. 2014.

Apesar da crescente interdependência econômica dos países da bacia do Pacífico, é muito difícil estabelecer uma integração semelhante à da União Europeia, ou mesmo à do Nafta, por causa das disputas comerciais entre as três principais potências – Estados Unidos, Japão e China – e da característica fortemente nacionalista dos projetos de desenvolvimento instituídos pelos Estados da região, principalmente do Leste e Sudeste Asiático.

A Austrália cada vez mais comercializa com países da Ásia, sobretudo China e Japão. Há uma complementaridade nessa relação: as duas maiores economias asiáticas necessitam de matérias-primas e energia, e a Austrália, apesar de industrializada, é grande exportadora desses recursos. Na foto de 2012, caminhão basculante operado por controle remoto transporta minério de ferro na mina da BHP Billiton na região de Pilbara, Austrália Ocidental. Essa mineradora é a maior empresa do país e, em 2013, estava na 115ª posição na lista da *Fortune Global 500*.

Se a Apec se constituísse como um bloco econômico, seria o maior do mundo, superando a União Europeia. Em 2012, segundo dados do Banco Mundial, sua população correspondia a 39% dos habitantes do planeta; seu PIB conjunto, a 58% da produção bruta mundial; e suas exportações, a 47% do comércio internacional.

SADC

Na África, os processos de integração regional são prejudicados pelo grave quadro de desagregação do continente: dependência econômica, carência de infraestrutura básica, baixo nível de industrialização, pobreza, fome, epidemias e guerras civis. Os blocos econômicos africanos são muito frágeis, refletindo a economia dos países que os compõem. O mais importante acordo regional de comércio do continente é a **Comunidade de Desenvolvimento da África Austral** (**SADC**, do inglês *Southern African Development Community*). Esse bloco foi criado em 1992 para assegurar a cooperação na região austral do continente africano e em 2014 era composto de quinze países (localize-os no mapa ao lado), cujo objetivo é constituir uma zona de livre-comércio.

A Área de Livre-Comércio da SADC foi lançada em Sandton (África do Sul) em agosto de 2008. É composta de doze países-membros do bloco e três que devem aderir posteriormente (Angola, República Democrática do Congo e Seychelles).

As tarifas vêm sendo reduzidas desde 2001 e no momento em que essa zona de livre-comércio começou a funcionar cerca de 85% dos produtos comercializados entre os doze países já circulavam com tarifa zero, o que era a condição mínima exigida para seu lançamento. Em janeiro de 2012, a zona de livre-comércio foi ampliada com a redução de tarifas para diversos produtos considerados sensíveis, como têxteis, vestuários e couros. Em razão da criação da SADC (houve uma ampliação significativa do comércio intrabloco), mas, sobretudo por causa da grande valorização das matérias-primas no mercado internacional, as vendas ao exterior dos países desse bloco quadruplicaram em dez anos. Segundo a OMC, em 2001 as exportações conjuntas dos países da SADC eram de 48,7 bilhões de dólares (veja, na primeira tabela a seguir, o valor para 2012).

Rieger Bertrand/HEMIS.FR/AFP

O país-membro mais importante da SADC é a África do Sul, cuja economia corresponde a 59% da produção total do bloco. Na foto, centro de Joanesburgo, cidade mais importante do país, em 2014.

Em 2012, os 282 milhões de pessoas que viviam nos países que compunham a SADC foram responsáveis por um PIB conjunto de 648 bilhões de dólares e exportações no valor de 208 bilhões de dólares. Para comparação: a Suécia, uma economia de tamanho médio na União Europeia, cuja população era de apenas 10 milhões de habitantes, no mesmo ano gerou um PIB de 524 bilhões de dólares e exportou mercadorias no valor de 172 bilhões de dólares.

Essas informações evidenciam que os fluxos de mercadorias são mal distribuídos no espaço geográfico mundial e, consequentemente, os blocos são muito diferentes em relação a tamanho econômico e capacidade comercial. Apesar de ser o principal acordo regional de comércio da África, a SADC é muito pequena em termos econômicos quando comparada aos principais blocos do mundo.

Desde o fim do século XX, os países africanos em geral e, principalmente, as maiores economias da SADC têm se beneficiado do aumento da demanda mundial, principalmente a chinesa, por matérias-primas agrícolas e minerais. A China tem investido pesado em vários projetos de infraestrutura (energia, transportes, etc.), produção agrícola e extração mineral em muitos países africanos, o que tem garantido elevadas taxas de crescimento econômico em muitos deles. Angola, por exemplo, é um dos que mais vêm se beneficiando desse novo cenário: seu PIB vinha crescendo a taxas anuais muito elevadas, chegando a superar 20% nos três anos antes da crise que eclodiu em 2008. Como mostram os dados da tabela a seguir, a crise econômica não atingiu de forma tão grave os países desse bloco porque seu principal mercado de exportações na atualidade é a China, que vem mantendo um crescimento robusto. Além disso, nos principais países africanos tem havido um aumento da classe média, fenômeno que tem acontecido em diversos países em desenvolvimento.

SADC – 2012			
Membro	População (em milhões de habitantes)	PIB (em bilhões de dólares)	Exportações (em bilhões de dólares)
África do Sul	51	384,3	87,3
Angola	21	114,1	73,0
Tanzânia	45	28,2	5,5
Zâmbia	14	20,7	8,6
República Democrática do Congo	66	17,2	6,3
Botsuana	2	14,5	6,0
Moçambique	25	14,2	4,1
Namíbia	2	13,1	4,1
Maurício	1	10,5	2,7
Madagascar	22	10,0	1,5
Zimbábue	14	9,8	3,8
Malauí	16	4,3	1,3
Suazilândia	1	3,7	1,9
Lesoto	2	2,4	1,1
Seychelles	0,1	1,1	0,5
Total	**282,1**	**648,1**	**207,7**

THE WORLD BANK. *World Development Indicators 2014*. Washington, D. C., 2014. Disponível em: <http://wdi.worldbank.org/tables>. Acesso em: 28 abr. 2014.

Taxa de crescimento do PIB das maiores economias da SADC (em porcentagem)						
País	2000	2005	2008	2009	2010	2012
África do Sul	4,2	5,3	3,6	−1,5	3,1	2,5
Angola	3,0	20,6	13,8	2,4	3,4	5,2
Tanzânia	4,9	7,4	7,4	6,0	7,0	6,9
Zâmbia	3,6	5,3	5,7	6,4	7,6	7,2
Botsuana	5,9	4,6	3,9	−7,8	8,6	4,2
República Democrática do Congo	−6,9	7,8	6,2	2,8	7,2	7,2
Moçambique	1,5	8,4	6,8	6,3	7,1	7,4

FMI. *World Economic Outlook Database*, Out. 2013. Disponível em: <www.imf.org/external/pubs/ft/weo/2013/02/weodata/index.aspx>. Acesso em: 28 abr. 2014.

Atividades

Compreendendo conteúdos

1. De acordo com o que foi visto ao longo do capítulo, o comércio internacional é concentrado geograficamente ou bem distribuído no mundo?

2. Explique o que é o G-20 comercial e discuta sua importância no âmbito da OMC.

3. Explique a transformação do Acordo Geral de Tarifas e Comércio (Gatt) em Organização Mundial do Comércio (OMC). O que mudou?

4. Sobre a União Europeia, o Nafta e o Mercosul, responda:
   a) Qual é a diferença entre esses blocos regionais de comércio?
   b) Compare-os, considerando o tamanho da economia e o potencial de comércio.
   c) Sob esse aspecto, compare a SADC com os outros três blocos.

Desenvolvendo habilidades

5. Desde o início da Revolução Industrial, o livre-comércio tem sido defendido por economistas influentes, entre os quais se destaca o escocês Adam Smith (1723-1790), e também por políticos importantes como Benjamin Franklin, cuja frase ao lado é elucidativa. Entretanto, quase sempre o intercâmbio mundial de mercadorias sofre algum tipo de restrição com a imposição de barreiras tarifárias e não tarifárias. Ou seja, o comércio internacional não é totalmente livre, daí, como vimos, as diversas rodadas de negociação que vêm ocorrendo no âmbito da OMC desde o tempo que ainda era um acordo, o Gatt. Leia a seguir argumentos a favor e contra o livre-comércio. Em seguida, discuta-os com os colegas e respondam às questões.

> **"Nenhuma nação jamais foi arruinada pelo comércio."**
>
> *Benjamin Franklin (1706-1790), político norte-americano.*

Quais são os argumentos a favor e contra o livre-comércio?

Como principais argumentos a favor do livre-comércio, citam-se:
– o aumento da quantidade e da variedade de bens disponíveis para consumo;
– a possibilidade de o país exportar os produtos nos quais é mais eficiente que seus parceiros comerciais;
– a redução dos custos para a aquisição de insumos produtivos não disponíveis ou de alto custo no país, o que permite à indústria instalada ganhar em produtividade e tornar-se mais competitiva;
– os ganhos de competitividade e a geração de empregos nos setores domésticos capacitados a competir nos mercados mundiais;
– a livre alocação dos insumos entre as indústrias;
– a identificação dos setores e insumos mais competitivos;
– a eliminação da distorção em preços relativos;
– o maior acesso a linhas externas de investimento;
– a correção de eventual viés antiexportação que tenha se consolidado na estrutura da economia.

Por outro lado, os argumentos clássicos que têm sido levantados contra o livre-comércio são:
– a proteção à "indústria nascente" (A. Hamilton, F. List);
– a preservação do emprego;
– a defesa frente ao comércio desleal;
– a promoção da segurança nacional;
– a manutenção de poder de barganha em futuras negociações internacionais;
– a alegada existência de setores estratégicos; e,
– o controle do nível de importações como meio de promover algum equilíbrio do balanço de pagamentos.

INSTITUTO DE ESTUDOS DO COMÉRCIO E NEGOCIAÇÕES INTERNACIONAIS (ICONE). *Economia e Comércio Internacional*. Disponível em: <www.iconebrasil.com.br/biblioteca/perguntas-e-resposta/economia-e-comercio-internacional>. Acesso em: 28 abr. 2014.

a) Com quais argumentos vocês concordam?
b) Há algum outro argumento favorável ou contrário que poderia ser mencionado?
c) Pesquisem na internet e descubram algum exemplo de restrição ao livre-comércio que o Brasil enfrenta em suas exportações e algum tipo de restrição que nosso país impõe a algum produto importado. Por fim, procurem relacioná-las com os argumentos anteriores.

1. **NE** (UFPE) As alternativas a seguir se referem aos aspectos do processo de integração nas diferentes fases de formação de um bloco econômico. Analise-as.

   ( ) A Zona de Livre-Comércio corresponde à fase em que as tarifas alfandegárias são reduzidas (ou eliminadas) e as mercadorias produzidas nos países que compõem essa Zona circulam livremente de um país para outro e para o exterior.

   ( ) Na fase da União Aduaneira, além das mercadorias produzidas no âmbito do bloco circularem livremente de um país para outro, é estabelecida uma tarifa externa comum (TEC), para o comércio com os países que não formam o bloco. Essa fase é caracterizada, também, pela livre circulação de pessoas.

   ( ) No Mercado Comum, além do livre-comércio de mercadorias entre os países-membros do bloco e da existência de uma TEC para o comércio com países de fora, há a livre circulação de pessoas, de serviços e de capitais.

   ( ) Na fase da União Monetária, o bloco tem características da fase de Mercado Comum, somando-se a estas a unificação institucional do controle do fluxo monetário e o estabelecimento de uma moeda única.

   ( ) A União Política representa a fase em que o bloco, além de apresentar definições legais da União Monetária, tem unificada as políticas de relações internacionais, defesa, segurança interna e externa.

2. **CO** (UnB-DF) Julgue os itens a seguir, a respeito do processo de integração de espaços no mundo.

   a) O funcionamento interno de blocos econômicos rege-se por acordos que garantem a abertura comercial entre os membros do bloco e o aumento da circulação de mão de obra, matérias-primas e mercadorias.

   b) Blocos regionais, a exemplo da União Europeia, têm caráter centralizador no que diz respeito à produção industrial, que deve restringir-se aos países mais desenvolvidos tecnologicamente.

   c) A constituição de grandes blocos econômicos regionais opõe-se ao processo de globalização, que impõe nova ordenação territorial do mundo, caracterizada pela internacionalização da economia.

   d) Tem-se verificado a tendência à expansão das fronteiras da União Europeia, onde se consolida, cada vez mais, a interação entre os países-membros sob a forma de união aduaneira.

3. **S** (UFRGS-RS) Considere as seguintes afirmações sobre as transformações recentes no Mercosul.

   I. A integração da Venezuela ao Mercosul contou com apoio dos governos do Uruguai, da Argentina e do Brasil.

   II. A suspensão provisória do Paraguai do Mercosul ocorreu em virtude do processo político que levou ao *impeachment* o então presidente paraguaio Fernando Lugo, em junho de 2012.

   III. O Brasil tem interesse na entrada do Chile como membro permanente do Mercosul, uma vez que a economia daquele país é centralizada em petróleo.

   Quais estão corretas?

   a) Apenas I.　　　　　　d) Apenas II e III.
   b) Apenas II.　　　　　　e) I, II e III.
   c) Apenas I e II.

4. **SE** (UFTM-MG) Analise o mapa ao lado.

   De acordo com o mapa e conhecimentos geográficos:

   a) descreva o comércio internacional segundo os dados apresentados.

   b) identifique e caracterize duas áreas de menor expressão em termos de comércio intrarregional.

Um comércio tripolar

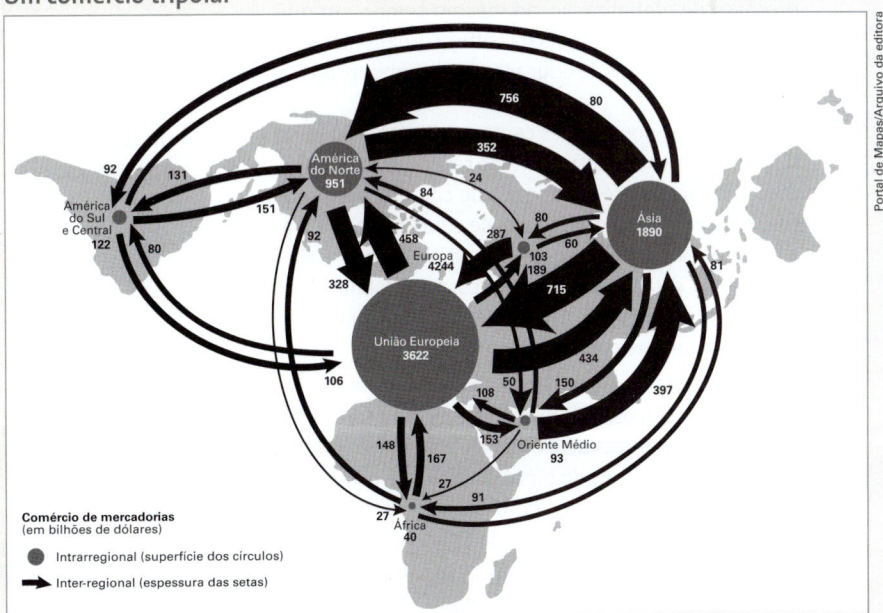

Comércio de mercadorias (em bilhões de dólares)
● Intrarregional (superfície dos círculos)
➤ Inter-regional (espessura das setas)

Adaptado de: Marie-Françoise Durand et al. *Atlas da mundialização*: compreender o espaço mundial contemporâneo, 2009.

Caiu no Enem

1.

> Populações inteiras, nas cidades e na zona rural, dispõem da parafernália digital global como fonte de educação e de formação cultural. Essa simultaneidade de cultura e informação eletrônica com as formas tradicionais e orais é um desafio que necessita ser discutido. A exposição, via mídia eletrônica, com estilos e valores culturais de outras sociedades, pode inspirar apreço, mas também distorções e ressentimentos. Tanto quanto há necessidade de uma cultura tradicional de posse da educação letrada, também é necessário criar estratégias de alfabetização eletrônica, que passam a ser o grande canal de informação das culturas segmentadas no interior dos grandes centros urbanos e das zonas rurais. Um novo modelo de educação.
>
> BRIGAGÃO, C. E.; RODRIGUES, G. *A globalização a olho nu*: o mundo conectado. São Paulo: Moderna, 1998 (adaptado).

Com base no texto e considerando os impactos culturais da difusão das tecnologias de informação no marco da globalização, depreende-se que

a) a ampla difusão das tecnologias de informação nos centros urbanos e no meio rural suscita o contato entre diferentes culturas e, ao mesmo tempo, traz a necessidade de reformular as concepções tradicionais de educação.

b) a apropriação, por parte de um grupo social, de valores e ideias de outras culturas para benefício próprio é fonte de conflitos e ressentimentos.

c) as mudanças sociais e culturais que acompanham o processo de globalização, ao mesmo tempo em que refletem a preponderância da cultura urbana, tornam obsoletas as formas de educação tradicionais próprias do meio rural.

d) as populações nos grandes centros urbanos e no meio rural recorrem aos instrumentos e tecnologias de informação basicamente como meio de comunicação mútua, e não os veem como fontes de educação e cultura.

e) a intensificação do fluxo de comunicação por meios eletrônicos, característica do processo de globalização, está dissociada do desenvolvimento social e cultural que ocorre no meio rural.

2. Do ponto de vista geopolítico, a Guerra Fria dividiu a Europa em dois blocos. Essa divisão propiciou a formação de alianças antagônicas de caráter militar, como a Otan, que aglutinava os países do bloco ocidental, e o Pacto de Varsóvia, que concentrava os do bloco oriental. É importante destacar que, na formação da Otan, estão presentes, além dos países do oeste europeu, os Estados Unidos e o Canadá. Essa divisão histórica atingiu igualmente os âmbitos político e econômico que se refletia pela opção entre os modelos capitalista e socialista.

Essa divisão europeia ficou conhecida como:

a) Cortina de Ferro.
b) Muro de Berlim.
c) União Europeia.
d) Convenção de Ramsar.
e) Conferência de Estocolmo.

3.

> Os 45 anos que vão do lançamento das bombas atômicas até o fim da União Soviética não foram um período homogêneo único na história do mundo. [...] dividem-se em duas metades, tendo como divisor de águas o início da década de 70. Apesar disso, a história deste período foi reunida sob um padrão único pela situação internacional peculiar que o dominou até a queda da União Soviética.
>
> HOBSBAWM, Eric J. *A era dos extremos*. São Paulo: Companhia das Letras, 1996.

O período citado no texto e conhecido por Guerra Fria pode ser definido como aquele momento histórico em que houve:

a) corrida armamentista entre as potências imperialistas europeias ocasionando a Primeira Guerra Mundial.

b) domínio dos países socialistas do sul do globo pelos países capitalistas do norte.

c) choque ideológico entre a Alemanha nazista/União Soviética stalinista, durante os anos 1930.

d) disputa pela supremacia da economia mundial entre o ocidente e as potências orientais, como a China e o Japão.

e) constante confronto das duas superpotências que emergiram da Segunda Guerra Mundial.

4. Segundo Samuel Huntington (autor do livro *O choque das civilizações e a recomposição da ordem mundial*), o mundo está dividido em nove "civilizações", conforme o mapa abaixo.

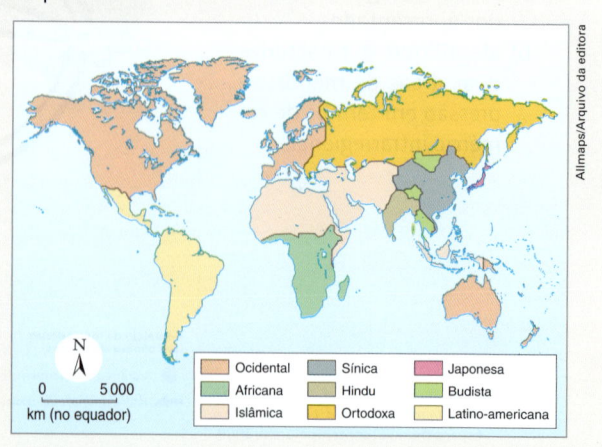

Ocidental · Sínica · Japonesa · Africana · Hindu · Budista · Islâmica · Ortodoxa · Latino-americana

0 — 5 000 km (no equador)

Allmaps/Arquivo da editora

Na opinião do autor, o ideal seria que cada civilização principal tivesse pelo menos um assento no Conselho de Segurança das Nações Unidas.

Sabendo que apenas Estados Unidos, China, Rússia, França e Inglaterra são membros permanentes do Conselho de Segurança e analisando o mapa anterior, pode-se concluir que:

a) atualmente apenas três civilizações possuem membros permanentes no Conselho de Segurança.

b) o poder no Conselho de Segurança está concentrado em torno de apenas dois terços das civilizações citadas pelo autor.

c) o poder no Conselho de Segurança está desequilibrado, porque seus membros pertencem apenas à civilização ocidental.

d) existe uma concentração de poder, já que apenas um continente está representado no Conselho de Segurança.

e) o poder está diluído entre as civilizações, de forma que apenas a África não possui representante no Conselho de Segurança.

5. O fim da Guerra Fria e da bipolaridade, entre as décadas de 1980 e 1990, gerou expectativas de que seria instaurada uma ordem internacional marcada pela redução de conflitos e pela multipolaridade.

O panorama estratégico do mundo pós-Guerra Fria apresenta

a) o aumento de conflitos internos associados ao nacionalismo, às disputas étnicas, ao extremismo religioso e ao fortalecimento de ameaças como o terrorismo, o tráfico de drogas e o crime organizado.

b) o fim da corrida armamentista e a redução dos gastos militares das grandes potências, o que se traduziu em maior estabilidade nos continentes europeu e asiático, que tinham sido palco da Guerra Fria.

c) o desengajamento das grandes potências, pois as intervenções militares em regiões assoladas por conflitos passaram a ser realizadas pela Organização das Nações Unidas (ONU), com maior envolvimento de países emergentes.

d) a plena vigência do Tratado de Não Proliferação, que afastou a possibilidade de um conflito nuclear como ameaça global, devido à crescente consciência política internacional acerca desse perigo.

e) a condição dos EUA como única superpotência, mas que se submetem às decisões da ONU no que concerne às ações militares.

6.

> O espaço mundial sob a "nova desordem" é um emaranhado de zonas, redes e "aglomerados", espaços hegemônicos e contra-hegemônicos que se cruzam de forma complexa na face da Terra. Fica clara, de saída, a polêmica que envolve uma nova regionalização mundial. Como regionalizar um espaço tão heterogêneo e, em parte, fluido, como é o espaço mundial contemporâneo?
>
> HAESBAERT, R.; PORTO GONÇALVES, C. W. *A nova desordem mundial*. São Paulo: Unesp, 2006.

O mapa procura representar a lógica espacial do mundo contemporâneo pós-União Soviética, no contexto de avanço da globalização e do neoliberalismo, quando a divisão entre países socialistas e capitalistas se desfez e as categorias de "primeiro" e "terceiro" mundo perderam sua validade explicativa. Considerando esse objetivo interpretativo, tal distribuição espacial aponta para:

a) a estagnação dos Estados com forte identidade cultural.

b) o alcance da racionalidade anticapitalista.

c) a influência das grandes potências econômicas.

d) a dissolução de blocos políticos regionais.

e) o alargamento da força econômica dos países islâmicos.

A nova des-ordem geográfica mundial: uma proposta de regionalização

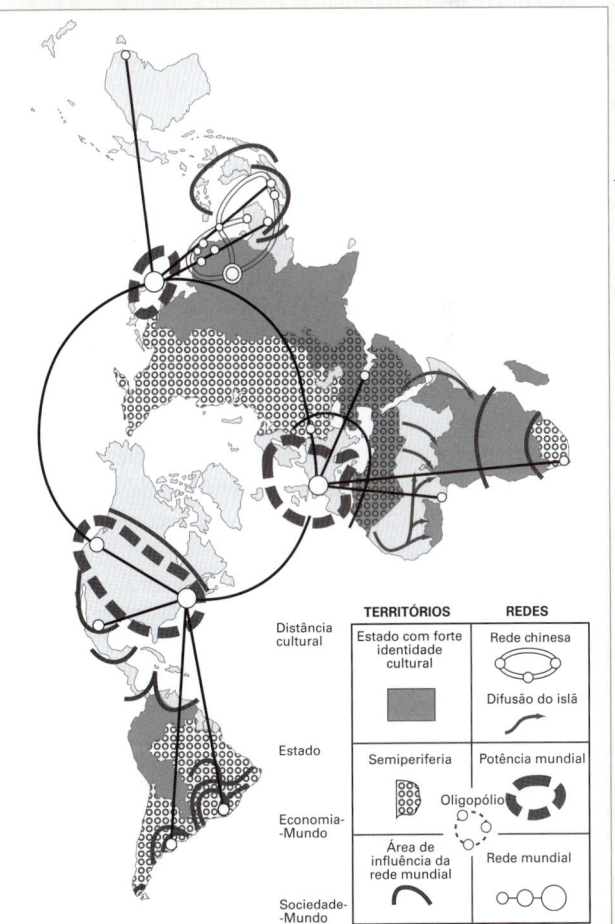

Fonte: LÉVY, et al. 1992, atualizado.

7. Na América do Sul, as Forças Armadas Revolucionárias da Colômbia (Farc) lutam, há décadas, para impor um regime de inspiração marxista no país. Hoje, são acusadas de envolvimento com o narcotráfico, o qual supostamente financia suas ações, que incluem ataques diversos, assassinatos e sequestros.

Na Ásia, a Al-Qaeda, criada por Osama bin Laden, defende o fundamentalismo islâmico e vê nos Estados Unidos da América (EUA) e em Israel inimigos poderosos, os quais deve combater sem trégua. A mais conhecida de suas ações terroristas ocorreu em 2001, quando foram atingidos o Pentágono e as torres do World Trade Center.

A partir das informações acima, conclui-se que:

a) as ações guerrilheiras e terroristas no mundo contemporâneo usam métodos idênticos para alcançar os mesmos propósitos.

b) o apoio internacional recebido pelas Farc decorre do desconhecimento, pela maioria das nações, das práticas violentas dessa organização.

c) os EUA, mesmo sendo a maior potência do planeta, foram surpreendidos com ataques terroristas que atingiram alvos de grande importância simbólica.

d) as organizações mencionadas identificam-se quanto aos princípios religiosos que defendem.

e) tanto as Farc quanto a Al-Qaeda restringem sua atuação à área geográfica em que se localizam, respectivamente, América do Sul e Ásia.

8. Em 1947, a Organização das Nações Unidas (ONU) aprovou um plano de partilha da Palestina que previa a criação de dois Estados: um judeu e outro palestino. A recusa árabe em aceitar a decisão conduziu ao primeiro conflito entre Israel e países árabes.

A segunda guerra (Suez, 1956) decorreu da decisão egípcia de nacionalizar o canal, ato que atingia interesses anglo-franceses e israelenses. Vitorioso, Israel passou a controlar a península do Sinai. O terceiro conflito árabe-israelense (1967) ficou conhecido como Guerra dos Seis Dias, tal a rapidez da vitória de Israel.

Em 6 de outubro de 1973, quando os judeus comemoravam o Yom Kippur (Dia do Perdão), forças egípcias e sírias atacaram de surpresa Israel, que revidou de forma arrasadora. A intervenção americano-soviética impôs o cessar-fogo, concluído em 22 de outubro.

A partir do texto acima, assinale a opção correta.

a) A primeira guerra árabe-israelense foi determinada pela ação bélica de tradicionais potências europeias no Oriente Médio.

b) Na segunda metade dos anos 1960, quando explodiu a terceira guerra árabe-israelense, Israel obteve rápida vitória.

c) A guerra do Yom Kippur ocorreu no momento em que, a partir de decisão da ONU, foi oficialmente instalado o Estado de Israel.

d) A ação dos governos de Washington e de Moscou foi decisiva para o cessar-fogo que pôs fim ao primeiro conflito árabe-israelense.

e) Apesar das sucessivas vitórias militares, Israel mantém suas dimensões territoriais tal como estabelecido pela resolução de 1947 aprovada pela ONU.

9.

> Um gigante da indústria da internet, em gesto simbólico, mudou o tratamento que conferia à sua página palestina. O *site* de buscas alterou sua página quando acessada da Cisjordânia. Em vez de "territórios palestinos", a empresa escreve agora "Palestina" logo abaixo do logotipo.
>
> BERCITO, D. Google muda tratamento de territórios palestinos. *Folha de S.Paulo*, 4 maio 2013 (adaptado).

O gesto simbólico sinalizado pela mudança no *status* dos territórios palestinos significa o

a) surgimento de um país binacional.

b) fortalecimento de movimentos antissemitas.

c) esvaziamento de assentamentos judaicos.

d) reconhecimento de uma autoridade jurídica.

e) estabelecimento de fronteiras nacionais.

10. A evolução do processo de transformação de matérias-primas em produtos acabados ocorreu em três estágios: artesanato, manufatura e maquinofatura.

Um desses estágios foi o artesanato, em que se:

a) trabalhava conforme o ritmo das máquinas e de maneira padronizada.

b) trabalhava geralmente sem o uso de máquinas e de modo diferente do modelo de produção em série.

c) empregavam fontes de energia abundantes para o funcionamento das máquinas.

d) realizava parte da produção por cada operário, com uso de máquinas e trabalho assalariado.

e) faziam interferências do processo produtivo por técnicos e gerentes com vistas a determinar o ritmo de produção.

11.

> Outro importante método de racionalização do trabalho industrial foi concebido graças aos estudos desenvolvidos pelo engenheiro norte-americano Frederick Winslow Taylor. Uma de suas preocupações fundamentais era conceber meios para que a capacidade produtiva dos homens e das máquinas atingisse seu patamar máximo. Para tanto, ele acreditava que estudos científicos minuciosos deveriam combater os problemas que impediam o incremento da produção.
>
> Taylorismo e Fordismo. Disponível em: www.brasilescola.com. Acesso em: 28 fev. 2012.

O Taylorismo apresentou-se como um importante modelo produtivo ainda no início do século XX, produzindo transformações na organização da produção e, também, na organização da vida social. A inovação técnica trazida pelo seu método foi a

a) utilização de estoques mínimos em plantas industriais de pequeno porte.

b) cronometragem e controle rigoroso do trabalho para evitar desperdícios.

c) produção orientada pela demanda enxuta atendendo a específicos nichos de mercado.
d) flexibilização da hierarquia no interior da fábrica para estreitar a relação entre os empregados.
e) polivalência dos trabalhadores que passaram a realizar funções diversificadas numa mesma jornada.

12. Considere o papel da técnica no desenvolvimento da constituição de sociedades e três invenções tecnológicas que marcaram esse processo: invenção do arco e flecha nas civilizações primitivas, locomotiva nas civilizações do século XIX e televisão nas civilizações modernas.

A respeito dessas invenções são feitas as seguintes afirmações:

I. A primeira ampliou a capacidade de ação dos braços, provocando mudanças na forma de organização social e na utilização de fontes de alimentação.
II. A segunda tornou mais eficiente o sistema de transporte, ampliando possibilidades de locomoção e provocando mudanças na visão de espaço e de tempo.
III. A terceira possibilitou um novo tipo de lazer que, envolvendo apenas participação passiva do ser humano, não provocou mudanças na sua forma de conceber o mundo.

Está correto o que se afirma em:

a) I, apenas.
b) I e II, apenas.
c) I e III, apenas.
d) II e III, apenas.
e) I, II e III.

13.

Disponível em: http://primeira-serie.blogspot.com.br.
Acesso em: 7 dez. 2011 (adaptado).

Na imagem do início do século XX, identifica-se um modelo produtivo cuja forma de organização fabril baseava-se na
a) autonomia do produtor direto.
b) adoção da divisão sexual do trabalho.
c) exploração do trabalho repetitivo.
d) utilização de empregados qualificados.
e) incentivo à criatividade dos funcionários.

14.

> Uma mesma empresa pode ter sua sede administrativa onde os impostos são menores, as unidades de produção onde os salários são os mais baixos, os capitais onde os juros são os mais altos e seus executivos vivendo onde a qualidade de vida é mais elevada.
>
> SEVCENKO, N. *A corrida para o século XXI*: no *loop* da montanha russa. São Paulo: Companhia das Letras, 2001 (adaptado).

No texto estão apresentadas estratégias empresariais no contexto da globalização. Uma consequência social derivada dessas estratégias tem sido:
a) o crescimento da carga tributária.
b) o aumento da mobilidade ocupacional.
c) a redução da competitividade entre as empresas.
d) o direcionamento das vendas para os mercados regionais.
e) a ampliação do poder de planejamento dos Estados nacionais.

15.

> Na produção social que os homens realizam, eles entram em determinadas relações indispensáveis e independentes de sua vontade; tais relações de produção correspondem a um estágio definido de desenvolvimento das suas forças materiais de produção. A totalidade dessas relações constitui a estrutura econômica da sociedade – fundamento real sobre o qual se erguem as superestruturas política e jurídica, e ao qual correspondem determinadas formas de consciência social.
>
> MARX, K. Prefácio à *Crítica da economia política*. In: Marx, K; ENGELS, F. **Textos 3**. São Paulo: Edições Sociais, 1977 (adaptado).

Para o autor, a relação entre economia e política estabelecida no sistema capitalista faz com que
a) o proletariado seja contemplado pelo processo de mais-valia.
b) o trabalho se constitua como o fundamento real da produção material.
c) a consolidação das forças produtivas seja compatível com o progresso humano.
d) a autonomia da sociedade civil seja proporcional ao desenvolvimento econômico.
e) a burguesia revolucione o processo social de formação da consciência de classe.

16.

> Um trabalhador em tempo flexível controla o local do trabalho, mas não adquire maior controle sobre o processo em si. A essa altura, vários estudos sugerem que a supervisão do trabalho é muitas vezes maior para os ausentes do escritório do que para os presentes. O trabalho é fisicamente descentralizado e o poder sobre o trabalhador, mais direto.
>
> SENNETT, R. *A corrosão do caráter*: consequências pessoais do novo capitalismo. Rio de Janeiro: Record, 1999 (adaptado).

Comparada à organização do trabalho característica do taylorismo e do fordismo, a concepção de tempo analisada no texto pressupõe que

a) as tecnologias de informação sejam usadas para democratizar as relações laborais.
b) as estruturas burocráticas sejam transferidas da empresa para o espaço doméstico.
c) os procedimentos de terceirização sejam aprimorados pela qualificação profissional.
d) as organizações sindicais sejam fortalecidas com a valorização da especialização funcional.
e) os mecanismos de controle sejam deslocados dos processos para os resultados do trabalho.

17. Na democracia estadunidense, os cidadãos são incluídos na sociedade pelo exercício pleno dos direitos políticos e também pela ideia geral de direito de propriedade. Compete ao governo garantir que esse direito não seja violado. Como consequência, mesmo aqueles que possuem uma pequena propriedade sentem-se cidadãos de pleno direito.

Na tradição política dos EUA, uma forma de incluir socialmente os cidadãos é

a) submeter o indivíduo à proteção do governo.
b) hierarquizar os indivíduos segundo suas posses.
c) estimular a formação de propriedades comunais.
d) vincular democracia e possibilidades econômicas individuais.
e) defender a obrigação de que todos os indivíduos tenham propriedades.

18.

Tendo encarado a besta do passado olho no olho, tendo pedido e recebido perdão e tendo feito correções, viremos agora a página – não para esquecê-lo, mas para não deixá-lo aprisionar-nos para sempre. Avancemos em direção a um futuro glorioso de uma nova sociedade sul-africana, em que as pessoas valham não em razão de irrelevâncias biológicas ou de outros estranhos atributos, mas porque são pessoas de valor infinito criadas à imagem de Deus.

Desmond Tutu, no encerramento da Comissão da Verdade na África do Sul. Disponível em: http://td.camara.leg.br. Acesso em: 17 dez. 2012 (adaptado).

No texto relaciona-se a consolidação da democracia na África do Sul à superação de um legado

a) populista, que favorecia a cooptação de dissidentes políticos.
b) totalitarista, que bloqueava o diálogo com os movimentos sociais.
c) segregacionista, que impedia a universalização da cidadania.

d) estagnacionista, que disseminava a pauperização social.
e) fundamentalista, que engendrava conflitos religiosos.

19.

O fechamento de seis unidades de uma empresa calçadista na Bahia deve resultar na demissão de 1 800 funcionários. Enquanto demite no Brasil, a empresa abre uma fábrica na Índia. Nas seis unidades fechadas na Bahia eram produzidos cabedais de calçados esportivos que serão fabricados também na Índia.

O Globo. 17 dez. 2011 (adaptado).

A estratégia produtiva adotada pela empresa, que explica o processo econômico descrito, está indicada na:

a) Redução dos custos logísticos.
b) Expansão dos benefícios sociais.
c) Planificação da produção industrial.
d) Modificação da estrutura societária.
e) Ampliação da qualificação profissional.

20.

Na União Europeia, buscava-se coordenar políticas domésticas, primeiro no plano do carvão e do aço, e, em seguida, em várias áreas, inclusive infraestrutura e políticas sociais. E essa coordenação de ações estatais cresceu de tal maneira, que as políticas sociais e as macropolíticas passaram a ser coordenadas, para, finalmente, a própria política monetária vir a ser também objeto de coordenação com vistas à adoção de uma moeda única. No Mercosul, em vez de haver legislações e instituições comuns e coordenação de políticas domésticas, adotam-se regras claras e confiáveis para garantir o relacionamento econômico entre esses países.

ALBUQUERQUE. J. A. G. *Relações Internacionais contemporâneas*: a ordem mundial depois da Guerra Fria. Petrópolis: Vozes, 2007 (adaptado).

Os aspectos destacados no texto que diferenciam os estágios dos processos de integração da União Europeia e do Mercosul são, respectivamente:

a) Consolidação da interdependência econômica – aproximação comercial entre os países.
b) Conjugação de políticas governamentais – enrijecimento do controle migratório.
c) Criação de inter-relações sociais – articulação de políticas nacionais.
d) Composição de estratégias de comércio exterior – homogeneização das políticas cambiais.
e) Reconfiguração de fronteiras internacionais – padronização das tarifas externas.

Respostas

Capítulo 13

O processo de desenvolvimento do capitalismo

■ **Vestibulares de Norte a Sul**

1. Soma = 26
2. C
3. A
4. O neoliberalismo, especialmente a partir dos governos Reagan, nos Estados Unidos, e Thatcher, na Inglaterra, se consolidou como uma doutrina econômica que defende o livre mercado como mecanismo regulador da economia. Os neoliberais são contra a intervenção do Estado, só devendo esta ocorrer em setores imprescindíveis, como o controle das taxas de juro, caracterizando o chamado "Estado mínimo". A intervenção do Estado norte-americano na crise de 2008 vai contra essas ideias, na medida em que o Estado, além de aumentar a intervenção na economia como regulador, chegou mesmo a assumir o controle de empresas, como foi o caso da General Motors.

Capítulo 14

A globalização e seus principais fluxos

■ **Vestibulares de Norte a Sul**

1. C
2. E
3. A globalização é o nome que se dá para o atual processo de expansão capitalista ancorado em técnicas modernas, específicas da Revolução Técnico-Científica ou Informacional, que permitem uma aceleração dos fluxos de capitais (produtivos e especialmente especulativos, já que o dinheiro tornou-se eletrônico), mercadorias, pessoas e informações em escala planetária. A dimensão econômica, principalmente a expansão das transnacionais e o consumo de seus produtos pelo mundo, é a mais visível e mais debatida da globalização; no entanto, há outras, como a social, a cultural e a política.

Em sua dimensão econômica, a globalização evidencia maior integração do sistema financeiro mundial, por meio das bolsas de valores e de mercadorias interligadas, que permitem a circulação de capitais especulativos em tempo real. Há também um aumento da circulação de capitais produtivos, especialmente com a instalação de filiais de empresas transnacionais em diversos países. O dado novo é que recentemente surgiram muitas transnacionais sediadas em países emergentes como China, Brasil e Índia. Como os fluxos de capitais são desiguais, beneficiam a alguns países (os mais bem preparados para receber esses investimentos) em detrimento de outros.

Em sua dimensão social, a globalização tem promovido um aumento do desemprego nos países desenvolvidos e a fragilização de seus trabalhadores como o resultado do deslocamento de fábricas para países que têm custos de produção menores, com destaque para a China. Paralelamente a isso, com o grande número de imigrantes vindos de países em desenvolvimento, tem crescido a xenofobia nos países desenvolvidos, especialmente da Europa, onde a crise é mais grave.

Na dimensão cultural, a globalização mostra que, paralelamente à expansão das empresas transnacionais, há uma difusão de valores e estilos de vida associados a elas ou aos países onde estão sediadas. Isso muitas vezes pode levar à organização de movimentos de resistência a esse processo, como evidencia o Movimento *Slow Dood*, contra as grandes redes de *fast-food*, a criação da rede Al-Jazeera para fazer frente à CNN e outras redes de notícias ocidentais.

Na dimensão política, tem ocorrido um enfraquecimento relativo dos Estados nacionais, que se veem forçados a dividir poder com ONGs, organismos internacionais ou regionais supranacionais, sem contar que, com a hegemonia do discurso neoliberal associado à globalização, nos anos 1990 reduziram seu papel regulador na economia. No entanto, após a crise financeira iniciada em 2008, por muitos atribuída à falta de regulação, os Estados têm retomado sua capacidade intervencionista.

Capítulo 15

Desenvolvimento humano e objetivos do milênio

■ **Vestibulares de Norte a Sul**

1. Soma = 27
2. E
3. C e D
4. a) A renda *per capita* é um indicador obtido pela divisão do PIB ou RNB pela população absoluta, mas esse indicador não mostra a efetiva distribuição da riqueza pela sociedade, mascarando a real situação socioeconômica do país.

b) A expectativa de vida ao nascer (em anos), educação (anos médios de estudo e anos esperados da escolaridade) e RNB *per capita* (em dólar PPC).

c) A concentração de renda nas mãos de uma pequena parcela da sociedade brasileira reduz o poder de compra da grande maioria da população, limita o acesso a bens e serviços fundamentais e dificulta a melhoria das condições de vida. Além disso, a concentração da renda restringe o mercado consumidor e o dinamismo da economia.

5. D

Capítulo 16

Ordem geopolítica e econômica: do pós-Segunda Guerra aos dias de hoje

■ **Vestibulares de Norte a Sul**

1. B
2. C
3. B

Capítulo 17

Conflitos armados no mundo

■ **Vestibulares de Norte a Sul**

1. B
2. B
3. A
4. D
5. A
6. a) A "Primavera Árabe" foi o nome dado pela mídia ocidental ao movimento de protestos contra governos ditatoriais do Norte da África e Oriente Médio. Esse nome é uma alusão à Primavera de Praga, movimento iniciado em 1968, na então Tchecoslováquia, contra o totalitarismo soviético. A versão árabe teve início no final de 2010 na Tunísia, após um jovem atear fogo em seu próprio corpo, provocando a queda do presidente Zine el-Abdine Ben Ali. Ao longo de 2011, atingiu diversos países da região. Além da Tunísia, o movimento provocou a deposição de governos no Egito (Hosni Mubarak) e na Líbia (Muamar Kadafi, posteriormente assassinado). No Oriente Médio atingiu mais fortemente a Síria (Bashar al-Assad resistiu e o país entrou em guerra civil, ainda não resolvida em 2014) e o Iêmen (deposição de Ali Abdullah Saleh).

b) O círculo mostra o sul do Sudão, território onde atuava um grupo guerrilheiro chamado SPLA/M e que ficou independente em 2011, dando origem ao mais novo país da África: o Sudão do Sul (193º membro da ONU).

Capítulo 18

A geografia das indústrias

■ **Vestibulares de Norte a Sul**

1. Soma = 17   2. D

3. a) A era fordista se caracterizava pela existência da linha de montagem, fabricação em série de produtos padronizados (produção em escala) e as tarefas dos trabalhadores eram repetitivas, como mostra o filme *Tempos modernos*, de Charles Chaplin; os sindicatos eram fortes e organizados. Na era pós-fordista, também chamada de produção flexível, o trabalho é organizado em equipes encarregadas das tarefas diárias e do controle de qualidade, os estoques são reduzidos, devido à prática do *just-in-time*, fabrica-se uma série bastante diversificada de produtos (produção em escopo), há crescente terceirização da produção e enfraquecimento da organização dos trabalhadores.

   b) A produção fordista se caracterizava pela existência de grandes fábricas, enormes almoxarifados exigindo complexos processos de controle; as fábricas estavam concentradas nos países desenvolvidos. O pós-fordismo se caracteriza pela desconcentração espacial das indústrias no mundo, com o crescente deslocamento de fábricas para países em desenvolvimento, entregas diárias de peças (*just-in-time*), controle simplificado, maior dinamismo.

Capítulo 19

Países pioneiros no processo de industrialização

■ **Vestibulares de Norte a Sul**

1. E   3. A
2. A

4. a) Indústrias de alta tecnologia, tais como a de informática (*hardware*, *software* e TI), de telecomunicações, químico-farmacêutica e biotecnologia.

   b) Essas indústrias se localizam em tecnopolos como o Vale do Silício (Califórnia) e Rota 128, na região de Boston (Massachusetts). A localização delas foi definida pela existência de importantes centros de pesquisa, como a Universidade Stanford e Berkeley, na Califórnia, o Instituto Tecnológico de Massachusetts (MIT) e a Universidade Harvard, em Massachusetts, em torno dos quais se desenvolveram esses parques tecnológicos.

Capítulo 20

Países de industrialização tardia

■ **Vestibulares de Norte a Sul**

1. Soma = 29

2. a) A Alemanha foi inicialmente dividida como consequência de sua derrota na Segunda Guerra Mundial. Os vencedores – Estados Unidos, União Soviética e Reino Unido –, reunidos na Conferência de Potsdam (1945), partilharam a Alemanha em quatro zonas de ocupação (a França também participou da administração interaliada). O país foi novamente dividido no contexto da Guerra Fria, em maio de 1949. Os Estados Unidos, o Reino Unido e a França constituíram em sua zona de ocupação a República Federal da Alemanha, mais conhecida como Alemanha Ocidental. A resposta veio em setembro de 1949, com a criação da República Democrática Alemã, mais conhecida como Alemanha Oriental. Tinha como capital Berlim Oriental, que, aliás, foi separada do lado ocidental pelo Muro, construído em 1961 pelo governo da RDA.

   b) A Alemanha dividida e o Muro de Berlim foram os principais símbolos da Guerra Fria, marcada pela forte tensão geopolítica e ideológica entre os Estados Unidos e a União Soviética, pelo conflito Leste-Oeste, no qual imperou a corrida armamentista, o equilíbrio do terror.

Capítulo 21

Países de industrialização planificada

■ **Vestibulares de Norte a Sul**

1. A   2. C   3. D   4. D

5. Do ponto de vista político, a China continua uma ditadura comunista, ou seja, um país bastante fechado e governado por um partido único: o Partido Comunista Chinês (PCCh). Qualquer manifestação contrária ao regime é duramente reprimida. Já economicamente, é um país cada vez mais aberto: adota práticas capitalistas (embora grande parte das empresas seja controlada pelo Estado), recebe vultosos investimentos estrangeiros (é o segundo maior receptor, só perde para os Estados Unidos) e obtém enormes saldos comerciais (é o maior exportador do mundo). Desde o início dos anos 1980 é a economia que mais cresce no mundo, a uma taxa média anual de pouco mais de 10%.

Capítulo 22

Países recentemente industrializados

■ **Vestibulares de Norte a Sul**

1. E   3. A
2. Soma = 3   4. D

Capítulo 23

O comércio internacional e os principais blocos regionais

■ **Vestibulares de Norte a Sul**

1. F, F, V, V, V.   3. C
2. V, F, F, F.

4. a) Os maiores fluxos inter-regionais do comércio internacional se dão entre a União Europeia, a Ásia e a América do Norte. Destaca-se a posição da Ásia, superavitária no comércio com europeus e norte-americanos, sobretudo por conta do grande crescimento das exportações de produtos industrializados da China e dos Tigres Asiáticos. Chama atenção também o enorme fluxo de comércio intrarregional no âmbito da União Europeia, o maior, mais antigo e consolidado bloco econômico do mundo.

   b) No comércio intrarregional, as duas regiões de menor expressão são a África e o Oriente Médio. O comércio entre os países africanos é reduzido em razão do menor poder aquisitivo e de consumo de suas populações, dos problemas políticos (conflitos étnico-religiosos e guerras civis) e da fragilidade dos blocos econômicos do continente. No Oriente Médio, o comércio é até significativo, levando-se em conta o tamanho da população da região. Entre os fatores que dificultam a expansão do comércio entre os países da região estão a menor diversificação das economias, já que muitos são exportadores de petróleo para fora do subcontinente e são pouco industrializados. Os conflitos geopolíticos também dificultam o comércio: intervenções estrangeiras (guerra no Iraque e no Afeganistão), conflito entre Israel e palestinos, conflito na Síria, divergências entre países árabes e o Irã e entre esses e Israel.

■ **Caiu no Enem**

1. A	6. C	11. B	16. E
2. A	7. C	12. B	17. D
3. E	8. B	13. C	18. C
4. A	9. D	14. B	19. A
5. A	10. B	15. B	20. A

Sugestões de leitura, filmes e *sites*

Capítulo 13

Filmes

- *Tucker:* **um homem e seu sonho**
  Direção: Francis Ford Coppola, Estados Unidos, 1988.
  Baseado na história real do empresário Preston Tucker, critica o capitalismo monopolista, dominado por cartéis que inviabilizam a concorrência e a livre-iniciativa. Em 1948, Tucker construiu um carro melhor que os fabricados pelas "três grandes" — GM, Ford e Chrysler —, fazendo com que elas tramassem nos bastidores para levá-lo à falência. Sua fábrica produziu 49 carros antes de fechar. Com a recente crise da indústria automobilística americana, a temática desse filme ficou bastante atual.

- *Enron:* **os mais espertos da sala**
  Direção: Alex Gibney, Estados Unidos, 2005.
  O documentário desvenda, por meio de arquivos e gravações, um dos maiores escândalos financeiros dos Estados Unidos. Mostra como a Enron, empresa do setor de energia, então uma das maiores do país, manipulou balanços para enganar investidores, o que acabou provocando sua falência em 2001.

- *Grande demais para quebrar*
  Direção: Curtis Hanson, Estados Unidos, 2011.
  Filme produzido para a TV pelo canal HBO com base no livro homônimo do jornalista Andrew Sorkin. Mostra os bastidores das decisões tomadas por Hank Paulson (secretário do Tesouro dos Estados Unidos), Ben Bernake (presidente do Federal Reserve) e Tim Geithner (presidente do Federal Reserve de Nova York) durante a crise de 2008. Evidencia os dilemas envolvidos na decisão de não intervir na quebra do Banco Lehman Brothers, a negociação infrutífera para vender o banco antes da falência e as consequências desse fato no agravamento da crise.

Sites

- *Centro de Estudos Afro-Orientais*
  <http://www.ceao.ufba.br/2007/livrosvideos.php>
  No *site* do Centro de Estudos Afro-Orientais da Universidade Federal da Bahia (CEAO-UFBA), é possível baixar os livros *A História do negro no Brasil*, *História da África*, *Educação e relações étnico-raciais*, entre outros, assim como vídeos contrários ao racismo.

- *Verbetes de economia política e urbanismo*
  <http://143.107.16.5/docentes/depprojeto/c_deak/CD/4verb/index.html>
  O Grupo de Disciplinas de Planejamento da Faculdade de Arquitetura e Urbanismo da Universidade de São Paulo (FAU-USP) disponibiliza um dicionário *on-line*: *Verbetes de economia política e urbanismo*. Podem ser pesquisados diversos verbetes sobre o tema deste capítulo: capitalismo, gênese do capitalismo, liberalismo, neoliberalismo, etc.

- *Economia Net*
  <http://economiabr.net/home.html>
  O *site* Economia Net disponibiliza *on-line* dicionários com verbetes econômicos e financeiros. Há diversas outras informações sobre a crise financeira, a globalização, o regionalismo econômico, etc.

Capítulo 14

Filmes

- *A corporação*
  Direção: Mark Achbar e Jennifer Abbott, Canadá, 2004.
  O documentário mostra como atuam as grandes corporações transnacionais, procurando desvendar o poder que detêm no mundo globalizado. Evidencia que seus maiores objetivos são o compromisso com os interesses dos acionistas e a busca de lucros, eventualmente em detrimento da ética, da conservação do meio ambiente e da saúde das pessoas. Há depoimentos de quarenta personalidades (críticas ou favoráveis às corporações), como Noam Chomsky (linguista), Milton Friedman (ganhador do Nobel de Economia), Michael Moore (cineasta) e Naomi Klein (escritora).

- *O informante*
  Direção: Michael Mann, Estados Unidos, 1999.
  O filme, baseado em fatos reais, relata a história de Jeffrey Wigand (Russel Crowe), ex-funcionário de uma indústria de tabaco, e de Lowel Bergman (Al Pacino), produtor da rede de televisão CBS. Bergman pretendia pôr no ar uma entrevista explosiva concedida em 1994 por Wigand ao programa "60 minutos", no qual denunciava a adição de substâncias químicas viciantes ao cigarro e os males que esse produto causa à saúde.

- *Onde sonham as formigas verdes*
  Direção: Werner Herzog, Austrália/Alemanha, 1984.
  O filme relata a resistência dos aborígines no interior da Austrália contra a chegada de uma empresa interessada em explorar minério de urânio em suas terras. Mostra o conflito entre a moderna sociedade capitalista, caracterizada pela busca do lucro, e uma sociedade tradicional, que luta para manter sua cultura ancestral.

- *Encontro com Milton Santos ou O mundo global visto do lado de cá*
  Direção: Silvio Tendler, Brasil, 2006.
  O documentário, uma leitura do mundo em tempos de globalização, principalmente das contradições do atual período de expansão do capitalismo, foi feito com base

no pensamento de Milton Santos. Há passagens com entrevistas concedidas pelo geógrafo, que acreditava na possibilidade de uma globalização não excludente, como defendeu em seu livro *Por uma outra globalização*. Trata-se de uma visão de mundo dos países do Sul.

- **Super size me: A dieta do palhaço**
Direção: Morgan Spurlock, Estados Unidos, 2004. Enquanto discute a influência da indústria de comida rápida, Spurlock registra as transformações físicas e psicológicas sofridas por seu próprio corpo durante o mês em que passou se alimentando apenas com sanduíches e outras comidas servidas na rede McDonald's. Ele fez as três refeições diárias em restaurantes dessa rede de *fast-food* e, depois de 30 dias, ganhou 11 quilos de peso.

Sites

- **Unctad**
<http://unctad.org/en/Pages/Home.aspx>
No *website* da Conferência das Nações Unidas sobre Comércio e Desenvolvimento, há diversas publicações (em inglês, francês e espanhol) tratando da globalização econômica e das transnacionais. Destaque para o *Relatório de investimento mundial*, publicado anualmente e disponível para consulta (em inglês).

- **Fundação Dom Cabral**
<www.fdc.org.br/Paginas/default.aspx>
No *website* desta instituição de ensino e pesquisa na área de administração de empresas, está disponível a publicação anual *Ranking FDC* das multinacionais brasileiras.

- **Sobeet**
<www.sobeet.org.br>
Para saber mais sobre o processo de globalização e a atuação das empresas transnacionais, acesse a página da Sociedade Brasileira de Estudos de Empresas Transnacionais e da Globalização Econômica, na qual está disponível uma síntese do relatório da Unctad.

- **Slow Food**
<www.slowfood.com>
<www.slowfoodbrasil.com> (*site* do Slow Food no Brasil)
Veja o Manifesto *Slow Food* completo, no qual fica explícita sua filosofia, e outras informações sobre o movimento (acesso em inglês e diversas línguas, incluindo o português).

Capítulo 15

Filmes

- **Hotel Ruanda**
Direção: Terry George, Estados Unidos/Reino Unido/Itália/África do Sul, 2004.
Baseado na história real de Paul Rusesabagina, gerente de um hotel em Kigali, capital de Ruanda. Em 1994, durante o conflito entre hutus e tútsis, que provocou a morte de mais de 1 milhão de pessoas, Rusesabagina, que era hutu, salvou a vida de mais de 1 200 pessoas da etnia tútsi, abrigando-as no hotel em que trabalhava. O filme mostra como a guerra, além de tirar a vida de civis indefesos, destrói a infraestrutura produtiva e desarruma a economia, contribuindo para a manutenção da pobreza.

- **A língua das armas**
Estados Unidos, 2007.
O vídeo mostra a conferência de Corneille Ewango proferida na sede da TED Conferences em Nova York. Na palestra, falada em inglês, com legendas em português, ele relata os problemas enfrentados durante a guerra civil congolesa e faz uma crítica contundente à indústria armamentista, responsável por alimentar diversas guerras na África. Disponível em: <www.ted.com/talks/lang/por_br/corneille_ewango_is_a_hero_of_the_congo_forest.html>. Acesso em: 9 abr. 2014.

Sites

- **Banco Mundial**
<www.worldbank.org> (em diversas línguas, entre as quais, a portuguesa)
<www.worldbank.org/pt/country/brazil> (para acesso direto em português)
Para consultar o *Relatório de Desenvolvimento Mundial* e os *Indicadores de Desenvolvimento Mundial* (apenas de anos anteriores e em inglês; só a visão geral está disponível em português) e para visualizar mapas-múndi temáticos e obter outras informações, acesse o *site* do Banco Mundial.

- **Human Development Reports**
<http://hdr.undp.org/en>
Site exclusivo para os Relatórios de Desenvolvimento Humano, no qual as publicações do ano corrente e de anos anteriores estão disponíveis em várias línguas, inclusive em português.

- **PNUD Brasil**
<www.pnud.org.br>
Para consultar o *Relatório de Desenvolvimento Humano* em português e obter informações sobre o IDH dos estados brasileiros e de algumas regiões metropolitanas, veja o *site* do PNUD Brasil.

- **PNUD Estados Unidos**
<www.undp.org> (em inglês, espanhol e francês)
Para obter informações socioeconômicas de diversos países, acesse o *site* do Programa das Nações Unidas para o Desenvolvimento.

- **WorldMapper**
<www.sasi.group.shef.ac.uk/worldmapper/index.html>
Mantido pela Universidade de Sheffield (Reino Unido), entre outras entidades, este *site* disponibiliza várias anamorfoses, algumas das quais animadas. Há uma que mostra o tamanho da população que vive com menos de 1 dólar por dia em cada país do mundo e vai mudando gradativamente até mostrar a população que vive com mais de 200 dólares por dia nos mesmos países.

Capítulo 16

Filme

- **O dia seguinte**
Direção: Nicholas Meyer, Estados Unidos, 1983.
Mostra as consequências nefastas de uma guerra

nuclear, provavelmente muito aquém do que seria na realidade. Evidencia o perigo que pairou sobre a humanidade durante a Guerra Fria, em razão da corrida armamentista, mas que permanece nos dias atuais, já que os arsenais nucleares dos Estados Unidos e da Rússia foram reduzidos, mas não desmantelados, e ainda tem havido a proliferação de novos países nucleares, como Índia, Paquistão, Israel e Coreia do Norte. Este filme representa bem o cenário sugerido pela famosa frase de Albert Einstein.

Sites

- **OCDE**
  <www.oecd.org>
  Para mais informações sobre esse organismo e seus países-membros, conecte o seu *site* (em inglês e francês).

- **Otan**
  <www.nato.int>
  Conecte-se ao *site* desta organização militar para obter mais informações, saber suas novas atribuições e sua expansão (em inglês e francês).

- **ONU**
  <www.un.org>
  Para saber mais sobre a ONU, instâncias de poder e suas agências, conecte-se ao *site* principal (em inglês, espanhol e outras línguas).

- **ONUBR**
  <www.onu.org.br>
  Consulte também o *site* das Nações Unidas no Brasil, com informações disponíveis em português.

- **IBAS**
  <www.ibsa-trilateral.org>
  Para saber mais sobre o Fórum de Diálogo Índia, Brasil e África do Sul, conecte-se ao seu *site* oficial (em inglês). Obtenha informações sobre o IBAS também no portal Ministério das Relações Exteriores. Disponível em: <www.itamaraty.gov.br/temas/mecanismos-inter-regionais/forum-ibas>.

- **G-20**
  <www.g20.org>
  Saiba mais sobre o G-20, seus países-membros e suas decisões conectando-se ao *site* (em inglês).

- **Brics**
  <www.brics5.co.za>
  No site do Brics você vai conhecer o grupo formado por Brasil, Rússia, Índia, China e África do Sul. Para saber mais sobre esse grupo, conecte-se também aos *sites* da Câmara para a Promoção e o Desenvolvimento Econômico (Brics-PED) e do Ministério das Relações Exteriores.

- **Brics-PED**
  <http://brics-ped.com.br>

- **Ministério das Relações Exteriores**
  <www.itamaraty.gov.br/temas/mecanismos-inter-regionais/agrupamento-brics>

Capítulo 17

Filmes

- **A caminho de Kandahar**
  Direção: Mohsen Makhmalbaf, Irã, 2001.
  Nafas é uma jovem afegã que fugiu do país durante a guerra civil dos Talibãs e trabalha como jornalista no Canadá. Um dia recebe uma carta de sua irmã que vive no Afeganistão dizendo que vai se suicidar. Nafas resolve então voltar ao seu país natal para tentar salvar a irmã. O filme mostra como, em uma guerra, é difícil e arriscada a vida dos civis.

- **Promessas de um novo mundo**
  Direção: Justine Shapiro, Carlos Bolado, B. Z. Goldberg, Israel/Palestina/Estados Unidos, 2001.
  O documentário retrata a vida e as ideias de sete crianças israelenses e palestinas moradoras de Jerusalém e arredores. Embora morem na mesma cidade, vivem em mundos distintos, separadas por diferenças religiosas e por ressentimentos e medos. Evidencia quão difícil é a paz entre esses dois povos.

Sites

- **Iris**
  <www.iris-france.org>
  No *site* do Instituto de Relações Internacionais e Estratégicas, há informações sobre a geopolítica mundial e os conflitos regionais (em francês e inglês).

- **Mídia internacional**
  BBC Brasil.
  <www.bbc.co.uk/portuguese>
  Le Monde Diplomatique.
  <http://diplo.org.br>
  Para obter informações sobre os conflitos armados em andamento na atualidade, acesse os *sites* de mídias internacionais (em português).

- **Pravda.ru**
  <http://port.pravda.ru>

- **Ações das Nações Unidas contra o terrorismo**
  <www.un.org/es/terrorism>
  Para saber como a ONU tem agido para combater o terrorismo, visite o *site* Acciones de las Naciones Unidas contra el terrorismo (em espanhol).

- **Isaf**
  <www.isaf.nato.int>
  Para obter informações sobre a força de intervenção da Otan, a International Security Assistance Force (Isaf), no Afeganistão, acesse o *site* (em inglês).

- **Forças de Manutenção da Paz das Nações Unidas**
  <www.un.org/en/peacekeeping/operations/current.shtml>
  Para obter informações sobre as dezesseis missões de paz da ONU, algumas das quais mencionadas neste capítulo, acesse o *site* da United Nations Peacekeeping (em inglês, espanhol e francês).

- **Organização para a Proibição de Armas Químicas (Opaq)**
  <www.opcw.org>
  Para saber mais sobre a importância da proibição desse

tipo de arma, sobre os países signatários e não signatários da Convenção sobre Armas Químicas, visite o *site* da Opaq, uma organização independente sediada em Haia, Países Baixos (em inglês, espanhol, francês, entre outras línguas).

- *Veja*
<http://veja.abril.com.br/idade/exclusivo/crise_ palestina/index.html>
Para saber mais sobre o problema enfrentado pelos palestinos, acesse "A Questão Palestina em profundidade", no *site* da revista *on-line*.

Capítulo 18

FILMES

- *Tempos modernos*
Direção: Charles Chaplin, Estados Unidos, 1936.
Retrata o cotidiano de um operário no interior de uma fábrica nos Estados Unidos, nas décadas de 1920-1930, durante a depressão econômica. Este clássico do cinema mostra como era uma indústria na época da Segunda Revolução Industrial.

- *No amor*
Direção: Nelson Nadotti, Brasil, 1999 (Série Histórias da cidade).
Jovens *hippies* são aliciados para o trabalho em sítio próximo a Porto Alegre por empresário oportunista. Aborda questões como a divisão do trabalho e a exploração capitalista.

- *A história das coisas*
Direção: Louis Fox, Estados Unidos, 2005. Disponível em: <www.storyofstuff.com>. A versão em português está disponível em: <www.unichem.com.br:80/videos.php>. Acesso em: 15 abr. 2014.
Com narração de Annie Leonard e quadrinhos animados de fundo para ilustrar a narrativa, o vídeo mostra como funciona a sociedade de consumo, desde a extração de recursos naturais, passando pela produção de bens, o consumo de mercadorias, até o descarte dos resíduos. Trata-se de uma crítica ao modelo de desenvolvimento insustentável característico da atual sociedade de consumo e de uma defesa do desenvolvimento sustentável.

Sites

- *UNIDO*
<www.unido.org/index.php>
Para obter mais informações sobre indústrias no mundo, consulte o Relatório de Desenvolvimento Industrial (em inglês) acessando o *site* da Organização de Desenvolvimento Industrial das Nações Unidas.

- *Iasp*
<www.iasp.ws>
Para saber sobre parques tecnológicos do mundo, incluindo os brasileiros associados à entidade, acesse o *site* da Associação Internacional de Parques Científicos. Dispõe de um glossário, com diversas definições (em inglês).

- *Sebrae*
<www.sebrae.com.br>
No *site* do Serviço Brasileiro de Apoio às Micro e Pequenas Empresas, há diversas informações para pequenos empreendedores – como abrir e melhorar uma empresa, como funcionam diversos setores da economia, cursos e treinamentos, etc. – além de vários temas de interesse, como desenvolvimento territorial, inovação e tecnologia, entre outros.

- *ABNT*
<www.abnt.org.br/default.asp>
<http://rotulo.abnt.org.br>
Saiba mais como atua a ABNT e qual a sua importância para as empresas e a sociedade. Consulte também o *site* Qualidade Ambiental – ABNT e conheça mais sobre a rotulagem ecológica de produtos e serviços.

- *IBD Certificações*
<http://ibd.com.br/pt/Default.aspx>
Saiba mais sobre a certificação de alimentos produzidos de forma orgânica acessando o *site* do IBD.

- *FSC Brasil*
<http://br.fsc.org/index.htm>
Saiba mais sobre a certificação de madeira proveniente de florestas manejadas de forma sustentável acessando o *site* do Conselho Brasileiro de Manejo Florestal.

- *Instituto Internacional de Pesquisa e Responsabilidade Socioambiental Chico Mendes*
<http://institutochicomendes.org.br/site>
Saiba mais sobre o uso do selo verde e a certificação socioambiental Chico Mendes acessando o *site* do Instituto.

Capítulo 19

FILMES

- *Ou tudo ou nada*
Direção: Peter Cattaneo, Reino Unido, 1997.
O operário Gaz, desempregado e necessitando pagar a pensão do filho, tem a ideia de fazer *strip-tease* para ganhar algum dinheiro e convida alguns amigos, também desempregados, para a empreitada. O filme evidencia o aumento do desemprego e o empobrecimento na cidade de Sheffield, centro da Grã-Bretanha, como resultado do fechamento de indústrias metalúrgicas.

- *Um sonho distante*
Direção: Ron Howard, Estados Unidos, 1992.
O filme mostra um casal de imigrantes irlandeses durante a colonização das últimas terras disponíveis no oeste dos Estados Unidos no fim do século XIX. Evidencia como era difícil a vida desses pioneiros, apesar da disponibilidade de terras para o cultivo e para a criação de gado.

- *Roger e eu*
Direção: Michael Moore, Estados Unidos, 1989.
O documentário registra as consequências socioeconômicas do fechamento da fábrica da General Motors em Flint, Michigan, em meados dos anos 1980, exemplificando o fenômeno da desindustrialização. Ao

longo do filme, Michael Moore tenta conversar com Roger Smith, então presidente da GM, e convencê-lo a visitar a cidade para ver de perto os graves problemas causados por essa medida: desemprego, pobreza, violência urbana, entre outros. Passados mais de vinte anos, a situação mostrada pelo filme piorou com o fechamento de mais fábricas.

- *Tucker:* **um homem e seu sonho**
Direção: Francis Ford Coppola, Estados Unidos, 1988. Baseado na história real do empresário Preston Tucker, o filme critica o capitalismo monopolista, dominado por cartéis que inviabilizam a concorrência e a livre-iniciativa. Em 1948, Tucker construiu um carro melhor que os fabricados pelas "três grandes" — GM, Ford e Chrysler —, fazendo com que elas tramassem nos bastidores para levá-lo à falência. Sua fábrica só produziu 49 carros antes de fechar. Este filme ficou muito atual com a recente crise da indústria automobilística norte-americana.

Sites

- *Ipec/OIT*
<www.oit.org.br/sites/all/ipec/normas/conv138.php> Para obter mais informações sobre a Convenção 138 e o Programa Internacional para a Eliminação do Trabalho Infantil, acesse o *site* da OIT — Escritório do Brasil.

- *Poder Executivo dos Estados Unidos (Casa Branca)*
<www.whitehouse.gov> Para obter mais informações — política interna e externa, economia, educação, etc. — sobre o país, acesse o *site* oficial da Casa Branca (em inglês e espanhol). Há *links* para os vários departamentos que compõem o governo, assim como para fotos e vídeos de diversos eventos oficiais.

Capítulo 20

Filmes

- *Adeus, Lenin!*
Direção: Wolfgang Becker, Alemanha, 2003. A senhora Kerner vivia em Berlim Oriental e era uma entusiasta do socialismo. Um pouco antes da queda do Muro de Berlim, em novembro de 1989, sofre uma parada cardíaca e permanece em coma por longo período. Quando desperta, Alexander, seu filho, temendo por sua saúde, resolve esconder dela as mudanças políticas que estavam acontecendo como resultado da queda do Muro e da reunificação.

- *Bem-vindo, Mr. MacDonald*
Direção: Koki Mitani, Japão, 1997. O filme retrata a gravação de um programa de rádio na qual há uma briga de egos entre os atores. Inusitada comédia japonesa cujo ponto alto e mais engraçado é a crítica à influência cultural americana.

Sites

- *República Federal da Alemanha*
<www.bundesregierung.de> Acessando o portal oficial do governo alemão, você encontrará diversas informações sobre o país (em alemão, inglês e francês).

- *Câmara de Comércio e Indústria Brasil-Alemanha*
<www.ahkbrasilien.com.br/pt> Há diversas informações sobre a economia alemã e também sobre suas relações com a economia brasileira (em português e alemão).

- *Atlas do Japão*
<web-japan.org/atlas> No *Japan Atlas* há diversas informações sobre natureza, cultura, economia e tecnologia do país (em inglês).

- *Portal Japão*
<www.japao.org.br> No *site* da Associação Brasil-Japão de Pesquisadores há diversas informações e notícias (em português) sobre o país asiático.

- *Meti*
<www.meti.go.jp/english/index.html> Para obter diversos dados estatísticos do Japão, acesse o *site* do Ministério da Economia, Comércio e Indústria do Japão (Meti, sigla em inglês).

Capítulo 21

Filmes

- *Cidade zero*
Direção: Karen Shakhnazarov, URSS, 1990. Produzido na era Gorbatchev, nos tempos da *glasnost* e da *perestroika*, mostra de forma crítica as contradições e os desmandos do regime comunista que se desintegrava. Desvela a falta de perspectivas na qual viviam imersos os indivíduos daquela sociedade.

- *Salada russa em Paris*
Direção: Youri Mamine, França/Rússia, 1995. Comédia em que músicos russos descobrem na pensão na qual moram, em Moscou, uma janela que os conduz diretamente a Paris. Filme da Era Iéltsin que critica todos os regimes políticos que desrespeitam a liberdade.

- *O último imperador*
Direção: Bernardo Bertolucci, Estados Unidos/Itália/Inglaterra, 1987. Mostra um panorama da história da China no século XX com base na história pessoal de Pu Yi, o último imperador chinês. Relata sua vida desde o momento em que foi deposto, ainda criança, após a Revolução Republicana de 1912, e mantido preso na Cidade Proibida, passando por sua função como imperador fantoche em Manchukuo até as humilhações impostas pelo regime comunista.

Sites

- *Pravda.ru*
<http://port.pravda.ru> Para obter informações em português sobre a Rússia e a política internacional em geral, acesse a edição *on-line* do jornal *Pravda* ('verdade', em russo).

- *Rússia*
<http://eng.kremlin.ru> Para obter informações em inglês sobre o governo russo e a política externa do país, acesse o *site* da Presidência da Rússia.

- *Gov.cn (portal oficial do governo chinês)*
  <www.gov.cn/english>
  Para obter informações em inglês sobre a República Popular da China (geografia, economia, indústria, educação, cultura, política, estatísticas, etc.), acesse o portal Gov.cn.

- *China.org (portal autorizado pelo governo chinês)*
  <www.china.org.cn>
  Para obter informações sobre a China, acesse o portal mantido por diversas organizações do governo e da mídia do país. As informações estão em inglês e espanhol, entre outras línguas.

Capítulo 22

Filmes

- *O filho da noiva*
  Direção: Juan José Campanella, Espanha/Argentina, 2001.
  Expõe os dilemas existenciais de homem divorciado após sofrer um infarto: o conflito com a ex-mulher, a ausência diante da filha, a indefinição com a namorada, a crise dos 40 anos, etc. Às voltas com a administração do restaurante fundado por seu pai, enfrenta os impactos da crise econômica de 2001, que afetou gravemente a outrora orgulhosa classe média argentina.

- *Quem quer ser um milionário?*
  Direção: Danny Boyle, Estados Unidos/Reino Unido, 2008.
  Jovem de origem pobre (nasceu em favela de Mumbai), que trabalha servindo chá em uma empresa de *telemarketing*, inscreve-se para participar do programa de TV *Quem quer ser um milionário?*. O filme mostra as contradições da sociedade indiana: apesar das altas taxas de crescimento econômico e da modernização, há milhões vivendo em favelas ou mesmo nas ruas das grandes cidades.

- *Invictus*
  Direção: Clint Eastwood, Estados Unidos, 2009.
  Em 1995, no ano seguinte de sua eleição, Nelson Mandela vislumbrou a oportunidade de aproveitar o campeonato mundial de *rugby*, que se realizou na África do Sul naquele ano, para unir o país. Por meio do apoio à seleção nacional, a qual tinha apenas um jogador negro, buscou fortalecer o ideal de uma nação composta de brancos e negros de diversas etnias.

Sites

- *Cepal*
  <www.cepal.org>
  Para obter diversas informações (disponíveis em espanhol, português, inglês e francês) sobre os países da América Latina e Caribe, acesse o *site* da Comissão Econômica para a América Latina e o Caribe (Cepal).

- *Fórum Índia, Brasil e África do Sul*
  <www.ibsa-trilateral.org>
  <www.itamaraty.gov.br/temas/mecanismos-inter-regionais/forum-ibas>
  Para saber mais sobre esse Fórum de Diálogo, acesse os *sites* do IBSA (em inglês) e do Ibas (Ministério das Relações Exteriores).

- *Banco Mundial e FMI*
  <www.worldbank.org>
  <www.worldbank.org/pt/country/brazil>
  <www.imf.org>
  Para obter diversas informações econômicas (disponíveis em inglês, espanhol, francês e português) dos países emergentes e também dos desenvolvidos, acesse esses *sites* do Banco Mundial (Estados Unidos e Brasil) e do Fundo Monetário Internacional (FMI).

Capítulo 23

Sites

- *OMC*
  <www.wto.org>
  Para saber mais sobre o comércio internacional e as rodadas de negociações, acesse o *site* da Organização Mundial do Comércio.

- *Ministério das Relações Exteriores*
  <www.itamaraty.gov.br>
  Para obter mais informações sobre o Mercosul, a Unasul e as propostas do G-20 comercial, acesse o *site* do Itamaraty.

- *Letras.com.br*
  <www.letras.com.br/#!arnaldo-antunes/disneylandia>
  Em linha com a canção "Disneylândia", de Arnaldo Antunes, neste *site* essa música pode ser ouvida em espanhol e sua letra, lida em português.